科学研究的维度：批判性思维的构建与应用

张仁铎　主编

骆海萍　副主编

科学出版社

北京

内 容 简 介

本书紧紧围绕怎样培养研究生这一核心问题，阐释学术论文撰写是构建和训练批判性思维的最强有力工具，而学术论文的发表是培养批判性思维所获得的成果，意在达到培养研究生的批判性思维和创新性思维，提高其创新能力，从而培养其成为创新型人才的根本目的。

全书包括三条主线，分别为思维主线（批判性思维贯穿于一切正式写作和探索性写作活动中）、行动主线（不断思考、不断写作、不断修改）、成果主线（研究计划—学术论文—项目申请书）。

本书既可用作高校和科研院所研究生开展科学研究的入门教材，也可作为科研工作者的参考书。

图书在版编目（CIP）数据

科学研究的维度：批判性思维的构建与应用 / 张仁铎主编. —北京：科学出版社，2023.5
ISBN 978-7-03-075320-5

Ⅰ.①科⋯ Ⅱ.①张⋯ Ⅲ.①科学研究 Ⅳ.①G3

中国国家版本馆 CIP 数据核字(2023)第 055917 号

责任编辑：郭勇斌　彭婧煜　杨路诗 / 责任校对：王晓茜
责任印制：吴兆东 / 封面设计：黄华斌

科学出版社 出版
北京东黄城根北街 16 号
邮政编码：100717
http://www.sciencep.com
北京凌奇印刷有限责任公司印刷
科学出版社发行　各地新华书店经销

*

2023 年 5 月第 一 版　开本：720×1000　1/16
2024 年 3 月第三次印刷　印张：30 1/2
字数：615 000
定价：138.00 元
（如有印装质量问题，我社负责调换）

谨献给
敬爱的老师们！

序 一

几日前收到张仁铎教授惠寄的《科学研究的维度：批判性思维的构建与应用》一书初稿，我便迫不及待地开始了如饥似渴的阅读之旅。之所以"迫不及待""如饥似渴"，是因为这本书触及了我一直在思考的研究生教育亟待破解的核心问题之一：如何培养有创新能力的研究生？我赞赏仁铎及其合作者编写该书的初衷：培养研究生的批判性思维能力，从而涵养其科学精神，提升其创新能力。

该书从理论上阐释了批判性思维与创新性思维的必然联系，强调了批判性思维对个人创造力提升的重要作用，探究了批判性思维与论文写作的关系。在该书中，编者讨论怎样通过批判性思维，寻找到最有潜力的科学研究课题，撰写出具有创新性的学术论文。对于撰写研究计划、学术论文和项目申请书，主要强调思想方法、科学问题和内在结构。对于引言部分，则强调其凝练科学问题和研究目标的基础作用。而科学研究的实验设计和研究方法部分、结果与讨论部分，都强调论点主导式写作，紧扣要解决的科学问题，凸显研究计划、学术论文和项目申请书的创新性和特色。

从实战出发，该书详细讨论了如何培养和提高研究生的批判性思维和创新性思维能力，并产出创新性的学术成果。编者强调：在研究生的培养过程中，学术论文撰写是构建和训练批判性思维的最强有力工具，而学术论文的发表是培养批判性思维所获得的成果。学术论文撰写及其他多样性写作等实践活动，是训练批判性思维、创新性思维与创新能力的基本途径。

为了能够引导研究生顺利进入科学研究的殿堂，该书精心设计了研究计划—学术论文—项目申请书这条成果主线，帮助研究生提高学术写作能力。编者强调：探索性（非正式）写作是培育这些正式写作成果的沃土。在正式写作和探索性写作活动中，批判性思维贯穿始终。而研究生能否通过文献综述和运用批判性思维，凝练这些写作成果中的关键科学问题，是衡量研究生培养质量的一项关键指标。研究生应该通过不断思考、不断写作、不断修改，修炼心灵、磨炼意志、扩展思路、磨砺笔锋，从而提高自己的批判性思维能力和学术写作能力，不断产出创新性研究成果。

  我相信，该书的读者群一定是多元化、多样化的。研究生作为学习者，需要深刻地领会书中科学研究的思想方法，同时认真实践各种多样化的写作活动，像科学家们做科学笔记那样将探索性写作变成自己日常活动的一部分，像科学家们撰写学术论文那样进行正式写作。研究生导师作为科研工作者和教育工作者，阅读、使用该书，有助于自己的科研工作和对研究生的培养及指导工作。对于追求学术创新、力求发表高水平学术论文的科研工作者，该书从科学研究的思想方法到具体实践都极具参考价值。该书所讨论的科学研究方法和科学教育方法可应用于自然科学、社会科学等领域。而该书提供的丰富案例，能帮助研究生导师和授课教师更深刻地理解如何运用培养批判性思维的教学方法、如何开展具体的课程实践活动。尤其难能可贵的是，其中的许多案例源自仁铎数十年如一日的科研、教学和指导研究生的实践。作为同行，我读着这些地下水科学、土壤科学、环境科学领域的习题、论文、审稿等方面的实例，感觉十分亲切、真实。

  总之，这是一本非常有价值的研究生教材和指导科学研究的参考书。在各种出版物发行"井喷"的当下，这是一本不可多得的佳作，值得长期珍藏，值得耐心精读，值得在高校、科研院所推广使用。

  是为序。

王焰新

中国科学院院士

中国地质大学（武汉）校长

2022 年 6 月 26 日，南望山麓

序 二

　　创新已经成为世界各国科学技术进步与社会发展的主要推动力。科技创新的关键是培养创新型人才，而培养批判性思维是培养创新型人才的关键。长期以来，传统教育多注重学生的应试能力和考试成绩，而忽视其批判性思维的培养，在一定程度上制约了创新型人才的培养。目前，在我国的多数大学中，无论是本科生教育还是研究生教育都鲜有开设批判性思维与创新性思维方法方面的课程，相应的书籍也较少，即使有些课程在教学过程中涉及批判性思维，其内容也很有限。因此，在倡导创新、创造和创业教育的大背景下，开展批判性思维与创新性思维方法方面的教材建设和课程设置与教学，对于我国创新型人才的培养具有十分重要的意义。

　　批判性思维（也称思辨性思维）原意是指逻辑清晰严密的思考，是对观点和被认同的知识进行合理的、反思性的思辨。美国哲学家和教育学家约翰·杜威（John Dewey）在《我们如何思维》（2010）一书中称之为"反省性思维"（reflective thinking），并将其定义为对观点和被认同的知识所采取的主动的、持续的、仔细的思考；其方式是探究知识具备什么样的支撑，可以得出什么样的结论。维基百科引用了1990年部分美国学者的观点，将批判性思维定义为"一种有目的而自律的判断，并对判断的基础就证据、概念、方法学、标准厘定、背景因素层面加以诠释、分析、评估、推理与解释"。批判性思维起源最早可追溯到2000多年前的古希腊思想家苏格拉底，他认为一切知识，均从疑难中产生。中国古代儒家经典《中庸》中的名言"博学之，审问之，慎思之，明辨之，笃行之"就蕴含着典型的批判性思维，其中"审问之"即强调要有问题意识，敢于质疑；"慎思之"即指谨慎、周密地思考，不盲目接受或否定；"明辨之"即指明确、清晰地判断。

　　自20世纪80年代以来，批判性思维被美国、英国等国家定位为必要的教育目标之一。作为创新性思维的前提和基础，批判性思维始终贯穿于创新型人才培养和科学技术创新的全过程。研究生培养是我国创新型人才培养的关键，作为研究生创新性科学训练的重要组成部分，无论是科技文献的分析、研究选题的确定、科学问题的归纳、科学假设的提出，还是科学实验的设计、科学问题的验证、科学结论的推断、学术论文的撰写等过程都需要应用到批判性思维。对于研究生教育而言，批判性思维的培养具有"授人以渔"的重要作用。

张仁铎教授于 1982 年在武汉水利电力大学（现合并至武汉大学）获得学士学位，然后由教育部派去美国留学，分别于 1986 年和 1990 年在美国亚利桑那大学获得硕士和博士学位，毕业后在美国加利福尼亚大学河滨分校进行博士后研究工作，随后在美国怀俄明大学任教，1998 年获聘该校终身教授职位，并于 2001 年入选教育部"长江学者奖励计划"特聘教授，先后在武汉大学、中山大学任教。张仁铎教授在国内外多年求学、科研与教育教学经历中，充分体会到批判性思维的重要性，为此他先后在武汉大学和中山大学为研究生开设了"批判性思维与 SCI 论文的撰写"课程，翻译并由江苏教育出版社出版了《研究性学习：科学的学习方法及教学方法》（约翰·宾著）一书，并将其作为所授课程的教材。

《科学研究的维度：批判性思维的构建与应用》一书是张仁铎教授总结其在国内外多年求学、科研、教育教学、人才培养等丰富经历的基础上，融合其前述译著的有关内容，以独特的视角所编写的创新力作。该书除绪论外共分 4 篇 16 章，全书各章始终围绕一个核心：批判性思维的训练与创新能力的培养。同时，以学术论文撰写为抓手来实现这一核心目标。在第一篇——创新性思维根植于批判性思维中，从创新型人才培养的重要性、批判性思维与创新性思维的关系、性格培养和批判性思维的多样性对个人创造力提升的影响等方面进行了阐述。在第二篇——论文写作：构建批判性思维最强有力的工具中，详细论述了学术论文撰写是构建和训练批判性思维的最强有力工具、批判性思维对科学研究选题的作用，以及如何基于批判性思维提出科学问题、制定研究计划、设计科学实验、撰写学术论文等。在第三篇——培养批判性思维的其他方法及环境中，阐述了批判性思维活动英文文献阅读的重要性、如何提高英文文献阅读和英文写作能力、多样性写作活动对批判性思维训练的作用、如何规范地进行论文写作、如何遵循学术规范与学术伦理等。在第四篇——批判性写作课程设计中，提出了对批判性写作课程的教学建议和批判性写作课程设计的案例。

在全书的各部分中，张仁铎教授及其合作者特别注重列举和运用案例来支持和阐述批判性思维训练、创新性科研活动等的有关论点。这些案例有些是经典案例，有些是根据情景而特设的案例，另外一些则是编者自己作为研究生、导师、论文作者、项目申请者、学术期刊副主编、课程教师等不同角色所亲身经历的研究生学习、科技论文写作和投稿、项目申请书撰写、论文审稿和课程教学等多方面实践的案例。相关案例有力地增加了全书的可读性，特别是可为研究生或科研工作者开展批判性思维训练和创新性科研活动提供参考，同时也可为即将采用该书为教材开展批判性写作课程教学的相关教师提供案例教学设计的思路。

张仁铎教授及其合作者为该书的编写倾注了大量心血，全书内容丰富、逻辑严密、条理清晰、观点独到，是一本关于批判性思维训练、创新性思维培养、创新能力提升的高质量书籍，可作为高等院校相关学科研究生培养的教材，并有望对我国创新型人才的培养产生积极的推动作用。我们期待该书能早日出版，以飨读者。

黄冠华

教育部"长江学者奖励计划"特聘教授

国家杰出青年科学基金获得者

中国农业大学教授

2022 年 7 月 20 日

前　言

本书全部内容可概括为"问题、理念、方法"。

——问题：怎样培养研究生的创新能力？怎样帮助他们发表高水平学术论文？

——理念：培养研究生的批判性思维和创新性思维，从而提高其创新能力。

——方法：学术论文撰写是构建和训练批判性思维的最强有力工具，学术论文的发表是培养批判性思维所获得的成果。

培养研究生的创新能力，帮助他们发表高水平学术论文是所有研究生培养机构（如大学、科研院所等）、导师以及研究生共同关心且迫切需要解决的问题，也是当前研究生培养工作的核心任务和基本要求。而在研究生培养的理念（即培养他们的批判性思维和创新性思维，从而提高其创新能力）方面，是否已形成共识，从而形成合力，在培养中紧紧抓住这个"牛鼻子"？在培养方法方面，是否充分认识到学术论文撰写是构建和训练批判性思维的最强有力工具，学术论文发表则是培养批判性思维所获得的成果，由此探索出行之有效的研究生培养方法？这些都是值得深入研究的重要命题。本书旨在对以上相辅相成的"问题、理念、方法"进行系统而深入的探讨。

本书为科学研究入门的研究生教材，批判性思维贯穿全书各章。全书包括序、前言、绪论、第一篇至第四篇、参考文献及附录。第一篇讨论创新性思维根植于批判性思维，包括3章；第二篇讨论论文写作（正式写作）是构建批判性思维最强有力的工具，包括6章；第三篇讨论培养批判性思维的其他方法及环境，包括4章；第四篇提供批判性写作课程设计的方法和案例，包括3章。

使用本书作为教材而设计的课程既不是一门教研究生如何理解批判性思维的抽象概念的哲学课程，也不是教他们如何撰写学术论文的有关具体技巧的写作课程，而是让研究生通过学术论文撰写及其他多样性写作等实践活动去实现训练批判性思维这一抽象活动，最后既取得提高研究生批判性思维、创新性思维与创新能力这一思想成果，又获得发表学术论文这一科学研究成果。所以在批判性写作课程设计中，既包括对批判性思维的思想方法的探讨（如第1—4章及其他各章关于思想方法的讨论），又包括训练批判性思维的实践活动（如各种多样性写作活动、课堂和小组讨论活动、课程论文正式写作等），在此基础上得到提高批判性思维能力所呈现出来的书面成果——一份研究计划和其他探索性写作的作品等。这是引导研究生进入科学殿堂的"启蒙教育"和初步成果，在此基础上，研究生通过今后的不断努力和探索，必将在科研之路上顺利迈进。

本书是在《研究性学习：科学的学习方法及教学方法》（约翰·宾著，张仁铎译，2004）的基础上，结合编者们多年来在教学和科研上的实践与成果编写而成。本书主要强调解决科学研究和研究生培养的思想方法问题，同时兼顾以学术成果为导向的科学研究方法的具体实践。书中以较大的篇幅来讨论怎样进行批判性思维、批判性思维与创新性思维的必然联系、批判性思维对个人创造力的提升，以及批判性思维与论文写作的关系。讨论怎样通过批判性思维，寻找到最有潜力的科学研究课题。对于撰写研究计划、学术论文和项目申请书，也主要强调思想方法、内在结构而非"技巧"。要求研究生先将主要精力花在写好引言之上，打好进行科研的牢固基础。科学研究的实验设计和研究方法部分主要阐述实验设计和制定研究方法中的一些基本原则，其中第一条原则就是"以解决科学问题为中心原则"，即强化实验设计及研究方法是为解决科学问题、实现研究目标服务这一基本原则，而弱化对具体的实验设计及研究方法的描述。同实验设计和研究方法部分强调论点主导式写作一样，结果与讨论部分也必须遵循论点主导式写作，紧扣要解决的科学问题，凸显研究计划、学术论文和项目申请书的创新性和特色。帮助读者提高英文文献阅读和英文写作能力这一进行科研的基本功，指出学生阅读困难的各种原因以及帮助他们成为更好的阅读者。提供训练批判性思维的多样性写作和小组学习活动，使其成为培养批判性思维的温床。本书重点解决论文写作的高层次问题，即论点和结构方面的问题。对于学术规范与学术伦理，重点是帮助科研入门的研究生解决由于认知的不成熟所造成的"非故意剽窃"问题，当然也指出故意剽窃的罪恶及其根源。

本书前言、绪论，第1、2、4、6、7、10、11、14、15、16章由中山大学的张仁铎编写，第5、8、12、13章由中山大学的骆海萍和张仁铎共同编写，第3章由北京林业大学的刘勇编写，第9章由张仁铎和上海交通大学的陈海峰共同编写，最后由张仁铎统编和修订全书。中山大学的刘广立为全书的编辑和出版做了大量协调工作，中山大学的朱淑枝对全书进行修改和文字润色，浙江大学王彦君在本书写作初期对目录的设计提出了不少有益的建议。中国地质大学（武汉）王焰新和中国农业大学黄冠华为本书作了序，以下专家（按姓名的汉语拼音排序）为本书写出了精辟的评审意见（汇总于第16章）：河海大学陈元芳，华南理工大学党志，北京大学郝元涛，中国农业大学康绍忠，中南大学李建成，武汉大学李建中，国家自然科学基金委员会李万红，四川大学林鹏智，华北水利水电大学刘俊国，北京大学鲁安怀，复旦大学穆穆，北京大学倪晋仁，清华大学彭刚，华南农业大学仇荣亮，西北农林科技大学邵明安，南京大学吴吉春，浙江大学应义斌。中山大学环境科学与工程学院为我们开设的研究生必修课"学术规范与论文写作"（用本书稿作为试用教材）创造了最好条件并资助了本书的出版，曾选修此课程的研究生对于进一步改进该课程的教学提供了不少建设性的建议。由于中山大学研究生院的推荐，10多年来，中山大学马克思主义学院一直聘请我（指本书主编，下文同）为博士研究生政治理论课"现代社会思潮与马克思主义"的主讲教授，分别在三个不同校区为一年级的博士研究生开设演讲课，讲授本书的核心内容：批判性思维与SCI论文的撰写。在中山大学研究生院的支持和推荐下，我们成功申请到了2022年广东省研究生教育创新计划项目的资助，使我们能够更好地进行本书及相关课程的推广。在此一并向帮助我们完成本书并提高其质量的单位和人员致以衷心感谢！

　　本书不是学术论文写作技巧的指南手册，也不是论述批判性思维的通识读本或专著，而是提升研究生创新能力的思想方法和训练实践并重的思行合一的教材和有助于科研人员开展科学研究的参考书。"既要提出激动人心的目的，又能训练实施的手段，并使两者和谐一致，这既是教师的难题，又是对教师的酬报。"（杜威，2010）在本书中，我们努力去解决这一难题，同时获得这一酬报。全书围绕构建和训练批判性思维这一根本目的提供了大量丰富的实践手段；建立了研究生、导师、本书及以本书为教材开设的课程之间的"三方合作"模式，共同去实现提高研究生批判性思维、创新性思维和创新能力的预定目标；为了方便计划使用本书作为教材的教师以及自学的读者，我们还专辟一章（第15章）提供课程设计案例（包括免费的教学软件），建议这两类读者通过浏览目录和附录1各篇章节结构图，对全书结构有个总体了解后先阅读第15章，再根据其具体步骤安排阅读全书各章并配以必要的探索性写作和正式写作活动。

本书涉及科学研究方法、教育学、心理学、逻辑学、哲学以及其他相关学科的广博知识，虽然我们竭尽全力向读者奉献我们的心血，但是像任何一本书一样，一定具有其局限性。正如我们在全书中推崇批判性思维一样，我们也殷切希望读者将批判性思维运用于本书的阅读之中，倘若您在阅读中对本书所讨论的与课程教学相关的理论、方法、案例（尤其是来自不同学科的案例）及其对研究生培养的方法及效果，以及本书对于科学研究的指导作用等提出评论和建议，无论是鼓励性的赞赏、建设性的提议，还是尖锐的批评，敬请务必告知我们，我们将致以衷心的感谢。如果再版的话，我们将根据这些评论、建议和批评对全书进行修改并在书中以适当的方式致谢，这必将进一步提高本书的质量，从而能更好地达到为读者服务这一根本目标。

编　者
2022 年 10 月

目 录

序一
序二
前言
绪论 ··· 1

第一篇　创新性思维根植于批判性思维

第 1 章　创新型人才培养的重要意义与困境 ······················· 9
　1.1　创新型人才培养的重要意义 ·································· 9
　1.2　创新型人才培养中的困境 ····································· 10
　1.3　研究生培养中的解困之道 ····································· 16

第 2 章　怎样进行批判性思维 ·· 21
　2.1　批判性思维来源于问题本身 ·································· 21
　2.2　学术问题的特性 ··· 22
　2.3　训练批判性思维的各种方式 ·································· 25
　2.4　怎样提出研究问题 ·· 31
　2.5　批判性思维对提高创造力的影响 ···························· 41
　2.6　科学研究者应培养的品格和能力 ···························· 45

第 3 章　个人创造力的培养与提升 ······································ 60
　3.1　个人创造力模型 ··· 60
　3.2　能量与创造力 ·· 62
　3.3　性格及思维的多样性与创造力 ······························· 69
　3.4　适应性与创造力 ··· 78

3.5 个人创造力发展的例子··87

第二篇 论文写作：构建批判性思维最强有力的工具

第4章 论文写作与批判性思维的关系··93
4.1 为什么要撰写和发表学术论文···93
4.2 将写作活动与批判性思维联系起来··94
4.3 没有论点的文章：认知上不成熟的文章结构··························98
4.4 认知上不成熟的文章的根源···102
4.5 确定性写作模式与问题驱动写作模式···································106
4.6 通过反复修改产生优秀文章···109
4.7 将探索问题结合到研究性写作中··112

第5章 科学研究的选题···119
5.1 科学研究选题的意义···119
5.2 科学研究选题的原则···120
5.3 科学研究选题的来源···123
5.4 科研入门者的选题···137

第6章 学术成果的多样性及其结构···149
6.1 学术成果结构的统一性···149
6.2 多样性学术成果的关系···150
6.3 怎样撰写研究计划···152
6.4 学术论文的结构··156
6.5 项目申请书的结构···167
6.6 积累和发展思想成果及学术成果··176

第7章 引言的功能及撰写···178
7.1 撰写引言的意义和基本要求···178
7.2 引言的典型结构··181
7.3 怎样进行文献综述···186
7.4 引言中涉及的科学假说···193

第8章 科学研究的实验设计和研究方法··196
8.1 实验设计与研究方法制定的基本原则···································196

| 8.2 | 实验方案设计和方法制定 | 207 |
| 8.3 | 材料与方法部分的撰写 | 214 |

第9章 学术论文的结果与讨论 ·············· 218
9.1	结果部分的撰写	218
9.2	讨论部分的撰写	225
9.3	论文撰写中的具象思维和抽象思维	230
9.4	推理在科学研究中的重要作用	232

第三篇 培养批判性思维的其他方法及环境

第10章 提高英文文献阅读和英文写作能力 ·············· 239
10.1	英文文献阅读的困难	239
10.2	变成更好的读者	243
10.3	阅读时与文章相互作用的方法	250
10.4	用英文写科技论文的其他挑战	255

第11章 探索性写作：培养批判性思维的温床 ·············· 260
11.1	探索性写作带来的好处	260
11.2	探索性写作的黄金原则	264
11.3	将探索性写作结合到课程和科学研究中去	268
11.4	设计批判性思维任务的方法	278
11.5	运用小组活动来训练批判性思维	286

第12章 学术论文的修改和学术成果的发表 ·············· 298
12.1	学术论文的内容要求	298
12.2	从高层次到低层次问题的修改	299
12.3	学术论文的写作规范	310
12.4	学术论文的发表流程	316
12.5	怎样进行学术交流	325

第13章 学术规范与学术伦理 ·············· 339
13.1	尊重知识产权是人类的共同价值观	339
13.2	学术规范和学术伦理的基本概念	344
13.3	学术失范的行为界定及其危害	346

13.4　科研人员如何遵循学术规范和伦理⋯⋯⋯⋯⋯⋯⋯⋯⋯⋯350

第四篇　批判性写作课程设计

第 14 章　对批判性写作课程的教学建议⋯⋯⋯⋯⋯⋯⋯⋯⋯⋯359
14.1　对批判性写作思想方法的教学建议⋯⋯⋯⋯⋯⋯⋯⋯⋯359
14.2　对正式写作的教学建议⋯⋯⋯⋯⋯⋯⋯⋯⋯⋯⋯⋯⋯⋯361
14.3　对探索性写作和课堂讨论的教学建议⋯⋯⋯⋯⋯⋯⋯⋯368
14.4　与学生进行有成效的面谈⋯⋯⋯⋯⋯⋯⋯⋯⋯⋯⋯⋯⋯373
14.5　教师提高教学效果同时处理好工作负担⋯⋯⋯⋯⋯⋯⋯376

第 15 章　批判性写作课程设计案例⋯⋯⋯⋯⋯⋯⋯⋯⋯⋯⋯⋯382
15.1　课程简介⋯⋯⋯⋯⋯⋯⋯⋯⋯⋯⋯⋯⋯⋯⋯⋯⋯⋯⋯⋯382
15.2　课程总体安排⋯⋯⋯⋯⋯⋯⋯⋯⋯⋯⋯⋯⋯⋯⋯⋯⋯⋯384
15.3　课程项目的分阶段布置⋯⋯⋯⋯⋯⋯⋯⋯⋯⋯⋯⋯⋯⋯392
15.4　探索性写作和学期论文的评估⋯⋯⋯⋯⋯⋯⋯⋯⋯⋯⋯395
15.5　课程教学软件⋯⋯⋯⋯⋯⋯⋯⋯⋯⋯⋯⋯⋯⋯⋯⋯⋯⋯398
15.6　学生的一些反馈建议⋯⋯⋯⋯⋯⋯⋯⋯⋯⋯⋯⋯⋯⋯⋯399

第 16 章　对本书及所设课程的评价和建议⋯⋯⋯⋯⋯⋯⋯⋯⋯404
16.1　评审专家的评价和建议⋯⋯⋯⋯⋯⋯⋯⋯⋯⋯⋯⋯⋯⋯404
16.2　读者的评价和建议⋯⋯⋯⋯⋯⋯⋯⋯⋯⋯⋯⋯⋯⋯⋯⋯420

参考文献⋯⋯⋯⋯⋯⋯⋯⋯⋯⋯⋯⋯⋯⋯⋯⋯⋯⋯⋯⋯⋯⋯⋯⋯⋯425
附录 1　全书各篇章节之间结构图⋯⋯⋯⋯⋯⋯⋯⋯⋯⋯⋯⋯⋯436
附录 2　避免和推荐使用的英语单词和表达式⋯⋯⋯⋯⋯⋯⋯⋯439
附录 3　英语当代用法词汇表⋯⋯⋯⋯⋯⋯⋯⋯⋯⋯⋯⋯⋯⋯⋯444
附录 4　教学资源索取单⋯⋯⋯⋯⋯⋯⋯⋯⋯⋯⋯⋯⋯⋯⋯⋯⋯467

绪　　论

　　科学技术的进步，经济和社会的发展，在很大程度上取决于教育的发展，取决于人才的培养。教育尤其是研究生教育的目的及成果就是培养和造就一大批具有创新精神、创业精神和创造能力的人才。为了培养和造就这样的人才，我们必须应用科学的教学方法和指导学生运用科学的学习方法，引导并激发他们去思考、去质询、去探索、去追求、去创造，去开展科学研究。在引导学生进入科学研究的大门和提高他们科研素质及科研效率的过程中，培养其批判性思维能力是一个关键环节。

　　纵观历史，批判性思维是一切创新活动的缘起。从古希腊时期到文艺复兴时期，到启蒙运动时期，再到现代，一代又一代创造知识的智者，无一不是杰出的批判性思维者。他们作为具有创新能力的批判性思维者，尽管所处时代不同、研究领域各异，却都创造出具有划时代意义的理论或科技成果。批判性思维者以一种合理的、反思的、心灵开放的方式，思考已有的知识成果，包括理论与假设，进而进行清晰准确的表达、逻辑严谨的推理、充分合理的论证，并且始终保持一种独立的思辨精神。

　　批判性思维始于古希腊时期，苏格拉底倡导探究性质疑（probing questioning），开启了批判性思维的先河。他要求人们通过苏格拉底式提问，澄清他们思考或研究的目的和意义，辨别不同的信息，然后检验其可靠性及其来源，质疑任何论述中所包含的假设，从不同的视角进行推理，探查所思考事件的前因后果，整理支持某一论点的理由和证据。通过提问，揭示习以为常、理所当然的信念背后的假设所包含的不一致性，以探求新的可能答案（帕克，2015）。

　　毋庸置疑，人类理性的伟大力量，不是依傍这个世界亦步亦趋，而是发挥人的主观能动性，创造自己的自由世界。正如黑格尔（1980）所言："思辨科学对于经验科学的内容不是置之不理，而是加以承认与利用，将经验科学中的普遍原则、规律和分类等加以承认和应用，以充实其自身的内容。"根据黑格尔的辩证法，越是需要以知识作为认识的前提就越需要保证知识的现实性，而要保证知识与现实世界的一致性，就要不断推进知识的进步。黑格尔的辩证法把康德的"纯粹理性"真正发展为"批判理性"，正如马克思所言："辩证法，不崇拜任何东西，按其本质来说，它是批判的和革命的。"直到今天，"批判理性"仍在发挥其卓越的认识功能，即需要通过批判保障知识的"真"，进而保障由知识推出的结论的"可靠性"，这就是现代的批判性思维（王彦君，2020）。当然，就批判性思维的本质而言，这里的"真"和"可靠性"也是值得批判的相对概念。

现代批判性思维的代表人物杜威，提出了"反省性思维"（杜威，2010）。反省性思维本质上是对假说的系统检验，包括问题的定义、假说的提出、观察、测量、定性和定量分析、解释、用进一步的实验检验暂时的结论等。其基本焦点是，解决人们所面临困惑的可能方法就是提出假说，反省性思维关注思维的因和果。通过假设质疑和后果检验，可以从智力的刻板中解放出来，给予自己在智力自由中进行不同选择并据此开展行动的力量（帕克，2015）。

下面我们将会给出批判性思维的具有普遍性的定义。对于教育学而言，在教学法的文献中，虽然关于批判性思维的详细定义各种各样，但广义而言，它们大都是杜威（Dewey，1916）教育学观点的详尽阐述、扩充和完善。批判性思维也是组织课程和开展科学研究的核心原则。杜威认为学生的批判性思维源于学生对于一个问题的投入："只有亲手去与问题本身搏斗，探寻和找到自己对问题的解决办法，学生才真正在思考。"爱因斯坦（1976）认为："提出一个问题往往比解决一个问题更重要。因为解决一个问题也许仅仅是数学上或实验上的技能而已。而提出新的问题，新的可能性，从新的角度去看旧的问题，却需要有创造性的想象力，而且标志着科学的真正进步。"

总之，不断地提出问题、解决问题是科学研究的核心目的，而批判性思维正是达到此目的所需的根本能力和途径。所以，本书作为科学研究的入门教材，将批判性思维贯穿全书各章。第 1 章"创新型人才培养的重要意义与困境"，阐述研究生为了能够担当起建设科技强国的重任，就需要将自己培养成为创新型人才，为达此目的，就必须在进入科学研究大门的过程中以及将来的整个学术生涯中，解脱面临的困境，不断地提升自己的批判性思维与创新性思维能力。第 2 章"怎样进行批判性思维"，阐述如何进行批判性思维，批判性思维与创新性思维之间的必然联系。批判性思维可以有效地提升精神能量和思维多样性，同时降低思维的适应性，从而提高创造力。第 3 章"个人创造力的培养与提升"，系统地阐述怎样培养性格的多样性和提高批判性思维能力来提高个人创造力。第4章"论文写作与批判性思维的关系",阐述学术论文撰写是构建和训练批判性思维的最强有力工具,而学术论文的发表则是培养批判性思维所获得的成果。这种因果关系将批判性思维这一抽象的概念变成具有可操作性的实践活动。第5章"科学研究的选题",阐述通过批判性思维,寻找到最有潜力的科学研究课题。第6章"学术成果的多样性及其结构",阐述怎样通过论点主导式写作、自上而下的论文结构构建批判性思维,从而不断提升批判性思维能力以及研究计划、学术论文和项目申请书的创新性。第7章"引言的功能及撰写",阐述引言的功能就是"引"出创新基础,"引"出关键科学问题,提出明确的目标和拟检验的科学假定。撰写引言是科学研究活动中进行批判性思维和创新性思维的最基本的手段,也是撰写研究计划、学术论文和项目申请书的核心步骤和基础。第8章"科学研究的实验设计和研究方法",阐述设计实验和制定研究方法的一些基本原则,其中最主要的原则是,科学研究的实验设计及研究方法是为实现研究目标和解决关键科学问题服务的,所以必须首先提出明确的研究目标,再次强调论点主导式写作的重要性。第9章"学术论文的结果与讨论",阐述结果部分主要回答以下问题:实现了研究目标或解决了科学问题后获得了哪些结果?引言中提出的科学假定或要辩论的观点是否得到证实?而讨论部分主要回答的问题是:所获得的结果显示出哪些原理、关系、一般性结论?揭示了什么机理和规律?与本领域前人的研究结果相比较,这些结果有何特色和创新性?同样,这里强调论点主导式写作,紧扣要解决的关键科学问题。第10章"提高英文文献阅读和英文写作能力",学生进行学术写作和批判性思维活动时,必然涉及文献阅读的问题。由于大量高水平的学术文献是英文,而主流的学术文章目前主要是向英文期刊投稿,所以英文文献阅读、综述及英文写作是开展科学研究的基本功。特设此章来帮助文献阅读者提高英文文献阅读与英文写作能力,通过分析学生文献阅读困难的原因以帮助他们成为更好的阅读者。第11章"探索性写作:培养批判性思维的温床",具有创新价值的批判性思维往往不是一蹴而就的,而是长期训练和积累的产物,所以除了上面介绍的学术论文撰写(即正式写作)是构建和训练批判性思维的最强有力工具之外,该章还介绍训练批判性思维的多样性写作活动,即各种非正式写作练习(如课堂写作、写日志、读书笔记等),以及小组学习活动等,以其作为培养批判性思维的温床。第12章"学术论文的修改和学术成果的发表",学术论文的发表是培养批判性思维所获得的成果,前面的章节主要解决论文写作的高层次问题,即集中在论点、概念、文章的发展和总体的清晰度等问题,以及文章是否按从上而下的结构有效地组织起来,这是本书的重点,而该章介绍论文反复修改过程和论文发表的相关问题。还讨论了学术成果发表的另一种方式——学术交流。第 13 章"学术规范与学术伦理",帮助科研入门的研究生解决由于认知不成熟所造成的"非故意剽窃"问题,同时指出故意剽窃的罪恶及其根源。学术规范与学术伦理虽然不是本书讨论的重点,但是严格遵守学术规范与学术伦理却是研究生科研入门的必修课。第 14 章"对批判性写作课程的教学建议",这些教学建议帮助开设此课程或将批判性写作结合到其他课程的教师在提高教学质量和效果的同时处理好工作负担。第 15 章"批判性写作课程设计案例",以提高学生批判性思维能力为核心,提供了一些课程设计的例子,建议将本书作为为刚入学的硕士生和博士生开设的必修课教材,并按本书内容进行教学。第 16 章"对本书及所设课程的评价和建议",就批判性思维而言,一切问题都是开放的,所以我们也希望本书是开放的,"海纳百川",通过广泛吸纳各种评价和建议,使本书的质量不断提升。

抓住以下三条主线,将有助于系统地把握全书内容。思维主线:批判性思维贯穿于一切正式写作和探索性写作活动中,其核心目的是凝练关键科学问题并最终结出科研硕果。行动主线:不断思考、不断写作、不断修改,千锤百炼是贯穿于一切写作活动之中的行动路线。成果主线:研究计划—学术论文—项目申请书。在研究生培养初期,正式写作的成果是研究计划,它是项目申请书的"微型版"或"精致版";然后,正式写作的成果是在研究计划基础上完成的学术论文;在研究生培养后期,为撰写项目申请书(即研究计划的"扩展版")打下坚实基础。而探索性写作则是培育这些成果的温床和沃土。希望研究生在自己科研的成长过程中,始终贯彻思维主线,实践行动主线,实现成果主线。

虽然本书是针对研究生培养的核心任务和基本要求来设计的,但是所讨论的几乎所有核心问题都是科研工作者所关注的共同问题。如果您是正在苦苦找寻打开科研大门钥匙的莘莘学子,本书就是为您而写;如果您是一位力求发表高水平学术论文的科研工作者,本书也是为您而写;如果您是一位大学教师,本书也能为您提供服务,它既有助于您指导学生,也有助于您将批判性思维的理念与方法贯穿到科研工作、教学工作中。简而言之,如果您是一位致力于以创新为己任的思考者,本书正是为您所写。

总之,本书既可以作为研究生学习开展科学研究的教科书,也可以作为科研工作者的参考书,还可以作为大学教育工作者开展教学和科学研究的"指南"。不过,我们更愿意将本书作为帮助研究生开展科学研究的入门教科书。试想，如能尽快将一大批梦想进行科学研究的学子成功带入科学殿堂，功莫大焉！

虽然本书是直接针对研究生培养的教材，但也适合高年级本科生在开展毕业论文（设计）前修习或阅读，加上导师必要的指导，将有助于高年级本科生理解开题报告、文献综述、论文结构的本质，提高其对毕业论文（设计）的认识，从而提升其科研素养。

此外，因为本书所讨论的内容既是科学的研究方法也是科学的教育方法，读者对象有时是研究生，有时又变成了导师或者指导批判性写作课程的教师，所以希望研究生在阅读本书时能扮演两个角色：一个是科研工作者，一个是教育工作者，你们中大部分人确实会成为未来的教育工作者，这样，既能将批判性思维的理念贯穿到自己当下的科研工作中，也能将其贯穿到未来的教育工作中。

第一篇

创新性思维根植于批判性思维

第1章 创新型人才培养的重要意义与困境

从世界高等教育发展格局来看，研究生教育水平是衡量一所大学、一个国家教育发展水平的重要指标之一。研究生教育作为国民教育体系的顶端，是培养高层次人才和释放人才红利的主要途径，是国家人才竞争和科技竞争的实力来源，研究生的培养质量在很大程度上决定了国家科技发展的整体水平。那么，具体到个人，研究生培养的目标是什么呢？下面我们将详尽论述，为了能够担负起中华民族复兴的历史使命，研究生必须把自己培养成为具有创新能力的人才。

1.1 创新型人才培养的重要意义

中国共产党第二十次全国代表大会明确提出"必须坚持科技是第一生产力、人才是第一资源、创新是第一动力"。科技决定国力，科技改变国运。无疑，要改变中国在国际竞争中的被动地位，必须转变中国经济增长的方式：尽快完成由引进模仿主导到以自主创新为主导的转变。作为世界第二大经济体，我国的科技实力、创新能力、科技质量还有待大力提升。世界知识产权组织（World Intellectual Property Organization，WIPO）发布的《2022年全球创新指数报告》显示，我国国家创新能力（创新投入和创新产出）的世界综合排名为11位。这与改革开放之前我国的情况相比较，无疑是翻天覆地的变化，不过，这样的科技实力、创新能力还远远不足以支撑中国未来的发展与进步、实现国家和民族的复兴伟业。

在现代国际竞争中，无论是经济竞争、军事竞争还是科技竞争，最终都聚焦和归结于人才竞争。值得重视的是，当今中国推进人才强国战略，不能只局限于引进人才，更不能完全依赖于引进人才，而是要着重于培养本土人才。因此，加快推进人才培养战略，是建设创新型国家的必由之路。

在推进人类创新的历史长河中，世界一流大学的作用至关重要，她是培养创新型人才的摇篮，是引领科技创新、推动社会进步与增进社会福祉的发动机。

创新是世界一流大学的基本理念和办学宗旨，因而世界一流大学具有培养世界一流创新型人才的特殊使命和特别功能，在科技创新与推进文明进步过程中的作用越来越显著。中国正处于建设创新型国家和向世界科技强国迈进的进程中，迫切需要一大批创新型大学作为科技支撑和创新引擎，因此创新型大学或"双一流"大学应运而生，而创新型大学必将赋予中国高校研究生教育新功能与新定位。能够担负起历史使命的创新型人才并不是天生的，也不是靠引进获得的，而主要是我们大学培养教育的成果。我们的研究生教育是培养创新型人才的主战场和孵化器，培养创新型人才，提高自主创新能力，乃是当今时代赋予我国研究生教育的重要使命。

"穷则独善其身，达则兼善天下"，这就是历代中国知识分子的家国情怀。近代以来，无数的有志知识分子为科学救国这一理想而奋斗。作为当代的青年知识分子，身处中华民族伟大复兴的新时代，研究生应该具有使命感、危机感、紧迫感，成为肩负建设科技强国、推动中国科技发展使命的人。

那么，研究生怎样才能担负和完成这样的历史使命呢？答案是要将自己培养成为具有创新性思维、创新精神和创新能力的人才。大学对于研究生培养的根本目标及结果就是造就这样的人才，而研究生在开展科学研究的入门阶段以及整个学术生涯中也必须紧紧围绕这一根本目标及结果开展科研活动。为了帮助研究生达到这一目标，本书运用科学的教学方法和研究方法帮助他们提高批判性思维、创新性思维能力，从而提高创新能力。换言之，为了培养学生的创新能力，就必须培养其创新性思维；为了培养其创新性思维，就必须培养其批判性思维。因此，培养批判性思维是研究生培养的核心任务。怎样培养学生的批判性思维呢？这就是本书将要回答的最根本的问题。

1.2 创新型人才培养中的困境

创新型人才培养是一项庞大的系统工程，涉及国家的教育体制、高校人才培养模式和学校教育体系、教育和科研经费投入以及政治、经济、社会和文化等复杂因素，这些因素曾经长期制约我国创新型人才的培养。改革开放以来，这些因素发生了根本性的变化，比如从国家层面意识到知识和人才对于社会发展的关键作用，因此投入教育和科研的经费在逐年增加，全社会，尤其是教学和科研单位，创新的意识在不断增强，对创新型人才的培养也越来越重视。不过，同发达国家相比，我国系统的创新型人才培养，包括系统的研究生培养，可以说才刚刚起步，困难重重。创新型人才培养中的困境是多方面的、多层次的，本书主要针对创新型人才培养的主体——研究生面临的困境来探讨将研究生培养成为创新型人才的基本途径和解决方法。

研究生，顾名思义，就是必须开展学术研究的学生，培养研究生就是将其培养成为能够提出问题和解决学术问题的专业人士。但是，在科学研究的入门阶段，研究生对怎样开始进行科学研究往往是不清楚或比较迷茫的，因此在科研的道路上就必然会遇到各种各样的困难。更为严重的是，这些问题如果得不到根本上的解决，将会影响到研究生未来的科研学术生涯，即使他们艰难前行，但要取得较大的创新性科研成果几乎是不可能的。因为没有创新性思维，哪来创新能力和成果？

研究生的这些迷茫与困难往往不是智力上的问题，而是认知上的问题。从本科生阶段到研究生阶段需要完成一个实质性的转变，如果他们之前所有阶段的教育都是属于知识积累型教育的话，那么这一转变注定更为艰难。在这一转变过程中研究生将面临各种各样的挑战，比如下一章我们将会讨论到：为了进行创新，研究生将必须直面"知识的不和谐性"和科学研究的不可预测性等问题，这些问题都会引发研究生的某种担忧和恐惧，从而阻碍他们科研之路上的前进步伐。下面列举一些在科研入门阶段，研究生所面临的困境和存在的问题。

①不清楚研究生培养的根本目的是培养创新型人才。不少研究生攻读学位是为了将来谋求一份更好的职业，这当然无可厚非，不过，如果立志越高远，创新的内在动力也会越强大，将来取得的学术成就也可能越大。

②不清楚研究生培养最重要的能力是什么。一般认为是培养查阅文献、动手做实验、写学术论文等"科研能力"，而没有从根本上认识到研究生培养最核心的能力是批判性思维、创新性思维能力。

③虽然已经接受了多年的科学教育，但不少研究生尚未能够形成一种哪怕简单的科学假设，或设计一个比较简单的科学实验，同时他们也无法有效地分辨设计完美的科学实验与设计拙劣的科学实验之间的区别。

④不理解什么是"科学问题"，因此无法将科学问题与任何其他问题区别开来，并且将科学问题与其他问题同等对待。

⑤不理解科学研究的基本概念、法则或原理，因此在对世界进行解释时也不会运用这些概念、法则或原理。

⑥不完全清楚科学家或优秀的科研工作者进行科学研究的好方法、好习

惯，以及所具有的品格和能力，更谈不上认真地去培养这些科学研究的好方法、好习惯，以及自己相应的品格和能力。

⑦对于科学研究，没有领会到其核心是提出科学问题和解决科学问题，或心目中没有明确的开展科学研究的基本概念。比如，一个比较普遍的现象就是，当问研究生"您目前在开展什么研究工作？"这类问题时，他们常见的回答是"我在做……实验""收集……资料（数据）""学习……仪器操作"，等等，可见在他们的头脑中，做实验、收集资料和数据就是进行科学研究。而很少有研究生这样回答："我在试图解决……科学问题""达到……研究目标""验证……科学假说（假定、假设）"，等等。从这些简单的回答中，就可以发现研究生还没有进入科学研究的维度，更意识不到或理解不了，研究者脑海中应时时盯住体现出思想深度的"科学问题""研究目标""科学假说（假定、假设）"这些科学研究的核心概念。

⑧不完全理解积累知识与运用知识和发展知识的区别。不少研究生还是带着自己从小学到大学阶段"学习知识"的心态及成功的经验和方法进入研究生阶段继续"学习知识"。

⑨意识不到研究生转型的紧迫性。当问到刚入学的研究生这几年的规划是什么，他们常见的回答是：第一年修完课程，打好基础；第二年读文献，做实验，确定研究方向；第三年发表学术论文，完成学位论文。他们的回答暴露出他们仍然停留在本科生阶段的思维，将研究生的第一年作为知识积累的阶段。而研究生真正的规划应该是从一开始就以寻找科学问题、解决科学问题为目标，然后将自己的修课、读文献、做实验等学习和科研活动统一到这个核心目标之下。显然这个目标的实施是不能等到第一年修完课程之后的。时不我待！

⑩认识不清楚撰写论文的作用。常常是为写论文而写论文，为毕业、为求职、为晋升而写论文，而不懂得学术论文撰写是构建和训练批判性思维的最强有力工具，而学术论文的发表是培养批判性思维所获得的成果。

⑪不懂得学术论文"论点主导式"的辩论特性。写出的文章通常是没有论点的文章，即认知上不成熟的文章。比如，写研究计划或研究论文时，常常表现为流水账式、资料堆积式或百科全书式的写作，抓不住要点，没有明确的拟解决的科学问题和研究目标。

⑫难以从文献综述中凝练出关键科学问题。阅读文献时只是被动地接受和收集信息，而不能积极地与作者进行对话或辩论，即不能积极地参与到作者探讨的问题之中，缺乏比较和评价的意识与能力，不能辨析论文的创新点和局限

性等。

⑬由于文献综述能力和认知能力低下，常使用大段落引用文献或者长篇意译的手段对资料进行篡改，从而造成无意甚至有意的学术剽窃。

⑭没有认识到提出问题是解决问题的首要步骤。研究生常常认识不到在科研活动中，首先需充分利用图书馆、阅读和综述文献、深入思考以探寻科学问题，这远比一开始就在实验室盲目苦干的效率高。究其原因，他们很可能是在阅读文献的过程中找不到研究方向以及拟解决的关键科学问题，因而也找不到乐趣，同时心里又急于开展科研，因此，在缺乏拟解决的科学问题的情况下，就像辛勤的蜜蜂一样，以盲目而忙碌的实验活动来充当科学探索活动，这种行为往往是一种自欺欺人或自我安慰的表现："我没有浪费光阴，我已在忙于科学研究。"另一个可能的原因是，思考是一个艰苦而隐性的过程，而动手则是一个相对容易和显性的行为。

⑮不能深刻理解科学实验是为解决科学问题和研究目标服务的。只有明确了研究目标，研究者才能基于这一研究目标（或验证某一假说）而设计实验或方法，这样开展起来的实验（或验证工作）才能有的放矢，也会更有价值和成效。而研究生常常在没有明确研究目标的情况下，试图利用一切可能的资源，做尽可能多的、尽可能先进的实验（包括物理、化学、生物实验），花费大量的人力、物力和时间，然后利用这些实验得来的数据进行某种分析（通常是统计分析），最终只能靠碰运气来获得一些可能连自己也难以提炼其创新点的"结论"或一些创新性不高的结论。

⑯缺乏问题导向式的论文写作。研究生进入论文写作阶段（包括撰写研究计划），在引言部分，不能借助文献综述，提出明确的"科学问题""研究目标""验证假说"；在讨论部分，无法说明结果的特色、创新点；等等。如此一来，在他们的眼里，学术论文似乎不是为某一论点辩论或探索与解决某一科学问题的有趣的、强有力的文章，而是"为赋新词强说愁"的苦差事。

⑰局限于具象思维，缺乏抽象思维。论文的科研成果展示主要停留在图形、表格，至多是统计结果的表达层面，讨论部分仅仅表达物体的静态特性、现象描述或结果的实用性，而难以呈现出核心结果所揭示出的原理、机理、定理等深层次的因果关系，因而无法提升论文的理论高度或深度，即科研成果的"含金量"。

⑱没有养成苦想勤写的科研习惯。思考问题不能专注、深入，难以达到冥思顿悟的境界。没有在阅读文献、酝酿和讨论等过程中做科学笔记，通过探索性写作活动来孕育思想，也没有对科研写作稿（如研究计划、学术论文、项目

申请书初稿等）反复修改、反复锤炼。

⑲在以上困境中，最大的困境是如何发现科学问题、如何解决科学问题。研究生必须牢记，没有科学问题的研究活动就犹如没有目的地的旅行，没有科学问题的"学术成果"就犹如没有灵魂的行尸走肉。

⑳归根到底，以上所列的诸多困境和问题都源于缺少批判性思维训练，因而缺乏批判性思维和创新性思维能力。

可见，研究生在科研入门阶段面临多少困境！初入学术门庭的研究生，大多在混沌中摸索。有的研究生可能已意识到其中的一些困境但束手无策，而有的研究生根本没有意识到自己身处困境之中，以至于整个研究生阶段可能就这样浑浑噩噩地度过。无论处于何种状态，他们都迫切需要引导与训练，以帮助他们认识到开展科研活动的可循规律和有效方法，并早日摆脱困境，在科研的道路上迈出坚实的步伐。

从小学算起，研究生们已经历了 16 年以上的教育，他们在考场上身经百战，他们从千百万学子中脱颖而出，他们是向最高学历进军的"天之骄子"和"社会宠儿"，他们都是具有较高的智商和优秀的学习能力的佼佼者。所以，研究生面临这些困境并非由于他们存在智力问题和学习能力问题，而主要是认知能力、思想方法和知识转型带来的问题。德拉蒙特等（2009）在《给研究生导师的建议》一书中指出，对于一个刚刚成为研究生的学生来说，这种角色和状态是崭新的，这种新的状态是多么可怕！许多聪明的学生被困在科研工作的无形的高要求之中，十分无助，犹如蝴蝶飞进几乎看不见的蜘蛛网中一样。德拉蒙特等（2009）在书中举了这样的例子，一位人类学博士生到了三年级还是如此理解研究生的内在含义："我不知道成为博士生就意味着要去和别人讨论问题……它意味着表达观点。而我原以为博士生只是意味着一篇老掉牙的专题论文和一些信息收集工作。在我还是个大学生的时候，我一直以为博士生就是能写《人类》中的那些文章或者是那些万字左右文章的人。"出现这种问题的原因是，研究生从积累知识阶段开始向运用知识阶段，再向独立进行科研阶段的转变将经历从拥有外部秩序到外部秩序被抽离的过程，这个过程会在很长一段时间里让学生感到无所适从。德拉蒙特等（2009）借用一位研究生的诉求，来说明在科研入门阶段，研究生对导师的指导与帮助的渴望："事实上，我从导师那里得到的指导是少之又少的。我只觉得，如果能有《傻瓜研究入门手册》（*Idiot Guide to Starting Research*）之类的书或者相关讲座，最初那个阶段一定会过得轻松得多。"因此，研究生导师需要为面临困境的研究生尽可能早地提供尽可能多的指导与帮助，同时研究生也需要主动地、尽快地完成这一过程的转变，早日跨入科学研究的大门。帮助研究生解困，顺利地向科学研究的殿堂迈进，就是我们编写本书的基本宗旨。

在多年的教学实践中我们发现，要培养学生完成学习模式的转变，从知识的积累者转变为知识的运用者、独立的思考者，训练其批判性思维至关重要。而作为训练批判性思维的教学方法之一，"问题主导式"教学是一个非常有效的教学环节。我们的做法是：每堂课讲授之前，都会给学生一至两个问题，让他们进行5分钟的课堂写作（详见第15章）。在"创新型人才培养的重要意义与困境"这一专题讲座中，我们给出的问题之一是："研究生怎样开始进行科学研究？"通过这一写作，研究生的一些代表性答案也反映了他们在科研入门阶段的思维现状：不少学生认为读文献、做实验、写论文就是进行科学研究的全部。部分学生知道进行科学研究的步骤，即阅读文献—寻找拟研究的科学问题—设计实验方案—开展实验—分析数据—发表论文。但是，如果进一步追问他们这些步骤所包括的科学研究的逻辑思路和思想方法，他们就不知所云了。值得注意的是，只有极少数研究生能够意识到"批判性思维"是贯穿上述科学研究中各个环节的主线，而进行科学研究必须牢牢把握这一主线。由于研究生只大致知道"做什么"（即研究内容）和"怎么做"（即研究方案），而不知道"为什么"（即关键科学问题和研究目的），他们就无法理解科学研究步骤中所包括的科学研究的逻辑思路和思想方法。处于这种思想态势之下，一旦他们开始实施这些步骤，进行实质性的科学研究，势必就会困难重重。

即使完成了学位论文写作，进入了论文答辩阶段，依然还有不少研究生并不完全清楚整个研究生阶段应该把自己培养成什么样的人。比如在研究生进行论文答辩时，作为答辩委员，你不妨问答辩人："您在研究生阶段，在科研上最大的收获是什么？"他/她往往这样回答："我学会了进行科研的过程（即以上所说的科研步骤）"；"我发表了两篇SCI论文"；"我掌握了多种先进的科研技能（如同位素技术、基因分析技术、计算机模拟等）"。当然也会听到令人满意的答复，比如有一次参加博士论文答辩时，我问了答辩人同一问题，她回答道："研究生阶段在科研上最大的收获是培养了自己的批判性思维能力。哦，这还应归功于第一次政治课，您给我们讲了批判性思维与SCI论文的撰写，我并非'言者谆谆，听者藐藐'，而是聚精会神听了您的演讲，拷贝了PPT，购买了您推荐的书，认真理解您的演讲和书中的内容，并在整个读博期间不断实践这种批判性思维的方法，这对我的研究大有裨益，而且我将在学术生涯中受用终身。"（注：这里的"政治课"是指我被聘为中山大学博士研究生政治理论课"现代社会思潮与马克思主义"的主讲教授，分别在不同校区为一年级的博士研究生开设演讲课"批判性思维与 SCI 论文的撰写"；"您推荐的书"是指约翰·宾著、张仁铎译的《研究性学习：科学的学习方法及教学方法》。）为了检验一下她回答我的话是否仅限于溢美之词，我对她博士论文的各部分，包括选题、科学问题的凝练、材料与方法的设计、结果的特色和创新性等，都进行了进一步的提问，她对这些问题一一进行了很好的答辩，充分显示了她的批判性思维能力，以及怎样运用批判性思维去开展研究，也显示了一个训练有素的年轻科研工作者应具备的基本素质和能力，尤其是掌握了怎样开展科学研究的思想方法。

1.3 研究生培养中的解困之道

培养研究生最核心的能力就是提高其批判性思维、创新性思维能力。然而，在研究生面临的诸多困境中，最根本的就是缺失批判性思维和创新性思维，批判性思维和创新性思维的培养也正是我国硕士和博士研究生培养中缺失最为严重的一个环节。因此，提高批判性思维能力应该是研究生培养中的解困之道。

1.3.1 批判性思维的培养

什么是批判性思维？美国哲学协会（American Philosophical Association, 1990）对"批判性思维"做了以下界定："批判性思维是一种有目的而自律的判断，并对判断的基础就证据、概念、方法学、标准厘定、背景因素层面加以诠释、分析、评价、推理与解释……理想的批判性思维者凡事习惯追根究底，认知务求全面周到，判断必出于理据，心胸保持开放，态度保有弹性，评价必求公正，坦然面对主观偏见，判断必求谨慎，且必要时愿意重新考量，对争议点清楚了解，处理复杂事物有条不紊，搜集相关资料勤奋不懈，选取标准务求合理，专注于探究问题，而且在该问题该环境许可下坚持寻求最精确的结果。"批判性思维包括解释、分析、评估、推论、阐明、自我校准等基本能力。批判性思维具有以下思维倾向：求真、开放思想、分析性、系统性、自信心、求知欲、认知成熟度等。批判性思维不存在学科边界，任何涉及智力或想象的论题都可从批判性思维的视角来审视。批判性思维既是一种思维能力，也是一种人格或气质；既能体现思维水平，也凸显现代人文精神。

从教育学的角度来看，为了培养研究生的创新能力，一切培养（教学和训练）过程、方法和手段都应紧紧围绕提高研究生的批判性思维、创新性思维能力这一根本目标来设计。批判性思维就是以提出问题为起点，以获取证据、分析推理为过程，以提出有说服力的解答为结果。通过批判性思维的"能力"和"心智模式"两个层次，就可从批判性思维中获得创新性思维（钱颖一，2020）。

幸运的是，批判性思维和所有重要的知识技能一样，都是可以通过学习和训练逐步培养起来的。在研究生培养过程中，学术论文的撰写对于批判性思维的构建和培养起到非常关键的作用。因此在本书中，将批判性思维的培养与学术论文及其他多样性写作活动相结合，给出了详尽的指导以帮助研究生更好地投入批判性思维及学术论文写作的活动中去，激发他们进行积极探索的兴趣，帮助他们早日跨入科学研究的大门并在科研生涯中不断创新。

为了解决研究生开展科学研究工作所面临的种种困境，本书将讨论提高研究生批判性思维能力的各种方法与途径，包括学术论文写作和其他探索性写作活动（如写日志等科学笔记的方法）。不过，请读者在详尽阅读后面的章节之前，首先记住最根本的一点：学术论文撰写是构建和训练批判性思维的最强有力工具，学术论文的发表是培养批判性思维所获得的成果。虽然不少研究生为了这样那样的目的，也撰写和发表学术论文，这种被动的行为在一定程度上也会提高他们的批判性思维能力，但是，如果研究生能够从一开始就领会到学术论文撰写与构建和训练批判性思维之间这种工具和结果的关系，那么他们就能够有意识地、积极地、主动地将批判性思维运用到科研活动的各个环节（诸如文献综述、凝练科学问题、实验设计、结果与讨论以及整个论文的撰写）中去，这对于提高他们的科研能力和成效无疑会发挥重要作用。

1.3.2　学术论文在研究生培养中的关键作用

学术论文在研究生的培养过程中具有至关重要的作用。我个人对此重要性的最初认识源于1984年我开始在美国攻读硕士和博士学位时导师给我的一句忠告，他的原话是"Buying a house: locations, locations, and locations. Graduates: papers, papers, and papers.",将它翻译成中文就是："买房子，关键是看其所在位置，位置，还是位置；研究生，关键是看其所发表的论文，论文，还是论文。"以此来再三强调学术论文的重要性。1990年我进入博士后研究阶段，我的导师（美国国家科学院院士）又给我了一条类似的忠告："Let your name fly!"（让你的名字飞!）其含义是：要尽全力在不同等级的期刊、会议论文集、学从而不断地产出创新性成果,只是在不同领域、不同专业中,无论是创造力还是创新性成果的表现形式存在差异性、多样性,因此切不可用"唯论文"式的指标来作为衡量创新精神和创新性成果的唯一评价方式。另外,无论何种领域的专家,在其研究生阶段(如果他们曾经历这一阶段的话)都必须完成所要求的学术论文和学位论文,通过论文的撰写培养起自己的批判性思维和创新性思维能力,并为今后无论在哪个行业的事业创新打下牢固的基础。因此,在接受高等教育阶段(尤其是研究生阶段),学生应该竭尽全力训练和培养自己的批判性思维能力,使自己在未来的日常生活、社会活动和工作事业中,能够充分地运用批判性思维(或理性思维)去发现问题、解决问题,这样就能大大提高自己的生活质量和工作质量,提升人生价值,同时可为社会做出更大贡献。这才是接受高等教育的真正意义。

为了训练研究生的批判性思维,本书提出了运用广泛且效果显著的教学方法和研究方法,首先是论文写作这一训练批判性思维最强有力的工具,然后是作为培养批判性思维温床的其他手段,如各种形式的探索性写作、小组讨论、探究讨论、案例分析、模拟教学、课堂辩论等。应用这些方式就可以激发学生主动地去学习、独立地进行探究,从而全面提高自己的认知能力、思辨能力与研究能力。希望研究生能够充分地运用书中介绍的各种方法来提高自己的批判性思维能力,进而提高自己的创新性思维能力,早日将自己培养成为具有创造力的人才。

总而言之,作为新时代的研究生,请记住:为了能够担当起国家和历史的使命,你的学术生涯最核心的活动就是不断提高自己的批判性思维、创新性思维能力,不断地产出创新性成果!从现在起,每时每刻,在学习和研究的各个环节都要不断训练自己的批判性思维和提升批判性思维能力,那么,展示你的创新能力和创新性成果就指日可待!

思 考 题

(1)为什么要大力进行创新型人才的培养?
(2)研究生培养的目标是什么?
(3)研究生在培养过程中面临哪些困境?您是否也面临其中的一些困境?
(4)什么是批判性思维?
(5)为什么提高批判性思维能力是研究生培养中的解困之道?
(6)研究生怎样开始自己的学术生涯?怎样进行科学研究?

第 2 章　怎样进行批判性思维

我们在第 1 章里指出，研究生为了能够担当起建设科技强国的使命，就必须在其学术生涯中，不断提高自己的批判性思维、创新性思维能力，将自己培养成为创新型人才，不断产出创新性成果，实现自己人生价值的同时为人类社会做出贡献。本书介绍研究生怎样将多样性写作活动作为构建和训练自己积极的批判性思维的强有力手段，并将其结合到自己的科研过程中去。这样做，就可以大大提高研究生在提出问题和做出假设、收集和分析数据、进行批判性思维和创新性思维等方面的能力，从而不断提高他们的科学研究能力和创新能力。本章讨论进行批判性思维的基本方法，阐明批判性思维与创新性思维之间的关系，以及开展批判性思维与创新性思维活动所需要的基本素养。

2.1　批判性思维来源于问题本身

从教育理念而言，杜威（Dewey，1916）认为学生的批判性思维来源于能促使他们深度投入的问题："任何引导学生学习的时候，必须询问的一个重要问题是，需学生去解决的问题的质量和水平如何。"杜威认为，问题可以唤起学生天生的好奇心并激发其求知欲和批判性思维："只有亲手去与问题本身搏斗，探寻和找到自己对问题的解决办法，学生才真正在思考。"

批判性思维是人的思维发展的高级阶段，批判性思维就是以提出问题为起点，以获取证据、分析推理为过程，以做出有说服力的解答为结果。在此意义上，"批判性"不是单纯的"批判"，因为"批判"总是否定的，而"批判性"则是指审辩式、思辨式的评判，多是建设性的。对事物的"反省性思维"（即"反思"）不是单纯的"反对"，而是即使对立的观点也值得去反思。从教育学角度来看，批判性思维可以分为两个层次。一是"能力"，二是"心智模式"。其中，能力有别于知识，批判性思维能力不是指学科知识，而是一种超越学科，或者说适用于所有学科的一种思维能力。批判性思维除了在能力层次之外还有一种思维心态或思维习惯，称为心智模式。此层次超越能力，是一个价值观或价值取向的层次。如果说批判性思维作为一种能力更多的是关于"如何思考"（how），那么批判性思维作为一种思维心态或思维习惯更多的是关于"思考什么"（what）和"问为什么"（why）（钱颖一，2020）。

处于科研入门阶段的研究生进行批判性思维的首要困难，就是他们需要意识到围绕在他们身边的那些问题。不过，从杜威到迈耶斯（Meyers，1986）都一致认为，问题是自然地被激发出来的。迈耶斯（1986）引用了心理学家和化学家迈克尔·波兰尼（Michael Polanyi）的话："即使对于像阿米巴虫那样小的生物，我们可以注意到动物的普遍灵性，它们不只是要达到某种满足，而是探索在那里到底存在着什么东西：一种企图用智力去控制它们所面临的境地的欲望。"既然连微生物都具有"探索"的欲望，那作为具有最复杂大脑的人类，探索问题、解决问题更应该是我们的本能或天性。其实，当有人提出问题时，我们都有忍不住要去回答这个问题的冲动，这一事实证明，问题本身就是激励。关键是怎样最大限度地调动起这种本能或天性，从而激发起人的思辨能力和创造能力。通过不断质询和探索，即构建和训练批判性思维，就可以将大脑的内部世界与客观的外部世界紧密地结合起来。

正如布鲁克菲尔德（Brookfield，1987）所指出的，批判性思维是"一个多产而正面"的活动，"批判性思维者积极地与生命结合在一起"。思考问题可以带来自然的、健康的以及目的明确的快乐，而提出完美的问题具有唤醒和激发被动的和无目的性的思考者的力量。

总之，批判性思维的核心是提出问题和论证问题，批判性思维的起始是质疑，即提出问题。质疑就是对于先前的认知甚至对认为没有任何疑问的知识或判断，产生一种"知识的不和谐性"（即疏离感），从而试图去削弱或推翻它。只有在产生这种"知识的不和谐性"的时候，才可能去更深刻地反思和批判。这种反省性思维或批判性思维的不断深化与延展，不仅创造了现代哲学思想的繁荣与发展，也带来了其他学科的繁荣与发展。诚然，在现代社会中，人们追求日趋卓越的日常工作与日趋丰富的生活，也是人们运用批判性思维的产物或成果。

2.2　学术问题的特性

批判性思维可以运用于并有助于我们工作与生活的方方面面，其实，随时随地，只要我们自主地深入思考，发现和提出问题，并做出尽可能合理和公正的判断，我们就在进行批判性思维活动。保罗和埃尔德（2010）在《思考的力量：批判性思考成就卓越人生》一书中强调："思考决定命运。无论你在做什么，无论你感受到什么，无论你需要什么——这一切取决于你的思考质量。"他们认为，批判性思维是思想利器，人们需要用它来思考生活中和工作中一切需要思考的事情，比如个人成就、家庭、婚姻、经验、财务、安全、健康、机会、生活中的政治、重要决定、人际关系、信仰与价值、未来规划、责任，等等。

不过，对于科学研究，本书主要集中探讨批判性思维与学术问题之间的关系。所谓学术，是特指系统而专门的学问，是对事物及其规律进行学科化论证的一套理论与方法，从事这项活动的群体或组织包括高等教育和科学研究机构及文化群体，泛指学术界（academia）。而学术问题（academic problems）则是学术界或学科领域探讨的那些问题，即旨在探寻事物的客观性、揭示真相、辨别真假和是非的那一类问题。学术问题又可以根据创新程度大致分为原始创新问题、跟踪创新问题以及科学技术转化运用的问题，或分别称为基础理论问题、应用基础问题和应用性技术问题。学术问题是开展科学研究需要提出和解决的那类问题，在提出和解决学术问题的过程中必然涉及强烈的、持续的批判性思维过程。在后面的章节中我们将紧紧围绕着这些问题进行详细讨论。

对于学术问题，一般而言，因为思考问题的习惯随学科而异，所以每一学科提出它自身的那一类问题，并以特有的方式去探索问题、使用资料和做出判断。但是批判性思维与学术问题的紧密联系却是横跨所有学科的。根据布鲁克菲尔德（1987）的研究，批判性思维的两个"中心活动"包括提出假定和向假定挑战，以及探索进行思考和行动的可选择的方式，从而提出学术问题。相似地，保罗（Paul，1987）提出，批判性思维者应想象自己进入一个反对派的角色，从而创造出一种与自己的观念截然不同的观点之间的一种对话方式。库弗什（Kurfiss，1988）也认为，批判性思维者对假设不断发出疑问，并且不倦地寻找新的观点。对库弗什而言，典型的学术问题具有"不完美结构"，它是一种没有明确答案的、无尽头或无限制的问题，因此对问题的解答必须有新的理由和证据去支持和检验。在批判性思维中，库弗什认为"所有的假定都必须受到质疑，要努力去搜索各方的观点，去扩展原有认识的边界，对其中的观点或问题，保持一种客观而中立的态度"。批判性思维在创新活动中的重要性，既表现为对已有认知或假定的合理质疑以及严密的求证过程，更表现为由质疑与求证所产生的结果或成果。对此，库弗什认为，运用批判性思维所获得的既是对某一问题的一个暂时的答案，又是一个具有论据的论点，这意味着批判性思维的运用往往具有明确的目的性。批判性思维是一个审视和调查的过程，进行这一过程的目的就是探索一个情况、现象或问题，并通过收集所有可用的信息，加以预判与验证，从而得出一种令人信服的假定或结论。批判性思维过程就是一个推陈出新的过程，所以一切创新性思维都源于批判性思维。

随着知识向纵深发展，学术问题的"不完美结构"就越来越显现出来。从我们的教育经历中，也可以体会到学术问题所具有的"不完美结构"和"知识的不和谐性"。从小学、中学到大学三年级之前，我们所学到的知识似乎都是"完美的""和谐的"，所学的所有课程，包括几何、代数、微积分、物理、化学、理论力学，甚至医学、经济学、社会学，乃至一切学科，所涉及的问题或习题都有精确解或存在标准答案，即使参与一些实验（如物理和化学实验），也总能达到预期的结果。当我们进入大学三年级下半学期，开始接触到专业课程，才开始感到知识是"不完美的"，有时也没有标准答案，即存在所谓的"知识的不和谐性"。这时，问题并非总有精确解，而开始使用各种经验公式、经验模型、经验参数、数值解等，公式中也不再只是等号，而更多的是"约等于"、"大于"或"小于"等不再"精确"的关系符号，参与的实验也可能获得具有不确定性的结果，并需要对不确定性结果进行讨论与判断。其实，当学生感觉到"知识的不和谐性"时，就意味着他们开始接触或探讨学术问题了。

值得注意的是，不是所有的问题都是学术问题，但是几乎所有的问题都可以用来训练批判性思维，而这种训练首先有助于学生更全面、更深入地理解与运用所学的知识，然后在此基础上，有助于他们提出问题和解决问题（包括学术问题）。任何一个人的批判性思维习惯与能力都是通过不断地训练与累积而养成和获得的，所以，应该从幼儿教育开始就重视批判性思维的训练，只是在幼儿、小学、中学阶段，学生所面临的问题的深度和难度不同而已，这就是常说的"问题导向式教学"。比如在幼儿园教学中，教师不仅仅让孩子们记住太阳从东方升起、从西方落下，而且还应该启发他们去思考和讨论："太阳为何总是从东方升起、从西方落下？"这里的问题导向式教学，主要功能是让幼儿们学会问问题，激发其好奇心，并且加深其理解这些现象，其实就是通过提问题的方式训练幼儿的思维。当孩子们进入小学、中学、大学的教育阶段，教学的功能不仅是传授知识，更要有意识地、有目的地训练学生们的思考、解答与解决问题的能力，从而培养起他们敢于思考、勤于思考的习惯和能力。批判性思维在各个教育阶段中的表现形式有所不同，随着学生知识积累和认知水平的不断提高，批判性思维能力也在不断提高，因此，在批判性思维方面，他们由本科生向研究生的过渡或转换过程就会是一个自然而然的递进或深化过程。反之，如果在小学、中学乃至大学时期，学生们接受的是"填鸭式"的知识积累式教学模式，那么学生们由本科生向研究生的转换过程，在思维上，就会表现为"脱胎换骨"的艰难过程。

在普遍是知识积累式或"填鸭式"教育的时代，有的教师也会为了增加知识的趣味性，运用一些方法来激发学生们的思考，我也从这些星星点点的启发式教育中，尝到过批判性思维的甜头。记得在初中阶段，我曾经参加了学校的趣味数学小组，50多年过去了，我依然还清晰记得某些"游戏"对我思维的启迪：

游戏1 教师问："三角形的内角之和是多少？"学生异口同声答："180度。"教师再问："可以大于180度或小于180度吗？"学生虽然不能确切回答，但好奇心大增。教师最后提示说："如果你在地球上取三个点，比如在亚洲、美洲、非洲各取一个点，这些点形成的三角形的内角之和就大于180度；再设想地球、月亮和太阳轻轻地接触在一起，它们接触点形成的三角形的内角之和就小于180度。"

游戏2 教师给我们演示了以下"诡辩术"：

$a^2-a^2=a^2-a^2 \rightarrow a(a-a)=(a+a)(a-a) \rightarrow a=(a+a) \rightarrow 1=2$

通过游戏1，我们除了进一步加深理解这一定理在笛卡儿坐标系中的正确性，还认识到，人的视觉中的"直线"并非笛卡儿坐标系中定义的直线，而这些"直线"（实际是如宇宙中球体上两点间的弧线的某一部分）所形成的"三角形"的内角之和并不一定等于180度。而游戏2这一使1等于2的"诡辩术"，除了让我们牢牢记住0不能做除数这一规则外，还让我几乎一辈子都在思索："为何任何数，包括无限接近于0的数都可以做除数而恰恰0不能做除数？如果我是数学家，我一定要去解决这一问题（数学家们也许已经解决这一问题）！"在此，十分感谢这样的启蒙教师，他们通过这样的方法，让学生从小就认识到知识的复杂性和"不和谐性"，从而增强对知识的好奇心。

2.3 训练批判性思维的各种方式

在我们讨论各种训练批判性思维的方式之前，有必要回顾一下有效地训练批判性思维的几个关键步骤，这些关键步骤既决定了批判性思维训练的内容，也决定了训练的方式。

2.3.1 训练批判性思维的关键步骤

以下是进行批判性思维训练的关键步骤：

其一，要学会询问最基本的问题。学会一步步地找到答案。令人惊奇的是，一些问题得到解决不是因为方案足够复杂，而是因为足够简洁。

其二，对基本假设要进行质疑。人类历史上最伟大的科学家、发明家是那些想知道别人论证的假设是否存在错误的人，对之前的假设进行质疑是他们创新的起始步骤或条件。

其三，需意识到自我偏见的心理过程。尽管人的思维是非凡的，但思维的速度与惯性以及张力性（或刚性）会成为我们进行批判性思维训练的障碍。所以我们必须意识到自己的认知偏见和个人偏见，并且知道它们是如何影响那些看似"客观"的决定和解决方案的。

其四，要学会推翻事物。解决难题的重要方式之一就是颠覆它——看起来是 X 导致了 Y，那如果是 Y 导致了 X 又如何呢？

其五，对证据进行评估。对证据资料进行批判性的分析是十分重要的，当获得任何资料的时候，要学会询问自己：它们是从哪儿来的？是怎样获得的？使用这些资料将达到什么目的？等等。

从如何才能更好地进行批判性思维训练的 5 个关键步骤来看，训练批判性思维的内容是多方面的，其训练方式也是多种多样的，包括选修哲学、逻辑学、教育学等课程进行的基础性训练，并加以自我修炼等。本书主要讨论科研工作者（包括研究生）怎样在自己的日常科研活动中，通过多样性写作活动和学术交流活动来训练批判性思维和创新性思维，从而提高科学研究的效率。

2.3.2 训练批判性思维的主要方式

本书主要探讨两种提高批判性思维能力的训练方法：多样性写作活动和学术交流活动。语言活动同批判性思维是密不可分的（保罗和埃尔德，2010），这里的"语言"从广义来说，包括文字表达、图像、数学语言和任何表达符号等，这就是多样性写作活动和学术交流活动可以作为构建和训练批判性思维的重要手段的理论依据。多样性写作活动和学术交流活动是开展科学研究的基础活动，也是科学研究中训练批判性思维和提高批判性思维能力的基本方法。

1. 多样性写作活动

多样性写作包括学术论文、学位论文、研究计划、项目申请书诸如此类的正式写作（formal writing）（第 4—9 章），也包括各种非正式写作（informal writing）或探索性写作（exploratory writing），探索性写作（第 11 章）又包括如课堂上几分钟、几行字的写作，日志写作以及科学笔记等。

多样性写作活动既是一个训练批判性思维的过程，又是交流批判性思维的结果。如果把写作主要当作"交流工具"而不是作为训练批判性思维的过程和结果，这种指导写作的方法就一定是有问题的。如果写作仅仅是一种交流技巧，我们主要应问的问题是："这篇文章表达清楚吗？"但如果写作是为了训练批判性思维，我们就会问："这篇文章有趣吗？它是否表达了与某一个问题紧密结合的见解？它是否给读者带来了任何新的东西？它是否提出了一个论点并为这一论点进行辩论？"

在《哲学研究》中，维特根斯坦认为，思想离开语言就无法存在，即当人们学习语言的时候，同时也在学习如何思考，也就是说思想和语言是一体的。

①你是否认同思维是内在的，而语言仅仅是它的外在表现？
②离开语言你能进行思考吗？
③如果离开语言可以进行思考，那么请你进行一些"无语言"思考。
你能通过这些"无语言思维"与他人进行交流，同样不借助语言吗？

当你在思考语言作用的时候，当你在阅读这些文字的时候，以及当你在讨论它们的时候，你就在使用语言。这种使用语言的方式就强有力地支撑了语言就是思维的观点（卡比和古德帕斯特，2016）。

学术文章是以提出问题而开始的，作者的文章表述是对这一个问题所做的尝试性答复，是由本学科认为有价值的理由和证据所支持的一种"结论"。作者应该进行多稿写作，因为写作过程就是训练批判性思维的过程、发现的过程，用杜威的话来说，是"亲手去与问题本身搏斗"的过程。一篇真正完成的文章背后是作者经历反复的探索性写作、与自己进行对话、一次次撕掉草稿、深夜里恼怒等混乱到思想越来越清晰的过程。在第 4 章我们将详尽讨论这些问题。

已经成功发表过论文的研究生不妨回忆一下，从最开始写的研究计划、论文初稿、提交期刊的终稿、返修稿到校样稿，导师和你是否经历了不下 10 次的修改？这些修改是否使你的思路越来越清晰、辩论越来越具有说服力？

2. 学术交流活动

学术交流就是学术界开展的科学信息与研究成果的交流。是由相关的学术机构组织，相关专业的科研人员、学习者参加，为了交流和分享知识、经验、成果，共同探讨解决问题的思路与方法，而开展的探讨、磋商、论证等学术活动。学术交流形式包括国际和国内学术会议、座谈会、讨论会、演讲报告、展板展示、会议成果汇编等（第 12 章）。本书讨论的学术交流方式除了前面所列的方式外，还包括课堂讨论、课题组讨论，以及学习小组讨论等，即任何进行思想交流、心灵碰撞的方式（第 11 章）。由于学术交流活动的目的是发现和发展新的学术问题、新的学术观点以及新的学术思想，因此，科研人员积极地参与学术交流，必然能够极大地提高自己的批判性思维能力以及科学研究的效率。

繁荣的学术交流活动往往会形成欣欣向荣的启迪心灵的学术氛围，会孕育和产生大量创新性学术成果，还会催生出大批学术人才。"天才成群地来"是科学家们经常性地进行学术交流、磋商、讨论而产生的结果。可以说，在科研领域，学术交流场所往往就是批判性思维者云集、交锋的盛宴，他们既是批判性思维的学习高手，也是批判性思维的运用高手。在学术交流活动中，你可以接触到最聪明的头脑和最新的研究成果。如果你希望平等地、富有成效地参与学术交流并分享其中的成果，那么你必须敢于运用批判性思维、善于运用批判性思维。所以，积极参与学术交流是训练与提高研究生批判性思维的极其重要的途径。

2.3.3 训练批判性思维的教学方法

课堂无疑是训练学生批判性思维的主战场之一，所以我们首先简要介绍训练批判性思维的教学方法，包括设计批判性思维课程的原则以及促进批判性思维课程的各种方式。这些原则和方式也可以用于科学研究之中，帮助学生构建和运用批判性思维。

1. 设计批判性思维课程的原则

库弗什（Kurfiss，1988）提出了设计一个批判性思维课程应该遵循的 8 条原则。

① 批判性思维是一种可以培养的能力，课程、教师和同行们就是培养批判

性思维的源泉。

②问题、疑点、争端是进入一门学科的切入点，并且是进行持久性探索的原动力。

③成功的课程应同时兼顾批判性思维的挑战以及为帮助学生的知识发展所精心设计的内容。

④课程应以训练学生思维的作业练习为中心，而不是以教科书和课堂教学为中心。教学目标、方法和评估应主要强调学生怎样去运用知识内容，而不是简单地积累知识。

⑤要求学生在写作中或以其他合适的方式形成和评判自己的观点。

⑥学生合作可提高学习效果和扩充思维能力，比如一对一地互相解决问题和小组学习等。

⑦训练学生学习分析问题和解决问题能力的课程能培养学生卓越的认知能力。

⑧在课程设计中，应充分认识到学生知识发展的需要，并且将学生的需要作为课程设计的依据。这些课程的教师应制定明确的认知标准，然后帮助学生去达到这些标准。

这些原则用来指导研究生开展科研活动同样是有借鉴意义的。其中至关重要的是原则②、⑤和⑥：一个促进学生批判性思维的课程是将问题、疑点、争端摆在学生面前，而构建批判性思维的科研活动就是去寻找相关领域的问题、疑点和争端；以多样性写作为中心内容，让学生通过写作和演讲等形式来形成和评判他们的结论。本书特别强调写作活动，因为写作可能是将批判性思维与课程（或者与研究生自己的课题）紧密结合起来的最灵活和最集中的方式，也因为写作过程本身就需要复杂的批判性思维活动。在日常的教学活动中，教师也可以组织鼓励学生合作的方式，诸如课堂讨论、小组活动以及其他学生交流的方式，这是学术交流的初级或基础形式，通过这些小型的、灵活多样的学术交流形式，有助于形成学术交流的氛围，培养学生积极参与学术交流的意识与习惯，以此不断地扩充、发展和强化学生训练批判性思维的学习方法以及科学研究的方法。

2. 促进批判性思维课程的各种方式

以下是促进批判性思维活动的课程中可以运用的各种方式：

（1）正式写作的形式

正式写作要求多次修改，它让学生在同一个问题上工作相当长的时间，是训练批判性思维最有效的方式之一。在课程中布置的正式写作一般是以课程项目或学期论文（term paper）的形式，即在一个学期中完成的论文。课程项目的写作练习要求学生对一个问题进行答复，并在应答中形成和支持一个论点（第14、15章）。对于发展批判性思维，这种文章远比传统的以题目为中心的文章（如写一篇自选题目的文章）更为有效。在科学研究的开始阶段，研究生应通过这种正式写作方式完成一份研究计划，它将用于指导自己开始某一阶段性的研究，在此基础上最终完成一篇学术论文。至于如何撰写研究计划和学术论文的问题，将在第5—9章中进行详细论述。

（2）探索性写作的形式

除了正式写作之外，学生可以在课后进行探索性写作的训练，并形成写作习惯，把日常阅读中的疑问、突发性的奇思妙想都一一记录下来，累积到一定程度，就会水到渠成地获得一定的批判性思维结果，所以日常大量的探索性写作活动就是培养批判性思维的温床。如果研究生从现在起就每天坚持探索性写作，不时翻阅自己的笔记，回顾自己探索性写作的过程，一定会发现，在不间断的探索性写作激发下，自己的批判性思维所经过的不断地深化、进化与演化的过程。探索性写作记录下了批判性思维的实际过程并同时推动这一过程前进：每一次探索性写作既是一次批判性思维的实际演练过程，同时也会为下一次探索性写作埋下"种子"。这些"种子"既可以是下一次的写作欲望，也可以是需深入探讨的问题。探索性写作可能是搜索枯肠的三言两语，可能是思维混乱的胡乱涂鸦，也可能是汹涌澎湃的思绪潮流，甚至是强烈迸发的思想火花。与传统的教学方法相比，探索性写作可能更有效地改变学生的学习方式，因为它将积极的批判性思考变成每天课后作业的一部分，通过这种日常练习，批判性思维就会内化为学生们的思维方式和原动力。详细的探索性写作方法将在第11章进行探讨。

（3）小组讨论形式

运用批判性思维的有效形式之一就是通过小组讨论来共同学习，给予小组一定的时间对一个问题的可选择答案进行辩论，然后，达成一致或者达成一个不同意见的合理协议。在全体会议上，各小组向全课堂汇报和证明他们的结论。教师通常对小组的结论进行评论并解释同行的专家可能做出的评论，在全体会议中，教师变成权威性的角色和批判性思维的指导者（第11章）。

（4）以探究为基础的课堂讨论

课堂讨论可以从让学生应答一至两个批判性思维问题开始，教师指导着讨论，鼓励学生评价和控制问题的复杂性，如果学生已在前一天夜晚以日志或探索性写作的形式研究过相同的问题，他们将很积极而有准备地参与课堂讨论。使学生能积极参与课堂内批判性思维训练的其他方式还包括课堂辩论、专题小组讨论、运用实例等（第 11 章）。

研究生可以通过以上这些活动来训练自己的批判性思维，包括学习提高评判能力的批判性思维活动，即充当"裁判、教练和辅导教师"的角色。其他活动包括指导性的讨论、评判小组结论、对组员写作稿的评论、组织会谈、分享个人思考和写作过程的体会、讨论样板文章的优点和弱点、将一个较长的写作练习分成多个阶段、强调修改和多稿的重要性，等等。与指导批判性思维一个同等重要的方面就是提供一个看重讨论成员的价值观和尊严的、带鼓励性的、公开的学术讨论环境，这有助于学生体验学术界的科学讨论和学术交流的氛围。

以上各种方式的要点就是向学生模拟怎样对知识进行观察，怎样对专业问题或学术问题进行不断探究和提出个人的见解，通过积极地运用新的概念和资料训练批判性思维，更深入地进行学习和研究。

以上所讨论的方法可以帮助学生将多样性写作和批判性思维活动结合到他们的科研活动中去，也可以帮助教师将这些方法结合到任何一门学科课程的教学中去，本书中有范围广泛的例子可以佐证，包括物理、化学、生物、数学、工程学、地学、农学、环境学、医学、护士学、商学、会计学、教育学、文学、哲学、经济学、人类学，等等。除了正式写作，本书中许多写作形式是不需教师评分的或者是篇幅很短的非正式文章，安排这类非正式写作是用来帮助学生理解课程中或论文阅读中的重要概念；另外还具有提高超越认知的目的：帮助学生反映出他们自己的思维过程，或有效地改变他们学习和阅读的方法；最后还具有培养研究过程的目的，即帮助学生学会本专业进行探寻和分析的方法。对于以上任何目的，学生都可以通过多样性写作练习去达到，通过这些广泛的活动来训练批判性思维，总体目标只有一个：孕育创新性思维。

2.4　怎样提出研究问题

学生为了使自己迅速成长为具有批判性思维能力的人，就需要培养善于观察和勤于思考的习惯，在学习和科研过程中去观察事物的现象、提出问题、苦苦地思索问题，以此弄清楚究竟是什么因素使该问题成为一个问题，而且为什么它是一个值得探索的重要问题。由于批判性思维根源于问题本身，因此，怎样提出研究问题就是进行批判性思维的关键环节。下面介绍几种提出研究问题的常用方法。

2.4.1 头脑风暴法和星爆法

头脑风暴（brainstorming）法是提出研究问题、激发批判性思维的最常见的方法。头脑风暴法是由创造学和创造工程之父亚历克斯·奥斯本（1888—1996年）于1939年首次提出、1953年正式发表的一种激发思维的方法，是一种久负盛名的促进创造力的思想方法（戴立龙，2016）。所谓头脑风暴法，是允许头脑从一个思想跳到另一个思想，思想之间互相激发，以此来解除或突破常规思想的边界，产生更不常规、更有创造性的问题的方法。这种无边界、无限制的自由联想与讨论，看似在轻松愉快的交流中充满无序、杂乱和无边界的思想碰撞，但常常可以激发出新观念或新设想。这种思想方法在商业领域被广泛应用，常常成为世界级大公司发掘异想天开之商机的有效途径，其本质就是批判性思维的经典运用。同样，这一方法也可以运用于教学与科研中，经常用于我们后面将介绍的小组讨论形式的活动中。头脑风暴法作为批判性思维的有效训练方法，其有效性基于以下几个方面：

①自由讨论：参加者不应该受任何条条框框的限制，环境应该轻松愉快，参加者思想放松，思维自由驰骋，让不同角度、不同层次、不同方位的信息与问题聚集而形成碰撞并在碰撞中大胆地展开想象，力求与众不同、标新立异，从中激发出具有新颖性、独创性的想法。

②延迟评判：坚持当场不对任何设想做出评价的原则。既不肯定某个设想，又不否定某个设想，也不对某个设想发表评论性的意见。一切评价和判断都要延迟到会议结束以后才进行。这样做一方面是因为评判会干扰和约束与会者的积极思维；另一方面是为了集中精力先发掘新设想，避免把应该在后阶段做的工作（如新设想的可行性评价）提前进行，从而制约了创新性设想的大量产生。

③禁止批评：绝对禁止批评是头脑风暴法应该遵循的一个重要原则。参加头脑风暴会议的每个人都不得对别人的设想提出批评意见，在这里，批评对创新性思维无疑会产生抑制作用。同样，使用自谦之词、自我批评性质的说辞也

不利于会场氛围，影响相互间的自由畅想。

④追求数量：头脑风暴会议的目标是获得尽可能多的思路或设想，追求数量是它的首要任务。参加会议的每个人都要抓紧时间多思考，多提设想。至于设想的质量问题，自可留到会后的设想处理阶段去解决。在某种意义上，设想的质量和数量密切相关，产生的设想数量越多，其中具有创造性的设想就可能越多。

与头脑风暴法相类似的另一种方法就是星爆（star bursting）法，这种方法就是集中在某个主题上进行讨论，并从主题向外延展而提出问题。所以在星爆法中，人们开始就发问："有哪些问题？"在这种方法中任何事情都可以讨论，任何问题都是合理的，并且问题越多越好，星爆法更注重如何提问、如何质疑。下面是在《批判性思维与创造性思维》中一个运用星爆法讨论销售问题的经典案例（卡比和古德帕斯特，2016）。

销售：有哪些问题？
- 为什么销售这种产品而不是另一种产品？
- 我们是否想销售这种产品？
- 现在是最好的时机吗？
- 我们公司会因为销售这种产品而变得更强吗？
- 这一地区是否适合销售这一产品？
- 人们凭什么进行销售？
- 我们销售是在卖产品还是在服务顾客？
- 是谁在做销售？
- 今天销售技术产品的市场在哪里？
- 人类正常的交流是否在销售市场已经消失？
- 销售是否被贪婪所驱动？
- 我自己是否会买这个产品？

……

从这个经典案例中，可以发现，星爆法侧重于发现问题，所以在教学中善于运用星爆法，能够有效训练学生提出问题的能力。星爆法和头脑风暴法都是开放、自由的讨论方法，不过，头脑风暴法侧重于寻求新看法或异想天开的设想，星爆法则侧重于不断提问。二者都有助于训练与提高学生们提出研究问题的能力。

2.4.2　运用思维图引发思想碰撞

学生们在开展探索性工作（如写作过程）的初始阶段，借助思维图（也称为心灵图或概念图）来激发灵感、产生思想，是提出研究问题的一种非常有效的手段。思维图的基本要领是：在纸的中央画出一个圆圈，在圈里写出一个激发思维的词或短语，通常是一个大的题目范围、一个问题或一个论点等。然后，从圆圈上延伸出来的枝干和分枝上记录下自己的思想。只要是一直在一个思想链上，就持续在从主枝分下来的分枝上记录自己的思想；但是只要这一思想链不能继续了，就到一个新的起点并开始一条新的枝干。

图 2.1 显示了一个思维图的例子，用来评估卡尔和彼得支持和反对使用动物来做医学研究的辩论（Bean，1996）。正如图 2.1 所揭示的，一个思维图以一个可见的形式记录了写作者涌现出来的观点；概念围绕着原始的中心随机地分布着，但在每个分枝上又层次分明。这种半随机、半有层次的形式激发了丰富的思维，因为它引导思考者详尽发挥已经记录的观点（通过在已存在的枝干下加入新的分枝）或开始一个新的思想链（通过加上新的枝干）。因此，思维图的开放性可以极大地延展思考者的思想边界，催生各种不同的想法，以及各种想法之间的碰撞或连接。从这些思想碰撞中发现研究问题，并帮助思考者或写作者发现和构建一个组织结构的雏形。

2.4.3　运用树形图扩展思路

在探索性写作中，当学生的思维图一旦形成之后，他们就需要通过写出初稿来进一步发展其思维和提出研究问题，或推进研究问题的深入。而学生要在写作初稿时发展其思维和推进研究问题的深入，其写作方法就应该不受局限，既可以利用提纲式写作，也可以利用信马游缰似的探索性写作，但是无论是何种写作方法，也无论是在初稿还是论文写作的其他阶段，写作者都必须围绕写作主题完成具体化论述，在此基础上形成论文结构。与传统的写作提纲相比较，利用树形图来扩展思路、指导写作和构建论文结构，会更加直观、有效。

树形图在标题和副标题上不同于提纲的地方是用空间位置而不是用字母和数字来标示的，图 2.2 显示了比较关于动物权利的两方辩论的一份评价文章的树形图。写作者的论点摆在"树"的顶端，支持的论据在论点之下垂直地展示在"树枝"上。

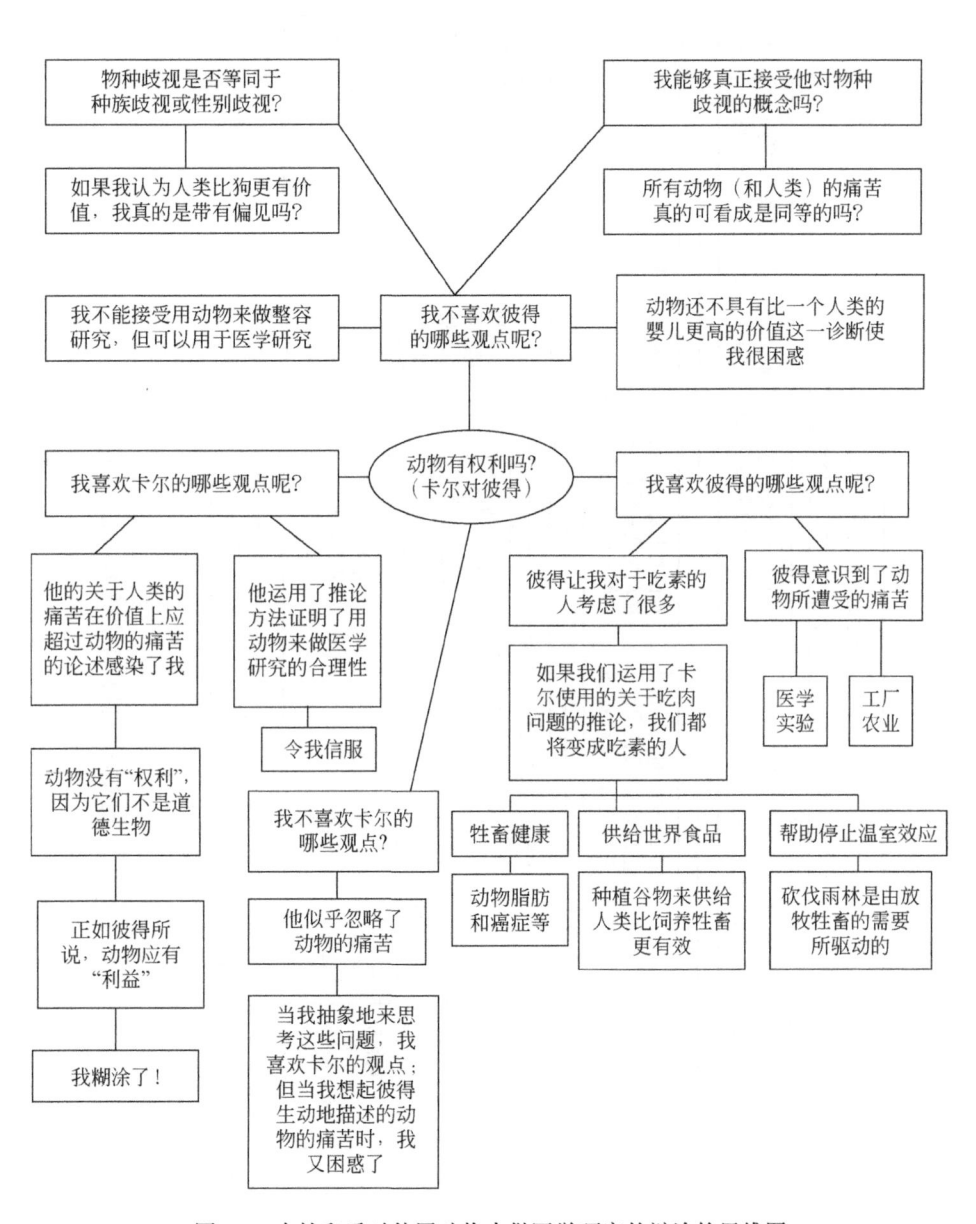

图 2.1　支持和反对使用动物来做医学研究的辩论的思维图

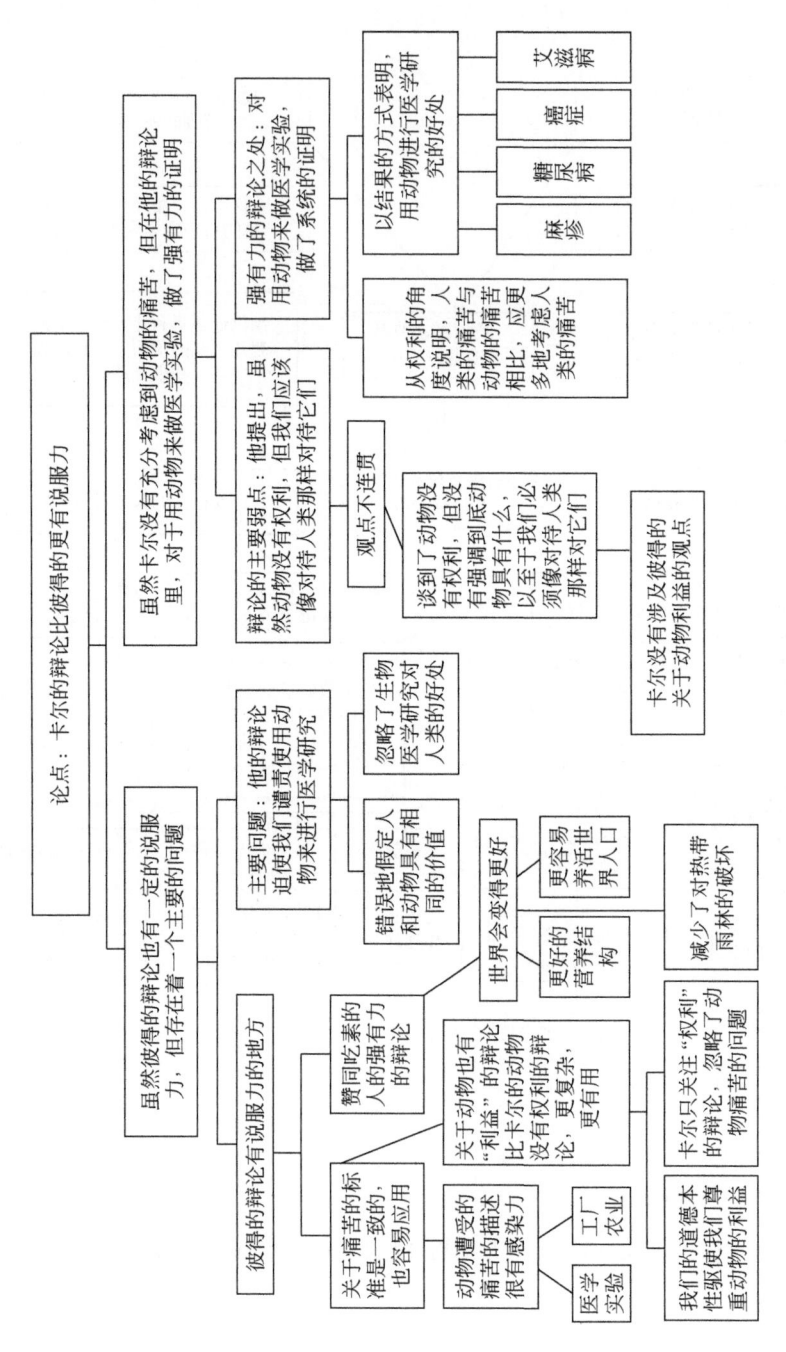

图2.2 比较关于动物权利的两方辩论的树形图

虽然传统的提纲可能是代表辩论结构的最熟悉的方式，但是树形图通常是计划和形成结构的更强有力的工具，它的直观性使得读者一眼就可以看清辩论的框架结构和它的顺序部分。树形图还是一种有用的进行创造的辅助工具，因为你可以在树的任何地方打上问号，为你还没有想出来的观点留下一个空白。比如，在早期的计划阶段，强调动物权利的作者写出了具有三个分枝的初步的树形图，如图2.3所示。

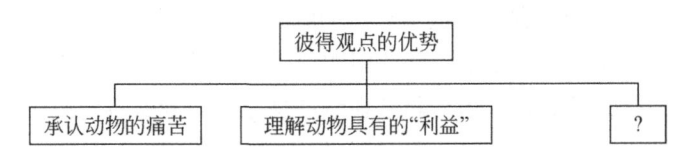

图 2.3　具有三个分枝的初步的树形图

运用问号留下空白就允许写作者直观地看出文章的大结构，同时为还有待去发现的论据和扩展思路留下空间。树形图的流体似的渐进特性使其可以增加"树枝"或将"树枝"向四周扩展，使其成为写作者特别有价值的推进研究问题深入和进行写作计划的工具。

因此，我们可以使用树形图来扩展思路（帮助提出研究问题）并构建文章结构。我们将论点放在"树"的顶端，在论点的下面，加上作者需要用来支持论点的主要内容，即要点，有时加上一些问号作为将来可能想到的补充点或新思路。在每一要点之下，通过思想碰撞的方式来发展辩论的章节，下附辩论、资料、详细材料、证据、详尽说明等，同样，加上一些问号为写初稿时可能产生的更多的观点留下余地。这样，有了树形图，就有了一张写作或修改初稿的"地图"。

2.4.4　通过扮演不同角色来提出问题

在进行多样性写作时，写作者既是论题的阐述与论证者、论点的主张者，还应该是论点的质疑者，这样他们就可以从不同的视角来提出问题。但是如果学生不是通过一种以探究为基础的教学法培养起来的，他们中就只有很少的人具有能提出问题的经验，他们不熟悉论点主导式写作，更不具备论点主导式的写作能力，因此通常他们写出的文章属于没有论点的文章，即文章结构在认知上不成熟。在文章的写作过程中，既看不到自己的文章是对有趣问题的应答，也不了解质疑是他们应扮演的角色之一。也就是说，他们不明白在进行一个研究项目的过程中他们应该扮演各种角色，通常作者的角色和目的取决于所提出的研究问题的性质，而读者或听众由于角色的不同也可能对问题或观点有不同的理解。

以下是在思考、文献综述和写作过程中作者可能扮演的一些典型角色，每一角色后面附有这一角色所能提出的研究问题的一些例子，通过这些例子可以获得怎样提出研究问题的启发。

角色一：对一个问题目前最新观点的综合者。

在这一角色中，学生收集一些该问题前沿研究的文献和报告，综述当代专家对该问题最新的论述或见解，总结在这些文献中，专家目前在思考什么，从而提出问题。

- 在治疗 1 型糖尿病的研究中，对于胰岛素泵的价值，目前最新的观点是什么？
- 根据目前专家的观点，是什么生殖或环境因素使鲑鱼回到它们原来产卵的地方去？
- 对于产生同性恋的原因，当前专家的观点是什么？

角色二：问题解决的发现者或批判分析者。

这里不是要求对一个前沿问题进行当前观点的综合，对于这一类问题，解决的满意答案也许还没被发现或报道。有时，作者可能还没有直接解决这类问题的数据，而在有的情况下，作者必须对原始资料或其他资料进行严格的分析以获取答案。

- 新型冠状病毒传染源是什么？传播的具体途径是什么？
- 在1882年《排华法案》通过后，美国华人是怎样的生存状况？

角色三：在野外或实验室实验中有独创的研究者。

在这里，作者提出一个开展野外或实验室实验的研究问题，设计和进行实验或以科学的方式去研究和报告其结果，文献检索和文献阅读主要是用于"文献综述"部分。

- 这一野外实验能够充分证实"稻田是该区域甲烷的主要排放源"的假定吗？
- 通过什么实验可以证明宇宙正在膨胀？

角色四：一个争端的综述者。

在这一角色中，作者综述本学科或本领域中一个争端的辩论的各个方面，比如观点及论据。

- 支持和反对独家保健系统的辩论依据是什么？
- 支持和反对"安乐死"的辩论依据是什么？

角色五：一个争端的分析者。

该角色的作用与前一个相同，但增加了必须分析争端中各种观点的优缺点，这一分析过程自然就要求作者自己的立场与判断，从而使得整个任务变得更具有挑战性。

- 评价支持和反对独家保健系统的辩论，你认为哪一种辩论更令人信服？为什么？
- 评价支持和反对"安乐死"的辩论，你认为哪一种辩论更令人信服？为什么？

角色六：一个有争议论点的支持者。

在这里，作者从资料总结性质和评估性质的角色转换为说服性质的角色，文章就从陈述观点变成了具有研究性的辩论或论战。

- 我们应该允许对老森林进行管理式的砍伐吗？
- 我们可以利用处理后的废水进行农田灌溉或地下水回灌吗？

角色七：在一个批判性的对话中的分析思考者。

在这里，作者对于一个学科问题进行独立的分析思考，他必须将他的观点与已经讨论过的相同或相似问题的其他人的观点相联系。这类文章可能很少使用原始的资料，而是运用第二手资料进行一个活跃的对话。

- 从联邦所得税转变为联邦消费税对消费者的信用卡使用有何影响？
- 地球本身有权利吗？

角色八：一个学派的创始人。

充当这一角色时，因为写作者面对的是这一领域的所有其他学派的信仰者，所以提出的问题更具有挑战性、冒险性，但也可能更具有创新性。

一位医学博士创立"营养医学"这一学派，他提出如下的科学问题："病有来的路，就应该有回去的路，那么身体有病是应该治疗还是自我修复？"传统医学认为得病是因为有损伤，只有吃药或手术才能得到治疗，而"营养医学"认为，充分发挥身体的"自我修复"能力，从而让病彻底好起来，才是最佳的治疗方案。根据这一理论，他提出了"损伤—原料—营养素—修复"这条主线，进而论述肝是身体营养物质的加工、营养储存和配送的场所（即"健康大总管"），而现实中诸多的慢性病，如糖尿病、冠心病、痛风等，都与肝的营养状况直接相关。因此，只要根据身体健康所需，及时补充正确而足量的营养素，以满足营养均衡的需要，那么许多慢性病就会得到根本性的治愈（王涛，2021）。

总之，在多样性写作的不同阶段，研究生可能会扮演不同角色，即使在同一阶段，也可能让自己扮演多种角色来激发思维，以便提出更多、更好的研究问题。比如作为角色五，你只需在框架"评价支持和反对……的辩论，你认为哪一种辩论更令人信服？为什么？"中，加入你感兴趣的议题，如同性婚姻、征收房产税、限制使用农药和化肥、限制使用塑料袋、转基因食品等，这不但能帮助你深入思考这些议题，还可以激发你提出更多的问题。

教师传授以问题为导向、以论点为主导的写作，就意味着向学生传授一种新的看待知识本身的方式，而这种方式是他们之前不熟悉的，引导学生进入具有"不和谐性"的知识世界。好的写作练习或批判性思维练习就是要产生这种令人不安的境地：一种用适当的方式去同另一种不同观点对话的场面，以此来让学生体验到在学术写作或批判性思维活动中所面临的智力、心理甚至感情方面的斗争。写作活动都始于作者意识到一个问题的存在——通常只是隐约能触摸到的、模糊不清的问题。作者也应意识到他的论点只是因回答这一问题而做出的、暂时的，甚至是冒险的命题，一个可能与读者认可的命题进行竞争的命题。不过，往往一个命题越冒险，可能就越具有前沿性和创新性。下面我们将讨论到，科学家具有的优秀品质之一就是冒险精神，就是敢于提出和解决冒险的科学命题的精神、敢于创新的精神。

2.4.5 "站在巨人的肩膀上"

科学研究是一个探索的过程，所以研究者的阅历越广、起点越高、格局越大，科研活动的创新性就可能越强，正所谓"站得高，看得远"。

- 会当凌绝顶，一览众山小。（杜甫《望岳》）
- 如果你想要观察山谷，就请爬到山顶；如果你想要观察山顶，就请升上云端（Gibran，1962）。

由于科学研究的长期性、连续性和复杂性，许多科学问题的提出都是建立于前人研究的基础上，即"站在巨人的肩膀上"、"利用前人的眼睛观察世界"或"利用思想创造思想"。具体来说，这种方法就是通过查阅和综述文献来凝练科学问题，这是本书主要讨论的提出研究问题的方法，下面的许多章节（如第 5 章、第 7 章）都将对这种方法进行详细讨论，这里就不赘述了。

2.5 批判性思维对提高创造力的影响

任何人都能够进行批判性思维，因此都能够进行创新性思维，事实上，我们的多数思考，尤其是批判性思维在某种程度上都与创新性思维联系在一起。那么，怎样发掘人们的这种创造潜能呢？下面通过对批判性思维与创新性思维的理解，对个人创造力模型、创造过程的四种境界，以及运用重塑方法获得创新思路等方面的讨论，来阐述怎样通过提高批判性思维能力来提升个人的创造力。

2.5.1 批判性思维与创新性思维

拉吉罗（2013）在《思考的艺术》一书中，根据认知心理学的观点，将心理活动分为截然不同的两个阶段：产生阶段和判断阶段。产生阶段和创新性思考联系最为紧密，大脑会产生各种关于问题和争议的概念、不同的解决方式和可能的解决途径或者反应。判断阶段和批判性思考联系最为紧密，在该阶段，人们对产生的想法进行检查和评估，并且在适当的地方予以补充完善，然后做出判断。他根据这种划分，在书中首先讨论创新性思维（"第二部分 充满创造力"），然后再讨论批判性思维（"第三部分 保持批判性"）。从书中列举的大量例子，以及每章之后的"热身练习"、"应用练习"和"综合练习"习题可见，此书的主旨是为了提高一般性思维活动的技巧。

在本书中，我们针对将研究生培养成为创新型人才这一根本目的，将创新性思维定义为创新型人才应具有的那种思维方式，即通过这种思维方式可以获得创新精神、创新能力和创新性成果。并且，创新性思维可以通过广泛而深刻的批判性思维而获得。因此，从逻辑和思维水平上看，批判性思维是思维的高级阶段，创新性思维又是批判性思维的更高阶段。根据这些概念的包容和递进关系，就存在以下必然的逻辑关系：批判性思维孕育创新性思维，或批判性思维是创新之母。所以，我们的全书着重点是讨论科学研究中的批判性思维活动。

拉吉罗（2013）讨论的"创新性思维"概念可能涉及更广泛的外延，而我们讨论的"创新性思维"概念则涉及更深刻的内涵。比如拉吉罗（2013）将创新过程分为四个阶段：寻找挑战、表达问题或者争议、调查问题、产生新想法，而这些阶段所包括的大部分内容在我们讨论的批判性思维过程中都有所涉及。

无论如何，对于以下认识，我们同拉吉罗（2013）是完全一致的：批判性思维与创新性思维是相互交织、相辅相成的。

2.5.2 个人创造力指数

批判性思维对已有的理论进行质疑，也可能推翻之前的假定，提出新的假定，在新假定下，探索新的结论。所以，没有批判性思维，就不可能有创新性思维与创造力。批判性思维的特征包括：第一，善于对通常被接受的结论提出疑问和挑战。第二，以分析性、建设性、创新性的方式对疑问和挑战提出新解释、做出新判断。由批判性思维孕育、孵化的创造性包含相辅相成的三个要素：创新精神、创新性思维和创新能力。前两个要素分别对应两个层次的批判性思维，即创新精神是一种心智模式，而创新性思维是一种思维能力和方法。创新精神更多地表现在想干什么，创新性思维表现在怎么想，而创新能力表现在怎么干（Qian，2018）。所以我们说，创新性思维根植于批判性思维之中。

这里我们通过一个个人创造力模型来阐明批判性思维对提高创造力的直接影响。个人创造力是一个人能产生新想法，并具有将其付诸实现的能力。个人创造力符合社会复杂系统创造力模型（刘勇，2008）：

$$\text{CI}_{\text{个人}} = f(E_M, E_S, D, A^{-1})$$

式中，$\text{CI}_{\text{个人}}$ 是个人创造力指数（creativity index），E_M 是物质能量（energy of material），E_S 是精神能量（energy of spirit），D 是性格和思维方面的多样性（diversity），A 是适应性（adaptability）。个人创造力指数与物质能量、精神能量、性格和思维方面的多样性成正比，与适应性成反比。批判性思维可以有效地提升精神能量、性格和思维方面的多样性，同时降低思维的适应性，从而提高创造力。比如批判性思维强调典型的学术问题具有"不完美结构"和"知识的不和谐性"，就是降低对某一知识领域的适应性，激励不断突破、不断创新。在第3章将深入讨论个人创造力模型，进一步阐述怎样通过提高批判性思维能力来提升个人创造力。

2.5.3 创造过程的四种境界

在科学上有重大贡献的人，绝大多数都属于能量集中型的批判性思维者。他们能够不受外界干扰，全神贯注，专心致志，冥思苦想，能量高度集中，且长期保持这种能量状态。并且能够长期专注于一个问题，面对难题也锲而不舍，甚至达到"无我"境界，而这种"无我"境界最有利于激发灵感、产生顿悟。

对于冥思苦想为什么能够产生顿悟，我们这里做一种还没有被证明的解释，尚属于批判性思维的大胆设想：根据物质循环定律，物体（包括人体）的物质在时间和空间上不断循环，因此，人们的体内可能存在"创新基因"或"创新原子"，比如包含有像牛顿、达·芬奇、爱因斯坦等科学天才的基因或"原子"。而冥思苦想所产生的高强度精神能量，可能就像激光一样激活这些"创新基因"，从而产生灵感、发生顿悟、出现洞见。也可以用"核反应"来比拟这一过程，人体内的"创新原子"就像铀、钍和镭等放射性元素，而冥思苦想所产生的高强度精神能量，就像高能量的核"炮弹"，这些核"炮弹"猛烈轰击这些"创新原子"核，引起头脑中的"核反应"，从而释放出巨大的精神能量。

根据一般心理学理论，创造过程经过四个阶段：提出问题—酝酿—顿悟—求证，这个创造过程也可形象地展现为以下四种境界，即王国维（1998）的学问三境界加上胡适的治学境界（胡明，1996）。

第一境界："昨夜西风凋碧树，独上高楼，望尽天涯路。"这是提出问题阶段，必须独立思考而不跟风，即"独上高楼"，同时要站在前人肩膀上，了解前人的成果，亦即"望尽天涯路"，才能提出有价值的问题。

第二境界："衣带渐宽终不悔，为伊消得人憔悴。"这是寻求问题答案的过程，苦苦求索，专心致志，不管衣着，身形憔悴，身心进入了入迷状态。

第三境界："众里寻他千百度，蓦然回首，那人却在灯火阑珊处。"这是顿悟境界，灵感闪现，豁然开朗，解决问题的方法突然出现在眼前。

第四境界："大胆假设寻目标，小心求证获真知。"顿悟的东西是否是真理，还需要认真验证。

达到每一种境界都是批判性思维的一次跃升，并且批判性思维依次推进、扩展与深化，而通过批判性思维所获得的结果或"真理"也随着创造过程中的境界层次的不断上升而逐渐显露、升华。换言之，随着批判性思维的不断深入，创新性思维及其成果就会逐渐涌现。

其实在我们的不少古训中，就包含了批判性思维的深刻表达，即将认知和创新过程作为核心。比如在《中庸》中就有"博学之，审问之，慎思之，明辨之，笃行之"。今天中山大学的校训"博学、审问、慎思、明辨、笃行"就是对此的化用。博学，指广泛涉猎；审问，指质疑与询问；慎思，指周全思考；明辨，指清晰判断；笃行，指不断实践，不断创新。不难发现，全国多所高校的校训中都蕴含与此相似的寓意。

2.5.4 运用重塑方法获得创新思路

卡比和古德帕斯特（2016）在《批判性思维与创造性思维》一书中，对创新性思维源于批判性思维的关系，有一个更为浅显易懂的解释，那就是，用相反的方式思考（即批判性思考的一种方式）就可能带来创造性。在操作上，就是运用重塑方法获得创新思路，比如将传动装置从汽车的后部移置到前部，就创造出前轮驱动车。这种重塑方法为我们提供了广泛的思路，选出任何一个问题或一个对象，用这种重塑或"震荡"方式来改变它，看是否有新的想法或结果出现。对一个可触摸的物体和具体事件，重塑的思路或方法如下：

①改变它：改变做一件事的时间，或者改变在做这件事的过程中情况发生的时间，这样想象能够大大提前或延展。改变时间介词，如马上、之前、现在、期间、伴随着、穿插、直到、之后、当……时、永不等。

②重新安排它、移动它：向上、向下、放在旁边、置于之上、置于之下、置于之前、置于之后、放在里面、放在外面、放在后面、形成角度、旋转它、挨着它移动等。

③融合它：用一个东西或用很多东西通过包围、混合、加入等方式进行融合。

④对它进行拟人处理：想象它具有人的品质、让它能够思考、能够交流，想象其形象等。

⑤打开它：从顶部、底部、狭缝打开，显示内部，给内部增加更多的东西、去皮、显示结构等。

⑥颠倒它，将它上抛，倒转过来，从后面开始，将它送到一个新的方向，改变它的用途，等等。

⑦让它更亮、更暗、更白、具有不同颜色、更吵、更重、更密、更轻等。

⑧否定它：抛弃它、选择另一个、打碎它、不再使用它等。

⑨塑造它：高些、宽些、厚些、薄些、让它变形、让它缩水、让它从平面变立体、让它从立体变平面等。

可见，对于一个可触摸的物体，可采用多种重塑方法来寻求创造的可能性。同理，不妨用这些类似的方法去改变、重组、融合、颠倒、否定、塑造你头脑中的学术研究的思路、结果、概念、结构、逻辑等，也可能帮助你获得创新思路。这些方法都充分显示，通过进行不同方式的批判性思维，就可以提高创新性思维，从而提高人的创造力。

"听说有个荷兰人把两个镜片放在一起，远处的东西看起来就像在近处一样。"如果你听到了这两句传言,你会有何反应?伽利略听到了这两句传言,经过整整一晚的仔细思考和研究,就明白了望远镜的原理,第二天一大早,就制作出放大倍数为 3 倍的望远镜,随后制作出放大倍数为 8 倍、32 倍的望远镜。而且仅凭一架简单的望远镜,居然就推翻了亚里士多德的宇宙不变的重要理论(威尔逊,2011)。

2.6 科学研究者应培养的品格和能力

为了帮助研究生更好地进行批判性思维,早日将自己培养成为优秀的科学研究者,这里简要介绍科学家所具有的品格和能力(贝弗里奇,1979)。我们在第 3 章将详尽讨论,这些品格和能力是孕育个人创造力的基本条件,也是科学家们能高效地进行批判性思维,不断取得创新性成果的内在性、根本性原因。而且这些品格与能力主要是通过培养发展起来的,因此在研究生的培养过程中,既要注重科研能力的培养,也要注重品格的塑造。以下列出的科学研究者应培养的品格和能力进一步说明批判性思维对创新性思维以及其对科学发现的根本影响。

2.6.1 科学研究者应培养的品格

科学研究者酷似开拓者,作为开拓者无疑应具有以下品格:好奇心、事业心和进取心,要有随时准备以自己的才智迎战并克服困难的精神状态。开拓者的冒险精神表现为对已有知识和流行观念的不满足,以及渴望检验自己判断力的欲望。其中最核心的品格就是对科学的无限热爱和难以满足的好奇心。

1. 好奇心

杜威(2010)指出:"在提供那种能引起联想的原始材料方面,最重要和最有活力的因素无疑就是好奇心。古希腊贤哲曾说好奇心是一切科学之母。……正如同充满活力的健康的身体总在寻求营养,好奇的心灵也总在保持警觉进行探索,寻求思考的材料。有好奇心的地方,就有寻求新的和各种各样的体会的渴望。这种好奇心是我们获取供推理之用的原始材料的唯一可靠保障。"他将好奇心分为身体接触、社会接触和智力探索三个层面(杜威,2010):"(1)好奇心最先表现为一种生命力的外流,一种丰富的有机体能的表露。……(2)在社会刺激因素的影响下,好奇心会发展到一个较高的阶段。……(3)好奇心上升到体能层面和社会层面之上，就到了智力层面，此时是在观察事物和积累材料的基础上发现了问题，而加以思索。"

强烈的好奇心通常表现为：研究者对他所注意的却尚无令人满意解释的事物或其相互关系的认知存在一种本能性的探索欲望。在科学家看来，对未知的解释就是去寻求其间并无明显联系的大量资料或现象背后所隐藏着的那些原理或存在着的某种内在逻辑，寻求一种新的解释成为他们一种强烈的愿望，这种强烈愿望可被视为升华了的好奇心。热衷于研究工作的科学家往往是一个具有超乎常人的好奇心的人，他们可能意识到困难或难题的存在，也可能感觉到流行的理论和知识存在着令人不满意的现状，从而激发自己去思考，而不具有好奇心的人很少受到这种激励。具有好奇心的人对事物总是不断进行质疑：比如某过程为什么起作用？如何起作用？某物体为什么采取现在的形式？如何采取这种形式？等等。往往就是通过这些质疑，发现难题的存在，进而探索解决难题的方法。

培根说过，我们必须像小孩一样，才能进入科学的王国，这就提醒我们要保持童年时那样的开朗灵活的好奇心，同时也提醒我们注意这一天赋是很容易消失的（杜威，2010）。拉吉罗（2013）则给出 6 种重拾好奇心的具体方法：①做一个善于观察的人；②看到事情不完美的一面；③记下自己和他人的不满；④寻根溯源；⑤对暗示保持敏感；⑥在辩论中发现机遇。

1857 年夏天，外人眼中"疯狂"的巴斯德成天把自己关在小屋子里。屋子里又闷又热，摆满了瓶子、试管、蒸馏皿和煤气炉，还有个奇怪的烤箱。这个矮小的人，满脸胡子，鼻梁上架着眼镜，双手很脏，思索问题时常把手放在额头上，额头也脏兮兮的，衣服更是污迹斑斑。他从那个奇怪的烤箱里拿出一个瓶子，看了看，晃了晃，又盯着瓶子看了看，有点生气地跺了下脚，猛地把瓶子塞回烤箱。他在屋里转了一圈，拿起这个看看，又拿起那个看看，似乎一无所获。只见他拿来一根玻璃棒，这里搅搅，那里拌拌，不时还凑近闻一闻。不一会儿，他又一动不动地站着，双手紧握胸前，猛然间，他扔下玻璃棒，用拳头砸了下桌子，激动地喊道："肯定有办法的，肯定有办法让这些该死的东西生长。"他这样夜以继日地工作，究竟为了什么？其实他根本没有什么明确的目的，只是为了满足好奇心，证明自己的理论：牛奶变酸，不是因为化学变化，而是因为那"该死的东西"——微生物（威尔逊，2011）。

2. 冒险精神

因为科学上原创性研究往往是解答前人还未涉足的，甚至是"触犯权威"的冒险的命题，而越是具有创新性的命题可能就越冒险、越具有颠覆性，所以科学研究者必须具有冒险精神。冒险精神包括敢于探索未知领域，具有哪怕终其一生一事无成的牺牲精神。冒险精神也包括敢于挑战传统观念，对于超越认知的新设想，人们往往都会存在一种抗拒的心理倾向，也许其根源是被称为集群本能的一种先天性冲动。这种本能性的倾向会驱使人们在一定范围内因循守旧，反对集群中其他成员逾规越矩，不希望背离主宰当下的行为和思想。另一方面，这种本能性的倾向也会给予坚信者从众的观念以及"真理"的假象，不管这种信念是否有确凿的事实为依据。

在历史上，许多例子显示，当科学家在取得重大发现的时候，人们对这一科学发现的看法与现在迥然不同。在当时，很少人能认识到自己在某问题的认知上其实一无所知。也许是人们对问题视而不见，对其存在置若罔闻，也许在某问题的认知上已经有了普遍接受的观点，只有将其驱除后，才能建立新的概念与认知。在思维活动中，最为困难的是重新分析已建立起认知的熟悉现象，寻找新的角度，重新看待它，并以此摆脱当时流行的理论，这就是像伽利略这样的先驱者曾面临的巨大精神障碍，而往往每一个具有独创性的重要发现的发现者都可能会遭遇如此的精神障碍。历史上，伟大的发现者之所以遭到迫害，部分是由于这种人们对新设想的抗拒心理，部分则是由于发现者冒犯了权威，侵犯了精神上和物质上的既得利益者。

- 哈维写道："关于血液流量和流动缘由多方面尚待解释的内容是如此新奇独特、闻所未闻，我不仅害怕会招人妒恨，而且想到我将因此与全社会为敌，不免不寒而栗。匮乏和习俗已成为人类的第二天性，加之以过去确立的已经根深蒂固的理论，还有人们尊古师古的癖性，这些都很严重地影响着全社会。然而，木已成舟，义无反顾，我信赖自己对真理的热爱以及文明人所固有的坦率。"后来正如哈维判断的那样，他受到了嘲笑和辱骂，来他诊所求诊的病人越来越少，经过20余年的斗争后，血液循环理论才被普遍接受（贝弗里奇，1979）。
- 《物种起源》发表后，各地的牧师都公开指责达尔文。准确地说，他们对达尔文的理论恨之入骨，只能把所有怨恨都发泄在作者身上。达尔文向来温文尔雅、热情慷慨，热爱世界上所有生灵。然而，在那些牧师的眼里，达尔文成了怪兽和魔鬼，妄图摧毁家庭伦理、人情关爱和美丽的宗教。他是嘲弄上帝的无神论者，是可怜的背叛者，是彻头彻尾的恶棍，是人类的害群之马（威尔逊，2011）。为什么达尔文会遭到这样的待遇呢？其实他的妻子埃玛知道其中的缘由："你把上帝硬生生地从他们的身边拉走了。"

3. 激情

在历史上，最富有成就的科学家都具有常人无法理解的一种狂热者的激情，但他们也会接受外界对自己成果的客观判断，也有必须接受他人批评的限制。由于对科学信念的执着和激情，他们在面对挫折和失败时，依旧能不屈不挠、百折不回。作为科学家，除了激情，自然也要具备其他的特质，包括聪明的资质、内在的干劲、勤奋的工作态度、仔细务实等优良品质。

希伦国王命令金匠打造一顶纯金皇冠，国王怀疑金匠用合金替代纯金，就将验证的难题丢给了阿基米德。一天，一直陷入沉思的阿基米德在洗澡，他一走进澡盆，盆里的水就上升了，坐下后，水就满到盆沿。他还发现，在水中潜得越深，身体似乎就越轻。"尤里卡！尤里卡！"（古希腊语中"尤里卡"意为"我发现了"）他一边狂热地喊着，一边忘我地跳出澡盆，一丝不挂地冲上大街，只想第一时间把怎么解决皇冠问题证明给国王看（威尔逊，2011）。

4. 博学

成功的科学家往往是兴趣广泛、知识渊博的人，不少人（比如伽利略、达·芬奇等）还多才多艺，"琴棋书画诗酒花"样样精通。这除了形成他们性格的多样性，他们的独创性及其创新精神与其博学也息息相关。他们对于普遍规律具有清晰的概念，而不是把它们看作一成不变的法则。在创新性思维中，看见森林比看见树木更为重要。对科学事物深思熟虑的科学家，不仅要看清局部问题与积累技术细节，而且还必须具备丰富的知识而使其具有看到森林的全局观，即博学者更具有看问题的全局观。

在其他条件相同的情况下，我们知识的宝藏越丰富，产生重要设想的可能性就越大。此外，如果具有相关学科甚至边缘学科的广博学识，产生独创的见解的可能性就更大。正如泰勒所说："具有丰富知识和经验的人，比只有一种知识和经验的人更容易产生新的联想和独到的见解。"

科学家的既博学又专注的特性构成了他们精神上的一个巨大的"凸透镜"，博学形成视野广阔的"镜面"，专注形成能量巨大的"焦点"。

随着科学的进步，许多科学家发现，亚里士多德直至今天还拥有绝对的地位，等待着未来的科学巨人的超越。亚里士多德拥有以下"头衔"：世界上第一位伟大的生物学家，第一位胚胎学家，逻辑学的创始人，第一位在自然史领域进行分类的科学家，第一位进行归纳推理的科学家（威尔逊，2011）。看看这些博学的背景知识和涵盖多领域的学术成就，联想到亚里士多德在人类历史上产生的巨大影响，你还会觉得奇怪吗？

5. 不懈努力和坚强毅力

科学研究者必须具有刻苦钻研的精神及坚强的毅力。马克思说："在科学的入口处，正像在地狱的入口处一样。"在学术上要取得一定的成就，一定要付出巨大而艰辛的努力，正所谓"面壁十年图破壁"。美国国家科学基金会定期对美国毕业的研究生进行调查，其中一个问题是："在研究生阶段，您平均每星期用于学习和科研的时间是多少小时？"不少已毕业的研究生给出的答案是："每星期 84 小时以上。"如果他们每周 7 天都在学习和科研，那么每天花在学习和科研上的时间是 12 小时以上！作为"笨鸟"以及由于语言的限制，我本人在美国攻读硕士和博士期间，每周 7 天，每天用于学习和科研的时间绝不会少于 14 小时。所以建议研究生们每天睡觉前，不妨自问："今天我工作了多少小时？在这些时间里，我都完成了什么？"不仅仅是伟大的科学家，看看身边的教授们，只要是学术上有所建树的，都是全身心投入事业的"工作狂"。当科学家谈到创造的自发性、意外性、启发性和灵感性时，几乎都谈到创造的偶然性特征，但切不可忽视，创造的必然性特征是：努力+时间！当牛顿被问及怎样发现地心引力时，他的回答是："通过一直思考得到的。"像牛顿的努力思考一样，爱迪生在实验室里的努力工作和专注，也是科学界出了名的，爱迪生说："天才是百分之一的灵感加百分之九十九的汗水。"他知道没有任何东西可以替代努力工作。

在科学探索的道路上，除了不断地努力钻研之外，坚强的毅力也是必不可少的。因为科学实验可能会一次次失败，论文投稿可能会一次次被拒，忍受痛苦而不气馁，是青年科学家必修的严峻一课。科学家所获得的最大的回报就是新发现带来的激动，这会产生一种巨大的鼓舞和极大的幸福与满足。普朗克获得诺贝尔物理学奖时说："回顾最后通向发现（量子论）的漫长曲折的道路时，我对歌德的话记忆犹新，他说，人们若要有所追求，就不能不犯错误。"（贝弗里奇，1979）爱因斯坦在谈到他的广义相对论的起源时，这样说道："这些都是思想上的谬误，使我艰苦工作了整整两年……最后的结果看起来近于简单，而且任何一个聪明的大学生不会碰到太大的困难就能理解它。但是，在最后突破、豁然开朗之前，那在黑暗中对感觉到了却又不能表达出来的真理进行探索的年月，那强烈的愿望，以及那种时而充满信心，时而担忧疑虑的心情——所有这一切，只有亲身经历过的人才能体会。"（贝弗里奇，1979）

正当开普勒因火星的椭圆运行轨道冥思苦想、精疲力竭之际，发生了一件不可思议的事。一遍遍计算，一次次尝试，到头来似乎都是徒劳。他知道肯定有定律存在，自己却无法发现。疲劳的他趴在一堆数字中昏昏欲睡，疲惫的眼睛扫过桌上的一堆写满数字的稿纸，目光突然停留在两个非常相似的数字上，心中一阵狂喜。他看到的是 1.00429 和 0.00429，第一个是火星光学不等式中的数字，第二个是椭圆轨道与圆形轨道之间距离的一半。他知道自己看到了胜利的曙光，并最终发现了开普勒第一定律（威尔逊，2011）。

2.6.2　科学研究者应培养的能力

除了上面讨论的科学研究者应培养的品格，科学研究者还需要培养各种能力，包括想象力、逻辑思辨能力、捕捉机遇的能力、直觉、克服思维惯性的能力以及科学的鉴别力等。

1. 想象力

科学研究者首先要培养自己丰富的想象力。爱因斯坦（1976）强调："想象力比知识更重要。"廷德尔认为："有了精确的实验和观测作为研究的依据，想象力便成为自然科学理论的设计师。"（贝弗里奇，1979）想象力是在大脑中形成一个与客观世界相对应的虚拟世界，并驱动这个虚拟世界超越现实世界运行的能力。个人想象力越丰富，审美感越强，对社会的适应性就越低。这就促使其进行创造，以求得自我实现（详见第 3 章）。复杂系统具有不可各态历经性，只有发挥丰富想象力才能认识其中的奥秘。决定想象力大小的三个因素是精神能量、知识多样性和综合交叉能力，这些都是与创造力紧密联系的能力。

培养想象力的一种方式就是经常记录下自己对观察事物的联想，由于联想的功能有三个不同方面：联想的快慢、联想的宽窄、联想的深浅（杜威，2010），所以根据自己的想象力，看自己从观察到的某一事物中能够联想得多快、多广、多深，从而提高想象力。如以下的例子所示：

雨棚上的一个洞

春节期间，站在贵州毕节市妹妹家的窗前，看见窗下的硬塑料雨棚上有鸡蛋般大小的一个洞，在完整无缺的雨棚上有这么一个周边形状虽不规则，但近似圆形的洞，我深感奇怪。仔细观察，才发现这一洞与上方约2m多高的妹妹家的火炉烟囱出口相对应，还看见洞口周围四散的污迹。为了进一步弄清此洞的来历，我盯着烟囱出口，但等了近半个小时才见一滴水从烟囱出口处滴了下来。虽然我不知何时才有下一滴水从烟囱出口滴下来，但相信这洞一定是长年累月、慢悠悠地从烟囱出口处滴下的每滴水的共同"杰作"，因而不得不惊叹时间和自然的力量。雨棚上的这一个洞，进一步验证了"水滴石穿"的真理，但我更看到了自然的破坏力：时间、水力学、温度、化学的结合所产生的惊人破坏力！这一伸向窗外的烟管，解决了烧煤所造成的室内一氧化碳过高的问题，但同时显示了烧煤带来的环境污染问题。烧煤产生的烟气中所含的硫化物、一氧化碳、二氧化碳，进而产生的硫酸和碳酸是形成这一洞的化学力量，也是造成大片森林被毁、大量鱼类死亡的酸雨等生态问题的根源。贵州曾因过多使用燃煤变成酸雨破坏最严重的地区之一，现在城市居民一般都用煤气，只在冬季才有人家使用煤炉取暖并增加"人气"。烧煤所产生的二氧化碳也是最重要的温室气体，眼前雨棚上的这个洞就像是大气层中因温室气体破坏，而在臭氧层中形成的那个大洞的缩影！由于臭氧层中的那个大洞，人类受到更强烈的太阳辐射，从而引发皮肤癌。眼前雨棚上的这个洞的形状与人类身上的病变皮肤的形状又何其相似！想到这些，我已不忍再看这个洞了。

亲人们的欢声笑语把我从沉思中唤醒，看着围在火炉边享受着烤红薯、烤糍粑的人们，我才意识到这个铁火炉怎样给这一大家的人们带来温暖，使我们舒舒服服地度过这一漫长的寒冬。我再看窗外，因为内外温差在玻璃上形成的雾气似乎将雨棚上的洞抹平了。

要真正做到冥思苦想，在联想中必须忍受并延续那种疑惑的状态，这是彻底探究问题的动力，这样才不至于在未获充足理由之前，接受某一设想或肯定某一信念。一个训练有素的科学家，最重要的特征之一就是：不在佐证不足的情况下做出任何结论。把思想具体化，在脑海中构成形象，依赖于丰富的想象力。画面感作为想象力的一种表现形式，在科学思维中发挥着重要作用。德国化学家凯库勒就是通过想象蛇咬住自己尾巴这样一种画面，而构建出苯环结构的。人的头脑具有在事物中追求条理性的倾向，使我们看到一种高度的条理性和均衡性，而实际上条理性和均衡性却没有达到这么高的程度。所以需要通过丰富的想象力来谨防这种追求条理性的倾向把我们引入歧途。

事实上，在研究工作中，常常会遇到这种情形，有助于研究者做出有效推理的可用知识往往不够，这时他们只能仰仗"感觉""鉴别力""想象力"。比如，牛顿从苹果的落下想到月球的坠落问题，进而解决万有引力问题，就是发挥有准备的想象力的一种行动。想象力之所以重要，不仅在于它能够引导我们发现新的事实，而且还能够激发我们付出新的努力，因为它使我们看到有可能产生的后果。事实和设想本身是死的东西，是想象力赋予它们生命。想象力既是一切希望和灵感的源泉，同时也能帮助克服沮丧失望。杜威（Dewey, 1916）强调："使一个不惯于思考的人感到沮丧烦恼的事……对于有训练的探究者来说，是动力和指针……它或是能披露新问题，或是有助于解释和阐明新问题。"可见，想象力对创造性科研工作的影响是多么大。

2. 逻辑思辨能力

本书的一位评审专家指出："从我的体会来看，我们的学生不仅缺乏批判性的思维，甚至连基本的逻辑学知识都没有。缺乏基本的逻辑学知识，如何产生批判性思维？"的确，批判性思维是运用逻辑学的推理和论证来思考和解决思维问题的。批判性思维具有以下特点：第一，合理性。批判性思维是理性思维，建立在知识的基础上，并根据其推导出结论。第二，反思性。对任何观点的理由和任何结论的前提都要进行批判，从而对观点或结论做出准确的判断。第三，前瞻性。根据知识进行逻辑推理，我们可以预见未来，这就是思维的前瞻性（王彦君，2020）。这些特点说明，合乎逻辑地思考、推理、辨别自己和他人思维中的谬误并预测未来是批判性思维的核心。

理性认识就是通过演绎、归纳、三段论等逻辑方法，以及其他科学的方法去认识问题、做出选择，从而得出结论。在论证的结构——论点、论据和推理中，推理包括演绎推理和归纳推理。演绎推理是由一般知识的前提推出特殊或个别知识的结论的推理，而归纳推理是由个别知识的前提推出一般知识的结论的间接推理，除完全归纳外，归纳推理的结论往往超出了前提的范围。在应用演绎推理时，除了要避免三段论中的推理谬误（如不当周延、歧义谬误、否定前件式、肯定后件式等），还要避免一些非形式谬误，如不应该认为整体的各部分具有整体的特征（分割谬误），不能把需要证明的命题作为假设循环推理（循环推理谬误），不能把复杂问题归结为过分简单的选择（非此即彼谬误）等。

在应用归纳推理时，需避免诸如错误类比、草率概括、合成谬误、过度假设、无限延伸思维等推理谬误。在演绎推理和归纳推理的运用中，都要避免诸如优势吸引（诉诸普遍性）、诉诸权威、诉诸传统、诉诸无知等谬误（卡比和古德帕斯特，2016）。由此可见，为了保证批判性思维的合理性和准确性，必须具有严密的逻辑思辨能力。推理在科学研究中的重要作用还将在第9章（9.4节）进行较详尽的讨论。

3. 捕捉机遇的能力

科学研究者要学习怎样抓住机遇。也许大多数重大的新发现都是意外提出的，或至少含有机遇的成分，特别是那些最重要和最革命性的发现。对于确实开辟新天地的发现，人们很难做出预见，因为这种发现常常不符合当时主流的看法。科学研究者要客观地认识机遇在新发现中的重要作用，并在科学研究中加以利用。虽然我们无法有意制造这种捉摸不定的机遇，但我们完全可以对之加以警觉，做好准备，一旦机遇出现，就认准它，从中获益。正如查理·尼科尔所说："机遇只垂青那些懂得怎样追求她的人。"我们需要训练自己的观察能力，培养那种经常注意预料之外事物、检查机遇提供的每一条线索的习惯。而"留意意外之物"则是科研工作者的座右铭（贝弗里奇，1979）。

在科学史上，有不少借助机遇得出新发现的例子（贝弗里奇，1979），诸如：电流的发现者不是物理学家，而是生理学家伽尔瓦尼在进行青蛙解剖时偶然发现的；为了吓唬小偷，人们在葡萄藤架上喷洒石灰和硫酸铜的混合液，而米勒德特注意到偶然蘸上混合剂的葡萄叶不长霉，根据这一线索，发现了保护果树免受霉菌疾病侵袭的波尔多液；根据看门人夜晚开着动物实验室的灯以便能找到出去的门路这一偶然事件，纳尔班多夫受到了启发，发现灯光可使实验鸡在切除脑垂体后继续生存这一简单方法。

尽管机遇是客观存在的，但是能否捕捉机遇，从而获得创新性成果，则依赖于研究者是否具有识别机遇的能力。正如巴斯德所言："机遇只偏爱那种有准备的头脑。"没有准备、没有训练，即便上百次苹果落下砸着头，也不可能发现万有引力。可见，识别机遇的能力对于科学研究是多么重要！

4. 直觉

科学研究者需要直觉。直觉对于科学研究的重要性，正如爱因斯坦所强调的："在科学研究中，真正可贵的因素是直觉。""要发现（复杂的科学规律），没有逻辑方法,只有用直觉,直觉能感受到表象背后的规律。"(Beveridge,1951)这里的直觉是指对情况的一种突如其来的顿悟或理解,也就是人们在自觉或不自觉地想着某一题目时,突如其来地跃入意识中的一种使问题得到澄清的感觉或思想。根据直觉的心理学,产生直觉最典型的条件是:对问题进行了一段时间专注的研究,伴之以对解决方法的渴求,放下工作或转而考虑其他;然后,一个想法戏剧性地到来,常常有一种肯定的感觉,人们经常为先前竟然不曾想到这个念头而狂喜并感到惊奇。

在现代科学史上,科学思维已经突破归纳与演绎轮流统治的格局,直觉的运用以及在科学发现中的作用,已被广泛地关注和重视。一般认为,直觉产生于头脑的下意识活动,这时,大脑也许已经不再自觉注意这个问题了,然而,却还在通过下意识活动去思考它。特别是在物理学和数学中,科学家追求普遍性结论的一个重要诱因,是对论据之间的条理与逻辑联系的喜好。这种强烈的诱因让直觉发挥作用。爱因斯坦如是说:"没有什么合乎逻辑的方法能导致这些基本定律的发现。有的只是直觉的方法,辅之以对现象背后的规律有一种爱好。"随着直觉被广泛地重视,如何捕获和培养直觉的研究也越来越多。这里介绍若干有关探索与捕获直觉的方法或条件(贝弗里奇,1979)。

①对问题和资料进行长时间的考虑,直至达到思想饱和,这是最重要的前提。必须对问题抱有浓厚的兴趣,对问题的解决抱有强烈的愿望。

②作为一项重要条件,应摆脱分散注意力的其他烦恼问题或令人兴奋的事,特别是有关私生活的情绪问题。即使上班时把自觉的思考非常认真地用于工作,但如果对自己的工作沉迷不够,不能使思想一遇机会就下意识地去想它,或让一些更紧迫的问题把科学问题从思维中挤出去,那么要得到直觉的希望是不大的。

③不受中断,并摆脱一切使人分心的因素,如室内他人的热闹对话或突然发出的大声响等。

④不少人发现,在紧张工作一段时间后,悠游自在和暂时放下工作期间,更容易产生直觉。

⑤同别人交流对思维活动有积极的促进作用:与同事或外行进行讨论,写研究报告或做相关的演讲,阅读科学论文等。

⑥新想法常常瞬息即逝,必须努力集中注意力,将新想法牢记在心,方能捕获直觉。一个普遍使用的好方法是养成随身携带纸笔(或使用手机记录)的习惯,及时记下闪过脑际的独到之见或奇思妙想。

5. 克服思维惯性的能力

科学家必须克服思维惯性。头脑未经正规训练的人，在学习的过程中常常看不到知识的空白或不一致的地方，不能逐渐形成自己的观点。往往只注意并记住那些符合自己观点的事物，而忽略甚至忘却其他事物。一旦我们对一组资料进行思考，则往往每次都会采用同样的思路，这样就容易重复对于科研不利的思路。不加批判的阅读和记忆也会造成受条件限制的思考，如孟子云："尽信书，则不如无书。"思想上要摆脱这种条件限制，必须进行批判性阅读。把自己对问题的见解暂时搁置一旁，同别人讨论问题，甚至同不熟悉我们工作的、跨学科的人进行交流，也有助于克服思维惯性。

对于思维惯性的产生，即不能审视而是固守自己的想法，拉吉罗（2013）认为至少有两个原因："一个是你倾向于抵触自我批评。一旦认定某个主意，你就会对它有一种主人翁的情怀。……在某种程度上，这种情况就像一只守着骨头的狗，只要有人靠近，它都会坚持不懈地咆哮，不是因为骨头多有价值（它可能被嚼完吐出来很长时间了），而只是因为它是狗的财产。另一个你不愿评价自己想法的原因是它们太相似了，以至于难以看到其中的瑕疵。你在一个问题或争议上花费的时间越长，你对它的细节就越习惯。并且一旦你倾向于某个解决方案，你就可能过于关注它，而难以客观地进行评价。"

科学家绝不容许自己的思想固定不变，不仅自己的见解不能固定不变，而且对待当时流行观点的态度也不能不变。"归根到底，科学研究是对现今思想和行动所依据的学说及原理不断检验的一种思维活动，从而对现存的做法是抱批判态度的。"（贝弗里奇，1979）许多伟大的发现都是由于全然不顾公认的信念来设计实验而提出的。是达尔文首先提出并运用"蠢人实验"一词，来指那类为多数人所不屑一试，而他自己则常进行的实验。

6. 科学的鉴别力

科学研究者还需要科学的鉴别力或鉴赏力，这已成为一种共识。鉴别力，从字面意义上理解是辨别真假好坏的能力，但进一步引申为，能从一般之中看到特殊，从简单之中看到复杂，从复杂之中看到简单，或者从相同之中看到不同，从不同之中看到相同等方面的能力。它是一种批判性思维能力、一种综合分析和辨别的能力。这种能力是人对外界事物在内心中产生感受的积累和升华。科学家的鉴别力包含了丰富想象、完美组合、高度和谐统一。例如牛顿万

有引力定律 $F=Gm_1m_2/r^2$，即两个物体之间的引力，与两物体质量（m_1 和 m_2）的乘积成正比，与它们之间距离（r）的平方成反比，G 是保证量纲平衡的万有引力常数。这 4 个因素经如此严密组合，秩序井然，将世界万物、浩瀚太空天体之间的引力关系如此简单而完美地表达出来，这是何等博大精深、何等壮美瑰丽！再有，许多科学家甚至哲学家更是将爱因斯坦的相对论称为"一件伟大的艺术品"。质能关系式 $E=mc^2$，即能量等于质量乘以光速的平方，具有囊括物质世界的完美性，可谓科学史上千古绝唱的好"诗"。许多应用广泛的科学公式，都以极为精美的形式，把千变万化的现象"罗织成一幅锦绣"，把似乎各不相关的因素巧妙地组合为一个严密的统一体，从而揭示出自然中和谐的关系、协调的结构，既给人以深邃的知识，又给人以美妙的享受（熊舜时，1992）。

事实上科学的鉴别力在科研活动的诸多方面都发挥着重要作用，包括选择有潜力的研究课题，识别有希望的研究线索，捕获直觉，在缺乏可供推理的事实时决定行动方案，舍弃必须大加修改或颠覆的假说，在未获决定性佐证时形成对新发现的看法，等等。只有真正热爱科学的人们，才可能培养起科学的鉴别力，它来自别人的经验、自己的经验和自己的思想这三者的总和。提高科学鉴别力的手段之一就是阅读科学史，通过阅读科学史及科学伟人的生平和著作，既丰富自己的情趣，又加深对科学的理解。科学史是对学科的日趋专门化最好的弥补，能扩大视野，更全面地认识科学，从而提高科学的鉴别力。科学鉴别力乃是科学研究者必备的素质和能力之一，因此在研究生培养中，科学鉴别力的培养也不可或缺。

以上简要介绍了科学家应具有的品格和能力，对于自己的科学素质培养，研究生至少可以从下面的练习开始（卡比和古德帕斯特，2016）：

- 请描述一个你所知道的最富有创造性的人，他具有什么样的个性特征、品格、生活方式和创造方式？怎样向他学习？
- 一个理想的思想家或科学家具有以下的品格和能力："精力旺盛，坚忍不拔，博学多才，见多识广，笃信理性，虚怀若谷，思想开明，思路开阔，富有好奇心，富有冒险精神，具有平等思想……"虽然这个清单令人敬畏，你甚至可能会问人们何以能达到这些标准，但对于那些你确实具有，并且决定要保持的品格和能力，就强化它们；对于那些你缺乏的但希望努力培养的素质，你可以先挑选其中一条来努力，坚持一段时间，然后再挑选第二条……

2.6.3 科学研究者应具有的理性思维的美德

本书主要讨论科研工作者怎样提出与解决科学问题，不过，由于我们不是在象牙塔里，而是在现实世界里开展科研工作，所以除了科研中的学术问题，我们还将面临现实社会里的诸多问题。批判性思维作为一种科学的思维活动与方法，既是开展学术研究的核心方法，也是成功地解决社会现实问题的根本方法。

批判性思维鼓励冒险或质疑，但它是一种坚持科学的、理性的及公正的思想方法，批判性思维中的质疑是基于严谨的、理性的客观判断。批判性思维者既不固守常规，也不轻信佐证不足的假说，更不会相信偏见之说、狂思乱想及江湖骗局。批判性思维者的质疑是对现存的理论、思想、社会现象和自然现象开展反思与独立思考，他们的质疑和批判是源于"知识的不和谐性"本身以及对真理的探索。此外，真正的批判性思维者心存科学精神，真正的批判性思维既是一种思维能力，也是一种人格或气质；既能体现思维水平，也凸显现代的人文精神。所以杰出的批判性思维者，都是划时代的智者，他们具有社会良知、心胸坦荡、情怀高尚、不谋私利、只求真知。

作为研究生，在进行批判性思维的训练中，要深刻地把握批判性思维的精髓，即批判性思维的科学性、正义性、公正性以及创新性。研究生在培养自己的批判性思维能力的过程中，不是简单地使用"批判"或"质疑"等词汇，而是要科学地、客观地、正确地运用批判性思维这个利器去认识和解决学术问题、社会问题以及生活问题，为自身和人类谋福祉。

值得注意的是，利己性思考是普遍存在的，其源于我们先天就倾向于通过狭隘的自私角度来观察世界，从利己的角度出发，我们总认为我们的思考是正确的、合理的、真实的、完美的及正当的，可见，我们的利己天性成为了批判性思维的最大障碍。因此，要达到思想的真正公正状态，即获得真正的批判性思维，是富有挑战性的。这要求思考者具有以下理性思维的美德——一是理性的谦恭：对自身无知的认识，而不是理性的傲慢；二是理性的勇气：愿意挑战信念，而不是理性的懦弱；三是理性的换位思考：包容对立的观念，而不是理性的自我中心主义；四是理性的真诚：以要求他人的标准来要求自己，而不是理性的伪善；五是理性的执着：穿越复杂与挫败前行，而不是理性的惰性；六是坚信推理：认识到有效推理的价值，而不是怀疑推理；七是理性的自主：成为独立思考者，而不是理性的顺从。此外，还需通过各种理性思维的美德的相互依赖性去指导我们的认知。作为具有强烈批判性意识的思考者，在处理任何生活和工作事务时，不妨问问自己："在多大程度上，我能进行理性的换位思考？在多大程度上，我能在思考中做到理性的谦卑，使自己意识到对该情况所了解的和所不了解的达到何种程度？在多大程度上，我能自主地思考，而不陷于对此情况的集体反应之中？在多大程度上，我能为所有牵涉到此事的人思考，并且是以理性的正义感在思考？在多大程度上，我能进行真诚的思考，并对此事的所有牵涉者应用同样的标准？"如果在我们的生活和科研活动中这样不断地去训练我们思考问题的方式，我们就能逐步体会并正确评价进行批判性思维所带来的价值，诸如思想的公正性、清晰性、正确性、相关性、精确性、逻辑性、合理性、广度及深度等（保罗和埃尔德，2010）。

总之，批判性思维者应该客观、理性地看待问题、分析问题并努力提出解决问题的办法。除了具有理性思维之外，批判性思维者还是实践者而非空谈家，高效能的批判性思维者绝不会只评判他人的努力而自己不采取行动，他们解决问题、做出决定、在争议中选择立场（拉吉罗，2013）。

在任何大型突发的公共卫生事件中，人们必然会面临方方面面的问题，对于这些问题，批判性思维者不是作为"旁观者""评论家"，或事不关己，或夸夸其谈，或指手画脚，而应作为实践者竭力去发现问题和解决问题。其中最简单的解决问题的办法之一就是把自己扮演为这一事件中的亲历者角色：普通老百姓、医生、科研工作者、社区服务者、城市管理者，等等，如果你对某一角色的行为或执行力不满意，那你可以试图扮演或充当这一角色，角色转化也许会帮助你冷静而客观地去分析那些问题，竭力提出解决问题的优化方案，并通过适当的渠道呈现你的方案及促使其得到实施。例如，如果你对社区服务不够满意，与其到处发牢骚，不如使用精神"镇静剂"——理性的谦恭、理性的换位思考和理性的真诚，让自己狂躁的心态平静下来，认真想想社区服务人员（包括志愿者们）都做出了哪些努力和付出，有哪些需要改进之处。如有可能，最好是报名参加志愿者服务，这样，既可以体验真正的换位思考，找出问题所在，又能更客观地评价他人的付出，将诸多的愤懑之情转化为感谢之意，同时也有机会实践自己的改进方案。

像对待科学问题一样，对于社会生活问题，科研工作者应该发扬理性思维的美德，利用所学知识并通过理性思考，即运用批判性思维去认识问题的症结所在，力所能及地去解决问题。作为现代社会的一份子，我们既是社会良好环境的享受者，同时也应该是其改进者和建设者。只有这样，我们所处的社会才会变得更加美好并具有活力。

思 考 题

（1）怎样进行批判性思维？

（2）怎样提出研究问题？

（3）提出研究问题与激发批判性思维之间有何相辅相成的关系？

（4）为什么说批判性思维是创新之母？

（5）科学研究者应培养哪些品格和能力？这些品格和能力与批判性思维能力有何相得益彰的关系？

（6）科学研究者应具有哪些理性思维的美德？这些美德为批判性思维带来何种价值？这些美德怎样帮助科学研究者去解决学术、社会和生活方面的问题？

第 3 章 个人创造力的培养与提升

第 1 章讨论了研究生要能够担当起国家和历史的使命，其学术生涯最核心的活动就是不断提高自己的批判性思维、创新性思维能力，不断产出创新性成果，为人类社会做出贡献。第 2 章讨论了怎样进行批判性思维以及批判性思维与创新性思维之间的关系。本书的宗旨是帮助研究生将各种积极的批判性思维活动融入科研活动中去，从而不断提升个人创造力。为了增强个人创造力，就需要在知识积累与批判性思维、创新性思维的培养过程中，构建提升个人创造力的思想体系。本章以个人创造力模型为体系，来探讨研究生个人创造力的培养与提升。

3.1 个人创造力模型

关于创造力的研究，一般分为三个层次：一是创造力的构成，二是创造力的形成，三是创造力的评价。从构成来看，创造力由多种能力组成，它包括学习能力、感知观察能力、分析能力、想象能力、批判能力、创新能力，等等，随着人类创新的不断深入，构成创造力的要素及其结构也在不断发生变化。相比创造力的构成来说，创造力的形成过程，就更为复杂与隐秘，研究起来更困难。尽管如此，创造力的形成过程也有基本规律可循，其基本规律就是：由批判性思维所产生的问题，到催生新想法，即创新性思维，再到付诸实践产生新的成果，即创新性成果。下面我们利用个人创造力模型来讨论创造力的形成规律。

刘勇（2008）在《感悟创造：复杂系统创造论》中将个人、群体、社会、生态系统等不同的系统都当成复杂系统进行研究，发现能量、多样性和适应性是影响创造力的三个关键因子，并在掌握这三个因子与创造力关系的基础上，建立了复杂系统创造力模型。

建立模型实际上就是宏观地、抽象地来看问题，抓住主要的大方向，而忽略细节。这就如同欣赏一幅油画，当你离得太近时，看到的只是一堆堆油彩，只有当距离拉开到能够观察油画全貌时，才能欣赏到油画的整体美。这一由近到远的过程，就是细节逐渐模糊、整体逐渐显现的过程，也是从线性过渡到非线性的过程。Fisher 说得好（Herz et al.，2006）："一个好的复杂系统理论模型就如同一幅好的漫画，它应该突出那些最重要、最关键的特征，而忽略非本质的细节。"

为更好地理解这个模型，首先我们定义模型中包含的基本概念和关键因子。

①复杂系统：如果只了解一个系统的组成部分（即局部认识），那么不可能对系统的性质做出完全解释，这样的系统称为复杂系统（Gallagher and Appenzeller，1999）。这是因为系统各组成部分之间通过相互作用，在整体层次上涌现出了各组成部分所没有的新特性。能被称为复杂系统的包括生态系统、人类社会系统、人体系统、生命系统等。

②复杂系统创造力：复杂系统涌现新特性的潜力。它受能量、多样性和适应性三个关键因子的影响，缺一不可。

③能量：物质做功或系统运动的能力，它是复杂系统最根本的组成部分，没有能量加入，任何创造都不可能发生。一般来说，一个系统所拥有的能量越高，它所涌现新特性的能力就越强。如果把生物多样性当作生态系统的涌现特性，大量研究表明，地球生物多样性的分布与生态系统拥有的能量成正比（Scheibe，1987；Root，1988；Turner et al.，1988；Mittelbach et al.，2001；Kerswell，2006）。

④多样性：复杂系统在整体特性上表现出来的多样化和复杂性，由于复杂系统是开放系统，它与环境不断地进行物质、能量以及信息交换，实际上与环境形成不可分割的整体，因此，多样性既包含系统自身特性的多样性，也包含所处环境的多样性。生态学研究证明，生态系统所处的物理环境越复杂、空间异质性越丰富多样，动植物群落就越复杂，生物多样性也就越丰富（Krebs，2001；Manuel and Molles，2002；Hawkins et al.，2003）。

⑤适应性：复杂系统适应的程度或状态，而适应则是指系统完全适合而无任何变化（Gove et al.，1976）。据此可见，适应性是从适应（无变化）到不适应（最大变化）的一个状态区间。由于创造必须有变化，大创造更是包含大变化，因此，适应性与创造力成反比。

根据以上定义，我们可以得到这样一个关系，即复杂系统创造力与复杂系统所具有的能量（E）和多样性（D）成正比，而与其适应性（A）成反比，如果用创造力指数（CI）反映复杂系统创造力，就可得到如下关系式：

$$CI=f(E, D, A^{-1})$$

个人创造力是一个人能产生新想法,并具有将其付诸实现的能力。个人创造力符合复杂系统创造力模型,但是,由于人的精神可以支配其物质能量的释放方式,个人创造力模型就是在复杂系统创造力模型的基础上增加了精神能量。个人创造力指数与物质能量、精神能量和性格及思维方面的多样性成正比,与适应性成反比。在第2章已经提到,批判性思维可以有效地提升精神能量和性格及思维方面的多样性,同时降低思维的适应性,从而提高创造力。比如批判性思维强调典型的学术问题具有"不完美结构"和"知识的不和谐性",就是降低对某一知识领域的适应性,激励不断突破、不断创新。下面针对个人创造力模型,我们从能量、多样性和适应性三个方面进行详细分析。

3.2 能量与创造力

个人创造力中的能量由物质能量和精神能量构成。对于人的物质能量,在生物学、医学等相关学科中有专门研究,本书不打算在这方面做深入探讨,因为只要是一个身心健康的人,他所具有的物质能量就足以支撑他从事各种创造活动。我们主要从精神能量的角度来探讨个体之间的创造力的差别。

3.2.1 精神能量在创造力中的作用

精神能量越高,创造力越强。精神能量是以物质能量为基础,在特定社会文化背景下,个人复杂系统与社会复杂系统交互作用,相互影响而涌现出来的意识与心理特征,它是大脑复杂系统对社会系统的整体反映并以意识的形式呈现于大脑中。在这里,精神即意识,创新精神即创新意识。虽然还不能用物理仪器来测定精神能量,但它确实能够调动和指挥人体的物质能量,改变了人体能量的释放方式,使得有限的物质能量能够有目的地集中于某一点,完成许多仅靠物质能量所不能完成的事情。

精神能量决定物质能量的使用或释放方式以及释放程度,至少可以将其分为三类:能量发散型、能量集中型和居于前两者之间的中间类型。能量发散型是指一个人在做某一件事时,不能集中精力,很容易受外界因素干扰,或者集中精力的时间不长,一件事情还没有完成,就又开始其他工作,甚至同时开始多项工作。这样一来,就如同一面凹透镜,阳光通过镜面后被发散了,不能形成任何有用的能量。因此这样的人常常看似很忙,可能最后一事无成。或者,有的人干脆什么都不愿意做，吃饱了等天黑，以消遣虚度时光，让自己的物质能量白白浪费。这就是物质能量没有通过精神能量进行聚集，自由发散或耗散掉了。

能量集中型则是指能够不受外界干扰，做事时全神贯注，能量高度集中，而且能长时间保持这种能量。这时它如同一面凸透镜，当光线穿透镜面后，被集中到一点，这就具备了点燃物体的强大能量，相同的能量通过不同的透镜却产生两种截然相反的结果。可见，从创造力形成过程中的贡献程度来看，能量使用方式与能量的个体差异同样重要。而要产生这种效果，精神能量起着决定作用，是精神能量将物质能量集中起来，并长期保持其较高的能量状态。在科学上能做出重大贡献的人，绝大多数都属于能量集中型，他们一定属于高强度的思考者、积极的批判性思维者。

爱因斯坦就是能量集中型的典范，他具有超人的耐心和长时间全神贯注于一个科学问题的能力。从大的方面看，他对狭义相对论思索了 10 年，广义相对论花了 7 年，统一场花了 30 多年。从小的方面来看，例如，一次爱因斯坦同一位科学家谈他关于晶体特性的研究，他们交谈了 9 小时，爱因斯坦完全沉浸于自己的思维中，连吃饭都得靠夫人指点，用叉子把各种食物塞进嘴里，估计他也不知道自己吃的是什么（俞克纯和沈迎选，1998）。

第三种能量释放方式，是介于能量发散和能量集中之间的中间类型。它就如同平面镜，阳光通过以后，不发生任何改变。这意味着有多少能量，就做多少事情，这可能是我们大多数人所采取的能量使用方式。

当然，个体之间的精神能量是有差异的，这种差异与人的需求有直接关系。根据马斯洛的需求层次理论，人的需求分为五个层次，即生理需求、安全需求、爱的需求、尊重的需求和自我实现的需求。其中自我实现是最高层次的需求，它有赖于前面四种需求的满足。自我实现的需求是指促使人的潜在能力得以实现的一种需求与趋势，这种趋势可以被视为希望自己越来越成为自己所期望的人物，完成与自己的能力相称的一切事情。达到这一层次的人具有最充分、最旺盛的创造力（俞克纯和沈迎选，1998）。

美国哈佛大学教授戴维·麦克利兰认为，具有高成就需求的人对于企业和国家都起到重要作用。企业拥有这样的人越多，发展就越快，越能取得更大的经济效益。国家拥有这样的人越多，就越兴旺发达。据调查，英国在 1925 年时拥有高成就需求的人数在 25 个国家中名列第五位，当时英国是比较兴旺发达的国家。第二次世界大战后，1950 年再做调查时，英国高成就需求的人数在 39 个国家中名列第 27 位，这与英国的国情及经济走下坡路是相吻合的（俞克纯和沈迎选，1998）。

其实，目标背后就是精神能量在起作用，具有批判性思维和创新精神的人，可能一开始目标并不高，但是，当他完成一个目标后，就会设立下一个目标，不断超越自己，不断升级自己的目标。在每次完成目标过程中，能够集中所有能量，专注于目标，最终达成目标。也有一类人是从一开始就立下大志，不管其间遇到多少困难曲折，也百折不挠，能量始终得以凝聚，直至实现伟大目标。试想，没有批判性思维、没有精神能量，这一漫长的艰难过程是无论如何难以持续下去的，当然目标也不可能实现。

所以，物质能量是产生精神能量的物质基础，反过来，精神能量又对人的物质能量的释放方式起到激发与支配作用。只有那些具有批判性思维、创新性思维，能够凝聚精神能量，有较高目标追求的人，才能产出创造性的成果。

3.2.2 增加精神能量的途径

无论是科学家还是企业家，他们身上都有一种具有独特的精神能量，人们称之为科学家精神和企业家精神，无论是科学家精神还是企业家精神，其共同的内核都是创新精神。创新精神是支撑创造的强大精神能量和动力。

任何创造都是先偏离原有规律或秩序，然后通过纠正或构建一种新的规则或秩序使事物稳定或发展，在这里批判性思维起到决定性作用。毫无疑问，要突破原有规律或秩序需要强大的能量，如果将地球上的物体冲出地球当成一种创造的话，那么就需要强大的火箭动力来帮助克服地心引力，只有当火箭的动力大于地心引力，速度达到每秒 11.2km 的逃逸速度时，偏离地球的运动才能成为可能，创造才能发生，否则，就会被地心引力拉回来。

人是社会性动物，任何人都处于一定社会条件下，社会为了自身稳定，就必然会形成维护稳定的道德规范、规章制度和法律法规，等等，这就形成了规范人们行为的条条框框。这些道德、法规经过长期教化，一旦在人们心中成为习惯，就会变成习以为常的自然惯性。而这种习惯势力就如同强大的地心引力，总是把偏离原有规律的东西拉回原来的运行轨道。这种情况下，如果没有比习惯势力更为强大的批判性思维能力、创新性的精神能量，创造怎么可能会发生呢？

批判性思维、创新精神从本质上说，是一种超越的力量或跨越的力量，是克服因循守旧的力量。因为只有精神是最自由的，它能够摆脱一切桎梏，甚至超越自身。如果没有批判性思维、创新性思维、创新精神，人类早就被千万年来形成的传统、宗法、制度等限制成只会说话的动物了。正因为人类具有这种能够冲破一切阻力、超越一切限制、突破一切条条框框的精神能量，才能够不断发展，才能够在生物进化基础上推进与开启社会进化。与生物进化不同的是，社会进化具有了精神内涵，并依靠其精神能量推动社会螺旋式地向前发展。就是因为人类拥有批判性思维、创新性思维、创新精神，才使人类社会产生了无穷的创造力。

在学术界，尽管对于创新精神没有统一的界定，但是在核心特征的概括上，是存在一致性的。例如，崇尚自由，不畏惧专制，敢于解放；心胸开阔，不迷信权威，敢于创造；独立思考，不盲目跟风，敢于自立；脚踏实地，不投机取巧，敢于求真；自强不息，不故步自封，永不满足；等等。在我们的科研和社会活动中，哪些思想和行为方式有利于培养批判性思维、创新性思维，形成创新精神呢？这是我们下面讨论的主题。

1. 以自由精神，培养独特个性，追求人生理想

人是一个复杂系统，人的创造力是复杂系统涌现新特性的潜力。要提高个人创造力，根本在于使这个复杂系统具有自由精神、独特个性，和对理想的不断追求。否则一切努力都可能是"治标不治本"，即使掌握一些创造技巧，也无法从整体上提高个人创造力。

精神自由是创新精神能量的首要来源。一切创新都表现为破旧立新，任何意义的"破旧"都始于质疑，没有自由精神和批判性思维，就不可能产生对已有认知的质疑，更谈不上"立新"，所以自由精神和批判性思维乃是创新的根基。创新自由包括学术交流环境的开放性、物理空间环境的开放性以及体制环境的灵活性。创新自由是指对已有的认知敢于质疑的勇气，敢于向妨碍创新的陈规陋习提出挑战，以便达成创新愿望的实现。毋庸置疑，任何意义上的自由皆与无法无天毫不沾边，为所欲为的自由在人间是不存在的，而且这种所谓的自由只能使人堕落，使社会倒退。真正的精神自由是一个人可以自由地追求自己的理想，那么作为一个人的最终理想应该是什么呢？作为不同个体的人是否具有共同理想呢？

在现实生活中，人们常常把自己未来想成为的社会角色，比如一名医生、教师、科学家、政治家、歌星、电影明星等视为自己的理想，可以说，这些社会角色的确也可以作为个人理想，但是，它们属于理想的外在的体现形式。真

正的理想应该是"使天赋我们灵肉两部的势力,尽情的发展,趋向最后的平衡与和谐"。这是徐志摩(2001)以诗人的浪漫与深刻,所表达出来的人类理想,他揭示了个人理想的本质。在这个理想中,一个人对物质的追求,以及所从事的行业,只是实现其理想的手段或途径,而不能把它当成最终理想。所以职业不是个人的真正理想,只是达到个人最终理想的手段和途径。人的真正理想应该是使个人在肉体和精神方面的潜能得以充分发挥,最后达到身心和谐与平衡。当这一理想实现时,幸福、快乐的感觉会油然而生,至于从事哪个行业、做什么工作、地位高低都不是理想的本质内涵。

如何才称得上潜能得以充分发挥呢?创造,只有不断创造,才能使潜能得以充分发挥。人既然是复杂系统,每个人都具有了涌现新特性的潜力,也就是说每个人都有创造力,只不过有创造力大小之分。但是,有了创造力并不能保证就一定能产生创新性成果,因为创造力是一种潜力,而创造则是潜力的实现。只有不断追求理想,将理想付诸实现,才能产生创造。

教育是培养自由精神的重要途径,但教育也是一把双刃剑,既可以培养自由精神,也可以扼杀自由精神。什么样的教育才能形成自由精神,培养学生的独特个性呢?没有统一的方法,但有统一的原则:培养学生的批判性思维、创新性思维能力,给学生以自由想象、自由发展、自由创造的空间和时间,就是教育的根本目的。在这些过程中,关键在于怎样引导学生,让学生不要被标准答案所限制,而更重要的是要有自己的观察、自己的思考、自己的发现。批判性思维、自由精神和独特个性就是在这种鼓励和引导的环境下培养出来的。研究生在进行科学研究的过程中,越来越多的问题变得没有标准答案,导师们应在批判性思维、科学问题等方面给学生更多的引导,从而启发学生获得提出问题和解决问题的思维方法。

2. 目标明确,聚精会神

对于任何事情,有目标不一定能成功,但是没有目标一定不会成功。目标能够聚集能量,明确的目标还能激发能量。同时,理想只有分解成各种不同的具体目标才能比较容易实现,科学合理地设定目标,对于保持创造活动的能量具有重要意义。班杜拉对此有精辟论述:"自我激励通过一系列最近的下属目标得以最好地维持,而这些下属目标按等级序列组织以保证成功地达成上级目标……假如把难以应付的目标分成有挑战性的、通过额外努力明显可以达到的下属目标,追求它可以维持高的动机水平。追求不可能实现的目标会导致自己

的巨大失败。"（珀文，2001）

一个人可以有长远目标，需要几年甚至几十年才能达到。但同时又必须将长远目标分解转化成一定时期内能够实现的近期或中期目标，形成具有不同等级的目标体系。每完成一个近期目标就是向更长远目标前进了一步，近期目标的实现是对自我的最好鼓励，同时又进一步激发实现下一目标的动力。

目标确定不合理或者只有远大目标，而不将其分解成一个个近期小目标，会使人在很长时间内缺乏自我不断激励的机制，很快就会失去信心和耐心，精神能量就会减退。曾有记者采访过一位马拉松奥运会冠军，问他成功的秘诀何在？他的回答是自己采用了分阶段实现目标的方法，把马拉松全程的总目标分成各个阶段，每个阶段都尽全力努力实现，每完成一个小目标就感到向总目标前进了一大步，自我动力不断得到激励，最终赢得了冠军（珀文，2001）。

人生就如同马拉松赛跑。研究生时期是学术生涯中的一个关键阶段，虽然有了一定的专业知识和思考能力，但要顺利跨入科学研究殿堂并在未来的科研道路上大步迈进，这一阶段的努力和奠定的基础至关重要。同时，规划好自己的人生长远目标，并将其分解为各个阶段目标是一项很重要的人生功课。因为目标明确可以聚集人的精神，如同凸透镜，把人的精神能量高度集中，就可以完成各种目标，随着每个目标的达到，精神能量也在增强。相反如果没有目标，精神能量如凹透镜一样发散，无法集中，人的精神不但不能增强，反而会衰减，最后干任何事都打不起精神，必定一事无成。

3. 体育锻炼，自由竞争

体育锻炼不仅增加人的物质能量，更重要的是增加人的精神能量，是培养创新精神的重要途径。体育，尤其是竞技体育，提供了一个平等和自由竞争的环境，在这个环境中，任何人都是平等的，要想取胜，就只有一条路，刻苦锻炼。

例如，篮球是激烈对抗项目，全场近一个小时都处于不停的奔跑运动当中，要求运动员有良好体力和耐力，因此，在平时训练过程中，长跑是必不可少的。耐力训练实际上就是意志品质和吃苦耐劳精神的训练，长期训练就会养成吃苦耐劳、脚踏实地的作风。投篮命中率是篮球取胜的关键之一，练投篮要的是长期全神贯注，甚至到达入迷状态，才能每天进行成百上千次看似单调的投篮训练。另外，比赛中五个队员必须积极配合，才能赢得比赛，这对于培养团队精神十分有利。在比赛中战胜对手，精神能量就会得到提高，而且，对手越是强大，战胜对手后所提升的精神能量就越高，一种不畏强者、敢于挑战的精神就会油然而生，自信心、探索和冒险精神也随之增强。

奥林匹克运动是古希腊人对人类文明的一大贡献，它是古希腊人重视身体价值的一个生动证明。人进行体育锻炼后，看得见的直接效果是体质增强了，同时精神能量也增加了。公元前430年，雅典在其鼎盛时期包括奴隶在内的人口最多不过23万，却出现了苏格拉底、柏拉图、亚里士多德这样的伟人，以及大批的建筑家、雕刻家和戏剧家，他们取得的不少成就的高度至今还是不可企及的（罗素，2004）。古希腊曾被称为世界智慧的作坊，它产生的伟人们的思想影响着后人，并最终成为现代世界文明的主脉。可以肯定的是，体育对于产生这样的奇迹必定起到重要的作用，奥林匹克运动不仅锻炼了古希腊人的体魄，同样锤炼了他们的意志与精神。英国著名哲学家罗素（2004）就明确指出："希腊思想家与我们现代社会那种继承了中世纪学究传统的象牙塔里的知识分子有着本质的区别。"他以苏格拉底作为古希腊思想家的典范，"他很容易进入失神状态，会在某个地方突然停住，有时陷入沉思达数小时之久。同时他又有着强壮的体格，他在服兵役期间，比别人更能忍受严寒和酷热，也更能忍耐饥渴。他在战场上很勇敢，曾冒着极大的危险救了战友的命。无论是在战争期间还是和平时期，他都是一个无所畏惧的人"。从苏格拉底身上我们能够看到体格训练所产生的精神能量。

可见，体育运动可以提高人们的精神能量，从而极大地促进创新精神的形成。所以，希望我们的研究生加强体育锻炼，永葆青春、永葆活力，为现在和未来自己的创造活动打下坚实的物质和精神基础。

4. 勇于挑战，敢于冒险

人出生于自然，生活于自然，因此自然现象是人所必须面对的。但自从人产生意识后就不再被动地受制于自然的束缚，而是不断地同自然进行较量，这种较量过程实际上就是精神能量得到锻炼、得到提升的过程。面对波涛汹涌的大海、排山倒海的海啸、威力无比的飓风、能量巨大的电闪雷鸣、狂暴肆虐的火山爆发，人的力量是何等渺小！自然的威力似乎随时都可以轻易地把我们毁灭。然而，当人们在这些灾难中保住了自己和他人的生命，保住了自己的财产，并从灾难中再次站起来时，人的精神就得到了锻炼、得到了升华，不管是直接还是间接感受灾难，其精神都能够从战胜困难中得到洗礼，人类就是在同自然的不断挑战中逐渐强大的，主要表现为精神的强大。

当然，我们不能拿生命去直接面对灾难，做无谓的冒险和牺牲。但是，我们可以在保证自身安全的情况下去感受自然，去与自然相处和较量，锻炼自己。用康德（1964）的话说则是："……这景象越可怕，就越对我们有吸引力。我们称呼这些对象为崇高，因它们提高了我们的精神力量越过平常的尺度，而让我们在内心里发现另一种类的抵抗的能力，这赋予我们勇气来和自然界的全能威力的假象较量一下。"的确，人的精神能量同物质能量一样，通过锻炼来得以增强，通过与困难较量，与可怕事物挑战，使人的精神超越平常尺度。

除了大自然的威力，还有人类发展过程中遭遇的重重困难，这些都能把人的精神提升到一个无法想象的高度，困难越大，事物越可怕，对精神能量的提升也就越大。

中国共产党为什么能够取得革命胜利，创建了新中国？美国作家索尔兹伯里的（2007）《长征：前所未闻的故事》一书就展示了，中国共产党之所以能够最终取得胜利，和万里长征是分不开的。万里长征的艰难困苦铸就了红军的精神能量，前所未闻的苦难，锤炼了无与伦比的钢铁意志和无畏精神。从红军到八路军再到解放军，长征精神一代传一代，成为一股无坚不摧的精神能量。万里长征让人懂得一个道理，一切人间奇迹都由精神能量创造，而精神能量又都是从苦难中陶冶出来的！正所谓"宝剑锋从磨砺出，梅花香自苦寒来"。

除了挑战自然以外，挑战权威也同样需要勇气，而且更能培养批判性思维和创新精神。胡适指出："一切主义，一切学理，都该研究。但只可认作一些假设的（待证的）见解，不可认作天经地义的信条；只可认作参考印证的材料，不可奉为金科玉律的宗教；只可用作启发心思的工具，切不可用作蒙蔽聪明，停止思想的绝对真理。如此方才可以渐渐养成人类的创造的思想力，方才可以渐渐使人类有解决具体问题的能力……"（胡明，1996）在现实生活中，如果我们常常被权威吓倒，就是缺乏精神能量的表现。只有运用批判性思维，不断向权威挑战，才能不断增强精神能量。

研究生只有经过严格的批判性思维训练，才会具有敢于挑战权威的勇气和能力。具有了一定的批判性思维能力，养成大胆而严谨的质疑习惯，就不可能把任何专家或权威的观点当成真理，因为从批判性思维的观点出发，世界上不存在"绝对真理"。

3.3 性格及思维的多样性与创造力

纵观具有创造力的人物，他们性格的共同特征就是复杂多样性。根据个人创造力模型，一个系统越是复杂多样，就越有利于产生创造。那么在个体身上，多样性是如何体现的呢？

3.3.1 性格及思维的多样性在创造力中的作用

可以采用个人的性格特点来反映个体的复杂状况。人类个体之间虽然结构一样，但形态和个性却千差万别，世界上没有两个完全一样的人，在决定个人行为方式和思维方式方面，性格起着关键作用。单一性格或简单个性的人，其行为单一，思维方式简单和不具有批判性，思维没有交叉，只能简单地处理问题，要产生创造很困难。而性格复杂的人，尤其是性格之中存在着多种既对立又统一的矛盾，就可能使他的行为方式多样化，思维方式多样化，看问题会从多种角度、不同层次来进行，即具有批判性思维。这就有可能看到别人看不到的方面，即产生创新性思维。但是从创造的全过程可知，仅有创新性思维是不够的，还必须有坚强的毅力和耐心，将创新性思维付诸实施，形成创新性成果，这是需要付出长期艰苦努力的。因此，只有那些具备多种性格和批判性思维能力以及坚忍不拔的人，才既能产生创新性思维，又能将其付诸实现，最终产生创新性成果。

人们在讨论创造者的人格时，一般都会赋予诸多"优秀"品质，这说明他们具有性格的多样性，而且这种性格多样性在创造性中又十分重要。但是，从系统观点来看，性格多样性中，不存在"好"性格和"坏"性格之分。钱学森在其《工程控制论》中提出，用不太可靠的元器件可以组成可靠的系统，这一观点在生物系统中同样适用（陈建新等，1994）。对于创造性人才而言，无所谓"好"性格和"坏"性格，关键在于性格的丰富度、矛盾性以及平衡性。性格越丰富，并且相互矛盾的性格成对出现，各种性格形成平衡，才越有助于提高创造力。

- **性格多样性最典型的例子要数天才诗人李白**，他为什么会达到古典诗的巅峰，成为"诗仙"，令后人无法超越呢？其中一个重要方面，和他极其复杂多样的性格有直接关系。他兼有游侠、刺客、隐士、道人、策士、酒徒等不同人的气质或行径，这也决定了他性格和思想的复杂性。一方面他接受儒家"兼善天下"的思想，要求"济苍生""安社稷""安黎元"，并且认为"苟无济代心，独善亦何益？"但是，另一方面他又接受了道家特别是庄子那种遗世独立的思想，追求绝对自由，蔑视世间一切，有时他甚至把庄子抬高到屈原之上："投汨笑古人，临濠得天和。"与此同时，他还深受游侠思想的影响，有所谓"以武犯禁""不爱其躯""羞伐其德"的游侠精神。创造性天才的这种复杂个性也造就了他与众不同的行为，他敢于蔑视封建秩序，敢于打破传统偶像崇拜，轻尧舜，笑孔丘，平交诸侯，长揖万乘。儒家和道家、游侠本不相容，但李白却把三者结合起来了。同时，李白的思想也有人生如梦、及时行乐的消极面（游国恩等，1985）。可以说，正是这种复杂、矛盾的性格，造就了中国文学史上最伟大的诗人。

- 爱因斯坦同样具有复杂的个性。他时而十分健谈，以独特的智慧的语言引人思索，时而却坠入童年时代就形成的孤僻，认为"我没有同其他人直接接触的需要"。他对教会和宗教都抱否定态度，但他又怀有独特的宗教感情，经常提到上帝。他的思维逻辑性极为严密，但他对美学、文学、艺术又有异乎寻常的兴趣与造诣。在科学上他是当之无愧的改革派，但同时他又十分保守地、不厌其烦地提到物理思想的继承性，而在量子理论的形成过程中，他是从反对者角度做出重大贡献的……这种种相对的两极性格却和谐地统一在爱因斯坦身上，构成他复杂的心理与多彩的性格（熊舜时，1992）。

类似例子不胜枚举，这充分说明了在创造性方面有建树的智者或科学家们的性格及思维都具有复杂性、多样性的共同特征。美国著名心理学家奇凯岑特米哈伊（2001），曾经耗时 15 年，对世界各地 91 位被公认为最具创造性的人物进行了采访，从中总结出创造性人才的个性特征的复杂多样性。在心理学家看来，这些人物具有极端不同的、矛盾的特质——他们不是一个"个体"，每个人都是一个"多元体"。这些特质在我们所有人的身上都存在，但我们通常都被训练发展其中的某一极。我们也许会被教育去发展我们本性中积极进取的、竞争的一面，同时却摒弃、压制惰性的、合作的一面。但一个有创造性的人却更可能既有进取性又有合作性，根据情况的不同会在不同的时间或同时表现出这些不同的特质。具有复杂的个性意味着能把人类潜在的但通常是萎缩的所有个性全部表现出来，除了我们通常认为是"好"的个性外，还包括那些"坏"的个性。

3.3.2 怎样提高性格和思维多样性

怎样提高性格和思维多样性呢？下面我们就发掘和培养多种性格、发展广泛而又专一的兴趣、潜心修炼提高悟性，以及提高综合能力来进行讨论。

1. 发掘和培养多种性格

人是一个复杂系统，本身就具有形成多种性格的潜力，单一性格的人实际上很少甚至没有。我们常说，"男人的一半是女人"，是说男人性格中也包含了女人性格，同样女人性格中也有男人性格的成分，只不过社会规范了男人只能是什么样的性格，女人必须是什么样的性格，因此，男人和女人各自向着社会规定的方向发展。即便如此，现实生活中大多数人的性格仍然是处于两者之间，你中有我，我中有你。

形成多种性格的关键是转变观念，常言道，"江山易改，本性难移"，人们根深蒂固的观念就是，性格是天生的，不可能更改！但是请注意，这里强调的是要增加性格种类，而不是改变原有性格。只要在生活中注意培养，从小处一点一滴积累，性格是可以拓展的。"播种行为，收获习惯；播种习惯，收获性格；播种性格，收获命运。"性格内向的人，注意多培养外向性格，当你鼓起勇气在众人面前侃侃而谈，或引吭高歌时，你就会有一种全新感觉；容易冲动的人，注意培养安静沉稳的方面，就能发现过去所忽略的东西；细心的人在有些方面不妨大意一些，你会发现有时粗心也是一种艺术和境界；一向谦虚的人，不妨表现一下自豪的一面，自我感受一下高人一头是怎样感觉。总之，努力地去发掘和体验你所没有表现出的性格，这既是一种会带给你不错感觉的人生体验，也是一种延展自己性格的有效训练方式。

通过转变观念，认识到性格可以拓展或重塑以后，就要采取行动，因为只有行动，性格才能真正得以拓展或重塑。例如，勇于承担过去自己认为不适合自己的工作，有意开展与现有工作跨度较大的工作，尝试自己不熟悉的领域，等等。要敢于尝试新的东西和面对新的环境，不要总是按照自己熟悉的工作方式或思维方式去工作，要经常改变工作方式、行为方式以及思维方式。也可以根据环境的变化调整相应的性格反应方式。比如在热闹的场合，就努力训练性格的开放性，即尝试接纳不同事物，来训练或表现外向性格，幽默诙谐，谈笑风生；在安静的场合，就学会训练或表现内向性格，埋头看书，静坐冥思。值得注意的是，除了在生活实践中加以训练之外，还要扩展自己的爱好和兴趣。兴趣越广泛，越有利于形成多种性格，因为兴趣多样性本身就意味着行为多样性。

随着性格多样性不断增加，自身的包容性就会越来越大，过去不能理解的行为会突然感到能与之相通，过去理解不深的知识会突然发现其内在规律，这是因为，随着性格多样性不断增加，批判性思维的广度得到不断扩大，批判性思维的深度得到不断增加，认知能力也得到不断提升。

2. 发展广泛而又专一的兴趣

兴趣是增加一个人多样性的最好老师，世上没有学不会的东西，关键看你有没有兴趣，广泛兴趣则带来丰富知识。科学、艺术等很多创造也都是兴趣所致，很难想象，一个人能在他不感兴趣的领域有所创造。当前不少大学生甚至研究生选择专业的一个重要依据是毕业后好不好找工作，以及追逐社会上的时髦专业，或依据所谓"热门""冷门"来筛选专业，而恰恰忽视了自己的兴趣和爱好。在学校里选课也只是为了满足毕业的学分要求，而不是从提高自己的创造能力所需要的广博知识结构着手去吸取尽可能多的知识。

不过，兴趣广泛与专一本身是一对矛盾的命题，然而，恰恰是这一对矛盾成就了无数伟大的科学家、艺术家、思想家。没有广泛兴趣就不可能形成多样性的知识，那么就缺少了用于进行批判性思维的思想元素、进行创造的预制构件，就不利于创造。然而广而不专，则各方面仅停留在表面，浮光掠影，无法深入，也不可能有大成就。只有广泛涉猎以积累丰富知识，一旦选定方向，能深入进去，忘却其他一切，甚至达到忘我境界，才可能产生有意义的创造活动和结果。

特别值得注意的是，兴趣广泛不是说在同一时间段内干很多事情，由于人的精力和时间所限，不可能在同一时间段内开展太多项目，否则能量发散，最终一事无成。这就要求把兴趣广泛同专一、专注结合起来，在一段时间内专注于某一个兴趣，养成长时间专注一个问题的习惯，将它踏踏实实地做好后，再将兴趣转移到新的方面，逐渐积累，使兴趣和知识越来越丰富。这样既兼具基于广泛知识的综合思考能力，在面对一个问题时又能养成集中能量、长期专注的习惯。

这种将广泛兴趣同专注思考有机结合的人常常是最具有批判性思维和创造力的。因为在面对一个问题时，广泛兴趣所积累的知识有利于联想，产生批判性思维的网络，产生知识交叉而提出意想不到的问题解决办法。同时能长时间专注一个问题，在面对难题时会表现得锲而不舍、专心致志，甚至达到"无我"境界，这种"无我"境界最有利于刺激灵感，产生顿悟。因为，在正常状态下，人必定受自己习惯和知识的束缚与局限，各个学科或领域的界限，无时不在限制着人的思维范围，无数定理和法则告诉你，这不可能，那也不可能。

可是当你入迷,进入"无我"状态时,学科间的界限也就随之消失,受已有知识和认知所限的障碍也就没有了。只有思维任意驰骋,甚至只在梦中才会出现的潜意识也会参与进来,灵感、顿悟常常也就是在这种状态下产生。

3. 潜心修炼提高悟性

在我们的教育中,重点是在培养意识层次的理性思维,相对来说这是比较容易办到的事,因为它可以采取课堂讲授和自我阅读的方式直接传授和学习,但是这只能帮助积累知识。可是提高悟性,不是一件简单的事,而是属于最高层次、最高境界的培养。因为悟性不是随叫随到,想要它产生就会产生的,它既需要知识,又不完全依赖知识,既需要训练又不完全依靠训练。诚然如此,并不表示悟性不可把握。研究发现,悟性的提高与生活中能够长时间专注一个问题的习惯存有直接的关系。在这方面,佛教有一些可以借鉴的东西。

按佛家看法,人要想脱离苦海,想要成佛,只有一条路,就是修行。修行就其性质来说,就是忘掉一切杂念,内不随念转,外不被境迁,专注于对佛的体验,例如释迦牟尼六年苦行修炼,达摩禅师十年面壁,等等。但是仅靠这样渐进积累不足以成佛,成佛还要有一个心灵的顿悟感应。对于人的创造来说同样如此,知识积累是必须的,但是仅仅是机械地积累知识,无法产生创造。"顿悟"是将积累的知识融会贯通之后,产生认识突变,才会出现创造。

禅僧在顿悟前夕,特别需要有禅师帮助,但这种帮助不是长篇大论地讲解要如何才会出现顿悟,因为顿悟是个人的领悟,无法替代。禅师常常是给出了一个动作、一句话语,甚至一声棒喝,等等,如果时间恰到好处,修行人往往因此而得到顿悟。悟是自己的事,如人饮水,冷暖自知。

在研究生培养过程中,导师就如同禅师一样,主要是通过启发使学生顿悟,而不是什么事都手把手教。没有自己的顿悟,学生无法将所学知识融会贯通,悟性也无法提高。个人修行是最为重要的方面。另外,在积累大量知识和经历后,个人在没有别人点化的情况下,经长时间专注思考,同样也可能达到顿悟。关键还是自己的悟性。

4. 提高综合能力

个人的多样性增加后,如何把多样性集中在创造上,形成多而不散、整体大于各部分之和的效果,这对于提高创造力来说非常重要。沃森和克里克的高度综合能力,是他们发现 DNA 螺旋结构的关键之一(李难,1987)。这首先表现在在分析的基础上善于综合各门科学、各种学派的多方面成果，把它们糅合在一起，当时主要是将信息学派、结构学派和生物化学对遗传学的问题探讨结合在一起。这些主要成果包括威尔金斯的 X 射线衍射成果、布拉格父子的 X 射线结晶技术、马丁和辛格的色层分离法、查加夫的碱基规律、鲍林的蛋白质螺旋结构、格里菲斯对碱基的计算结论和多诺休对碱基配对的分析等。

沃森和克里克的这种综合能力，也正是他们的同行所欠缺的。例如，鲍林是结构化学的权威学者，在 DNA 结构的探索中，他从化学角度解决了许多问题，认识到了它的多键、氢键，等等。但由于没有运用生物学的原理，而在碱基互补等问题上束手无策。弗兰克林在发现 DNA 结构上做出了重要贡献，可以说大部分工作是由她完成的。然而，早在 1951 年沃森就察觉到她的弱点，即她认为"建立 DNA 结构（模型）的唯一办法是使用纯结晶手段"，因而在两个关键性问题（即碱基配对和双股键的反走向）的认识上，缺乏综合分析能力。威尔金斯在结晶学方面的成就居于世界前列，在 1951 年他已认识到 DNA 的螺旋结构，并计算过其螺距及直径。但是，也正如沃森所说，他的"主要目的是研究分子本身的结构；他并未打算在他的结构理论中通过任何实际的途径去说明生物（遗传）的功能"，因而不能像沃森那样运用生物学上的对称现象去思考问题，误认为 DNA 分子结构是单链的，导致研究工作未能取得更大的突破（李难，1987）。

的确，科学的重大发现常常就是综合的结果。丹皮尔（1975）指出，知识的大综合是时常进行的。字谜画中的各个方块突然配合起来了；不同的孤立的概念由某一个伟大的科学家融合起来了，这时就会出现壮观的盛况——牛顿创立天体演化学说体系，麦克斯韦把光和电统一起来，爱因斯坦把万有引力归结为空间和时间的一个共同特性，都属于科学综合的情况。一切迹象都说明，还会有这样一次综合。在这样一个综合中，相对论、量子论和波动力学可能会归入到某一个包罗万象的、统一的、单一的基本概念里去。胡适曾明确提出："学问的进步有两个重要方面：一是材料的积聚与剖解，一是材料的组织与贯通。前者需靠精勤的功力，后者全靠综合的理解。"

如何才能提高个人的综合能力呢？首先是增加包容性，因为综合的前提是必须要有多样的、可综合的东西，包容性越大，可综合的材料就越多，才有可能综合出符合实际的理论。在复杂系统中，起作用的是多种因素，任何结果都不可能是单一因素造成的，仅根据单一因素得出的结论常常与复杂系统实际不相符。实际上各种观点都有其合理的一面，即使是谬误，如果利用得好，也同样可以产生意想不到的启迪。因此包容性越大，综合的基础就越广。然而在实际工作中，很多人恰恰缺乏包容性，只认为自己观点正确，别人都不对，固执己见，看不见别人长处，这样的人永远不可能站在科学的最高峰。

怎样提高自己的包容性？我们来看看自然界中具有最大包容性的是什么？也许能从中得到一点启示。从地球生态系统来看，包容性最大的便是大海，俗话说："千条江河归大海。"这就充分体现了海的巨大包容性，有海纳百川的胸怀，才能够孕育地球上最为丰富的生物多样性。那么，大海为什么会有如此大的包容性呢？首先和最根本的一点，就是它地势低下。反映在人身上，则是谦虚和不带偏见，只有谦虚才能看到别人优点，只有不带偏见才能容纳别人缺点。而在一个复杂系统中，缺点和优点并存，没有绝对的优点，也没有绝对的缺点，两者相辅相成，共同作用才形成了人这个复杂系统。

其次，一旦具有了包容性，就会融合很多可综合的材料。很多材料之间并无直接联系，甚至毫不相关，如何将其关联起来，这就要培养把看似不相关的事物联系起来的能力。既有抓住问题本质的能力，能透过表面现象，看到问题本质；还有将这些本质问题融会贯通的能力，这实际上就是在找到各种问题之间的相互联系。对此，诗、词、对联、音乐等都具有某种奇妙作用，学习欣赏多种形式的文学、艺术，将有助于大大提高自己的综合能力。

最后，必须站在更高的维度进行概括，才能达到更好的综合，看得更远。实际上不仅看得远，更重要的是能够看得更全面，看到事物本质。但生活中当我们身在其中时，常常看不清问题的本质，只有跳出本体，站在更高位置，问题才能一目了然。正所谓"不识庐山真面目，只缘身在此山中"就是这个道理。然而物理上的更高比较容易，只要"更上一层楼"即可，但是思想上要想站在更高位置、更高维度来看问题，就不是一件轻而易举的事情了。

怎样培养一个人站得更高的能力呢？道家对此有独到的理解，可以借鉴。在庄子看来，要成为圣人必须做到"无知之知"，就是在学习知识后又"忘"掉知识，进入"无知"状态，其目的并不是要真正忘掉知识，而是不为各种知识所局限，忘掉的只是各种知识的局限性。在做决策、看问题时，不以某一方面知识片面地解决问题，而是在更高层次，在所有知识之上来看问题。因为人是有局限性的，人在看问题时常常从各自的观点出发，因此其观点就带有局限性和片面性，但是大多数人并不能够认识到自己的局限性，往往认为自己的认知是正确的，别人的认知是错的。这样一来，"我"的意识越强，局限性就越大。

道家使自己站得更高的办法就是"无我",忘掉自我也就去除了来自自我的限制,也就进入了"无知"状态,这种状态才能真正达到"天人合一"的境界。对于做学问来说,在广泛涉猎知识的基础上,达到"无我"与"无知"是一种最高境界。世界上很多深刻的道理,很多自然的奥秘,很多变化的规律,往往只有在"无我"的状态下才能被理解和发现。

可怎样才能达到"无我"境界呢?学习哲学可以达到这个目的。哲学是一切科学之母,哲学的功能不是增加各种各样的知识,而是站在各种知识的基础之上对人生进行系统反思,增加人的智慧,提升人的心境,从而超越现实世界。柏拉图曾说:"哲学就是练习死亡。"当然,这不是提倡自杀,而是要练习减少身体的控制程度,让身体的惰性无法对个人产生影响力,就像死亡了一样。因为人活着必定受到身体控制,身体的各种需求决定了人的行为方式。"人为财死,鸟为食亡"这句俗语就深刻体现了人和动物被其身体控制的事实。只有身体"死亡"了而精神犹在,才能获得心灵的自由,才能不受到身体的限制去追求智慧。

谈到哲学,一般人认为它是高深莫测、晦涩难懂、枯燥无味、远离现实生活的学问。其实不然,哲学不仅离我们的现实生活很近,而且对于每个人而言都是必需的,因为人类天性之中就有一种哲学倾向——每个人内心都希望自由,希望能够做自己,能够摆脱各种限制与压力(傅佩荣,2005)。其实,哲学是通过抽去事物的具体内容,从本质或者说从最高层次来把握复杂系统,一旦对复杂系统的根本运行规律有了清楚认识后,这一规律就可适用于包括人、社会、生态,甚至整个宇宙等在内的复杂系统,也就可以用一种系统的现象去解释另一种系统的现象。当一个人达到这样的境界,在他身上所表现出来的,就是站得更高,不受学科或知识局限,并且想象力十分丰富。

总之,保持谦虚和不带偏见,才能增加包容性;欣赏和从事多种形式的文学艺术有助于培养把不相关事物联系起来的想象力与综合能力;学习哲学使人站得更高、看得更远。这样一来,在创造活动中,包容性使得可综合的材料更多,通过把这些看似毫不相关的事物联系起来,就可以找到它们的内在规律和共同之处;最后,站在更高的位置,看得更全面、看到本质、融会贯通,批判、创新、再创造,就能极大地提高一个人的综合能力。

3.4 适应性与创造力

同生命复杂系统一样，真正促成创造的内在因素是适应性，具体来说就是不适应。是由于社会个体对社会系统的不适应，促使个体产生变化，以求得适应的过程，当大多数个体对社会系统原有制度不再适应的时候，创造必然会发生，一种新制度就会代替旧制度，这就是社会变迁的过程与规律。在原始社会的末期，原始社会里的成员对原始社会的不适应，导致了奴隶社会产生；进入奴隶社会末期，奴隶们对奴隶社会的不适应，导致了封建社会产生；同样，资本主义社会是在农民对封建社会不适应的历史背景下产生的。如果人类一开始就对原始社会完全适应，大家在吃饱后就再无别的需求，对现实生活都很适应和满足的话，那么人类社会至今可能还停留在猿人阶段。

从复杂系统来看，一个系统越是复杂，其对环境的适应性就越低，变化就越多，创造也会不断涌现。与其他动物相比，人要复杂得多，其适应性也低得多，动物只要基本需求得到满足，而且没有天敌严重威胁，就会对环境产生很好的适应性。但是人则不然，人在基本需求和安全有保证的情况下，还会不断产生新的需求。马斯洛的需求层次理论将人的需求按重要性从生理需求到自我实现需求分等级排列，由低到高，由物质到精神，这是一个无限升级、永无止境的需求过程。也就是说，人永远没有满足的时候，因此，人总是在变，对社会和环境永远处于由不适应向更高层次适应的状态中，从而也导致人类永无止境的创造力。

3.4.1 适应性如何影响创造力

要理解个人适应性如何影响其创造力，需要先了解鉴别力，鉴别力又涉及想象力、审美感（品味、直觉）等，适应性是一个复杂系统对其所处环境的适应程度。

1. 鉴别力

对一个系统而言，具有一定能量和多样性，就会产生不同组合。由于客观事物的复杂性，这种组合数量可能是巨大的、无穷的，但绝大多数组合是毫无意义的。从无穷组合中识别出有意义的完美组合，是显示创造力的关键指标。对此，彭加勒（1988）在他的《科学的价值》一书中讨论数学上的发明时指出：

"数学创造实际上是什么呢？它并不在于用已知的数学实体作出新的组合。任何一个人都会作这种组合，但这样作出的组合在数目上是无限的，它们中的大多数完全没有用处。创造恰恰在于不作无用的组合，而作有用的、为数极少的组合。发明就是识别、选择。"

鉴别力是从相同事物中找出不同或从不同事物中找出相同规律的能力，是辨别好坏和对错的能力。这种能力是人对外界事物在内心中产生感受的积累和升华。从生物学角度看，每一个人都具有自己的独特之处，不同基因组合，加上千差万别的成长环境，使每个人对外界事物的内心感受存在差异。正如休谟指出的："美不是物自身里的性质，它只存在于关照事物的人心之中，每个人在心中感受到的美是彼此不同的。对于同一对象，一个人可能感受的是丑，而另一个人却感到了美；各个不同的人都应该服从他自己的感受，不必去随声附和别人的看法。"（瑜青，2002）

人对事物的感受经历，不是简单的积累过程，实际上其中包含了丰富想象，例如，当我们看到一位漂亮姑娘时，会情不自禁地说她像花一样美丽；当品尝到很甜的食物时，会把它比喻为像蜜一样甜，这就是感受过程中的想象。想象力大小程度，决定对事物感受的敏感和细腻程度。

科学家的鉴别力包含了丰富想象、完美组合、高度和谐统一。牛顿万有引力定律和爱因斯坦的质能关系式就是这种完美组合、高度和谐统一的典范。人的这种鉴别力，其实也是一种特殊的审美感，这种审美感在科学家进行创造时，发挥着非常重要和微妙的筛选作用。彭加勒（1988）就曾说过，缺乏这种审美感的人永远不会成为真正的创造者。自然界是高度和谐统一的，各种事物之所以成为今天这样的结构和组合，并不是偶然和随机形成的，是经历了无数变化和适应过程，那些不适应、有缺陷的被淘汰了，只有完美组合、符合自然规律、适应其生存环境的事物保存了下来。以打水漂这件极其普通而古老的运动为例，法国物理学家克兰特及合作者（Clanet et al.，2004）使用高速视频照相机等设备不断观察试验，发现石块入水时与水面的角度以 20 度为最佳，可以产生最多次数的跳跃，"20 度简直是个不可思议的角度，在这个角度下，石块在第一次跳跃时能量损失最小"。那么为什么不是 19 度或 21 度？为什么万有引力恰恰与两物体质量的乘积成正比，与它们之间距离的平方成反比？等等。无数例子都说明自然界是何等高度统一和完美。因此要认识自然规律，就必须要具备这种起重要选择作用的鉴别力，要有重要发明和创造，对这种鉴别力或审美感的要求更要超越常人。

我们可以进一步将鉴别力引申为从一般之中看到特殊、从简单之中看到复杂或从复杂之中看到简单、从相同之中看到不同、从不同之中看到相同等方面的能力。它是一种批判性思维能力、一种综合分析和辨别能力，主要由想象力和审美感构成。

（1）想象力

想象力是在知觉材料的基础上，经过新的配合而创造出新形象的思维能力（中国社会科学院语言研究所词典编辑室，1993）。想象力在个人创造力中的重要性已被广泛认同。爱因斯坦（1976）认为："想象力比知识更重要，因为知识是有限的，而想象力概括着世界上的一切，推动着进步，并且是知识进化的源泉。严格地说，想象力是科学研究中的实在因素。"

既然想象力在创造中起如此重要的作用，那么，它如何影响着鉴别力呢？想象力的关键作用在于，它使人的鉴别力立体化，即不是从一个角度、一个层面，静态而平面地看问题，而是把问题置于一个三维甚至更高维度的立体空间，从多角度、多层面、多时空，立体地看问题，动态地看问题。毫无疑问，处于立体空间观察同平面观察的结果肯定大相径庭。因此，想象力越强，观察问题就会越仔细、越周全，鉴别力就越强。彭加勒（1988）指出："虽然人的想象可以变化，但是自然的变化更加丰富多采。为了追求她，我们必须选取我们忽视了的道路，这些路线往往能把我们引向绝顶，我们从那里将会发现新的疆域。"想象力就是我们选择忽略了的道路的指南针，没有想象力，我们只能看到大家都走过的路或普通的路，只有丰富的想象力能带领我们寻找到那些常人无法想象的路径。

想象力是人脑复杂系统对客观事物综合反映而进行的有规律的运行，这种综合反映就如同在大脑中形成了一个与客观世界相对应的虚拟世界，这个虚拟世界的运行可以不受客观世界的制约，想象力就是驱动这个虚拟世界超越现实世界运行的能力。在这个虚拟世界中，可以跨越时间、空间，可以忽略现实世界各种清规戒律，可以无中生有、异想天开，任何毫不相干的事情都可以联系起来，也可以把现实物质拆分成任意部分，所以想象力能够穿透一切。

客观地说，任何人都具有想象力，只是每个人的想象力大小不相同而已。也就是说，个体之间存在想象力差异性，决定想象力大小的因素主要是三个方面，一是精神能量，二是知识多样性，三是综合交叉能力。精神能量决定敢不敢想象，敢不敢让大脑这一复杂系统自由驰骋。因为每个人不是生活在真空中，而是生活在现实世界中，现实世界的自然规律和社会的法律法规以及道德规范等，势必给人的想象力设置了边界、限定了范围、划定了条框，因此会束缚想象力的自由发挥。这就是为什么小孩的想象力比大人丰富，因为孩子还没有被现实世界的清规戒律所驯化，所思所想不受其制约，也没有边界的意识，所以他们的想象可以任意地、自由地飞翔。而成人长期受现实世界熏陶和制约，很多曾经由想象力营造的虚拟世界被现实世界无情摧毁，如此这般，人们也就认识到，有的东西根本不用想，没戏！有的甚至连想一想都觉得是罪过。久而久之，人的想象力就逐渐萎缩，最后，再也逃不出现实世界的制约。而具有强大精神能量、具有批判性思维能力、不受条条框框羁绊的人，则敢于想象，敢于冲破现实世界的清规戒律，敢于让想象力飞翔，也就敢于创造。

敢于想象，就为想象力解开了绳索，想象力便可以自由驰骋。但是，同样是敢于想象，为什么有的人想象力就是比别人强呢？这就涉及影响想象力的第二要素，即知识多样性。想象力空间的大小，由一个人的知识和经验决定，我们都有过亲身经历，有的事情，没有经历过就很难想到，长期从事某一专业的工作，就很可能"三句话不离本行"，其想象力自然被限定在本专业知识范围之内。而增加一方面知识，就增加一个想象支点及一个想象空间，显然，拥有的知识越丰富多样，想象支点就越多、想象空间就越大。

敢于想象并具有丰富知识，为形成丰富想象力提供了条件，但是知识丰富并不一定想象力就强，这就涉及想象力的第三个要素，即综合交叉能力，这就是能够抓住事物本质的能力。因为运用想象力并不是胡思乱想，而是跨越时空、超越一切限制，从不同的事物之中寻找相同规律，把不同事物联系起来，把看似没有关系的各个方面组合起来，等等。这个能力是决定一个人想象力最重要的方面。在生活中，往往一个好的比喻，就是想象力的体现，因为好的比喻就是找到了两个不同事物的内在联系，因此有人说，比喻是天才的能力，也就是这个道理。

对于"大陆漂移学说之父"魏格纳来说，想象力是他成功的关键。他是一个气象学家，为什么能在地质学领域建立这样一座万世敬仰的丰碑？他依靠想象的魅力，竟然成为现代地质学的开创者。他没有把自己局限于气象学这一学科范围，而是吸取了天文、地理、生物、地质、地球物理、大地测量等不同学科的丰富"养料"，加以综合升华。他是自然科学家，却充分运用了形象思维。从气象学上瞬息万变的云图，联想到大西洋两岸惊人的相似性，在头脑中形成具有丰富想象力的大陆漂移图。这种对自然规律的惊人预见，建立在他独特的科学想象之上。所以，"想象力是自然科学理论的设计师"（李安瑜和杨泰俊，

1986)。

(2) 审美感（品味、直觉）

审美感则是对事物整体美的感悟，是对事物本质的整体把握。有人把这种审美感称为品味，杨振宁就十分重视品味在科学发现中的作用。他在1995年与上海大学生谈治学之道时，就非常强调品味（杨建邺，2004），"一个做学问的人，除了学习知识外，还要有'taste'，这个词不太好翻译，有的译成品味、喜爱。一个人要有大的成就，就要有相当清楚的taste。就像做文学一样，每个科学家，也有自己的风格。我在西南联大六年，对我一生最重要的影响，是我对整个物理学的判断，也有我的taste"。我们认为这里的"品味"就是审美感，就是对事物的判断力。它甚至比知识和技术还要重要，尤其是在对一些理论问题，或者靠逻辑推理无法解决的问题方面，对于抓住问题的本质具有重要作用。例如对于复杂系统问题，就不是靠逻辑推理，或者靠还原论的方法，把各部分分解开来分析就能解决的，这时往往要靠体现审美感的"品味"或直觉，才能做出正确判断与选择。彭加勒（1988）更是明确指出，直觉才是发明的工具，而逻辑只能是证明的工具："对于发明家来说，这种集合物的观点是必不可少的；无论谁想真正了解发明家，同样也少不了它。逻辑能够把它给予我们吗？不能；数学家给它起的名字足以证明这一点。在数学中，逻辑被称为解析，解析意味着分解、分析。因此除了解剖刀和显微镜外，不会有其他工具。这样一来，逻辑和直觉各有其必要的作用。二者缺一不可。唯有逻辑能给我们以可靠性，它是证明的工具；而直觉则是发明的工具。"

狭义相对论只以光速不变原理和相对性原理两个假设为基础，它们并不是逻辑推理的产物，而是由爱因斯坦的科学审美直觉"领悟"出来的。同样，正是基于这种审美直觉，法拉第提出了电磁感应理论，波尔提出了原子结构理论，海森堡建立了矩阵力学，沃森和克里克发现了DNA双螺旋结构。

那么为什么审美感、品味或直觉如此重要？因为自然规律是物质之间相互适应的结果，很多不适应的、不完美的形式在自然界的相互作用中被逐渐淘汰，只有最适应的形式才能保存下来，形成规律。这些自然规律本身就是高度和谐统一、完美组合的，因此只有那些具有高度审美感的人才能感悟与发现它们，可见审美和直觉在创造中的独特作用。

2. 适应性

一个人具备了鉴别力，只能说明他有了创造的潜力，有可能会筛选出具有创造性的组合，不过，要使创造思维闪现火花并变成现实，产生真正创造，还有一个关键要点或问题，那就是看其适应性如何。实际上，从创造力角度看，一个人的鉴别力是以适应性的方式表现出来的。但是在以往关于个人创造力的研究中，更注重个人品质、个人教育、个人实现等因素，至于适应性问题则很少涉及。人是一个复杂系统，他生活在社会复杂系统和自然环境复杂系统之中，他必须协调自身与社会和环境的关系，适应性是一个复杂系统对其所处环境的适应程度，只有适应才能生存，只有首先适应才能有所创造、有所创新。一个人不管多么特立独行，不管有多少新颖想法，如果无法适应社会，再好的想法也只能停留在想象层面，不可能成为创造。而创造不仅仅是有新想法，而且要使新想法变成现实，被社会认可，最终成为社会文化的一部分，从而形成新的适应。

既然创造是生命的本质，那么，每个人都具有创造能力，只不过个体之间的创造能力存在着差异性。正如罗素（2004）指出，"最低级的动物与思想深刻的哲学家之间并没有一道分明的界线"，人与人之间创造力的差别没有本质的区别，只是存在程度不同而已。然而，不是每个人的创造力都能得到表达。在历史上，有人看似先天条件不足，但是其创造力得以充分发挥，做出了惊人创造；有人看似先天条件很好，却不能很好地发挥创造力，以至于一生平平。有人把这种现象归结为没有机遇、环境不好，等等，但是，在这些客观条件背后，实际上隐藏着个体适应性问题。自然法则是适者生存，首先必须适应所处的社会和自然环境，才能生存，才有发展和创造的空间。

大凡具有创造力的人对环境的适应不是被动的，不是随波逐流，相反，他们常常表现出对社会的某种不适应。的确，当一个人完全适应社会，社会的一切行为规范都内化成自己的行为准则，个人的行为完全与社会风气、社会动向不差毫厘的时候，这个人便不可能做出任何创造，因为这样的人已失去了自我个性，失去了个人性格中的多样性，就失去了创造的条件或可能性。

我们都有这样的感受，一个有童真的孩子是天真可爱的，他对什么都感到新鲜，感到新奇，他会不停地问"为什么"，这似乎是人类与生俱来的天性。可是随着孩子进入幼儿园、小学、中学、大学，然后进入社会，并对社会越来越适应以后，这种天真、对事物的新鲜感便逐渐丧失。当生活中再也没有任何问题可问时，大部分人一切都是按部就班地遵从社会常规，进行生活和工作，并形成固化的生活与工作模式，我们不能指望这样的个体能做出创造性的事情。只有少数人保留了那种孩提时的纯真，他们即使成年后，依然在生活和工作中保持着新鲜、直率、询问的思维方式。大量研究证明，很多具有强烈批判性思维和创造力的人，在他们的一生中，都或多或少地保留了这种天真。

那么，对于绝大多数人来说，我们的天真乃至我们的创造力是如何丧失的呢？其实，就是一个适应性问题。长期以来，我们都在强调适应性，动物只有适应环境才能生存，因此，达尔文将"自然选择，适者生存"作为动物进化的动力。在人类社会中，民族也好，个体也好，越适应自然环境和社会，生存才越容易。可是，适应是一个被动过程，是改变自己以求得适应环境的过程，这是一个抹杀个性、消灭创造的过程。如果自然进化的动力真是"适者生存"的话，就不可能进化出人类，因为人类在早期既没有尖爪利齿攻击猎物，又没有厚皮硬壳防护自身，也不像马那样擅长奔跑，根本不是很多猛兽的对手。而真正适应环境的是微生物和一些低等植物，它们才应该是自然选择的对象，因为只有它们才具有适应各种难以想象的恶劣环境的能力，这种能力是人类所无法相比拟的。可是进化的结果却恰恰选择了人，人成为地球主宰，这就说明，我们过去对"适者生存"没有真正理解。导致地球生物由低级到高级，由简单到复杂的上升式进化，不仅与适应有关，更与不适应有关，是适应与不适应的二重性引导了进化的方向。一定的适应以保证生物能够生存，同时，又表现出某些不适应，迫使生物不断变化和创造，以求得更适应，同时生物的变化也使环境向着对生物有利的方向发展，这才保存了生物多样性，因此是不适应改造了环境，不适应才是变革的力量。适应是被动的变化，而不适应则引起革新与更新。人类社会就是因为不适应才有了求变的内在动力，才有了创新，从而推动社会向前发展。

就个体而言，完全适应社会，则意味着失去自我，不可能会有什么创造；而完全不适应社会，要么无法生存，也谈不上任何创造，要么产生重大创新，彻底改变社会，让社会来适应自己。创造者就是那些对社会既有一定适应，又表现出某种不适应的人，他们把适应与不适应这对矛盾和谐地统一在自己身上，他们表面上可能与其他人无任何差异，也无太多异常举动，但是，他们内心却是自由的，较好地保持了自己的个性和独立性，不随波逐流，不为社会的赞美和指责所动，而是寻求自我肯定，与社会文化保持相对独立性。相反，在他们做出一些重要贡献后，社会倒反过来适应他们，这就是创造的实现。因此，创造产生于适应与不适应之间，适应有利于生存，而不适应则导致创造。

同理，在学术领域，人们学习知识、信奉知识，这是适应的过程，然后人们发现知识的不完美性或"不和谐性",就开始怀疑知识、颠覆知识、创造知识,这就是不适应的过程。在这些过程中,批判性思维起到决定性的作用。

所以,创造性人才的适应性都是矛盾对立统一的,一方面严格遵守法律,以保证自身能够在社会上生存;另一方面,又不墨守成规,不拘泥于社会的行为规范和道德习俗,敢于坚持自己不适应社会的方面。美国著名心理学家马斯洛(1987)把这种现象称为对文化适应的抵抗,"从赞同文化和融合于文化这个意义上说,自我实现者都属于适应不良,虽然他们在多种方面与文化和睦相处,但可以说他们全都在某种深刻的、意味深长的意义上抵制文化适应,并且在某种程度上内在地超脱于包围他们的文化"。

至此,把前面分析的想象力和审美感组成的鉴别力与适应性联系起来,我们可以发现,个人想象力越丰富,审美感越强,他对于社会的适应性就会越低。因为社会是按照大多数人的想象力和审美感来运作的,可以说是一个大平均。大多数人可能会感到很适应,因此,也就没有强烈的求变和创造的欲望。然而,想象力和审美感都远远超出社会平均水平的人,对社会平均状况很不适应,这就促使其进行创造,以求得自我实现。

中国清代曹雪芹的作品《红楼梦》,论其艺术成就,达到了我国古典小说的巅峰。然而在那种以科举考试为选拔人才手段、以当大官为男人成功标志的社会风气下,曹雪芹的一生都是极其"不适应"社会的。少年时代享受过锦衣玉食的生活,但被抄家后曹家一蹶不振,他过着"举家食粥酒常赊"的困苦生活。然而,在这期间他专心著书,以坚韧不拔的毅力,将旧作《风月宝鉴》"披阅十载,增删五次",最终成就巨著《红楼梦》。在当时常人的眼里,曹雪芹是无能的,他穷困潦倒一生,只能靠朋友施舍过日子,以至于妻儿皆死于无钱治病。然而,正是这位不适应当时社会的潦倒文人为我们留下了这文学艺术的瑰宝!

以上这个例子说明,正是个人对社会一定程度的不适应,才可能激发创造。曹雪芹并非个例,世界上的许多伟大人物,如开普勒、米开朗琪罗、贝多芬、伦勃朗、巴赫、毕加索、安徒生……他们与其所处的社会或时代之间,对当时的知识领域,都存在着一种深刻的不适应或不和谐,正是这种不适应激发他们的创造欲,从而孕育出卓越的创新性成果。房龙(2004)说得好,一切智慧、一切伟大的艺术,都与这种深刻的不满相关。一切伟大创造,都源自这种深刻的不满和不适应!适应性在创造中起到关键的选择作用。

3.4.2 适应与不适应的平衡

根据个人创造力模型，适应性越低，创造力越强，也就是说，正是因为不适应，才引发了创造。可是，就个人而言，如果对社会完全不适应，连生活都无法保障，还谈何创造呢？这就需要在适应与不适应之间寻求和保持一种平衡。对于很多具有创造力的成功人士来说，其策略是在生活上保持极强的适应性，而在思想上、工作上、学术上等自己所追求的方面则保持一定的不适应性。

春秋战国时期的思想家庄子，就是在适应与不适应中找到平衡的典范。从《庄子》一书可见，在生活上庄子可以说对简单贫困的生活表现出惊人的适应性，他曾靠编织草鞋为生，住的是破屋子，经常衣不蔽体、食不果腹，去见魏王时穿的就是一身破衣烂衫，鞋子都是脱帮的，不得不用带子绑了。面对这些物质生活上的贫困，庄子坦然接受，其最高境界表现在当他妻子死后，他"箕踞鼓盆而歌"，这是因为他把人的生死看成如同春、夏、秋、冬四季变化一样正常，对这种自然变化十分适应，因为他倡导"天人合一"，就是要增加人对万事万物的理解，便可以减少由感情造成的痛苦。

正是这种对生活现状的适应，使庄子有了充足时间和精力来进行自己的学术研究。与对贫困的适应截然不同的是，在学术上，在对自己目标的追求上，庄子表现得极不适应。他不满足于前人的思想、理论，不适应前人对事物的观察和描述。他当漆树林护林员挣钱来养家糊口的同时，仔细观察事物并总结出如"螳螂捕蝉，黄雀在后""如胶似漆"等对事物入木三分的刻画。当他看到泉水干涸，鱼在无水的情况下苦苦挣扎的情景时，写出了"泉涸，鱼相与处于陆，相呴以湿，相濡以沫"这样的千古名句。就是这种对学术的不适应，成就了庄子，有人做过统计，薄薄的《庄子》一书为中文提供了 200 多条成语，被中华书局《古今成语词典》收录的就达 170 条之多（亦歌，2005）。适应与不适应这对矛盾在庄子身上是多么和谐统一！

作为复杂系统的人具有将多样性集中于一身的潜力，然而，这种潜在多样性需要我们去开发，哪些方面该适应，哪些方面不该适应，是决定我们在哪些方面有所建树的关键。如果庄子对简单贫困的生活不适应，他就会想方设法去改变它，他就不会拒绝楚威王要聘他做宰相的愿望。当在物质享受方面不断追求时，即使在学术方面也还不满足，但人的精力是有限的，所以能达到的创造深度就大打折扣了。

所以，我们提倡提高生活上的适应性，而保持学术上和工作上的不适应性。策略就是降低对生活的要求，提高其适应性，而在学术和工作上要独立思考、不断学习、永不满足，逐步提升追求目标，随着鉴别力和学术品味的逐渐提高，这种不适应性会越来越强，所引发的创造的动力和能力也越来越强。

那么在学术、事业上如何保持一种不适应呢？其中一个重要的方法或路径就是不断地提高自己的批判性思维能力和美学修养。在提高人的美学修养方面，文学、音乐、体育和美术有着重要作用。以音乐为例，音乐最基本的形式要素是节奏和旋律，通过节奏和旋律变化，组成了抑扬顿挫、快慢舒缓的乐曲。那么音乐是如何影响人的呢？人是一个复杂系统，其系统的运动是一个整体行为，当脑神经受到音乐刺激时，整个系统就会随着音乐旋律而运动。优美抒情的音乐把系统带入自然美景之中，欢快的音乐使系统产生兴奋的感觉，气势恢宏的音乐让系统产生崇高感受。例如贝多芬《d 小调第九交响曲》第四乐章合唱部分《欢乐颂》，让人感受到人类皆兄弟的大同；《c 小调第五交响曲》（又称《命运交响曲》）又使人感到人类的不屈、不向命运低头的精神。这种感受通过想象和联想而营造出来，整个复杂系统在旋律带动下不断想象，不断涌现新的特性。久而久之，想象力会得到增强，涌现新特性能力随之不断提升，人脑复杂系统就会越来越和谐，对美的感受会越来越强烈，审美感便得到提高。

3.5　个人创造力发展的例子

根据个人创造力模型，个人创造力指数与其所具有的精神能量和多样性成正比，与其适应性成反比。个人在精神能量、多样性、鉴别力三个方面任何一面的提升，都可以提高其创造力。当强大的精神能量、丰富的性格多样性、极高的鉴别力三个方面同时集中在一个人身上时，就可能造就出百年一遇，乃至千年一遇的伟大创造者。以下是几位具有强大个人创造力的历史伟人的例子。

王阳明：王阳明是中国历史上罕见的立德、立言、立功三不朽的伟人。立德指品格高尚，立言指著书立说，立功指功勋卓著。一个人将其中一项做到极致，就能永垂不朽。王阳明竟然三项皆居绝顶，中华文明 5000 年，能全做到的没有几个。

王阳明十岁就立志要当圣人，并终生为之奋斗，临死之前随从问，还有何话要说，他只说了八个字："此心光明，亦复何言？"其精神能量何其强大！

他有多么复杂多样呢？他是哲学家，思想上融合儒道释的精华，创立自己的心学体系，并将理论上的创造实实在在地运用于实践。用到政治上，他成了第一流的政治家；用到军事上，他成了让敌方胆寒的军事家，凭借知行合一的强大力量，荡平数十年巨寇，平定叛乱，扫清匪患。他是文学家，一篇感人肺腑的《瘗旅文》成为千古名篇；他是书法家，因为其他方面太过耀眼，竟遮蔽了他书法的成就；他是教育家，教学方式轻松活泼，带学生游山玩水，随处所得，随处指教，教学相长，乐在其中，同时对学生要求又极其严格，必须做到立志、勤学、改过、责善。一个人需要多么复杂的性格才能将如此丰富的多样性和谐地统一啊！

他不适应当时官方的意识形态程朱理学，在经历了当众廷杖的奇辱、下狱待死的恐惧、流放南蛮的绝望、荒山野岭的孤独，直到龙场悟道的狂喜后，以极高的鉴别力独创了"心学"体系。通过向内发现良知，"知行合一"壮大良知，便能达到宁静于内、无敌于外的境界。其理论使人觉醒，倡导人性解放，具有极强的现实意义（董平，2009）。

现代人，了解阳明，学习心学，知行合一，可在心浮气躁的今天，宁静内心，独立自强；当心中良知挺立，即便物欲横流，亦可岿然不动。

伯特兰·罗素：20 世纪英国文化巨匠，西方社会最著名且拥有最广泛读者的思想大师，在哲学、数学、逻辑学、文学、教育等诸多方面都有建树，于 1950 年获诺贝尔文学奖。他被称为"世纪的智者"，他的作品平易而幽默，影响了无数乐于接受智慧的人，用爱因斯坦的话说，"读这个人的作品使我度过了一生中最快乐的时光"。他的巨著《西方哲学史》成为研究西方哲学的丰碑。

《罗素传》作者克拉克（1998）在评价罗素时指出，对这个人来说，什么冒险也不算太危险，什么探求也不算太没指望，罗素一生的所有专门性方面就如同钻石的不同刻面，从多方面来观察的这个罗素，大于他的组成部分的总和；这是一个充满矛盾的人，热心献身于理智，可有时却把理性争辩到非理性的极端，天生一个感情上的冒险家；一个英雄史诗中的巨人，奋斗一生，一生经历挫折，眼前灾难重重；年轻时，由于自身气质，他是一个对事事抱怀疑态度的人；到老年，变成一个"具有永不顺从、永不屈服的勇气"的光辉人物。这就是罗素，一个充满矛盾、具有复杂性格的人，他既具有数学家的严密逻辑和精确推理，又具有文学家的浪漫与幽默；既能埋头做学问，写出著作 70 多部，内容涉及哲学、数学、自然科学、伦理学、社会学、教育、历史、宗教、政治等诸多领域，又是社会活动家，为和平、民主、自由奔走呼号一生。

苏东坡：苏东坡是我国文学史上杰出的文学家，他在诗、词、散文里所表现的豪迈气概、丰富的思想内容和独特的艺术风格，达到了北宋文学的最高成就。但从大的人生格局看，苏东坡的命运可谓悲剧。不过，他却将这一悲剧演绎得波澜壮阔、斑斓多彩，达到了一种人生高层次和谐，令人仰慕，对后世产生了巨大影响。

在精神能量方面，苏东坡终身努力，积极进取，即使后半生不断遭贬谪，但也从不放弃。多样性方面，他将儒道释三家思想糅合起来。他推崇孔孟，有志于"尊主泽民""致君尧舜"，怀有经世治国的抱负，所以他一生为官，并有不俗的政绩。可他又非常欣赏道家的出世思想，他甚至将辞官归田的陶渊明当成自己的前世。在中年经历了牢狱之灾、死里逃生后，苏东坡开始深思人生的意义，考虑如何才能得到心灵的真正安宁。于是，他接纳了佛教，自称"居士"，也确实精通禅学，喜与僧人来往。然而他并没有从此就舍弃其他，遁入空门，专心过一种宗教式的灵魂生活。

适应性方面，对适应和不适应的处理既决定了他的悲剧，又成就了他的创造。在政治上，苏东坡既反对以王安石为首的激进改革派，又不满以司马光为首的因循守旧派，这就是他的不适应，真可谓"一肚皮不合时宜"，在新旧两党夹缝中受尽了挤压和迫害，故而他的悲剧命运不可避免。这种不适应同样反映在他的文学创作上，他不满足前人仅把词当成表现卿卿我我的言情小调，而是给词注入了高尚的精神和气度不凡的魂魄，让人感到从未有过的博大精深和荡气回肠，开创了豪放派词的先河，使宋词达到了巅峰。

可他在不适应的同时，又有很多适应。在长期的地方官任上，他很适应，他本着仁政爱民的标准，每到一处，都切实地为百姓做好事，比如修筑杭州西湖"苏堤"。在物质生活上，苏东坡也非常适应。他不仅喜欢美食，而且热衷烹调，所发明的"东坡肉""东坡肘子"等名菜还流传至今。

可见，强大的精神能量使苏东坡在经历了一次次打击之后，仍积极进取，从不懈怠。政治上的不适应给他带来麻烦，但文学上的不适应却成就了他的创造。思想上的多样性与生活上的适应性，让苏东坡在各种思想之间达到了某种和谐，从而使他在政治上对国对民，以儒家思想为主导；在生活上对自己的险恶处境，以道家思想为主导；在深度思考人生意义时，则接受佛家思想观念。这些思想在苏东坡身上和谐地统一起来，使他始终没有忘记国家和百姓，也没有在困境中沉沦，从而成为人生高层次和谐的典范，其学术成就铸就了中华文学史上的又一高峰（林语堂，2000）。

思 考 题

(1) 为何批判性思维能增加个人的精神能量？
(2) 为何批判性思维能增加个人的性格及思维的多样性？
(3) 为何批判性思维能降低人的适应性？
(4) 批判性思维是怎样影响个人创造力的？
(5) 怎样提高自己的创新性思维能力和个人创造力？

第二篇

论文写作：构建批判性思维最强有力的工具

第4章 论文写作与批判性思维的关系

在前面的几章里我们讨论了研究生的培养目标,即将他们培养成为具有创新性思维、创新精神和创新能力的人才,也讨论了创新性思维根植于批判性思维之中。也就是说,为了培养学生的创新能力,就必须培养其创新性思维,为了培养其创新性思维,就必须培养其批判性思维。那么怎样构建和培养批判性思维就成为研究生培养的根本问题。由于在研究生的培养阶段以及他们未来继续从事科学研究的整个学术生涯中所进行的主要科研活动就是进行学术论文的写作和发表,因此本章集中讨论论文写作与批判性思维的关系,即怎样通过论文写作和发表来构建批判性思维以及培养学生的批判性思维和创新性思维。

因为研究生未来既可能成为科研工作者,也可能成为教育工作者,另外,科学的研究方法与科学的教育方法是相辅相成的,所以下面各章讨论的许多内容既是从研究生或科研工作者的角度来帮助他们提高批判性思维能力的研究方法,又是从教育工作者的角度来促进其教学效果的教育方法。这种既是研究方法又是教育方法的讨论在书中许多地方都出现,建议读者作为不同角色、根据不同目的来理解并运用这些方法。

4.1 为什么要撰写和发表学术论文

研究生和科研工作者都需要发表学术论文,那么为什么要发表学术论文?对此研究生常见的回答是:毕业所需、求职所需、升职所需,进行学术交流,体现科研成果,体现自身的价值,提升国家的科技影响力,等等。现实中,不少科研工作者是为了争取经费、职业发展等而发表学术论文。对于学术论文,在学术界流行这样一句名言:"发表或者灭亡。"(Publish or perish.)在这里,"发表或者灭亡"包含两层含义:其一,我们科研成果如果没有发表(除有保密要求的科研成果外),就等于不存在,只有科研成果获得了发表,才能体现其对学术界或对社会的贡献及其学术价值;其二,对于不少领域的科研人员(比如大学教授和研究院所的研究员)而言,只有不断发表高水平学术论文,才有立身之本，否则其职业生涯就难以维系。

以上所列确实都是需要发表学术论文的典型理由，不过研究生需要发表学术论文，其最根本的原因应回归到研究生的培养目标和研究生培养的根本途径上来，即通过论文写作和发表来培养研究生的批判性思维和创新性思维，从而提高其创造力。简而言之，学术论文撰写是构建和训练批判性思维的最强有力工具，而学术论文的发表则是培养批判性思维所获得的成果。也就是说，在研究生整个培养过程中或大多数科研工作者的学术生涯中，通过学术论文的撰写既可以不断提高和深化批判性思维和创新性思维的能力，帮助凝练科学问题和解决科学问题，同时又可以获得批判性思维和创新性思维的直接成果，即学术论文（科研成果）的发表。所以一篇优秀论文的写作，其本质就是一个创作的过程，即批判性思维的深化与能力一步步提升的过程，然后获得基于批判性思维能力提升所产生的新成果，这就是撰写和发表学术论文的因与果的双重效应。而本书正是通过撰写和发表学术论文的这种双重效应来构建和训练研究生的批判性思维，提升其批判性思维能力，从而达到提高研究生培养质量的目的。

4.2　将写作活动与批判性思维联系起来

本章集中探讨写作活动是一个最好的训练批判性思维的过程，还将讨论学术论文写作中遇到的种种问题，比如为什么学生难以写出以论点为主导的文章？为什么他们更难以写出高水平的学术论文？这是因为写作作为一个思维过程，对于有经验的写作者来说，是通过一系列的、反复的稿件修改，不断去发现、澄清、深化和完善其观点的思想过程。这就构成了本书的行动主线：不断思考、不断写作、不断修改。

4.2.1　写作课程的变革

在国外高校，除了哲学专业外，并不一定设有专门讨论或训练批判性思维的课程，但许多高校都开设一门必修课，即写作课，其中就包括批判性思维的内容。比如，哈佛大学对本科生要求的唯一一门必修课就是写作课，叫作"Expository Writing"，也有大学将写作课命名为"Scientific Writing"（Qian, 2018）。在美国大学中类似的写作课程还包括各专业大二之后所设置的以"W"（writing）开头的课程，这类课程不是由英文系教师教授怎样进行英文写作，而是各学科的教授们结合本专业知识，训练学生学习撰写科学研究报告，即通过写作训练，开展科学研究方法的学习，其目的是促使学生从以知识积累为主导的学习模式向以运用知识为主导的学习模式转变，最终提升学生独立思考即批判性思维的能力。

近年来在国外高等教育中正在开展两项强有力的教学运动：一是将多样性写作（或综合性写作）活动贯穿到所有学科教学中去的运动，二是在教学中培养学生批判性思维的运动，这样的课程设计，其目的都是以此来强化训练学生的批判性思维活动，最终提高学生的批判性思维能力以及创新性思维能力。可以运用多样性写作活动来构建和训练批判性思维，从而提高学生的学习主动性和批判性思维能力，奠定培养创新能力的基础。多样性写作活动包括正式写作和非正式写作活动。其中非正式写作是指处于探索过程中的写作，所以又称为探索性写作，探索性写作形式灵活多样，它包括对某一问题开展探索性思考，并进行各种随机性的、短小精悍的、不完整的写作和记录，等等。课堂写作、日志、科学笔记以及随笔等都是探索性写作的常见形式。例如课堂写作，就是教师事先准备或随堂提出一个问题，要求学生花几分钟的写作来作答，这种非正式写作是教师在课堂中常用来强化学生思考的一种方式。在批判性思维的训练中，探索性写作活动十分重要，它是培养批判性思维的温床，也是正式写作的基础。而正式写作包括科研计划、学术论文、学位论文、项目申请书等的撰写，由于正式写作花费的时间更长、花费的心力更多，所以是构建和训练批判性思维的最强有力工具，而学术论文的发表、学位及项目的答辩成功则体现培养批判性思维及创新性思维所获得的成果。

贯穿各个学科中的写作运动（the writing-across-the-curriculum movement），在加拿大和英国，被称作贯穿各学科的语言运动，虽然名称各异，但是其共同点都是对传统的写作教学的颠覆。传统的写作教学认为，好的作品首先必须具有语法的精确性和正确性，因此，写作教学成了只有英文系教授和语法专家们才从事的专业。传统的写作教学的弊病或问题在于，它导致了这样一种观念：写作是一系列孤立的技能，它和与感兴趣的读者交流实际思想的真正愿望毫无相联，这就把表达思想的语言与思想本身割裂开来了。一旦写作被理解为一种"包装"，学生就发现它没有多大用途。与思维以及创造活动相分离，写作变成一种仅有语法的文字训练或一种技巧，这种写作导致的结果就是学生不愿写和教师不愿读的空洞无物的文章。在第 2 章我们就指出，思想和语言是一体的（卡比和古德帕斯特，2016）。其实，只有在需要表达思想的过程中训练写作，服务于思想的语言表达训练才能更有成效。从这个意义上说，跨学科写作运动是对传统的写作者应该怎样去写作这一根本问题的彻底修正。

4.2.2 从学术写作的角度看待知识

在佩里（Perry，1970）看来，绝大多数跨入大学的学生是二元地看待教育，他们把获得知识理解为是对正确信息和答案的获取。他们将自己看成一个空篮子，由教授们往里面装入知识。对于二元论者而言，写作唯一的学术用途就是证明一个人对某种正确事实的了解，这是一种将写作作为信息记录而不是作为辩论和分析手段的概念。学生在佩里所描述的多重性的中间阶段开始接受具有对立观点的概念，但他们只简单地将对立观点当作"看法"。因为"每一个人都有权利保留他自己的看法"，所以他们还看不到为特别的观点去进行辩论的作用。因此，他们没有促使自己通过严格的思维过程——一种智力成熟的写作所需要的思维过程去进行辩论。直至学生到达了佩里定义的智力发展的最高阶段，他们才感到据理力争的必要性。因此，刚进入写作过程的学生们难以理解的，就是由贯穿各学科的写作活动所暗示的学术生命的观点：写作是具有不同观点的人们参与的对话。学生往往看不到一个论点的后面还隐藏着一个对立的论点，一种反对声音的存在，正说明人们应该以对话方式、有条件的方式去看待知识，同时必须认识到知识的复杂性、暂时性与模糊性，即知识的"不和谐性"。而知识的这些特性又赋予了写作活动的批判性。

卡尔·萨根说："科学与其说是一种知识体系，不如说一种思维关系。"就大部分情况而言，正式的学术写作势必要求具有分析和辩证的思考，并且有一个主导性的论点陈述，并以逻辑严密的、自上而下的结构来表征。论点表述是作者对于辩论的一句话的归纳与总结，是需要用完整的理由和证据去支持的要点。论点主导式写作必须认识到知识的复杂性，即必须考虑到关于讨论主题实质的各种不同的观点。

知识体系作为人类认识世界的一种认知体系，是在人类不断探索、不断更新和不断完善中逐渐构建起来，通过一系列的论著、交流、辩论等形式渐进完成的。随着人们认识与批判性思维的逐渐扩展与深化，知识体系也在不断地演化或进化，并且这种演化或进化是永无止境的。历史上所有的鸿篇巨著都是探索曾经是未知领域的知识总结，因而成为人类史上推进知识体系发生重大变革或突破的创新活动或力量。然后更多的鸿篇巨著又使这些知识体系发生重大变革或突破，不断被超越。

4.2.3 将写作变成一个思维过程

随着训练批判性思维的写作课程的兴起与推广,这种写作就为学生提供了一种直接、有效地运用知识开展探索的尝试,提供了一种最好的方式去帮助他们学习在学术研究中所必需的、有价值的、活跃的、对话式的思维技巧。学生需要明白,即使是最有经验的写作专家,论文写作仍然是一个折磨人、花费心力的过程,因为这是一个进行批判性论证与孕育创新性结果的合二为一的过程。根据埃尔伯(Elbow,1973)的写作理论,文章的意义不是在开头,而是在结尾……写作的思考不是像传递一条信息的方式,而是像发展和综合一条信息的方式。因此,作为写作的最终产品,以论点为主导的写作的严密论证和优美结构是从冗长的、混乱的一稿、二稿……甚至无数次修改的再稿中演化出来的,即一个"从毛毛虫变成美丽蝴蝶"的过程。所以在学术论文的写作中必须强调多稿修改的重要性,重视甚至鼓励写作中的混乱状态或过程。在这种混乱过程中,作者就可能逐步与研究的问题紧密结合起来,而一旦找到结合的线索或结合点,就可以形成、发展、丰富和澄清他们自己的观点。这种以论点为主导的写作是内在思维过程的外在表现形式,我们需要通过写作活动来帮助学生发展这种内在思维过程。

学术文章是以提出问题而开始的,作者的文章呈现是对这一个问题所做的尝试性的答复,这种"答复"要力求成为被本学科领域视为有价值的理由和充分证据所支持的一种"结论"。在这里,写作过程既是批判性思维的过程,也是新发现或创造的过程,而发现或创造的结果则是批判性思维过程的重复进行和螺旋式上升的结果。所以,作者应该进行多稿写作,反复修改论文,也就是经历杜威所说的"亲手去与问题本身搏斗"的过程。学生们普遍存在以论点为主导的"写作障碍"问题,根源就在于他们在写作中缺乏内在的思维过程和思维能力,而这种内在的思维是需要通过训练才能形成的。所以在教学中,课程写作成为训练学生们进行独立思维的重要途径,其中训练学生们提出问题和探寻论点的习惯与能力,是训练他们进行批判性思维的关键环节。也就是说,对于刚进入科学研究大门、开始学习学术论文写作的研究生来说,这个习惯与能力不是自然而然地形成的,而是需要教师和学生共同努力,有意识地、有目的地实践并借助有效的写作手段去摸索与培养。

4.3　没有论点的文章：认知上不成熟的文章结构

为了能够更清楚地看到知识的对话性属性与文章写作方法之间的关系，让我们来检查几种认知上不成熟的文章的组织结构。当学生不能写出以论点为主导的文章时，他们常常借助这些结构来进行文章写作。

4.3.1　时间顺序式的写作

在这种按时间顺序或者流水账式的叙述结构中，作者仅仅告诉了读者在时间 A 和 B 之间发生了什么事，其文章无重点选择、停顿和高潮。典型的例子比如要求评论一篇文章，写出的东西只是一个按顺序的总结而不是对观点的评论。又如要求解释一个历史问题，学生可以从原始社会写到现代社会，写出的文章是按时间的平铺直叙而不是进行因果分析。同样的倾向也存在于学术论文的写作中，作者只是按时间顺序将资料摆出来，而不是用这些资料去支持某种观点，或作者只是重新叙述特定的研究过程，而不是将这些材料组织起来去满足读者的需要。

值得注意的是，不仅仅是没有经验的作者才会写出按时间顺序的文章，专家们的早期手稿也常以时间顺序结构的长段落为特征（Flower，1979；Flower and Hayes，1979）。事实上，他们认为时间顺序为他们的思考提供了一种自然的方式，帮助他们从遥远的记忆中找回观点和详细的内容。不过，有经验的作者在进行修改时，会将按时间顺序的材料转变为层次分明的、有集中点的论文，而初学者则往往满足于按时间顺序写作出来的初稿。

4.3.2　包罗万象式或百科全书式的写作

包罗万象式或百科全书式的文章试图涉及一个题目所包括的所有内容。如果写得好，因为作者通常将资料分类，所以这类文章看起来组织得层次分明。但是分类并不能起到支持论点的作用，相反，这类文章像百科全书的词条或杜威十进分类法的数学类别，这种分类仅仅是一种组织信息的方式而不是一种辩论的方式。

遗憾的是，在我们的教育中，有一个奖励包罗万象式写作的长期传统。比如布置写"一篇关于精神分裂症的学期文章""一篇关于全球气候变暖的学期文章"等时，其实是引导或鼓励包罗万象式的写作。这类文章写作的优点，是增长了一般知识的积累与总结，不过，这类写作练习对于培养学生成为具有批判性思维的写作者和思考者的作用却很小，甚至起到负面作用。

- 在传统的学期文章中，要求写作一篇关于达尔文的文章，如果没有必要的指导，学生将倾向于包罗万象式的写作，可能写出以下的初步提纲：

1. 达尔文的孩提时代
2. 达尔文是怎样对进化论感兴趣的
3. 比格岛的旅行
4. 达尔文理论的解释
5. 达尔文的影响

- 要求学生写一篇关于地下水污染治理的学期文章，同样，没有必要的指导，学生很可能写出以下百科全书式的初步提纲：

1. 地下水污染的现状
   1.1 世界的现状
   1.2 中国的现状
   1.3 广东的现状
2. 地下水污染的种类
   2.1 化肥
      2.1.1 氮
      2.1.2 磷
      ……
   2.2 重金属
      2.2.1 镉
      2.2.2 汞
      ……
   2.3 有机物
      2.3.1 石油
      2.3.2 药品
      ……
3. 地下水污染的治理方法
   3.1 物理方法
      3.1.1 抽注水法
      ……

3.2 化学方法
　　3.2.1 中和法
　　……
3.3 生物方法
　　3.3.1 生物膜法
　　……

诸如此类的文章泛泛而谈、平淡无奇，可以通过网络信息搜索迅速地组合完成，写作中很少涉及批判性思维活动。但是如果指导学生，必须运用批判性思维去考虑问题、进行判断，写出具有论点的文章，研究性的写作就开始了。比如，同样要求学生写一篇关于达尔文研究的文章，但必须以提出一个问题来开始文章的写作，并且作者需要去调查和试图解决这一问题。弗劳尔（Flower，1993）描述了一位大学二年级学生凯特在其心理学课程中，如何成功地完成了以达尔文为主题的研究性写作：

在文章引言的结尾部分，凯特对于达尔文提出了以下研究问题："在这篇文章中，我将通过询问两个问题去观察达尔文的创造力：第一，达尔文的理论是支持当前的关于创造力的心理学定义，还是与其相冲突？第二，什么是评估达尔文自身创造力的价值的最好方式？"在她的文章里，凯特描述了创造力的不同理论，并运用每一种理论去检查达尔文的创造性工作。然后，她提出达尔文确实具有创造力，且他的创造力的价值可以用创造力的"问题解决理论"去评估为最佳，而这一理论与"浪漫想象理论"、"弗洛伊德（Freud）的性能量理论"或"沃利斯（Wallis）的四阶段理论"正相反。

凯特的论文显示，一旦学生们去积极地探索或揭示问题，他们的写作会是多么成功！在这里，强调问题主导式（或论点主导式）写作方式的成功，不仅因为她在写作中运用批判性思维为写作确立了一个有意义的、富有探讨价值的主题或问题，而且也显示，不断提出问题是对泛泛而谈的写作方式行之有效的矫正方法。

4.3.3　资料堆积式的写作

与前两种写作方式相比，资料堆积式写作缺乏清晰的思路与清楚的结构，这种写作方式显示了面对大量资料时学生的手足无措。正如经常在研究文章写作中可以看到的，资料堆积式写作就是将引述、统计和其他原始信息拼凑在一起，没有任何论点，也没有连贯的组织计划，可以说是随机组合。它将作者关于某一题目所收集到的一切资料，原封不动地"倒在读者的桌子上"。资料堆积式写作是作者被太多的信息挫败后，进行的无力抵抗，我们能体会写作者被堆积如山的资料压倒的感受，但是对于资料，他们必须去梳理、去分类，然后决定取舍，才能为所探讨的问题服务。

在刚入学的研究生的写作中，资料堆积式写作比较常见。一些急于开始科学研究的学生，从导师那里获知一个大致研究方向，就在相关的文献搜索引擎中输入一些关键词，迅速搜索到上百篇文献。面对浩瀚的文献，先是欢天喜地、如获至宝，然后就是茫然若失、手足无措。在导师要求的截止日期到来之际，他们就把所收集的文献以某种方式串联起来，一股脑儿将其"倒在导师的桌子上"。

如果学生不主动地去纠正或改变以上这些写作或思维方式，批判性思维就得不到有效的训练，那么以后他们也只能写出包罗万象式或资料堆积式的文章，更不可能期待他们有创新性成果发表。下面以撰写综述文章的难与易以及综述文章的好与差来说明这一问题。在过去很长的时间里，我发现一个奇怪的现象：研究生写的第一篇"论文"竟然是"综述文章"，而且还发表了！当然是发表在低水平或者纯粹是为了盈利的期刊上。他们撰写和发表这类"综述文章"的逻辑可能是，既然学习科研的第一步是查阅文献、总结文献，那何不把这洋洋洒洒的几十页的文献总结拼凑成一篇"论文"？反正市场上还有只要交版面费就可以发表"论文"的期刊。我们应该告诫研究生，这种包罗万象式或资料堆积式的"综述文章"虽然容易写，但是学术意义不大，不客气地说，只能算"学术垃圾"，所以我们将这类文章称为"论文"，即并非真正的学术论文。如果只局限于写这种文章，只会养成学术上的怠惰和写作的坏习惯。这种"论文"的发表对自己的学术地位（academic status）不但没有帮助，反而会带来负面影响，比如，简历上这样的"综述文章"只会引来别人对研究能力和学风的质疑。作为审稿人或期刊的编委，我评审这样的由一群默默无闻的作者（即没有任何学术造诣的作者）写出的"综述文章"时就直接拒稿。其实，好的综述文章是比较难写的，而且是很有学术价值的，这类综述文章一般是由这个领域的优秀科学家来撰写。在我担任多家国际期刊的副主编（associate editor）期间，就曾邀请相关领域的顶尖科学家来撰写此类综述文章，因为这些科学家在这些领域具有很高的学术造诣，因此，他们站在这些领域的学术前沿，能系统地总结该领域的最新成果、发展方向和需进一步探索的科学问题，这些综述文章对于引领该领域的进一步发展会起到重要作用，这也是我们后面讨论科学研究选题时（第5章），建议研究生要认真研读这类综述文章的原因。同时由于这类综述性论文的引用率高，也有利于提升期刊的影响力或影响因子（impact factor）。

4.4 认知上不成熟的文章的根源

时间顺序式、包罗万象式和资料堆积式的文章都显示作者缺乏以批判性思维为基础的思辨与写作能力，如果学生长期固守此类文章的写作，那么学术写作中有价值的、理性分析的思辨能力就无法得到训练和提高。在现实中，为什么上述三类文章普遍存在？是否存在着阻碍学生进行以论点为主导的写作的潜在因素呢？是不是学生有关学术写作的能力还发展不够充分呢？思维方法与写作理论的研究对这些问题做出了相应的解答。以下列举的几种对这些问题研究的答案，可以为我们解决这些问题提供一定的启发和帮助。

4.4.1 皮亚杰学派的解释

在思维方法、写作研究以及在科学教育领域都有深远影响的瑞士心理学家让·皮亚杰（Jean Piaget）认为，上述不成熟的写作结构表明了学生此时只处于具体操作者（concrete operational reasoner）那样的认知和心理发展阶段，具体操作者倾向于注意资料、实物或具体的事物，而忽略命题或论点等(Lunsford，1979; Bradford, 1983)。在写作中，具体操作者只会将详细的东西按时间串联起来（时间顺序式写作）或用简单的信息分类来安排资料（包罗万象式写作），此类写作缺乏论点主导式写作中所要求的那种呈现多维的、以网络状态结构为特征的抽象思维。

皮亚杰学派的解释既指出了问题症结所在，也指明了努力的方向和给出了希望。如果提供有利的训练方式和学术环境，学生就会逐步发展其运用抽象思维进行有效写作的能力。根据皮亚杰学派的观点，在采用批判性思维的教学过程中，应该将写作与皮亚杰学派提出的学习环节相结合，以此训练学生论点主导式的写作能力（Meyers，1986）。根据这种观念，教师应强调进行短文写作的重要性，这种短文写作对学生具有挑战性又不会造成过于沉重的负担。通常教师给学生列出数据、统计表、图表以及相反的引证和相似的材料，然后要求学生以不同的方式应用这些资料，写出不同的短文来（Lunsford, 1979; Bean et al., 1982）。本书中列出了许多训练批判性思维的写作任务，诸如适合于日志、微型作文、小组讨论等短小问题的写作，这些写作任务都是遵循皮亚杰学派观点来进行设计的。

4.4.2 根据智力发展理论的解释

根据智力发展的理论，也可以解释学生进行以论点为主导的写作所面临的困难。其中佩里（Perry，1970）的发展理论影响力最大，它是在对哈佛大学的学生进行广泛研究的基础上建立起来的。佩里的研究集中在男人的智力发展上，比伦克等（Belenky et al.，1986）进一步考虑到了智力成长的典型形式上男人与女人之间的重要差别。他们用稍微不同的方式描述了学生智力成长阶段：佩里的四个智力成长阶段分别是两重性、多重性、相对性和信奉相对性阶段；比伦克等人以学生所掌握的知识特性将知识划分为接收的知识、主观的知识、程序性的知识和构造性的知识。

刚入大学的学生，会想象知识就是对正确信息的获取，而不是一种论点的阐述能力，一种能在一个复杂的交流中站出来支持或反对某一个观点的能力。基于以上两种理论，最终，学生会认识到知识的复杂性，会发展起根据自己的价值观和强有力的理由及证据，提高对事物做出自我判断和提出独立见解的能力。反之，只要学生对知识的认知一直处于智力成长的早期阶段，那么他们就将继续写出认知不成熟的文章。海斯（Hays，1983）观察发现："根据佩里的理论，从多重性到相对性似乎是学生最困难的转变，一旦他们完成了这一转变，他们的写作就变得叙述更详尽、质量更高、灵活性更大，同时也更能突出主题。"

智力发展理论认为，论文写作的成熟度是智力发展阶段的一种外在表现，随着学生的智力发展，论文写作的能力也会随之提高。因此，就像皮亚杰学派的解释一样，根据智力发展的解释也是令人充满希望的。正如海斯（1983）所说，当学生不能进行论点主导式写作时，我们不必绝望，他们会沿着逐渐推理成熟的前进方向迈进。但是她提醒，这种向推理成熟的迈进过程不会自动发生，而必须不断进行思维训练才能促进这种智力发展。智力发展理论家们所推荐的那一类写作和批判性思维训练的科目，要求学生去考虑多重观念，面对意见冲突，去想象、分析和评价某一问题可能存在的各种答案。本书推荐的许多写作练习也是为了达到这些思维训练的目的。

4.4.3 新手对应于专家的解释

有关新手与专家之间的认知差异在认知理论中得到广泛的研究，由此就产生了深化学生认知的教学方法，即怎样训练学生逐步接近于专家的思维过程。根据这种观点，时间顺序式、包罗万象式和资料堆积式的写作都不是好的写作结构，也是低效率的、不协调的教学方法所产生的结果。据此可以判断，学生能够学会并达到我们所希望的写作水平，但必须发展出一套行之有效的教学和指导方法。从这一观点出发的教学方法就是，让学生学习或模仿专家们所使用的思考路径和写作方法，引导学生逐步培养这种思维过程和心理习惯。在阅读文献中的许多科学报告时发现，用新手或新的学习者的洞察力去学习专家们的研究方法，通常能显著地提高学生的写作质量（Cohen and Spencer，1993）。可见，这一方法在训练学生写出认知成熟的论文方面，是一种行之有效的训练思维的方法，因为它暗示，只要改变教学实践就会快速取得成效。

4.4.4 探索一种新的教学方法

虽然这些理论在解释认知的发展上稍有不同，但是都指出了相似的教学策略。这些理论提供的启发是，为了加快学生的认知的发展过程，我们需要探索和创建一种有助于训练和提高学生思维能力的教学方法，这种教学方法，主要根据以下的教学原理。

（1）我们的教学法应该营造出学生中认知的不和谐气氛

迈耶斯（1986）提出："只有当学生能够发展他们自己对真理的观点并且去思考其他可能的答案时，他们才能学会批判性思维。"鼓励这种思维的最好方法之一就是，通过营造出一种心理学家称为"认知不和谐"的感受去削弱学生对自己建立起来的信仰和假设的信心。比如，数学教师可以给出如下的思考问题：

在昨天的课堂上，你们百分之八十同意这一观点："帆船航行的最大速度是发生在帆船航行方向与风向一致时。"不过，这一直觉得来的答案却是错误的。事实上，当船的航行方向与风的方向成一定角度时，船实际上可以航行得更快。为什么？运用你正在学习的矢量代数，去解释为什么当风吹在船的侧面时而不是直接吹在它的背后时，船行驶更快。

另一种方法就是设计"背向中心"式思考方法来训练批判性思维，它鼓励学生从不熟悉的方面观察现象。一种典型的方法就是要求学生就一个有争议的问题，站在对立双方的立场上进行辩论，通过自己对自己的辩论，让学生能公正地总结出一个他的反对者的意见，或让学生通过一段独白想象地进入别人的内心世界。还有一种方式就是进行"相信和怀疑"的游戏（详见第10、11章）。

这些方法的要点就是将相互冲突的观点展现在学生面前,并鼓励他们勇于面对潜伏在他们观点中的认识上的片面和矛盾。

(2)我们的教学法应该以对话式而不是资料输入式地传授知识

在我们为学生营造认知的不和谐气氛时,一种必然结果是,我们需要向他们明确提出,课程阅读内容以及学术论文都不是储存的信息,而是可以争辩的观点或结论。在许多学科中,特别是人类学及社会科学,在引导学生运用知识的课程里,就开始让学生学会接触对立观点的例子,如哲学中的柏拉图与苏格拉派,文学中哈姆雷特的各种观点,心理学中的行为主义与人文主义等。而在其他学科中,特别是物理学和工程学等领域,让学生认识到现在科学中已知的许多东西——而且以现行的知识传给学生——却曾经是未知的而隶属于理论、假说和经验性的研究范畴。比如,现在对于中学生来说,像"两直线相交,对顶角相等""半圆的圆周角是直角"这样的定理已是常识,但对于2000多年前的古希腊人来说,这些知识是前所未闻的,是泰勒斯总结了长达几个世纪的埃及人实践几何学才获得的抽象定理(威尔逊,2011)。如果这些学科的教师能帮助学生认识知识的历史发展脉络,厘清那些引发重大发现的原始问题及其产生和发展过程,这样的教学在训练批判性思维中会非常有效,因为这样的教学法贯穿始终地运用了对话式的或问题主导式的认识论方法。

为了让学生明白储存的资料与可争辩的论点之间的区别,教师可以让学生在自己的阅读过程中或听课过程中用一种对话形式去认识知识。如果在课堂教学中,教师期望学生探讨某个问题,可以采用讨论和写作的方式将学生引导到对话中来。比如一位历史教师可以针对某一个问题提出一系列的论点,然后让学生通过短文写作,运用所学的知识去支持或反驳某一个论点,以此训练其批判性思维和论点主导式的写作。这位历史教师列举的一些典型论点如下:

● 法国革命的根本主题是人类自由,拿破仑·波拿巴将刀尖对准自由而扼杀了法国革命。

● 以残酷地对待欧洲劳工和殖民地生产者为代价,工业革命创造了史无前例的财富。

在以上的例子中,写作要求都相同:"提出一个去支持、反对或修改所给论点的辩论,并且用事实性的证据来支持你的辩论。"教师的目的是让学生看到以下两种观点的区别:①历史是一个接一个的事件的堆积;②历史是资料的积累和对资料的解释之间一种复杂的相互影响的产物(Bean,1996)。

（3）我们的教学法应该充分运用对话与写作去积极地解决问题

本书推荐的正式写作活动（诸如课程项目论文、研究计划）和其他的探索性写作活动（如课堂写作、课堂讨论、写日志和"课堂心得"等），其目的都是帮助学生对重要问题进行复杂的思考。为了达到这一目的，所有的教学活动都尽力让学生的课程学习与自己将要研究的科学问题结合起来，通过将正式写作和其他多样性写作活动相结合的方式来达到训练批判性思维的目的（具体操作见第 15 章）。

4.5 确定性写作模式与问题驱动写作模式

写作活动本身就能激发写作者进一步发现、发展和修正观点。如果观察专家们逐步完善的稿件，人们从中就可以看到思维过程本身那些充满混乱和反复的过程。弗劳尔（Flower, 1979）认为，早期的稿件是"以作者为主的"，在此阶段作者只是努力将他们自己的意思写清楚，而无法顾及文章的可读性。随后，作者详尽地重组他们原始的稿件，使之变成"以读者为主的"文章，以达到满足读者需要的合理结构以及充分展开的、明晰的概念。学术文章通常要经过 5—6 次，甚至 10 次以上的修改，最终作品大大地不同于初稿。以下介绍两种截然不同的写作模式，在不同的写作模式下，文章的修改过程不同，因此对批判性思维的影响也不同。

4.5.1 确定性写作模式

传统地，在学校里学生们的写作大多表现为"确定性"写作过程或"确定性"写作模式，不同于下面将要探讨的"新的雄辩术"写作模式，确定性写作过程的步骤如下：选题—缩小题目—写出论点—写出提纲—写出第一稿—修改—校正。在这一模式中，整个写作过程表现为一个流畅的、顺理成章的文字组织链条。在埃尔伯（Elbow, 1973）看来，这一模式是以所谓的"想好再写"的写作模式为先决条件的。根据这一写作模式，作者在动手写作之前，就已经发现和明确了自己的观点了。然而，确定性模式严重地扭曲了绝大部分学者实际用以写作的那种方式，实际上，他们的写作活动是充满曲折性、混沌性，甚至是颠覆性的思维活动，他们大都有在写作过程中翻来覆去的经历。事实上，很少有学者是通过先选题和缩小题目来开始写作一篇文章的。相反，学术文章的作者们常有的经验是，他们逐步卷入一个还未解决的问题的对话之中，经过与自己或他人的对话发现，有关问题的探讨难以令人满意，比如在所探讨的问题中，某些东西是令人迷失的、错误指向的、无法解释的和令人困惑的。为了认识这些东西、解决这些问题，研究者们首先是集中在某一个问题上，进行广泛的探索、对话，与同行们交流，然后开始进入写作。即使在写作过程中，也会遇到如下的情形或困难，一些作者在写出一稿甚至多稿之前，仍然写不出一个论点和提纲。一个论点的提出常常发生在发现观点和思维清晰的时刻，是通过写作中思维的深化而孕育或激发出来的，而不会发生在这一过程的初始阶段。

确定性写作模式的过程主要表现为作者思想借助文字的外化过程，所以这种写作模式对于批判性思维贯穿全过程的论文写作是无效的。因此，研究生必须明白论文写作中反复修改的重要性和必要性，运用下面讨论的问题驱动写作模式来进行论文写作。

4.5.2 问题驱动写作模式

与确定性写作模式相比，下面讨论的"新的雄辩术"或问题驱动写作模式更准确地揭示或展现了绝大多数研究者们在写作活动中的思维过程和思维规律，也是科研工作者们经常使用的一种有效的写作方式。这种问题驱动写作模式是反复运用批判性思维的产物，一般由以下步骤组成：

①起点：有经验的作者对问题通常有敏锐的感知，体会到一种不确定性，怀疑一种理论，注意到一份无法解释的资料，困惑于一种观察，面对一种似乎错误的观点，或者是只能模糊地表达的一个疑点或问题，等等。

②探索：有经验的作者对问题有所感知后，就通过查阅文献、开展调研等方式来收集资料；尽量把探索和思考中的各种想法都一一记录下来，这种记录往往是随时随地进行的，比如在日志里、研究工作记录里、图书和学术论文的书页边缘、记事卡、信封背面、手机里，等等；分析、比较、反复思考，与其他人和自己对话；注意力集中在问题上的深入探讨；抓住迸发的思想火花等。有经验的作者经常会快速地写出可以下笔的文章部分，运用做笔记、随心涂画或写出暂时性的提纲等手段去探索观点。

③酝酿：探索是一个思维发散的过程，当作者感到思路源泉比较枯竭时，可以先放下问题，去做别的事情，让问题进入潜意识状态，即进入酝酿阶段。然后经过一段时间，通过酝酿效应（incubation effect），新的思想火花可能重新迸发，新的思路源泉可能重新涌现。通过以上三个阶段的互相循环，如果感觉

到所探讨问题的内容已有足够的丰度和深度,就可以进行下一步。

④准备初稿:经过探讨、酝酿,对问题已有足够的认识后,作者努力以粗略的方式将观点写在纸上,此时经常会同时存在几个方面的观点,可以无须顾及连贯性而顺其自然地写作;为了避免阻碍自己的思路,有经验的作者会降低期望值,他们不试图将第一稿写作得很完美,而是在写作过程中去厘清明确的方向。

⑤修改:经过以上的步骤之后,有经验的作者又重新观察和思考同一问题。许多作者指出,通常是写到第一稿的结论部分才发现了真正的论点,因此舍弃第一稿而重新开始。这时,作者常常写出一个新的提纲,开始从读者的角度来安排文章结构,明确他们辩论的目的,努力提高文章的可读性。通常需要易稿几次,才能逐步地将"以作者为主"的写作转化为"以读者为主"的写作。

⑥校正:到了此时,才需要考虑文法技巧,开始关注文章的整体连贯、段落、句子结构等。然后,作者开始检查拼写和标点符号等。这里的修改也是一个反复的过程,修改句子结构时,还会发现一些新的意义或想法,这时,需要对文章进行小部分甚至是主要部分的重新思考和调整。

由于问题驱动写作模式是一种网状结构模式,所以可以从任一阶段循环到另一阶段,比如在准备初稿或修改阶段,也可以进入酝酿阶段,将文章及其中的观点搁置一段时间之后,再回过头去重新阅读原来的文章时,又可能产生新的思路和观点。

以上描述的写作过程强调这样一个事实:有经验作者的写作动机来源于他们置身于问题之中以及同问题本身反复"纠缠"或"与问题本身搏斗",并且他们预见,自己的写作能够对正在讨论的问题做出一种新的判断与结论,即能够做出自己应有的贡献。

在教学中,如果教师采用问题驱动模式引导学生进行写作,其好处在于可以获得双重教学效果,其一是教师将学生写作和他们感兴趣的问题结合起来去开展写作教学,并引导学生们对该领域里的问题进行探索,这样能够促进学生围绕问题的探索去学习和掌握知识,在这里写作就变成了促使学生们积极学习的有效方法,这种学习知识的有效方法增强其学习的主动性和提高运用知识的能力。其二,有助于将批判性思维与写作过程紧密结合起来,在这里,写作过程就变成了训练学生批判性思维的强有力的手段。这样的写作过程也就是第6章至第9章以及第12章中讨论的论文从高层次到低层次的写作和修改过程。

4.6　通过反复修改产生优秀文章

毋庸置疑，反复修改文章是提高其质量的必要过程与重要手段，可以说任何一篇高水平的学术论文，都不是一气呵成的，而是经过反复修改的一种心血结晶。修改过程就是锤炼文章思想内涵的过程，也是完善写作结构的过程。但是，写作的初学者往往把写作过程视为一种观点的文字外化过程，一旦完成文字写作，就算完成了文章写作，不愿意花费时间去反复修改文章，这也是研究生论文水平难以提高的一个重要原因。

4.6.1　学生不重视修改文章的根源

如果我们的主要目的之一是通过文章修改去指导学生进行思考和训练其批判性思维，那么我们首先需要弄清楚学生通常不重视和不修改他们的文章的根源。我们通常会责怪学生缺乏学习动力，或者他们对时间的利用率低下。其实，他们对文章不进行修改，是因为他们对这一工作不感兴趣、漠不关心或简单地将写作放在一边，直到交稿截止日期到来之际才开始动笔。甚至对于像学位论文这样的正式写作，有的学生也将其作为"完成任务"，尤其是在过去对于研究生毕业没有发表学术论文要求的时期，这种情况就更为严重。他们对论文写作不是反复修改、精益求精，而是直到临近论文答辩阶段才匆匆完稿、敷衍了事（如果可以敷衍过去的话）。学生不重视或不修改其论文，大致有以下两方面的原因：第一是学生没有认识到文章的撰写是训练和提高自己批判性思维的强有力的工具，是应该积极主动、投入全身心去完成的一项艰巨但令人兴奋的活动，而不是不得不完成的"作业"或"任务"甚至"苦差事"。第二，这与学生的认知发展阶段或智力成长和经验积累紧密联系，在前面（4.3 节和4.4 节）已提到，比如说，皮亚杰学派认为，文章修改需要具有"背离中心"的能力，一种正规操作（formal operations）的特性（Kroll, 1978；Bradford, 1983）。而如果现在学生的认知阶段还处于皮亚杰学派的具体操作者阶段，就很难去想象别人的观点，例如，如果坐在教室的后面，具体操作者就很难画出一幅依照站在面前的教师的角度所看到的教室情景。依此类推，这类人无法从读者的角度来想象他们的文章稿件该怎样组织。这类作者相信，如果一个段落对于作者本人似乎是清楚的，那么此段落对于读者也应该是明明白白的。由于他们难以从读者的角度去考虑问题，因此他们就不会去进行将"为作者而写作"的文章变成"为读者而写作"的文章所必需的修改工作。

正如我们已经看到的，要促使学生修改文章而变为成熟作者，就需要让学生认识到思想交流的复杂性，这种复杂性要求学生积极参与交流，诸如通过文章的辩论，学会面对相反观点和提出自己的见解这样一种能力。有经验的作者的写作往往都需要多稿来完成，因为一方面作者可能会面对许多不同的目标和学术上的矛盾，在一段时间内或一次修改中只能集中解决一至两个问题。另一方面，在作者进行有效的修改前，必须学会评价，以此来判断读者的真实期望和需求。换句话说，为了写好学术文章，学生必须去阅读学术文章，并且教师应向学生指出专家们所使用的那些写作方法，以便学生们尽快掌握写作的要领，然后就进入论文写作的强化训练阶段。

在互联网时代，人们不禁会问，文字编辑软件的运用是否会增强学生修改的倾向？对此，相关研究者（Daiute，1986；Hawisher，1987）发现，文字编辑软件可以推进句子水平和一些较大规模的修改，如添加、删除、成块文章的移动，但它事实上却妨碍了文章的概念方面的重建。因为重建意味着需要抛弃大量的初稿，重写，这是一种全面性的修改工作，遇到这种情形，学生们大多不情愿进行如此大段的，甚至是全部删除或重新写作这样的修改，因为他们已经花了如此之多的时间将文字输入计算机，不愿意丢弃它们。或者他们可能倾向于在计算机屏幕上而不是在草稿上做修改，因而，他们仅仅看到狭窄的计算机视窗而不是文章的全部，因失去全局观而看不到修改的必要。

4.6.2 促进学生修改文章的建议

尽管学生不重视或对论文不做修改的原因诸多，但幸运的是，我们能够创造一种促进他们修改论文的学术环境，这里提供帮助他们转变以上局面的14条建议，使修改如我们所期望的那样变成学生的学术行动。

①传授"新的雄辩术"或问题驱动模式的写作过程：鼓励学生提出问题并进行探索，而不是要求他们选题、缩小题目范围等，让学生看到探究问题与写作是紧密联系的，而探究问题的过程就是不断修改文章的过程。

②布置专注于某一问题的写作作业：当学生的写作是对创造性问题进行论点主导式的答复时，他们最倾向于去进行文章修改。

③设计调动学习积极性的任务以帮助学生变成问题的思考者和探索者：学生的思想需要由各种思考问题去充实，还要让学生具有就一个问题或疑点将自

己的新观点表达出来的强烈愿望。

④将探索性写作结合到课程和科研中去：在第 11 章将详尽地讨论许多方式，将探索性写作结合到课程和科研中去，以给学生更多空间、激励和手段去进行更持久、深入和复杂的思考。

⑤在写作过程中设置足够的交流时间：需要学生之间进行对话，互相交换意见，检测论据，以及观察听众的反应，从交流中看到自己文章的不足，促使他们去修改论文。在这点上，考虑用小组形式让学生交流他们的观点，使学生在他们写稿的早期阶段里有机会将观点表达出来，并且有机会获得不同读者的反馈，促进他们为修正和完善论点进行不断的修改。

⑥让学生提交一些写作的东西给教师或导师，以便教师或导师可以介入他们的写作过程：通过让学生提交的问题提议、论点叙述或自我写作的摘要，教师或导师可以充分利用以论点为主导的写作的总结性特征的优势，并利用学生上交这些东西去发现学生需要的帮助，让他们能更有效地去发展和修改自己的文章。

⑦分阶段布置写作任务：将写作过程的要求，包括每一阶段的到期日期，写进指定的写作布置中，通过这一要求，使学生懂得写作是一个渐进的过程。学生必须完成前一阶段的任务后，才能进入下一阶段。这样就避免了他们在作业到期前才花上一点时间匆匆完成整个写作任务。

⑧建立起课内或课外同学间评审稿件的措施：对于学生们在终稿远没到期前完成的稿件，让他们互相交换这样的稿件，担任对方的"读者"和"评审者"。

⑨举行写作面谈会：传统的情况下，教师花大量的时间在结束了的文章上写评语而不是在写作过程的初期举行面谈会。一般来说，把时间花在写稿阶段与学生面谈交流比评改已经定稿的文章更有价值，特别是对于写作有困难的学生。

⑩要求学生上交终稿时，附上所有的修改稿、笔记和相关的随心涂写的材料：要求学生在终稿后附上按时间顺序组织起来的，像地质层一样的其他材料。这样一来，你不但有了学生写作过程中修改的证据，而且看到了他们进行批判性思维的心路历程。

⑪允许修改终稿，或在接近于终稿的稿件上写评语：这一评语，与教师在课堂汇报、面谈会或其他场合的评论一样，都应是指导学生进行真正的修改而不是指导校正，许多学生希望提高分数而去做修改，如果教师给出了评语后学生可以有机会去修改文章，那么其实就支持了写作是一个渐进过程的这一观

让我们来看看一个地方小学的社会学习的教师的教学方法：这位教师安排她三年级的学生围成一圈，然后告诉他们300年前发生在南非一个叫麦克的地方的捕鲸探险的故事，要求学生想象自己就住在麦克的村子里，她开始改变提问的技巧：在这个村子里，你穿什么？你的衣服是用什么东西做成的？做衣服是男人、女人，还是小孩子的工作？他们有裁刀、针和线吗？麦克有商店吗？谁去进行捕鲸探险？麦克人是怎样学会捕鲸的？他们有绳子和长矛吗？人们怎样制造独木舟？他们怎样将大树砍倒来造独木舟？她将这些问题写在一张大大的纸上，然后让孩子们去学校的图书馆为他们自己的问题寻找答案。最后，学生对于他们特别感兴趣的问题进行应答而写出研究文章来。教师也随他们一起写一篇研究文章：一篇关于孩子们提出的其中一个问题的她自己的答案。经过这一学习单元，学生的学习兴趣通过他们的好奇心被激发起来了。

显然，激发好奇心在大学教育里和科学研究中也发挥重要作用，这是将学生整个学习阶段从被动学习转为主动学习的关键，好奇心是他们形成内在驱动型学习模式的基石。科恩和斯宾塞（Cohen and Spenser, 1993）针对没有激发性的经济学课程以及学生对学期文章淡漠的问题，提出以下解决方案——将以题目为中心的练习转化为以问题和论点为中心的练习。在他们修改后的练习中，学生为了解决问题而进行思考探索，以问题为导向的学习，就让学生们的学习有了明确的目的和方向。可见，激发学生的好奇心，既能提高他们的学习效率，还能提升他们的批判性思维能力。

当写作集中在一个问题上而不是一个题目范围内，学生的写作思维能力就会得到显著的提高，这种以问题为主导的练习的训练可以用于任何学科。相反，不以问题为主导的练习对于训练批判性思维的作用就微乎其微，比如数学家伯林霍夫（Berlinghoff, 1989）在描述怎样使用写作练习去教数学问题的解答时，就指出了对于他来说不起作用的以下两类写作练习：

● 写关于一个著名的数学家、数学事件或历史阶段的报告：这些题目常常导致非故意的剽窃，形式是从几类百科全书或其他容易找到的文献中拼凑起来的没有消化的东西。偶尔，它们甚至诱发隐藏资料来源的故意剽窃。

● 对一篇学术文章的报告：这一类型题目的最常见的写作结果是几页通篇"我喜欢它"或"我不喜欢它"的报告。如果学术文章涉及较多的数学，报告就变成"我不理解"或有时写到"我甚至不知道我能否理解这一段"。

伯林霍夫的答案是，给予学生一个复杂的数学问题并且要求他们对试图解决它的过程进行叙述性的描写，那么对整篇文章的思考就是被探索所驱动。

4.7.2 研究性写作的复杂性

由于研究性写作的复杂性，好的研究性写作需要智力和认知的复杂性，我们应该帮助一个学科新的学习者认识到，在适应研究性写作之前，他们必须学习什么，包括怎样提出研究问题，怎样找寻文献和资料，怎样运用和管理文献，以及怎样遵照科学报告的结构等。下面将对这些问题做简要说明，随后的章节将对其逐一展开详细讨论。

1. 怎样提出研究问题

除非学生是通过一种以探究为基础的教学法培养起来的，否则，他们中就只有很少的人具有能提出问题的经验或能力。他们不熟悉论点主导式写作，他们也意识不到自己的文章是对有趣的、有价值的问题的应答，也看不到提出问题是他们应完成的核心任务之一。事情更复杂的是：研究问题的性质从一个学科到另一个学科是不同的，而且当每一学科进化时，处于学术前沿的人们都倾向于以新的方式去提出问题。因此，教师不仅必须鼓励学生变成勤勉的提问者，而且更重要的是，应该指导他们善于提出恰当的学科问题，这些问题就是在本学科处于前沿性的、有趣的、重要的以及实用的问题。

学生的另一个问题就是不明白在进行一个研究项目中他们所扮演的角色，角色的不同通常意味着他写作的目的和他的读者的不同。因此，当指定学期文章时，教师应该与学生讨论在研究性写作中他们可能扮演的各种角色，或者甚至在布置写作中给他们指定角色，比如在模拟法庭辩论时，教师就可以指定学生扮演原告、被告、法官、辩护律师、陪审团成员等不同角色。通常作者的角色和目的就决定了他所提出的研究问题的性质。第 2 章（2.4.4 节）就讨论了怎样通过扮演不同角色来提出研究问题。

如何培养学生提出研究问题的能力是本书关注的核心问题之一。本书在第 5 章和第 7 章中将详尽地讨论培养学生这一能力的几个关键环节：怎样帮助学生进行科学研究的选题和怎样根据文献综述提出科学问题和学术论点等，所以这里就不赘述了。

2. 怎样找寻文献和资料

科学问题或论点是文章的灵魂，而通过文献综述凝练科学问题及提出学术论点则是开展科学研究的主要方法，因此，有效地找寻和使用文献和资料就成为撰写文章关键的开局环节。然而，许多学生不能够高效地利用大学图书馆。他们不清楚学术刊物和大众杂志之间的区别，不能正确评价与书籍相比，学术刊物对于写作的重要性，也不能正确评价不同学术刊物的学术影响力，更不清楚用什么方法去进行文献阅读。这些问题往往使他们淹没在浩翰的资料和文献之中。另外，阅读英文论文的困难也是他们获取有价值的文献资料的一个主要障碍。

学生必须知道，研究者找寻文献资料具有两个重要的目的：其一是寻找支持一个问题的资料、数据和证据，然后将它们变成作者的论点和论据或者用来进行详尽分析研究主题的原始材料；其二是将他们置身于围绕某一主题、与第二手资料的对话之中，即作者对之前与现今学者的不同观点的支持或反对。找寻到文献资料之后，就涉及如何恰当地使用资料的问题。不同学科在使用资料上是存在差异的。在自然科学写作中，有关不同观点的对话通常放在文章的开始部分，即文献的综述部分；而在文学评论中，作者可能在文章中从头至尾都与其他的作者进行辩论；一篇哲学论文可能只包括一至二篇主要文献，而文章的大部分主要涉及作者的具有创见性的批判性分析；如果是一篇历史研究文章，则主要内容就是丰富的原始资料和参考文献。因此，在不同学科中写作者对文献资料的处理方式的极大差异又是一个阻碍学生成为投入的研究者的障碍。有关文献的查阅与运用以及如何提高英文文献的阅读能力，将在第 7 章和第 10 章中进行详细探讨。

3. 怎样运用和管理文献

关于如何运用文献资料，发挥其在文章中的论述作用，也是学生的写作困难之一。比如，学生困惑，对于文献，什么时候引用？什么时候意译？什么时候总结为一个论点？以及什么时候只是简单地作为参考文献？在写作中，学生应学会将这些引用和意译变成他们自己的文章，以他们自己的观点去进行辩论。事实上，缺乏明确观点和辩论目的的初学者对资料的篡改似乎更感兴趣，初学者的典型表现在以下两种手段间反复变换：大段落的引用手段，即长篇引用没有消化的文章；或者长篇意译改写的手段，即将长篇的文章变成他们自己的语言。这些手段表明作者并没有很好地掌握他们的资料而不过简单地重复它们。因此，我们需要指导学生在找寻文献资料中的独立思考以及运用资料的技巧，帮助他们建立起正确地、熟练地运用文献资料的能力，这对提高学生写作能力来说，确实并非一件简单的事情。

文献资料几乎伴随研究者的整个学术生涯，所以文献资料的有效管理对于科研也很重要。因为复印和文献下载的方便，学生倾向于从书里复印或从网上下载整篇文章和段落，而不是做笔记和设计一个笔记卡片系统。不做笔记，学生不容易对阅读做出反应，也难以决定资料是否重要；对总结辩论，他们也只能得到很少的锻炼。学生应尽快学会整个学术系统是怎样运作的，即懂得为什么使用资料和怎样将这些资料结合到他们的文章中去，才能领会有效地去管理文献、资料和笔记的重要性。在本书中，我们对学生怎样查找文献、阅读时每篇文献怎样做读书笔记、建立自己的文献库等提出了一些建议（详见 5.3.2 节和 7.3 节）。

4. 怎样遵照科学报告的结构

在论文的写作中结构也很重要，即研究者需要以科学的结构方式来报告他们的研究结果。在自然科学的写作中，论文的典型结构包括以下几大部分：引言、方法、结果、讨论、总结以及建议。对于绝大多数学生，写作中的困难是：怎样通过文献综述提出科学问题；怎样定量地分析资料；怎样在讨论部分分析和评估结果等。本书的第 6 章到第 9 章将详细讨论如何撰写研究计划、学术论文和项目申请书等科研报告或书面成果的结构各部分。

本书介绍怎样通过学术写作活动去构建和运用批判性思维，从而提高科学研究中的创新性思维能力，因此，本书介绍的方法应该对任何学科的学术论文写作都是有参考价值的。不过，后面我们主要讨论 SCI 学术论文的写作，以及介绍撰写 SCI 学术论文所遵照的 IMRaD 系统，即论文主要部分由引言、方法、结果与讨论（introduction，methods，results and discussion）所组成（第 6 章），这是因为学术成果（除必要的保密成果外），都需要进入全世界的学术界，即同世界接轨，才能体现其真正的学术价值和影响力。同时考虑到 IMRaD 形式通常是各类学术成果最好的组织结构，它能系统地引导科学研究、总结学术成果，因而是有效地构建批判性思维的最好形式。IMRaD 形式不仅是理工科学术论文的普遍结构形式，对于其他领域组织批判性思维成果也应该具有借鉴意义。

本章的目标是，通过以论点主导的写作活动引导学生学习开展学术研究所必需的批判性思维。为了使写作活动成为一种思维方法，教师需要将写作活动设计为课程教学的一个重要部分，并且通过教学方法，使学生在探索学科中的疑点和问题上进行反复、积极、活跃的实践。另外，必须强调以下方面：要注重探索、提出问题和营造课程中认知的不和谐气氛。在一切可能的情况下，向学生显示，任何学科的学者们在关键问题上，答案经常是不同的。通过问题驱动模式的写作过程，让学生意识到，写作活动的实质是交流、发现或创造的过程，在这个重要的过程中充满了质疑性、挑战性以及趣味性。对于研究生，应积极地、主动地进行以论点为主导的分析和思辨的写作活动，不断训练并充分运用贯穿学术研究过程的批判性思维，从而不断提高自己的创新性思维和科学研究能力，不断获得批判性思维和创新性思维的成果——学术论文的发表。

思 考 题

（1）为什么要撰写和发表学术论文？
（2）怎样理解论文写作与批判性思维的关系？
（3）怎样理解撰写和发表学术论文与批判性思维之间因与果的双重效应？
（4）怎样将写作变成一个思维过程？
（5）为什么认知上不成熟时只能写出没有论点的文章？
（6）怎样通过问题驱动写作模式来促进批判性思维？
（7）怎样通过反复修改来深化批判性思维、产出优秀文章？
（8）如何将探索问题结合到研究性写作中去？

第 5 章 科学研究的选题

在进行科研工作时，无论是撰写研究计划、学术论文，还是撰写学位论文、项目申请书、专利申请书等，首要步骤就是进行选题。科研选题是研究者依据其现有的知识和学术基础对将要开展的课题进行甄别、选择和确定的过程。选题事关科研活动能否顺利开展，是决定科研成果的水平和质量的关键一步。

本章首先讨论学术论文选题的意义和基本原则，然后介绍科研工作者选题的一般方法，不过，面对论文选题这样重要而艰巨的任务，研究生通常是比较迷茫和难以直接通过这些方法来完成选题的。这些方法的介绍主要帮助他们拓展视野，为他们进行选题、深入开展科学研究打下基础。为了使研究生在入门阶段的探索之路上顺利起步，在本章最后一节我们将介绍帮助他们选题的一些实用可行的方法。

5.1 科学研究选题的意义

选题涉及将要进行的研究需要解决什么科学问题，而如何提出科学问题是开展科学研究的核心步骤。数学家大卫·希尔伯特（David Hilbert，1862—1943 年）在 1900 年巴黎国际数学家代表大会上提出了 23 个数学问题，这些数学问题成为后人在数学研究中选题的重要来源，对 20 世纪数学的发展起到了重大的推动作用（胡伟文等，2016）。中国科学院和中国工程院院士路甬祥强调："科学问题是科学发现的逻辑起点，一切科学研究、科学知识的增长就是始于问题和终于问题的过程……因此，善于和勇于提出科学问题，用科学批判和理性质疑的科学精神去审视旧的科学问题，充分发挥创新性的想象力去提出新的科学问题……就显得更具有意义了。"

选题的目的是了解、认识某一研究领域、方向或课题的背景和现状，并需要提出新的科学问题，然后去解决这一新问题。选题将决定科学研究的方向、目标和内容，关系到其研究的途径、实验和方法，科学研究的选题直接影响着拟开展的研究项目或课题的学术价值和应用价值，甚至决定着该项研究的成败。所以选题对于科研工作具有至关重要的意义。

在进行选题的过程中，研究者常扮演着以下角色：作为淘金者，敢于探索，寻找科学的丰富宝藏；作为探险家，勇于攀登，"无限风光在险峰"；作为侦探，善于发现，根据"蛛丝马迹"破解"疑难大案"，解决科学难题。这些角色的形象比喻说明选题的重要性、冒险性、复杂性和艰巨性。

5.2 科学研究选题的原则

科学研究课题的选择需要满足以下三个要素，分别是创新性、重要性和可行性。

5.2.1 创新性

无论是原创性的研究，还是在前人基础上进行的跟踪研究，其选题都要求具有一定的创新性，即能产生具有一定创新意义的新结果、新理论、新方法、新技术。学术论文作为科研成果的最主要的表现形式，其选题也必须遵循创新性原则。

一方面，学术论文的创新性表现在科学理论、基本规律或原理上的创新。在选题方面针对基础研究或应用基础研究的科学问题，研究结果是能够发现新的理论、定理或体系，可以对某一学科发展具有重要的理论支撑作用。比如，爱因斯坦为了解决牛顿力学体系中存在的问题或矛盾而建立了相对论，这是最伟大的具有理论创新的科学选题之一。在选题方面也可以通过观察新的现象、运用新的资料或者依据新的数据和方法，从而发现具有一定创新性和独特性的规律或机理。比如自从20世纪50年代震惊世界的日本"水俣病"事件被证实是人为汞污染引起的甲基汞中毒所致，此后汞的生物地球化学、环境毒理学及生态风险问题就成为环境科学研究的热点（Yin et al., 2014）。鉴于甲基汞极强的亲脂性、高神经毒性及其带来的健康风险，促进深入开展环境中汞的甲基化和甲基汞的生物富集机理研究，对有效控制无机汞的甲基化过程、降低人类甲基汞暴露健康风险，具有十分重要的科学价值和现实意义。此项课题研究还发现，水稻是甲基汞富集农作物，食用大米是中国南方内陆农村居民人体甲基汞暴露的重要途径。这一发现，打破了国际上认为食用鱼类等水产品是人体甲基汞暴露主要来源的传统认识（Liu et al., 2021）。

另一方面，选题可带来技术创新或者技术进步。学术论文在选题时应关注社会现实需求，对现实中涌现的技术瓶颈或者技术障碍能够做出科学的解释，提出科学的解决办法和建议，从而为社会、民生提供服务和指导。或者，在选题时针对具有广阔应用前景的关键技术问题，研究结果能够服务于生产实践，产生显著的生产效益、经济效益和社会效益。比如，中国已成为世界第一桥梁大国，要建设这些大桥就要解决工程力学、材料力学、结构力学、新材料、复杂地质（如喀斯特地貌、冻土等）和极端载荷等领域中包含的科学与工程技术问题。又比如，随着5G、新能源汽车等行业的兴起，$\beta\text{-}Ga_2O_3$作为一种宽禁带半导体，由于具备晶圆制备成本低、禁带宽度大、掺杂可控等优点，而成为功率电子和射频器件的研究热点。但$\beta\text{-}Ga_2O_3$极低的热传导率大大限制了其功率器件的性能及应用环境，降低了该材料在功率和射频领域的竞争力。2019年，中国科学家们采用"万能离子刀技术"在国际上首次实现晶圆级$\beta\text{-}Ga_2O_3$单晶薄膜与高导热Si和SiC衬底的异质集成，异质$\beta\text{-}Ga_2O_3$器件散热能力得到显著提升，实现了该材料的技术创新（Xu et al., 2019）。

5.2.2 重要性

课题的重要性，即课题研究的意义对于选题也非常重要。选择课题时要面向社会生产实践的需求和科学理论发展的需要，这就是选题的应用价值和科学价值。在科研人员申请科研项目的论证中，课题的重要性也是项目申请的重要依据之一。当然，许多课题研究的重要性与其直接的社会意义和经济价值，在实践上不一定是同步的。比如近些年来，土壤温室气体和土壤碳汇方面的研究非常热门，该研究方向的论文数量也逐年增加，但是土壤碳汇的研究成果与将成果用于实现碳达峰、碳中和的生态目标之间还有一段距离。基础理论方面的研究结果与其实际应用上的不同步就更为突出。不过，尽管有的理论创新与现实需求没有直接关联，但其科学价值可能非常巨大，这是因为理论创新是事关事物的客观规律的一种重大发现，可以为后来的实用性技术创新奠定理论基础。比如爱因斯坦提出了质能关系式，揭示出人类可以将物质的部分质量直接转换为巨大的、能被人类利用的能量，为后来核能量的开发奠定了坚实的理论基础。鉴于科学理论研究的深远性、前瞻性和不可预测性，许多伟大的科学发现和研究成果在起初看上去意义不明确或毫无价值甚至遭到当代人的反对，但后来却对人类的社会生产和生活产生了深刻而久远的巨大影响，这些研究多集中在基础学科领域，比如科学史上哥白尼的日心说和哈维的血液循环理论等。所以基础研究领域的课题的重要性是一个比较难以定义的概念，从而使基础科学的研究被人们所忽视或变成"冷门"。所幸，在国家层面已经开始设立基金支持这种探索性甚至颠覆性的研究课题，比如国家自然科学基金委员会（自然科学基金委）资助的第一类科学问题的研究课题，这一类科学问题属性是：鼓励探索，突出原创，即大家经常说的从0到1的科学突破，激励优秀科学家勇于进入科研无人区进行大胆探索。

5.2.3 可行性

学术论文的选题还应遵循科学的可行性原则。选题是一个综合考察与判断的过程，既要考虑创新性、价值性（重要性），也要考虑其合理性和可行性，即需要考虑和评估开展科研的主客观方面的条件。

对于研究生来说，一方面，在选题时要运用批判性思维，在搜索、整理参考文献和书籍的基础上提出合理的科学假设（在第7章将做详尽的讨论）；结合自身的知识背景、研究能力、时间安排以及对拟开展课题的了解程度，判断自己是否能够驾驭该课题研究，是否能在既定的时间内顺利完成所选的题目，这里导师的指导作用尤为重要。另一方面，研究生在选题时要对本课题组、本单位的实验条件、实验物资、项目经费进行充分的了解，尽可能翔实和周到地考虑到与课题研究有关的可操作性问题，分析完成课题所需的各种条件是否充足。因此，研究生选择课题时需要考虑科学原理上可行、难易适中、实验尺度合适、实验条件容许等。比如，如果你要开展关于月壤方面的研究，可能的办法就是将你的项目计划书（proposal）提交给国家航天局，申请月壤样本，而更好的办法就是同国家航天局推荐的、拥有月壤样本的科学家开展合作研究。

对于研究生来说，如果课题过大或过难，就难以在一定的时间内完成它、取得一定的科研成果，甚至不能保证在一定时期内取得学位。但如果课题过小或过易，也无法有效锻炼自己的科研能力，难以形成具有一定创新性的研究成果，同样不能够达到研究生培养要求的目标，不能取得学位。

研究生选题切忌盲目求"大"、求"新"、求"异"，有些刚入门的研究生认为，"大"的选题才能充分体现出理论性和学术性，殊不知，选题过大容易导致研究范围过广，研究内容过泛，从而导致研究重点不突出、研究特色不鲜明、研究问题不深入，缺乏实际的科学价值。有的研究生选题盲目追逐热点、前沿问题，但往往由于自己的知识积累与储备不足，难以把握问题的实质和要害，从而难以深入分析，对所研究的问题缺乏可驾驭的能力。易陷入现象描述、浅尝辄止，或者人云亦云的论文写作，缺乏论点主导、核心成果支撑的写作，论文质量达不到一定的学术要求。

需要注意的是，科研选题都要求具有一定的创新性，这里使用"一定"一词是因为"创新性"是个相对概念，研究生在起步阶段，只要在某一课题上取得的结果能被该领域的专家认可，已将这一课题研究向前"推了一步"，哪怕是一小步，也能体现其"具有一定的创新性"，这里的创新不在于步子大小，而在于已经起步，由此不断向前推进，创新的步子就会越来越大。而研究者随着科学研究的不断深入、研究水平的不断提高，对科研课题的创新性、重要性和可行性的内涵认识也在不断深化。

5.3 科学研究选题的来源

在科学研究中，课题来源十分广泛，包括来源于社会生产与生活中需解决的科学技术问题，通过文献综述和学术交流获得的科学问题，在对已有理论观点的质疑中获得的灵感，从不寻常研究结果中获得的新思路，学科交叉中的新问题，受逆向思维或好奇心驱使引发的问题，以及从学科发展的前沿选题等（关小红等，2020）。科研工作者通常就是从这些课题来源中进行选题。这些科学研究的课题来源的介绍可以开阔研究生开展科研工作的视野，其中通过文献综述和学术交流凝练科学问题则是研究生在科研起步阶段进行选题的主要方法，也是本书中重点讨论和运用的方法。

5.3.1 社会生产与生活中需解决的科学技术问题

大部分的科学研究活动直接源于生产与生活，反过来又服务于生产与生活的方方面面。面对社会生产生活中存在的许多实际技术难题，我们首先需要探索这些难题或问题背后的科学问题，然后对这些问题进行科学研究，最后将研究成果用于指导社会生产生活实践，发挥科学研究的支撑作用。因此研究者应该从社会生产生活的实际问题出发，以解决这些问题为导向进行科研选题。其实大量的应用科学技术课题都是从社会生产生活实践的问题中提炼出来的，"卡脖子"的核心科学技术问题就是典型的源于生产与生活并亟待解决的科学技术问题，比如我国如何造出高性能芯片，在原材料、设备、EDA 软件工具、制造工艺等方面都面临科学技术难题。

在应用科技领域，一般认为"科学"是解决"为什么"的问题，而"技术"则是解决"怎样做"的问题，即通过科学研究比较完整地提出理论、原理、机理后，在其基础上就可以发展出应用于实际的技术、方法、专利、规范，等等。而将这些科学技术应用于实践时，因现实的复杂性又会产生新的科学、技术问题，即又产生新的科学研究课题。以前面所举的"水俣病"事件为例，由"水俣病"引发开展环境中汞的甲基化和甲基汞的生物富集机理研究，而研究结果有助于有效地降低人体甲基汞暴露健康风险，这就是课题来源于实际社会生活的典型案例。此外，在全球新冠病毒肺炎①疫情肆虐之际，科学家们从新冠病毒肺炎患者的粪便样本中分离出新冠病毒（锐科技，2020），这一发现引发相关领域开展相关课题的研究，比如，研究污水处理厂及给水处理厂中的消毒工艺优化问题，以此预防与阻断新冠病毒的传播，就是一个十分重要、富有价值的课题。在这一课题中需要研究以下问题：新冠病毒的传播途径是什么？怎样通过污水处理厂及自来水厂消毒工艺的优化，有效地预防和阻断新冠病毒的传播？第一个问题是解决机理问题，第二个问题则是解决工艺和技术问题。除了像溯源（包括病毒、温室气体排放等）、防疫、医疗、救治、环境治理等过程中的科学技术问题外，在类似的全球性灾难（如全球变暖问题）中暴露出来并必须解决的社会、经济、政治、民生等问题都是相关领域值得深入研究的科学技术问题。

  为了推动和促进中国科学技术的发展，科学技术部、自然科学基金委、各省份科技管理部门每年都会发布重大前沿科学问题和工程技术难题，这些重大前沿科学问题的发布，对科学发展具有重要的导向作用，对技术和产业创新具有强大的推动作用。自然科学基金委设立各种类型的项目，包括青年科学基金项目、地区科学基金项目、面上项目、重点项目、重大项目、重大研究计划项目等研究类型项目；优秀青年科学基金项目、国家杰出青年科学基金项目、创新研究群体项目、基础科学中心项目等人才类型项目；重点国际（地区）合作研究项目、组织间国际（地区）合作研究与交流项目、外国学者研究基金项目、国家重大科研仪器研制项目、联合基金项目等条件类型项目。这些科研项目成为科研工作者们开展课题研究的重要指南，也是他们选题和科研经费的重要来源。当前，自然科学基金委深化改革三大任务之一是明确资助导向，也就是根据四类科学问题的属性进行分类申请和评审。这四类科学问题属性分别是：第一类，鼓励探索，突出原创；第二类，聚焦前沿，独辟蹊径；第三类，需求牵引，突破瓶颈；第四类，共性导向，交叉融

---

① 2022年12月26日，国家卫生健康委员会发布公告，将新型冠状病毒肺炎更名为新型冠状病毒感染。

通（国家自然科学基金委员会，2022）。在科技部项目中，过去科研工作者申请比较多的包括 863 计划、973 计划等，其中 863 计划是指国家高技术研究发展计划，973 计划是指国家重点基础研究发展计划。"十三五"国家科技计划体系调整为五类科技计划（专项、基金等），分别是国家自然科学基金、国家科技重大专项、国家重点研发计划、技术创新引导专项（基金）以及基地和人才专项。之前的 863 计划、973 计划等分类名称不再使用，相关研究项目可在国家重点研发计划类型下申报。这类国家级项目（也称为"纵向项目"）的选题，要求科技含量（即"含金量"）较高，因此难度（包括科研难度和申报难度）也较大，其中不少项目的规模还比较大（每个项目经费达几百万甚至几千万元），科研人员应该从自己的专业出发，把课题具体化，选择既有创新性又有可行性的、与自身研究背景紧密相关的研究课题。富有才华且勤奋有为的科研工作者都会积极地去申请这些项目，这既解决支持自身持续开展科研的经费，从而不断产出科研成果，又为国家的科技和社会发展做出贡献。因此，获得这些国家级项目的级别、数量以及资助经费额度，也就成为衡量一个科研工作者、一所大学或研究院所的科研实力的重要指标之一。

虽然研究生不能独立地申报和主持这些项目，但应积极地参与到这类项目的申报和项目的研究过程中去。积极参与项目申报，既可以学习到怎样撰写项目申请书，因为未来在大学和科研机构工作的研究生，一毕业就要面临撰写项目申请书或申报项目的工作；又可以从申报项目的过程中找到自己的研究方向或研究课题，并在这一过程中获得和积累为日后更好地开展科研的经验和能力。事实上，研究生已成为这类项目中从事科研的一支重要力量。由于自然科学基金委的政策倾斜，博士生毕业后两三年以内申请青年科学基金项目比两三年以后申请相对容易成功，所以博士生宜早做准备，争取一毕业就能够申请成功青年科学基金项目。对于一个年轻科研工作者，能很快就主持一项国家级科研项目在自己的事业发展中可以说意义重大。

5.3.2　文献综述和学术交流

文献综述和学术交流是帮助科研工作者进行选题的重要方法。只有在尽可能清楚地掌握科学发展的历史进程，并继承已有研究成果的基础之上，才可以在新的起点、新的视角或新的方法等方面，发现有价值的选题。科学的世界是经验的世界、可观察的世界，为了进行科学研究，科学家必须做好观察和测量。然而，科学研究是一个漫长的、不断积累的、螺旋上升的过程，后来的科研工作者可以通过文献综述，即"站在前人的肩膀上"这种"观察"方式，大大地缩短科学研究的历程。尤其对于研究生，为了能在科学研究上顺利起步，"观察"阶段通常是通过文献综述来实现的，这里专家是知识和信息的一个主要来源，因此，已出版的书籍和已发表的学术论文就代表特别有价值的专家观点。通过"站在前人的肩膀上"或"通过前人的眼睛"来"观察"到这一领域的科研前沿和需要解决的科学问题。

研究表明，缺乏知识积累和对研究现状的了解是导致科研工作者选题难的关键因素之一（郭仕豪和余秀兰，2021）。当选题毫无头绪时，研究生不妨探索性地阅读文献，每阅读一篇好的学术论文，就像与作者进行一次"思想会晤"，了解其研究成果、洞悉其研究思路、借鉴其研究方法。多读书，勤思考，从中获得学科的前沿问题，广泛地阅读与自身研究方向相关的研究成果、经典文献和书籍，充分积累理论知识，同时广泛地了解国内外科研动向及需求，对外博闻广识、对内反躬自省，为向质变的转化做好量变的积累。研究生应该充分利用数据库里的文献，厘清目前科研的前沿方向，掌握某一科学问题的最新动态和发展趋势，这样既可以避免选题的盲目性和重复性，又能促进选题的科学化和规范化。

阅读文献的重要性正如 Behrman 所言："Two hours in the library is worth more than six months in the laboratory." 即"图书馆里的两个小时比在实验室埋头苦干六个月收获更大"，这里的"图书馆"是指查找文献与阅读文献。因此，研究生一定要静下心来，认真研读文献，冥思苦想，才能选好课题，找到拟研究的科学问题和研究目标，随后自己在实验室才能有的放矢地开展工作，并取得事半功倍的效果。通过文献阅读和总结，第一步是发现矛盾或不足，学会质疑和批判；第二步是找出异同，学会比较和鉴别，找到拟解决的问题；第三步是思考如何解决问题，找到解决问题的途径与方法。以上三个步骤的顺利实施是依靠批判性思维的不断深化而得以推进与衔接的，进而在头脑中涌现各种思路或奇思妙想，以此才能完成选题、选出好课题。

为了能深刻地理解文献，建议研究生在阅读每一篇重要文献后，按以下格式进行文献摘录，即写出科研笔记：

①科学问题（假定）、研究目标是什么？
②使用了哪些主要研究方法（如实验、理论推导、计算机模型等）？
③主要结果是什么？发现或证明了什么？
④特色或创新点是什么？

⑤是跟踪创新还是原始创新？
⑥局限性或需进一步解决的问题是什么？

在书写这种科研笔记时，读者在文献阅读中扮演既接纳又怀疑的双重角色，类似开展一场"相信和怀疑"的游戏。在"相信"的游戏中，读者就是信仰者，沿着作者的思路，理解和认可作者的研究成果，这就是科研笔记的第1至5步。而在"怀疑"游戏中，读者扮演颠覆者，对作者的辩论提出反对意见，找出它的弱点、盲点或局限性，这是上述科研笔记中的第5和6步，这里"需进一步解决的问题"包括作者在论文讨论部分已指出的问题，更重要的是读者在阅读中发现的新问题。在此基础上进一步对文献进行整理、归类，并建立起为自己长期使用的文献库，同时也便于以后随时将最新的文献添加到文献库中。

根据导师提供的指导，大致选择一个研究方向或课题，阅读文献后再进一步确定课题，开始查阅文献，对每篇文献按以上建议做科研笔记。然后开始逐步建立起自己的文献库，即将与研究方向相关的文献建立一个文件夹，根据课题来命名文件夹，在这一文件夹中又根据文献中涉及问题的集中程度，设计子文件夹，将相关的文献归于子文件夹中。具体操作如下：

大致的研究方向或课题：＿＿＿＿＿＿＿＿＿＿

　文件夹名称：＿＿＿＿＿＿＿＿＿＿

　　子文件夹1名称：＿＿＿＿＿＿＿＿＿＿

　　　（包括的文献）

　　子文件夹2名称：＿＿＿＿＿＿＿＿＿＿

　　　（包括的文献）

　　子文件夹3名称：＿＿＿＿＿＿＿＿＿＿

　　　（包括的文献）

　　……

　通过以上文献综述后确定的研究方向或课题1：＿＿＿＿＿＿＿＿＿＿

　通过以上文献综述后确定的研究方向或课题2：＿＿＿＿＿＿＿＿＿＿

　……

这样的科研笔记和文献库必将会大大提高进行文献综述、凝练科学问题的效率，既可服务于现在的选题，还可帮助第7章撰写引言时的文献综述及第9章撰写论文的讨论部分，也可以为日后寻找更多的研究思路提供帮助。做科研笔记时，研究生在科研中所进行的批判性思维活动和所经历的心路历程，即课题研究的进展、成果以及背后的创新性思维提升等科研经验与失败教训，自己都应该将其记录在案。随着文献库的不断扩充与完善以及科研笔记的不断积累与丰富，将来就可以从科研笔记和这一文献库中找到更多的思路和进行选题，写出更多的研究计划和更多的学术论文来。

至于怎样查找和阅读文献，将在第10章中进行详尽讨论，这里只强调针对选题而开展文献综述的要点。为了提高文献阅读效率，应根据不同目的而采用不同的阅读方式：为了确定研究领域，包括基础知识、学科水准以及当前重大进展与趋势，面对范围广、数量多的文献，通常采取泛读形式。为了确定研究方向，需要了解焦点、热点与前沿，已经、正在和将要进行的课题，有的文献需要泛读，有的需要精读。为了确定研究课题，需要全面、深入了解某一研究课题的背景、现状、科学问题、论点、展望、主要方法、手段等，所以一般需要精读这一研究课题的相关文献。

学术文献的阅读及综述是如此的重要，因此，在本书中不少地方都讨论到学术文献的阅读及综述问题，比如第7章（"引言的功能及撰写"）中就专辟一节讨论"怎样进行文献综述"，因为引言的撰写就是建立在文献综述之上的。另外，还专辟第10章来讨论提高英文文献阅读和英文写作能力的问题，因为选题和研究计划及学术论文的撰写都需要阅读大量英文文献和英文写作这一基本功。

学术交流包括书面和口头交流，是开展科学研究的另一基本功，也是获得思路和选题的重要来源之一。人们认为，善于交流，即"能写善辩"，在成功条件的比例中占60%以上。我们无法去评估这一比例的准确性，但不可否认，善于交流是学术成功的重要条件之一。所以，研究生除了要多写多练，即"练笔头"之外，还要积极地参加各种形式的学术活动，包括小组讨论、研究生论文答辩会、与同行和专家面谈、学术讲座以及国内国际学术会议等。这里的"积极参加"不是仅仅当听众，更不是周游世界的"观光客"，而要做发言者、提问者，甚至成为会议的组织者、主持人等。

"观光客"与"修行者"

一位导师的门下有两名博士生，被人们分别称为"观光客"与"修行者"，以下是两人对待学术会议的方式：

"观光客"因利用开学术会议的机会周游世界而得名。对于每一次学术会议，"观光客"都选择最容易应付、最不显露自己的方式，即展板形式，而将几乎全部心思去查找会议召开地及周边的名胜古迹、名山大川，会议期间，除了将展板放在规定的展区外，他本人是不会去会议中心的，而是到处游山玩水。他做的展板由于从形式到内容都空洞无物，展出时自然也无人问津。会议结束后，他抑制不住导师为他提供的"免费旅游"带来的喜悦，向人们展示他拍的大量风景照片。不过，第二年起导师就不再给他提供资助以及"免费旅游"，他读博三年，眼看无望拿到学位，从此消失在茫茫人海之中……

"修行者"因潜心求学（"修行"）而得名。对于每一次学术会议，"修行者"都选择最具挑战性、最能展现自己的方式，即演讲形式，除了精心准备自己的演讲，还根据会议手册挑选出自己计划去听的演讲、去看的展板以及去见面的各大学教授。会议期间，根据自己安排得满满当当的会议日程，他从一个分会场赶到下一个分会场。通过自己尽可能精彩的演讲、听他人演讲及参与演讲的讨论、会后同来自各地的参会者交流，他获得了大量的新思路，也交了不少学术界的朋友。攻博四年，他发表了 6 篇 SCI 论文和 10 多篇会议论文，顺利地取得博士学位，并一步步向科学高峰攀登。

学术交流非常有助于创新性思维活动，这是因为：①交流者可能提出各种有趣的想法，由于有着不同的知识背景，交流者可能从不同的角度观察问题，提出新看法。②一个新设想可能通过集中几个不同的思路而产生，因而学术交流提供了产生新设想的氛围。③讨论是披露谬误的宝贵方法。以错误知识或可疑推理为基础的设想，可通过讨论得到纠正，同样，盲目的狂热也可在讨论中被抑制。④开展讨论和交流观点往往使人振奋，给人以激励和鼓舞。⑤讨论可帮助人们摆脱那种固有的、无效的思维习惯，即摆脱受条件限制的思考。所以在这些各种形式的对话和思想碰撞中就可以不断获得新的思路乃至新的研究课题。学术交流必须在相互帮助、相互信赖的气氛中进行。在学术交流中，交流者应该具有包容谦卑和学术诚信的品格，同时要遵守基本的学术准则和学术道德：尊重他人的人格和知识产权，做到坦诚无私、平等互利、不卑不亢、敬畏真理等。在第 12 章（12.5 节），我们将对怎样进行学术交流提出详细建议。

5.3.3 在对已有理论观点的质疑中获得的灵感

科学总是在螺旋上升式地发展和进步的。已经发表的论文和著作，由于研究者受到学科背景以及时代背景的限制，他们所提出的理论、原理和方法，难免都会有局限性、缺陷甚至错误，即具有"知识的不完美性"，所以任何学科领域都存在进一步研究的问题和需要发展的空间。我们必须运用批判性思维方式看待已有的观点和结论，找到其中的疑点、争端和矛盾之处，并对已有的理论和方法进行修正、扩展、深化甚至颠覆，从而形成一个个具有新意的研究课题，以此发展或建立新的理论和方法。

这里借用物体自由落体运动的例子，来说明对已有理论观点的质疑是推进科学发展的重要方式。亚里士多德（公元前384—前322年）的关于自由落体的原始理论统治了世界将近2000年，直到16世纪，伽利略才运用比萨斜塔上物体的自由落体实验将这一理论推翻。但故事并没有结束，17世纪以后，发展起来的牛顿力学定律又更系统地描述物体自由落体的运动规律，这就是"物体的惯性质量与引力质量之比是个与物体的材料、重量等具体物理性质无关的常数"。20世纪初，爱因斯坦提出和发展了相对论，其中狭义相对论就是对牛顿时空理论的拓展，而广义相对论是基于等效原理和广义协变原理的基本假设，提出了等效原理中的弱等效原理，又叫作伽利略等效原理，即物体的自由落体运动的运动规律。科学的历史似乎转了一圈又回到起点，但其实这个"起点"已不是原始的起点，而是一个螺旋式地上升了的、远比原始起点高得多的"起点"。这就是科学不断发展的路径或规律。

● 1609年，当伽利略向人们讲述一颗新星时，亚里士多德还被视作不朽的科学家，人们依然崇拜他的天体完美无缺、永恒不变的理论。但伽利略却告诉人们："看！这里有颗星星，和其他星星一样，一会儿可能就消失了，再过一会儿可能又出现了。居然说天体是永恒不变的！完全是废话！大自然没有永恒的东西，一切都在变化。是时候扔掉拉丁语了，忘了亚里士多德吧！睁开眼，好好看看神奇美丽的大自然。"想象一下，当时那些食古不化的学究们听了这些话后会有何反应（威尔逊，2011）!

● 滴滴涕（DDT）的发明者瑞士化学家米勒获1948年诺贝尔生理学或医学奖，但在1997年，瑞典卡罗林斯卡医学院诺贝尔奖评委会公开承认授予这一发明诺贝尔奖是一个历史耻辱。为什么？

正因为质疑和批判精神往往能开启科学新发展的先河，所以纵观古今中外的历史，思想解放的时代，就会呈现出人才辈出、百花齐放、科技兴旺、社会繁荣的景象。比如中国春秋战国"百家争鸣"的时代曾经是社会科学和自然科学兴旺发展的时代。欧洲文艺复兴时代以后，欧洲大陆仿佛成了科学的热土。在苏格兰，李斯顿传播着人道主义；在英国，达尔文正酝酿着影响全人类的著作；在法国，巴斯德勇敢地战斗着；在德国，亥姆霍兹、赫兹和科赫在奋斗着。

中国改革开放以后，提出"实践是检验真理的唯一标准"，极大地解放了人们的思想，迎来了"科学的春天"。而现在正是中国历史上科学发展的黄金时代，我们有唯物辩证法的强大思想武器，还有激励"大众创业，万众创新"的大环境，以及为了生产力持续增长亟待依赖于大量真正具有创新性的成果，特别是原始创新科研成果的国家需求。在科技兴国、科技强国的主旋律引导下，科技人员（包括研究生）完全可以大胆质疑已有的理论和方法，大胆创新、不断创新，特别是需要进行原始创新、颠覆性创新。

5.3.4 从不寻常研究结果中获得的新思路

科学研究的真正乐趣在于它的不可预期性：一个微小的、意想不到的细节有可能彻底改变科学研究的轨迹，产生意想不到的研究结果。科学家托马斯·亨利·赫胥黎（Thomas Henry Huxley，1825—1895年）有一句名言："科学的最大悲剧是，一个丑陋的事实往往会扼杀一个美丽的假设。"在这里的含义是，科学家试图设计出一个完美的理论，而当某个事实与完美的理论相悖或令理论复杂化时，科学研究就会遭遇"悲剧"。此时的"悲剧"意在理论的完美性被颠覆了，而"丑陋的事实"是指存在于完美理论认知之外的一种新事实。其实，在科学发展史上，所谓的"科学悲剧"往往就孕育了科学的巨变。所以不要害怕意外结果的出现，也许正是这些"意外结果"促使我们去寻找新的解释从而发现新的思路、新的研究课题。

研究人员在完成一个研究计划后，就会带着明确的研究目标开始下一步的研究工作，即开展实验或者进行理论推导，有时会出现实验或者理论推导结果与预期结果不尽相同或完全不同。换言之，实际获得的结果未能很好地实现预定的研究目标，未能很好地证实引言中提出的科学假设，或者自己的研究结果与文献报道的结果不相符，或者用现有的理论或机理不能解释自己的结果等。研究生应该懂得，由于科学研究就是探索未知，所以出现以上现象是正常的。此时，不必惊慌，而应该努力去做的事包括：其一，要确定实验设计和操作或理论推导没有任何错误，即需要重复几次实验或理论推导。如果每次实验都观察到同样的现象，获得同样的测量数据，即使数据有误差，也是在实验误差范围内，每次推导都获得同样的推导结论，这样就确定了结果是完全可信的。其二，重新去查阅文献，仔细分析，确保撰写研究计划时没有遗漏任何重要文献，并且原来提出的研究目标或科学假定是牢固地建立在目前的研究成果基础上，即根据这一基础，所提出的研究目标或科学假定是"合理的"和"可靠的"。

其三，根据这些异常结果修改原来的研究目标或科学假定，并提出新的研究目标或新的假说或理论，为了证实新的假说，有时可能需补充一些验证性实验或理论推导。经过反复验证，这样科研中的异常结果很可能就成为新课题的来源，从而获得具有创新性的研究成果。

科学研究中的异常结果甚至可能成为引领本研究领域的新发现，并由此产生新理论和新技术。在科学哲学家波普尔提出的"证伪主义"看来，大胆猜想的确认或是谨慎猜想的证伪都代表科学的进步。比如，2001 年唐本忠团队在研究 1-甲基-1, 2, 3, 4, 5-五苯基噻咯的发光行为时发现，该分子发光的显著增强与聚集体形成密切相关，这是有悖于当时的"聚集淬灭发光"（ACQ）光学物理的理论。经过严密设计实验，他们确认"越聚集、越发光"的现象的确存在，并将其命名为"聚集诱导发光"（aggregation-induced emission，AIE），从而在发光材料研究领域取得了重大原创性突破（国家自然科学基金委员会，2021）。2016 年，*Nature* 科学刊物上《纳米光革命正在来临》（*The nanolight revolution is coming*）一文中，将 AIE 点（聚集诱导发光纳米粒子）列为支撑和驱动"未来纳米光革命"的四大纳米材料之一（Lim，2016）。这就是一个从实验的不寻常结果中获得新思路的重大选题。

5.3.5 学科交叉中的新问题

根据个人创造力模型（刘勇，2008），个人创造力指数与物质能量、精神能量和性格及思维方面的多样性成正比。学科交叉会带来各学科知识的累积和融合，产生比单一学科知识更大的精神能量和思维的多样性，从而会更大程度地提升个人创造力。历史上许多科学家首先是博物学家，他们的博学使其具有强大的创造力，这是学科交叉会带来创造力的最好例证。关于学科交叉对学术研究的影响，我本人也有深刻体会。在我攻读博士学位阶段，主修是土壤物理，选修是数学，此外还选修了若干门的水文学专业的研究生主要课程以及计算机科学专业的研究生课程，选修的学分几乎达到计算机科学硕士学位所要求的学分。这些交叉学科的知识积累给我后来的科研工作带来了极大的帮助，当年在美国被破格提升为终身教授的评审中，按规定，所在系的每位教授都必须对职称申请者给出匿名的评审意见，其中不少评审意见都提及一点："张博士能取得今天的学术成就，与他多学科交叉的知识背景和研究方法是密不可分的。"再后来，我研究环境科学问题时，深感微生物学在环境领域的重要性以及自己在这方面的知识缺陷，就通过翻译英文版《微生物降解与微生物治理》和《污染土壤和地下水的微生物治理的基本原理》两本专著，来弥补自己在环境微生物学这方面的知识。虽然两本译著没有出版，但作为研究生"环境微生物学"课程试用教材使用了多年，这使我进一步拓宽了自己的研究领域。如今我和我的团队的研究课题几乎都与环境微生物学有关。

学科交叉点往往就是孕育科学问题的新增长点和推进学科发展的前沿阵地，这里最有可能产生重大的科学突破，使科学发生革命性的变化。同时，交叉科学是综合性、跨学科的产物，因而有利于解决人类面临的重大复杂科学问题、社会问题甚至是全球性问题。比如 1953 年，DNA 双螺旋结构的重大发现，就是科学家克里克、沃森、富兰克林、威尔金斯等通力合作所贡献的重大科学成果。他们具有不同的学科背景，在同一时间都致力于研究基因的分子结构，在既合作又竞争、充满学术交流和思辨的环境中，发挥了各自专业的特长，为双螺旋结构的发现做出了独立而又相互交叉的贡献。从社会和科学发展的角度而言，重大的社会和科学问题，只有多学科结合在一起才能突破。比如，研究和解决全球变暖问题，就要依靠大气科学、气象学、生态学、地学、环境科学、经济学、政治学、法学、社会学以及伦理学等诸多学科的结合才可能成功。目前最热门的人工智能的发展，就需要数学、计算机科学、自动化科学、信息化、机械化、自动化等以及相关应用领域的专家的通力合作。这表明，在多学科之间、多理论之间发生相互作用、相互渗透，形成"科学键"，从而能开拓众多交叉科学前沿领域，产生出许多新的"生长点"和"再生核"，使诸如粒子宇宙学、生物物理化学、生物数学、太空科学、科学伦理学等新兴学科孕育而生。迄今为止，交叉学科的数量已达 2000 多门之多，其中许多都处于科学研究的前沿。研究生需要认识到交叉学科的重要性，并逐步从自己的研究领域切入这些交叉领域，从中寻找新的研究课题。研究生如果能充分利用高校和研究院所的教学与科研资源和学术交流活动，挖掘学科之间的联系，就可能发现具有新颖性、前沿性的科研课题。

正所谓他山之石，可以攻玉。在交叉科学中，可以用 A 学科的方法去解决 B 学科的问题。比如，将热力学的推导方法用来推导出土壤中水流运动方程，将地质统计学理论和方法引入解决环境科学领域的时空变异性问题，等等（张仁铎，2005）。这些都是通过学科交叉来获得研究课题的例子。

土壤中污染物质迁移转化过程的量化或模拟需要以下学科交叉的支持：土壤水动力学、水文学、化学、微生物学、数学、计算机模拟等。根据自己的研究方向或研究课题，举出一个学科之间交叉的例子。

5.3.6 运用逆向思维选题

批判性思维既是对现有理论的批判，也可以是对现有思维方法的批判，所以在科学研究中，可以突破思维的定式，采用逆向思维对某些研究现象进行重新的梳理。逆向思维与顺向思维不同，它不是按原有的思路进行思考，而是向相反方向开展思维，"独辟蹊径"，有时会收到"山重水复疑无路，柳暗花明又一村"的奇效，有可能引发具有突破性的创新性成果。例如，过去人们一致认为肿瘤细胞具有不可逆性，所以在白血病的治疗中，普遍采用传统的化疗方法来"杀死"和"消灭"白血病细胞，实践证明这种治疗效果并不理想。20世纪80年代初，中国工程院院士王振义等利用逆向思维方式，设想一种新的治疗方法，即利用药物作为诱导分化剂，引导白血病癌细胞向良性方向分化，逆转发育成正常细胞，从而阻止其蔓延。这种治疗方法既对机体正常的细胞和组织没有或少有毒性作用，又能促使癌细胞自行消亡，从而白血病得到缓解或痊愈。经过多年的研究与实验，在1986年，终于找到全反式维甲酸药物，并在国际上首次用国产全反式维甲酸治疗急性早幼粒细胞白血病（陈挥和宋霁，2012）。

再来看看怎样将逆向思维运用于全球温室气体的研究课题之中。温室气体对气候变化的影响是多尺度、全方位、多层次的，是全人类所面临的一个极其严重的生态环境问题。不过，作为学术问题，我们可以通过顺向和逆向两个不同的思维方式来开展研究，这对全面认识和解决这一问题无疑是有好处的，请参与以下温室气体对全球气候变化影响的讨论。

顺向思维：依据负面影响来考虑和评估温室气体问题。全球变暖对自然生态系统产生诸多负面影响，比如气候异常、海平面升高、冰川退缩、冻土融化、中高纬生长季节延长、动植物分布范围向极地区和高海拔区延伸、某些动植物数量减少；危害公众健康与人类福祉；造成荒漠的面积增加，森林的面积减少；二氧化碳和气候变化可能影响到农业的种植决策、品种布局和品种改良、土地利用、农业投入和技术改进等一系列问题……

逆向思维：依据正面效应来考虑和评估温室气体问题。比如温室气体上升有利于增强绿色植物的光合作用，因此使地球更绿；森林和土壤的碳汇作用更大；一些植物开花期提前、花期更长了，中高纬生长季节延长，原来只种一季水稻的地区现在可以种两季了；某些动植物数量可能增加；气候变化的正面效应可能影响到农业的种植决策、品种布局和品种改良、土地利用、农业投入和技术改进等一系列问题……

在这些讨论中，不管有的观点看起来多么荒谬，但是可以看出，无论是顺向思维，还是逆向思维，抑或两者结合，都会给人们带来无限的思考、更多的思路和新的研究选题。

以下是逆向思维的一些练习：

- 柯南·道尔在《血字的研究》中说："解决这类疑案，其中一件大事就是能够进行回溯式推理。"这种逆向思维方法很简单，就是从这个现场开始，想象退后一步的情景，再退后一步的情景……直到找到犯罪的第一步，也就还原了犯罪的全过程（卡比和古德帕斯特，2016）。
- 用物理学家的逆向思维，你认为大爆炸理论在何种程度上会发生？
- 有的学者认为，关于污染物的溯源研究是一个运用逆向思维开展研究的典型例子。污染物的溯源研究是一个重要的研究课题，一方面具有社会意义，它可以厘清某一污染区域的成因，可能是起始于很久以前、处于很遥远之地的污染源，以此判断需要担负修复环境的责任主体；另一方面也具有学术价值，可以更清楚地认识污染物在复杂环境中的运移和转化机理。这个问题的研究可以采用计算机模拟的方法，即在计算机模拟中，让时间从现在起向前推进就是"预测"，让时间从现在起向后倒退就是"溯源"。不过，另一些学者则认为，这里的"溯源"与"预测"，使用相同的学术立场观点，相同的思维方式，并没有突破思维的定式，不应该被归属为逆向思维。你的看法呢？

5.3.7 好奇心驱使的选题

好奇心是创新性思维的激活剂。科研活动的本质是探索未知世界，弄清其中的奥秘。鉴于科学研究的复杂性和深远性，科学家开展科学研究，尤其是原创性研究，通常纯粹为了满足解决某一科学问题的好奇心，并非为某一功利性目的所驱动。在有的情况下，他们的科研成果在当时看上去可能毫无意义甚至遭到排斥，这些科研成果对人类的社会生活所产生的重大影响，也许几个世纪后才被人们认识到。归纳起来，科学研究的动力不外乎两个：好奇心和功利性。所以一项科学研究在没有现实研究意义的背景下得以开展，一定是受好奇心的驱使。好奇心是人类的天性，是人类探求未知世界的原动力，是科学研究者的重要特质之一，科研工作者应该保持对未知世界永不停息的探求热情。伟大的科学家们所共有的一个特质就是寻求未知世界中存在的基本原理的一种强烈愿望，这种强烈愿望可被视为升华了的好奇心，它激励着科学家不断地去开拓、去冒险、去发现。

在以色列，为鼓励科研工作者以好奇心为驱动力的研究，于1934年成立了享有"以色列科技研发大脑"之称的魏茨曼科学研究所，该研究所专注于基础的、长期的、不讲实际用途的、由好奇心驱使的科学研究，是世界领先的科学研究中心之一，也是全世界最大的技术转让学院。有趣的是，在国际科研领域有一个著名的"搞笑诺贝尔奖"奖项，能够获此奖项的研究内容都是十分稀奇古怪的另类研究，这些研究都是受好奇心的驱使而进行的，但是它们的研究成果却经常发表在科学领域以严谨著称的知名刊物上，如 Nature 等，也有可能被用于更广泛的领域（关小红等，2020）。

- 在那个鼓励"交白卷"的年代，嘲笑科学无用的一个问题是：马尾巴的功能是什么？不谈仿生学，只是出于好奇心，你觉得这一问题值得研究吗？
- 陈景润在那么艰难困苦的条件下研究哥德巴赫猜想，其动力一定是来自好奇心。他是幸运的，其一，他的研究成功了，其二，他赶上了中国"科学的春天"，全国人民都崇拜他。试想，如果他一开始就带着功利思想、实用主义的动机去开展他的研究，他能忍受煎熬吗？他能成功吗？

5.3.8 立足学科前沿去选题

客观地说，我们的科技实力、创新能力、科技质量，特别是原创性的科学理论和发现，与世界科技强国相比，还有较大的差距。所以，立足于学科发展的前沿去选题，开展"大"科学问题的研究，开展原始创新的研究，是我国优秀科学家的理想和使命，是科技强国的必由之路和根本。著名物理学家李政道曾经提出："随便做什么事情，都要跳到前线去作战，问题不是怎么赶上，而是怎么超过，要看准人家站在什么地方，有些什么问题不能解决。不能老是跟，否则就永远跑不到前面去。"这是一代科学家对原始创新发出的强烈呼吁！

钱颖一（2020）把创新的动机划分为三个层次，分别代表三种价值取向：短期功利主义、长期功利主义、内在价值的非功利主义。后面的比前面的有更高的追求。他认为："对短期功利主义者而言，创新是为了发论文、申请专利、公司上市；对长期功利主义者而言，创新有更高的追求，为了填补空白、争国内一流、创世界一流；而对内在价值的非功利主义者而言，创新有最高的追求：追求真理、改变世界、让人变得更加幸福。"创新性思维不仅取决于好奇心和想象力，还需要更高追求的价值观，这样才可能涌现为科学献身的科学家，也才可能出现颠覆性创新、革命性创新成果。

如何开展前沿性、开创性研究是一个复杂而庞大的课题，本书为开展此类课题提供了一些思路，我们将继续积极参与对此类课题的系统而深入的探讨。作为研究生，既要脚踏实地，又要胸怀大志。从自己的研究生阶段到整个学术生涯，可沿着下面 5.4.3 节中"从跟踪创新到原始创新"的步伐，一步一个脚印，从追随者到领跑者，再到先驱者。一些具体建议包括：为了能站在学科发展的最前沿，要力求精读国际一流学术刊物的高水平学术论文；争取参加高水平国际学术会议和重大科研项目战略研讨会，以便全面地了解本领域最核心的科学问题；与本研究领域大师交朋友，可采取邀请他们讲学和共同申请科研项目或争取参加他们主持的科研项目、共同发表学术论文以及进行互访等形式；争取早日进入有关自己领域的学术群体或学术精英圈；等等。在科研能力上，要培养起组建科研团队、主持国家级重大和重点科研项目的能力；在学术成果上，要贡献出越来越多的真正具有影响力的、具有创新性的科研成果。

图 5.1 是 1927 年在比利时布鲁塞尔召开第五届索尔维会议，一张汇聚了包括爱因斯坦、居里夫人、普朗克等物理学界智慧之脑的"明星照"，当时，这张照片中的科学家几乎都站在科学发展的最前沿，取得过开创性的理论成果。试想这样一群顶尖科学家在一起会讨论什么科学问题？假如时光倒流，你有机会参加这样的盛会，你会有什么收获？

图 5.1 1927 年索尔维会议最强朋友圈合影

5.4 科研入门者的选题

本章开篇我们就提到，科学研究选题这样重要而艰巨的任务，对研究生而言,无疑具有很大的挑战性。上一节讨论了不少科学研究选题的来源,不过,作为科研入门者,研究生要直接从这些来源去选题,除文献综述之外,往往还存在诸多的困难。所以,这一节专门讨论导师的指导以及有助于研究生开展选题的一些实用方法,比如跟踪团队的研究方向,从跟踪创新起步等,使研究生在科研道路上能循序渐进地、顺利地进入角色。

5.4.1 导师的指导作用

导师在研究生的整个培养阶段都在指导研究生,但选题阶段的指导对于研究生来说最为重要。这是因为,刚入门的研究生面临诸多前所未有的困境,最需要导师的指导;另外,选题是研究生学习科学研究的开局环节,对其后学术研究的影响意义深远;同时,通过选题,导师和研究生建立起最初的也是最关键的学术关系。本节对导师选题指导的重要性和选题指导中的重点,以及为了获得导师更多的帮助,研究生不可或缺的积极主动性等方面进行讨论。

1. 指导研究生选题的重要作用

导师在研究生选题中起着十分关键的作用。由于研究生的学术论文、学位论文都将是在导师的指导下完成,所以在研究生的整个培养过程中,导师的必要指导从一开始就是至关重要的。其一,处于知识转型期的研究生迫切需要导师的引导和指导,这种早期的指导既能缩短研究生的迷茫期,又能帮助他们尽快找到正确的研究方向和尽快掌握正确的研究方法,从而使他们在随后的整个培养阶段中科研之路越走越顺。虽然研究生和导师之间不是师徒关系,但"严师出高徒""强将手下无弱兵"还是比较形象、比较恰当地描述了导师对研究生指导的重要作用。

其二,与人们熟悉的"博士""教授"等头衔相比,"研究生导师"头衔具有更高层次的内涵,因此无论是从责任感、事业心还是荣誉感来说,导师都必然会为研究生的培养竭尽全力。可以说绝大多数的导师将研究生的培养看成自己事业的头等大事,将研究生的成功视为自己事业的成功,他们没有去想象未来的"桃李满天下",只是千方百计将自己的每个研究生培养成才。有人指责某些导师:"自己都不知道怎么做科研,怎么指导研究生?这犹如瞎子牵瞎子,别说培养人才,简直是误人子弟!"这种尖锐的评论可能指向我国某一历史阶段或某些高校研究生培养的状况。不过,随着国内科学技术的发展,国际学术交流的扩大,科研人员学术水平的提高,对研究生导师资格的遴选要求越来越严格,对研究生导师在科研水平上、指导能力上的要求也越来越高,所谓"误人子弟"的导师只会越来越少。偶尔还听到"导师是老板,将研究生作为打工仔"的说法,这种说法可能只针对个别"导师"的情况而言,但那一定是不具备应有的水平和资格的不合格导师。同样,对研究生导师资格的遴选除了学术水平上、指导能力上的要求外,还有严格的师风师德要求。同时,随着我国科研水平的不断提高,高校对教师科研成果的更高要求以及对科研经费的更严格管理,杜绝了科研经费和精力没有用在科研上的歪风,让导师和研究生都把经费和精力全部用在科研上从而建立起师生间正常的学术关系,因此上述类似"老板"与"打工仔"的情况只会变得十分罕见。"导"师就是能"引导、指导"研究生的教师,导师的英语单词 advisor 意指能提供忠告和指导意见的教师,所以,对研究生而言,导师是自己的引路人和成才过程中这一关键时期的陪跑者,理应报以极大的尊重和信任。

谨献此书给敬爱的老师们

这是一本"冰冷"的学术著作,而不是一本抒情小说或散文集,但写作至此,我情不自禁地想起曾帮助、激励和影响我一生的老师们:从当初我考试得满分,就欣喜地将我这衣衫褴褛的穷小子抱起抛向高空的启蒙老师,到令我难以忘怀的中学老师,他们孜孜不倦地为我这个没有正式上完高中的学生补习数理化,从 ABC 开始引导我自学英语(那时可没有补课费一说,他们辅导我,完全出于老师的初心所为),使我能顺利参加高考并实现了"大学梦"。再到精心培养我,将我送出国门的大学老师。然后再到经济上资助我、学术上引导我,为我修改一篇篇 SCI 论文,为我求职、晋升写一封封推荐信的研究生、博士后导师。他们是将我领入学术殿堂的奠基人、铺路人、引路人、陪跑人,他们是我的学术导师,更是我的精神导师、人生导师。从过去到现在,从中国到美国,老师对学生的关爱都是无私的。对这些无私的关爱,我无以为报,所以,我虔诚地在本书扉页写下:"谨献给敬爱的老师们!"

其三,怎样引导、指导研究生,各个导师采用的方法各异,无法在这里进行总结,这里只是以我的导师怎样帮助我进行博士论文选题为例,来阐述导师的指导意义,希望能起到一个抛砖引玉的作用。我在美国亚利桑那大学(University of Arizona)作为土壤科学领域的博士生,导师的研究方向是土壤物理,其实这是土壤科学范围内的一个分支领域。他根据我数学背景较好的特点,按照学校博士生需要有主修和选修专业的规定,建议我主修土壤物理,选修数学。并建议我的博士论文选题为开展"土壤特性的时空变异性"方面的研究。说实话，面对这样一个选题，起初我是一头雾水、陷入迷茫。不过，同导师交谈后认真阅读了他本人在这一领域发表的几篇学术论文，虽然没有完全弄懂，但有了一些初步概念，也写了一份"读书报告"。根据我的"读书报告"，导师进一步解释，这一课题中最核心的问题就是解决随机变量的时空变异性问题。过去都是应用传统的统计学方法来解决这一问题，但很多实际应用显示，运用传统的统计学方法解决这些问题是不完美的甚至带来错误。比如在南非开采金矿的过程中，用传统的统计学方法就不能准确地预测黄金储量的空间分布。因此，人们不得不寻找新的方法，结果发现了一种更好的预测办法，并逐渐发展成一种解决随机变量的时空变异性的新方法。相对于统计学（statistics）法，这种新方法叫地质统计学（geostatistics）法。这种新方法已开始运用在不同领域，如预测矿藏分布、降雨、人口密度，分析卫星数据等。不过，既然是新方法，还有包括系统理论和计算、预测方法的建立等许多方面的问题都有待深入研究与完善，而且运用这种方法来解决土壤科学方面的问题才刚刚起步。于是在导师的引导下，我对该选题的初步认知是既心中有数，又满怀兴趣。经过导师的指点和自己进一步阅读文献，我不但开始懂得了课题的基本概念和思路，而且认识了课题的发展潜力，即既能去解决理论和方法问题，又能去解决实际问题，同时还兼顾与发挥了我对数学的兴趣与优势。凭借这一课题，我完成了博士学位论文（Zhang，1990），随后在这一领域深入研究，先后发表了100多篇学术论文，出版了两本专著（Zhang，2005；张仁铎，2005）。

  以我作为研究生和作为导师不同角色的经验来看，导师提供给研究生的指导和建议越早，指导性就越强，给学生的帮助也越大，也更能调动学生的主动性和积极性，在接下来的培养过程中也就越省力，学生的研究成果也可能越丰富。同时，学生越积极主动，导师就越乐意提供指导与帮助，且这些指导与帮助也就越有针对性和指导意义。郭仕豪和余秀兰（2021）对造成研究生"选题难"和"选题易"的原因进行探究与比较，发现那些选题过程顺利的研究生，往往得到导师的点拨与指引，能够将自身兴趣与科研选题结合起来，并且对选题的价值具有敏锐的判断。

2. 选题指导中的重点

  选题指导中的第一个重点就是强化研究生的批判性思维训练。本书及根据其设计的课程、导师和研究生都有一个共同的目标：使研究生能早日进入科学研究的殿堂，并不断取得科研成果。为达到这一目标，就必须立足于训练与提升研究生的批判性思维能力，以下三方面的密切配合对于研究生的培养将起到相得益彰的效果：其一，导师可以借助这一课程，更有效地提高研究生的培养效率和质量；其二，研究生可以在导师和本课程的帮助下早日跨入科学研究的大门，早出、多出科研成果；其三，在导师和研究生的紧密配合下，本书及以本书为教材的课程能够更好地完成其教学目标，即提高研究生的批判性思维、创新性思维能力。后面将深入讨论旨在强化研究生的批判性思维能力的这一"三方合作"模式。

文献查找阶段的指导。在选题阶段，导师给研究生的指导之一就是帮助他们去查找文献。有时学生找不到任何与他们主题相关的文献，这可能是因为他们的眼界不够开阔，把论文的范围定得过于狭窄，这时可寻求导师的进一步帮助。如果想尽办法还是找不到足够的文献，研究生可在导师的指导下创造性地利用这种文献空白，这对于导师和学生都是一个可以发挥创造力的机会。文献缺失可以极好地说明学术界研究的侧重点和盲点，可能反映学术界对某些重要问题和观察角度的忽视。在导师的指导下，有进取心和创造力的学生应该有能力将研究文献的缺失转化为一种优势（德拉蒙特等，2009）。当然，如果课题过于具有挑战性，比如对于某一课题，研究生查到的所有文献都只有定性研究，那么，显然定量研究就是一个值得关注的研究点，但课题确实会有难度，很可能前人进行过相关工作，但是都不成功，因为文献一般只报道成功的例子。相比科学界众多的"聪明头脑"，作为研究生，鉴于目前能力和时间的限制，可以暂时别碰"定量研究"这一问题。不过，倘若能解决这一问题，其研究成果肯定具有比较强的创新性，因此，研究生应该记录下这一个研究点，待有朝一日去攻克它。相反，如果学生在一个很狭窄的范围内就能找到数量丰富的文献，即所谓"热门问题"，那么要写出有创新性的论文也将会很困难，有必要重新考虑选题。

在文献综述和研究计划的写作上，研究生会面临更大的挑战。如果有了一个大致的课题方向，就去查阅文献，没有研究经验的研究生面对浩如烟海的文献，往往束手无策，理不出头绪，只能写出流水账式的、资料堆积式或百科全书式的"研究计划"，也就是类似于将自己收集到有关这一课题的所有资料，原封不动地倒在导师的桌子上。对于繁忙的导师和无助的学生来说，下一步怎么进入探索性写作和正式写作都是难题。这个难题不仅涉及文献的查找问题，而且涉及文献综述的能力和从文献中发掘科学问题的能力。如果导师和研究生能充分运用本书，特别是借助运用本书开设的批判性思维课程，就会有助于解决这一难题，这也是我们推荐将这一课程安排在研究生刚入学的第一个学期开设的原因。通过课程训练，就能引导学生从资料堆积式或百科全书式的写作转化为论点主导式写作，当然这个转化过程离不开导师对研究生的引导，更离不开研究生自身有进行论点主导式写作的强烈意愿、决心及为此付出的巨大努力。

通过使用本书设计的课程，及导师和研究生通力合作，就能够有效地解决研究生在文献综述和撰写研究计划中的问题。试想，导师在收到资料堆积式或百科全书式的"研究计划"后一个月，就收到学生的第二份修改稿，而在修改稿中，发现学生在引言中开始对文献进行梳理、分类、取舍，逐渐形成自己的观点或需讨论的论点，并试图在引言的最后一部分提出研究目标，此时导师该是多么高兴！导师一定会非常愿意对这份修改稿进行有针对性的修改并提出进一步的修改建议。除了在选题和写引言阶段，在以后写论文和开展研究的其他阶段，如果研究生都能不断写出具有一定批判性思维深度的内容，并请导师修改，那么这种师生互动必然能够促进学生批判性思维的发展。在提交自己写作稿的同时，学生还可附上一封短信，比如："尊敬的教授：您好！附件是根据您的建议我修改的引言第三稿，在您前面的指导下，我感觉现在论文综述的层次更清楚了……但是……我也重新修改了研究目标，但感觉研究目标还不够明确，研究目标是否过多、过大？请求赐教。能否请您百忙中帮我修改，请在下周三前将修改稿返回给我？谢谢！"在这封简短的信中，显示了自己的努力，尊重了导师的辛勤劳动，既根据其意见进行了认真修改，也明确了自己的进步，还提出了有一定深度的问题，虽然邮件最后还带有"倒逼"的截止日期，但一般而言导师是不会反感的，相反，导师看到学生的不断努力、积极上进，一定会在截止日期前返回给学生更多的修改建议。但千万别平时不努力，真正到了截止日期，才临时抱佛脚，写信"倒逼"导师，那不但没有作用，也是对导师的不尊重！

3. 不可或缺的学生积极主动性

必须指出，通过使用本书设计的课程，无论是在导师和研究生通力合作解决研究生在文献综述和撰写研究计划中的问题阶段，还是在随后导师和研究生的合作完成研究生培养阶段，研究生的积极主动性都是不可或缺的，甚至是至关重要的。因为外因是通过内因而起作用，只有有了研究生的积极主动性（即内在动力），外部条件，如充分利用本书对于科研入门的策略以及遵循导师的指导等，才会发挥更大的作用。这里我们用一个实际例子来说明学生积极主动地与导师互动给对于学生的学术指导带来怎样的效果，从而将学术指导变成一个和谐的、进取的、卓有成效的过程。

2020 年正是新冠病毒流行的高峰期，学生不能按时返校，所以，学校取消了对指导本科生毕业论文的程序要求，包括取消论文预答辩和答辩环节，为此不少人会想到是否论文质量要求也会降低，这对于把写毕业论文和指导本科生毕业论文当作完成"任务"的本科生和指导教师来说，也许会松了一口气。但我指导的一名本科生却没有松气，而是每周定期通过邮件主动向我汇报他的毕业论文撰写情况，使我清楚地看到他的论文的进展过程，有时还提出需要我帮助他解决的问题，一些具体而且是经过他认真思考过的问题。在这半年多的时间里，我没有发给他一封有关要求他该做什么的邮件，而是我按他的节奏，也可以说是以被他"倒逼"的方式完成了一篇质量较高的本科毕业论文的指导。我的感受是，对于这样努力认真的学生，只要有一点责任感的教师都愿意为他们提供最大的帮助。提交毕业论文后，他并未停步，而是将其翻译成英文，准备作为学术论文发表，在对英文稿的修改中，我也提出了不少建议和做了必要修改。下面是我给他的其中的一封邮件："××同学：您好！附件是我修改的您的毕业论文终稿以及英文稿，从论文的写作过程中可见，您是一名努力上进、积极认真的优秀学生，保持这种状态，将来一定会有所作为！我相信这是一篇优秀的毕业论文。不过，对于您在写的英文论文，因需要在国际期刊上发表，所以有更高层次的要求，也是您研究生阶段要达到的目标，现在的文稿中还存在许多问题，我重点改了摘要和引言部分，您收到邮件后给我电话，我可以给您更详细的修改建议。祝一切顺利！"考虑到他已被中国科学院录取为研究生，我建议他，可以与他未来的导师合作完成这篇论文，他听取了我的建议后，又开始"倒逼"他的研究生导师，因为我后来先后收到他和他的导师投稿几个期刊的邮件抄件。经过不懈努力，在他的研一上半学期，这篇论文就发表在该领域的顶级期刊 *Soil Biology and Biochemistry* 上。虽然这时我已不是论文的主要作者，但我仍然由衷地为他高兴和表示祝贺！在对该生的整个指导过程中，我与他在我的办公室只见过两次面，其中包括他毕业离校前一定要来向我致谢和告别的那次见面。他是在我指导过的本科生中，最省时省力、最有成效的学生之一。

对于学生的积极主动性，杜威（2010）是这样强调的："教与学是相互对应或互动的过程，颇类似于卖和买。但一个卖货的人即使没有人买他的货也可以说他反正是卖了；一个教书的人即使没有学生学到东西也可以说他反正是教了。因此在教学过程中，主动权更多地在于学习者，其程度更超过了买卖中的买货者。学习思维者应学会更经济更有效地使用他已有的思维力，而教人思维者更是需要让教学更适应和更能激发学习者已有的思维力。"无论教师如何苦口婆心，展示多少解决问题的"法宝"（如本书中许许多多训练批判性思维的策略），关键还是学生的向学之心和求学之志激励他们认真学习和坚持运用这些治学之法。这就是我们上面所强调的，学生越积极主动、思考问题越深入，提出的问题越具体并有一定深度，获得导师的帮助就越多，进步也越快，因为在这种师生积极互动的情景下，导师的建议或指导就更具有建设性、针对性，学生也更积极地、认真地吸纳导师的建议，并对写作进行更认真的修改，从而推进自己的科研进程。值得提醒的是，导师提供的指导仅仅是建议而非指令，因为靠指令按部就班是完成不了科学研究的。对待导师的指导意见就像对待学术论文中的观点一样，需要研究生通过批判性思维去理解、消化、修正、深化和发展。

我们相信导师们一定会大力支持开设训练研究生批判性思维和促进论文写作的课程，并希望本书能够成为帮助导师指导研究生的参考书，为导师们在"应该教给学生什么"与"应该让他们自己去发掘什么"之间找到一种平衡，提供一些建议。比如，有的导师给研究生的选题建议可能太笼统，学生们有"吞活大象"的感觉，无从下手。而有的导师则事无巨细，甚至给研究生一份已经写好的研究计划，只需要他们根据实验步骤按图索骥，结果是学生把实验做完了，但连这份研究计划的基本思路、要解决的问题、主要创新点都说不清楚。无论是上述哪种情况，对培养研究生的批判性思维都是低效率的。因此，我们希望导师能帮助研究生决定研究课题和方向，而本书及根据其设计的课程能帮助他们尽快地、主动地进入学习科学研究的状态，学习和运用批判性思维，逐步培养起独立思考的习惯和开展科研的能力。在"三方合作"模式下，在研究生、导师、本书及以本书为教材的课程之间形成良好的互动，共同去实现提高研究生批判性思维、创新性思维和创新能力的预定目标。

5.4.2 跟踪团队的研究方向

如果研究生是研究团队中的一员，那么他们就可能从跟踪团队的研究方向中获得选题。具体步骤是，了解自己课题组内各个成员所研究的课题，以便掌握本课题组大致有哪些研究方向，并阅读本课题组近年所发表的相关学术论文，或者硕士、博士学位论文。在此基础上与导师、师兄师姐交流讨论，思考能否在这些方向中找到一个自己感兴趣的问题或研究方向，再去进行更广泛的文献阅读。这样做，对于选题应该是大有裨益的。一方面，从相对熟悉的研究领域或问题入手，研究生可以有效地克服因"认知自我表现主义"而产生的"学术恐惧"，更容易在科研上入门。比如同是发表在 Nature 和 Science 上的论文，与陌生的科学家相比，团队成员发表的论文，研究生阅读起来就不会感到那么艰深或可怕，而是大胆地去阅读、思考和质疑。另一方面，团队成员间更容易相互交流、相互帮助、相互启发，有问题也可以面对面地进行讨论。如果初期阅读英文文献有困难，可以查阅一些国内优质研究机构刊发的资料文献，了解国内同行研究团队的研究现状，分析该领域亟待解决的问题和未来的发展方向，对国内外该领域研究的先进性、创新性进行一定程度的研判，同时也能够充分利用这些资料收集相关的英语专业词汇。在导师的指导和同行的启发下，明确搜索文献的关键词，从而确定重要的英文参考文献。

在一个由导师、其他教授、博士后、博士研究生和硕士研究生组成的研究团队里，他们各自的研究课题同属一个领域但属于不同层次而共同组成一个树状结构，新来的研究生可以根据兴趣在这树状结构上寻找选题，继承和发展这一科研连续体，在科研成果上有所借鉴、有所发展，并发挥和提高团队技术传承以及资料和设备留存的效果。当然，在这种模式下，也要警惕或防止研究思路的固化、同化，避免出现研究思路越来越窄、缺乏突破的倾向或动力、成员间的研究论文越来越类似的状况。研究生选题时也要避免同质化倾向，否则可能会在研究生中形成不良竞争，势必造成科研成果创新性的下降。

有的团队将团队成员，包括教师和研究生发表的论文陈列在一个展示板上，这样能起到相互激励、相互学习的作用。有的团队会经常召开各种各样的学术讨论会、研究进展汇报会，等等。在这些会上，刚入学的研究生千万别把自己当作一事不懂的"新人"或旁观者，而是要积极参与、积极发言与提问，这是帮助自己获得选题的好机会。研究生会发现，参与的讨论越多，就会变得越自信，思路会越来越丰富，参与讨论的欲望也变得越来越强烈。

研究生还可以从团队正在承担的科研项目中获得选题。国家级科研项目，尤其是国家重大、重点项目，是国家组织各学科专家提议与评审之后正式立项的课题，具有很强的科技前沿性和学术研究价值，一般一个较大项目里面包括许多子课题（参见第 6 章所举的国家自然科学基金项目的例子）。导师可以让研究生阅读自己的项目申请书，研究生可以从中找到自己的兴趣点，进一步去搜寻相关的资料和文献，与导师或团队成员共同探讨，大胆地提出自己的疑问或观点，并就科学问题和研究方法进行交流与思考，从而尽力去消化、细化、深化这些科学问题并提出更具体的研究目标。这将有益于思维的突破，从而发现新的研究视角，确定自己的选题。由于项目申请书是研究计划的"扩展版"，或者说研究计划是项目申请书的"精致版"，所以研究生可以深化项目申请书中的某一研究目标而完成自己的研究计划。这样，既能协助导师更好地完成研究项目，又能训练自己的科研能力，并最终取得科研成果。

5.4.3 从跟踪创新到原始创新

可行性是科研选题的重要原则之一。这里的可行性，主要指研究生应根据自己的知识储备、批判性思维能力水平和其他限制条件来进行科研选题。为了帮助研究生在科研上顺利起步和入门，我们希望研究生遵循科研的规律，不要好高骛远，先从跟踪创新开始，打好科研基础。然后坚持自己的研究方向，一步一个脚印，不断提高科研成果的质和量，争取尽早进入领跑创新，逐步向原始创新迈进。

无论是导师的指导还是从团队研究方向中获得启发，甚至自己独立地去寻找研究课题，都离不开其中最关键的一步：学术文献的阅读及综述。如果研究生对于自己将要涉及的研究领域不熟悉或英文文献阅读有困难，可以先阅读相关领域的一些比较好的中文综述文章，这样比较容易了解该领域的大概进展、建立起一些基本概念和术语集；然后阅读英文的综述文章，寻找研究方向；最后再阅读这一研究方向的英文的学术论文（编者按：这里强调阅读英文文献是针对其主流文献发表在英文期刊上的领域，如理工科领域，如果你所研究领域的主流文献是其他语种，那你就需要阅读这些语种的主流文献）。除此之外，通过阅读团队的研究方向的文献能帮助研究生更容易进入某一研究领域，然后研究生就要阅读本领域前沿性的学术论文，尤其是近期发表的高水平国际学术论文，以及特别好的综述性文章，这些阅读可以大大提高选题的获取效率或质量。由于研究生受知识储备和批判性思维能力以及科研经验不足所限，起步阶段应注重学习跟踪创新，可以在好的综述文献中寻找"蛛丝马迹"去进行跟踪研究。在学术论文的讨论部分中出现的下面这些句子中就包含可以跟踪的"蛛丝马迹"，即可能值得跟踪的研究点：

- Much research is needed….
- Additional research should be conducted….
- Under these conditions…however….

- Further experiments must be carried out....

下面以物体自由落体运动的例子来说明原始创新与跟踪创新的关系和区别。亚里士多德曾经断言，物体从高空落下的快慢同物体的重量成正比。由于他首先提出这一论断或理论，并用其解释相关的物理现象，所以他的论断属于原始创新的理论。在随后的1800多年里，肯定有与此相关的论文发表，对此理论进行应用或修订，但没有突破，所以这些研究就属于跟踪创新。直到16世纪，伽利略发现了这一理论在逻辑上的矛盾并提出重力加速度（$g=9.8m/s^2$），继而通过著名的比萨斜塔实验证实了自己的理论。由于伽利略的理论突破了亚里士多德的理论，所以又属于新的原始创新理论。

在为本科生开设的"环境微生物学"的课程中，我通过讲授1969年McCord和Fridovich提出的超氧化物歧化酶学说，解释了为什么氧气对有的微生物是必不可少的，而对有的微生物却是致命的。这种解释已近乎完美，不过，根据2019年在这一领域的研究成果获得诺贝尔奖的大事，我给学生留下以下思考题："20世纪60年代科学家们就建立了氧与细胞之间的作用机制，为何50年后这一研究仍可获得诺贝尔奖？科学家们是怎样从跟踪创新到原始创新的？"

前面提到，创新性是选题最重要的原则，科学界都承认原始创新的伟大与艰巨。作为研究者，不能一直都是追随者（follower），而要争做领跑者甚至先驱者（pioneer），勇攀科学原始创新的高峰。在此，我们建议研究生在脚踏实地完成每一项科学研究课题的基础上，不断提高自己科研的质与量。当科研成果积累到一定程度与科研活动深入到一定阶段，就需要了解和认识本领域的"大"科学问题（或核心科学问题、基本科学问题）。这样才能胸怀大志，新的选题立意才会更高、更深、更远大。具体来说，研究生初期目标可能就是早日能发表一篇SCI论文，无论期刊是哪个档次，因为这显示自己已开始做研究，也能够做研究了，由此而获得自信心。然后，发表第二、三篇SCI论文，这时，就要以投稿档次更高的期刊为目标，如本领域一区、二区的期刊。同时，开始关注自己论文的被引用率，因为一般来说，好的论文才可能会被大量引用，才会产生影响力，即能被别人进行跟踪创新。需强调的是，科研成果不能只图论文数量，论文如发表后无人问津，那只是制造"学术垃圾"，这无异于浪费自己的宝贵时间和社会资源，是可悲的！随着科研成果"含金量"的不断提升，学术创新成为科学研究的生命力。

有较高创新性的学术论文是会获得不断被模仿与扩展的回报的。2004年我回国任教后与另一位教授指导的第一位硕博连读生，在攻读博士阶段的研究方向是微生物燃料电池对污染物的降解，那时，文献中报道的微生物燃料电池所用的基质都是可降解的有机物，如葡萄糖、乙酸等，而她选了一个新的课题，即探索微生物燃料电池对难降解有机物的利用及产电特性研究，这项研究获得了成功，所发表的论文（Luo et al., 2009）获当年"中国百篇最具影响国际学术论文"称号，论文在国际上的引用率也很高。并且，我们的团队及其他研究者跟踪这一思路，较为系统地分析了苯、苯酚、喹啉等十多种杂环芳烃类难降解有机物在微生物燃料电池中的降解转化途径。虽然这一研究离原始创新还有距离，但是，对于一个博士二年级的学生，这种受到同行关注的研究成果带给她的喜悦和激励作用无疑是巨大的！

总之，研究生可以在导师的指导下，先批判性地精读本课题组近年所发表的相关文献和研究生学位论文，对团队研究方向形成初步的知识框架以后进行更广泛的阅读，特别是阅读好的综述文献，以帮助自己进一步理清该研究领域或研究课题的发展脉络、潜在的研究方向和亟待解决的科学问题。在阅读综述文献的基础上，重点精读近期的、前沿的文献，以期掌握最新的研究进展，从而进一步确定选题，并保证其具有一定的创新性和研究价值。

研究生在自己的科研初期阶段，通过导师指导、研究团队成果的启发以及学术文献综述等方法逐步获得开展科研选题的能力。随着科研能力的提高和科研成果的积累，就可以依据 5.3 节所阐述的选题来源，在更广泛领域和运用更多的科学方法来进行选题，这样，选题的思路就会越来越广，选题的质量也会越来越高，从而科学研究成果的质与量就会不断得到提升。

思 考 题

（1）怎样进行科学研究的选题，您认为最大的困难是什么？
（2）科学研究选题的意义是什么？
（3）科学研究选题的原则是什么？
（4）对于书中列出的每一种科学研究选题来源，你是如何理解的？如何运用来进行选题？
（5）对于研究生，怎样在导师的指导下开展研究工作？
（6）为什么对于科研入门者，选题来源主要是文献综述和学术交流？
（7）为什么对于科研入门者，选题及其他科研过程应该遵循从跟踪创新到原始创新的原则？

第6章 学术成果的多样性及其结构

"观察、假说、实验和确证"是科学研究的基本途径和思维方法,这已成为我们认识和探究物质世界与精神世界的有效工具,在知识爆炸的今天,我们更加依赖于这经过四阶段递进式推演的思维方法(卡比和古德帕斯特,2016)。现代研究中由"观察、假说、实验和确证"构成的四阶段论与亚里士多德倡导的"开始、过程、结论"或引言、正文、结论的三段论,在思维方式上是基本一致的。科学探索的现实世界是经验的、可观察的世界。科学家研究这个现实世界的问题,往往都来源于他们的科学"观察",从而获得他们需要探索的科学问题或研究课题,所以"观察"是科学研究的首要步骤。在观察的基础上构思假说,进而进行实验,求证假说并获得结论,继而把研究成果呈现或撰写出来,就形成学术成果。学术成果的形式多种多样,包括研究计划、学术论文、学位论文、项目申请书、专利申请书、研究报告和学术报告等。本章将显示,学术成果的形式具有多样性,而学术成果的结构却具有高度统一性。

6.1 学术成果结构的统一性

虽然学术成果的形式各式各样,但根据以上科学方法产生的学术成果(比如学术论文)具有包括以下几个主要部分的通用结构。

①引言(instruction):对应于科学方法中的"观察"和"假说"阶段;

②方法(methods):"方法"部分也常叫"材料与方法"(materials and methods),对应于科学方法中的"实验"阶段;

③结果与讨论(results and discussion):对应于科学方法中的"确证"阶段。

这种由引言、方法、结果与讨论构成的论文结构,简称为 IMRaD 系统。1979 年美国国家标准学会把 IMRaD 正式确定为学术论文的标准形式,此后,世界上学术论文的组织形式更趋于一致,由于这一系统的结构严谨、逻辑突出,因而广泛地被几乎所有学科所采用。

我们强调 IMRaD 的形式,因为它通常是最佳的学术成果的组织结构,这里不是要求学生把科研论文写成格式古板的"八股文",而是推荐一种引导研究、组织学术成果,进而有效地构建批判性思维和开展学术辩论的最好形式。科学论文的类别很多,如纯基础研究类、应用基础研究类、实际工程或实际问题类,自然科学类、社会科学类,等等,很难有统一的具体范式。不过,由于学术成果都是依照"观察、假说、实验和确证"的科学研究方法所形成的成果,因而学术成果的基本结构具有高度统一性。所以对于任何科学论文,可以首先按 IMRaD 的基本结构来组织辩论,完成论文核心部分的撰写(即首先解决"高层次问题"),然后再按照不同类别论文的写作"范式"修改论文以服务特定的读者。下面重点介绍的三类主要学术成果,即研究计划、学术论文和项目申请书,都是按 IMRaD 的基本结构来进行撰写的。

6.2 多样性学术成果的关系

在开展科研工作的过程中,科研工作者会产出各种形式的学术成果,本书主要讨论三类代表性的学术成果:研究计划、学术论文和项目申请书之间的关系及其结构。这也形成了本书的成果主线:研究计划—学术论文—项目申请书。在这三类学术成果中,学术论文和项目申请书具有外部性,即它们的学术价值受到评审人和读者的评判,所以是学术界熟悉的学术成果。而研究计划仅具有内部性,它只是作者用来发展学术论文写作的一个阶段性成果,就像化学反应的一个中间产物,它的学术价值只能通过学术论文来体现。不过,研究计划不是传统意义上的写作提纲,虽然我们也称之为学术论文的"框架",但它除了包括学术论文的基本组成部分,更重要的是,它孕育着学术论文的"生命"或"灵魂",即拟研究的科学问题,所以研究计划也是货真价实的学术成果。

这三类学术成果形成了如图 6.1 所示的循环。以科研过程中撰写研究计划作为循环的起点为例,研究计划可以视为项目申请书的"微型版"或"精致版",这包括两层含义:其一,在研究广度上,研究计划比项目申请书窄得多;从平面来看,如果项目申请书代表一个面,研究计划则代表一个点。其二,在研究深度上,研究计划比项目申请书深得多;从纵深来看,如果项目申请书只达到了矿藏的表层,研究计划则会直达矿藏的核心。所以,科研工作者从自己已获得资助的项目申请书中的某一研究点,进一步深化研究思路、进一步明晰科学问题和研究目标、进一步细化研究方法,在此基础上就可以完成研究计划的撰写。然后根据研究计划中的步骤开展科学研究，通过实施研究计划获得研究成果，总结成果并逐步写出学术论文，最后发表学术论文。每一轮研究计划和学术论文完成相当于实施了项目申请书的一个任务。这里研究计划和学术论文的撰写可以一轮又一轮地推进，写出和发表多篇学术论文后，在科研成果和思路上有了更多积累、学术水平进一步提高、科研基础变得更加扎实，加上其他的选题来源，就可以撰写新的项目申请书、申报新的项目，这就完成了一个循环。所以，优秀的科研工作者就是在这样的良性循环中开展科研工作，思路越来越丰富、论文越来越多、论文质量越来越高、科研项目的数量越来越多、科研项目的等级和资助额度越来越高、参与项目的研究生越来越多、科研团队也越来越大。需要强调的是，这三类书面学术成果所形成的循环都是紧紧围绕着科学问题来进行的，即完成每一种学术成果的首要步骤都是撰写引言（图6.1）。不同之处在于，在项目申请书中，科学问题涉及的面比较广泛，而在研究计划和学术论文中，科学问题比较具体且更深入；在项目申请书和研究计划中，主要是提出科学问题，研究方法和结果都是预期的，而在学术论文中，则需提出及解决科学问题，并产出具有创新性的研究成果。

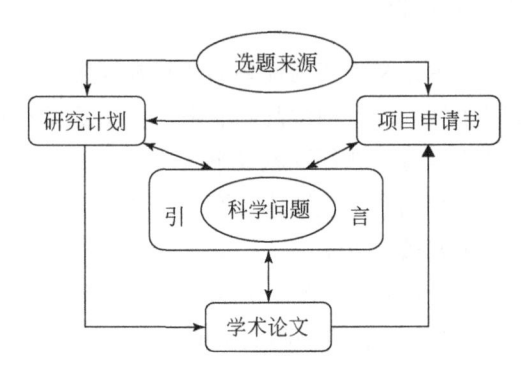

图 6.1　三类学术成果形成的循环

在研究生的培养初期，首先培养他们撰写研究计划的能力，这是训练研究生如何开展科研的基础和关键，研究计划就是他们正式写作的成果，研究计划的选题很可能来自导师的项目申请书或"选题来源"中的文献综述（图 6.1 和第 5 章）。在研究生培养期间，正式写作的成果是在研究计划基础上完成的学术论文，通过多份研究计划和多篇学术论文的撰写及发表，在此基础上就可以完成学位论文。同时也为研究生培养的后期撰写项目申请书，即研究计划的"扩展版"打下坚实基础，所以训练有素的研究生在毕业时就应具备撰写项目申请书的基本能力。

虽然这三类主要的学术成果科学内涵的广度和深度各有不同，但它们都是依据以上"观察、假说、实验和确证"四阶段的科学方法发展起来的产物，所以，它们都是以 IMRaD 的结构形式组织起来的。本章按顺序分别介绍研究计划、学术论文以及项目申请书的结构，由于它们的结构中各部分撰写是相同或相似的，所以，我们以学术论文为代表，详细讨论其结构中各部分如何撰写，而只简单介绍研究计划和项目申请书结构中各部分的撰写。

6.3　怎样撰写研究计划

上面我们讨论了研究计划、学术论文、项目申请书这三类主要的学术成果之间的关系，如果选题是来自项目申请书的话，那么研究计划在项目申请书和学术论文之间就起到了承上启下的作用。下面进一步讨论研究计划的重要性以及撰写研究计划的步骤。

6.3.1　研究计划的重要性

研究计划是撰写学术论文的实施计划书和基本框架。任何一篇好的学术论文的完成都必须经过由浅入深、由混乱到清晰、反反复复的批判性思维过程。首先，需经过批判性思维过程获得选题（第 5 章），然后运用各种探索性写作活动作为培养批判性思维的沃土或温床（第 11 章），将这一选题中的纷纭复杂的思路发散、集中、再发散、再集中……就犹如将思想"掰开、揉碎、融合，再掰开、再揉碎、再融合……"。这些复杂的批判性思维过程使思路越来越清晰、越来越集中、越来越深入，进而拟研究的科学问题逐渐显现，这时就可以动手写研究计划。研究计划中的引言部分（第 7 章）就是通过文献综述和更深入的批判性思维凝练出科学问题，使科学问题能够明白无误地用文字表达出来。只有思考清晰，才能表达有力。这样，研究计划的撰写就起到精选"良种"的作用，并在其中孕育了论文的"生命"或"灵魂"，即拟研究的科学问题。由于学术论文是在研究计划的基础上完成的，所以撰写研究计划是学术论文写作的关键一步，事关学术论文的质量或水平。学术论文就是随着研究计划这个"框架"被充实起来而逐步完成的，这个充实研究计划的过程也就是深入进行研究、深入开展批判性思维活动的过程。

对于研究生来说，撰写研究计划是开展科研工作的最基本的训练和首要步骤，也可能是研究生进入科学研究大门的"入场券"。也就是说，当研究生很好地完成了第一份研究计划，并根据这一研究计划开展研究，即收集资料、进行实验等，然后通过分析资料和实验数据获得研究结果，在其基础上完成了自己的第一篇学术论文的撰写和发表，那么他对于怎样开展科学研究就有了一次完整的体验。通过经历这些科学研究的主要过程，对怎样开展科学研究就有了比较明确的认识，也基本掌握撰写书面学术成果的结构方法，也是组织科学研究和总结科研结果的方法，按此研究"套路"和结构方法他们就可以逐步独立地开展自己的科研工作，这也是研究生培养阶段要完成的目标之一。在第7章我们将进一步讨论撰写研究计划对于开展研究的重要性。

同时，研究计划也是导师判断研究生所开展课题的价值、进度与深度的重要依据，从中可以了解研究生需要帮助或指导的问题所在。导师可以通过研究计划判断研究生对这一研究领域的专业知识掌握程度，对现有文献的领悟能力、理解能力和见解程度等；导师还能根据研究计划中研究方向与科研团队的研究方向的契合度，为研究生开展研究创造尽可能有利的条件；导师也可以根据研究计划判定研究生对这一课题的熟悉程度及学术热情，进而可判断其在此领域的研究潜力。同时，导师可以针对研究计划中的以下主要问题提出建议：①拟研究的科学问题是否明确？是否值得研究？是否具有一定的研究意义和创新性？②批判性思维和创新性思维广度和深度如何？③学术写作能力如何？所以，研究生必须深刻认识到撰写研究计划在其培养过程中的重要性，应下大力气写好研究计划。

2020年正是新冠病毒流行的高峰期，假使你不能按时返校，作为研究生新生，你对自己的研究进展十分着急。这时导师通过邮件安慰你，不必着急，你现在在家里就可以进行并完成科研工作的关键一步：研究计划的撰写，因为研究计划的撰写在能够上网查阅到文献的任何地方都可以进行。导师给予必要的研究方向和文献阅读上的指导，你就可以在网上查阅文献，待在自己不受任何干扰的小楼里认真阅读文献、深入思考、潜心做学问（"躲进小楼成一统，管他冬夏与春秋。"——鲁迅）。在文献综述的基础上你写出引言，构成假说和提出研究目标，在这一阶段你同导师通过电子邮件或微信进行交流，对引言反复进行修改，一定要让拟解决的科学问题和研究目标逐渐变得清晰、明确。然后你进一步查阅文献，写出拟解决此研究目标的实验方法，以及预期结果和可能的创新点。这就是你花费心血写出的研究计划。当然在这一过程中，你可以将你写的研究计划的一稿、二稿……传给导师，同导师交流、讨论，这类具有实质内容的研究性写作，导师是非常乐意提供帮助并可以提出建设性的修改建议的。这样，你虽然不能进入实验室，但你已完成了一篇论文的关键部分（即科学问题和论点的凝练）、论文的总体结构以及开展研究的计划书。一旦你回到实验室，带着这份经过反复修改后的研究计划，就可以信心满满、有的放矢地开展实验，验证你的假说，实现你的研究目标，不断充实你的论文结构中的内容，你就可以在较短的时间内完成一篇学术论文。就研究成效而言，这种"运筹策帷幄之中，决胜于千里之外"的方式会比你这段时间一直在实验室没有明确目标地忙碌更佳。

6.3.2 撰写研究计划的步骤

研究计划的内容通常包括选题的目的与意义、拟解决的科学问题和研究目标、开展研究的方式与方法、预期结果与讨论等。撰写研究计划具体步骤如下。

第一步是确定选题。当主题确定之后，首先需要深入了解研究背景，以此确定该选题的研究目的与意义。继而就开始科学方法中的"观察"阶段，即通过阅读大量文献，不断地判断选题是否具有一定的理论意义和应用价值，并进一步发现更多需要研究的问题，并进行凝练，最终提出拟解决的科学问题。发现和提出问题相对是比较容易的，但是科学问题的凝练是比较困难的，但这又是研究计划中最重要的、必不可少的过程，这个问题将在第 7 章中深入探讨。

第二步是科学问题或科学假说的提出，即"构思假说"，提出研究目标。

第三步是实验和方法。在明确了拟解决的科学问题和研究目标后，接下来的就是确定论证方法，即计划用何种研究方法来解决这一科学问题和实现这些研究目标，包括开展什么实验、如何完成实验、实验所需要的时间，以及实验结果的分析方法等，这样就为完成科学研究过程中的"实验"阶段做好了准备。

第四步是确证。在解决科学问题和实现这些研究目标之后，就可能获得预期结果，以及分析这些预期结果的特色和创新性，这样就预期完成科学方法中的"确证"阶段。

也就是说，撰写一份研究计划就是对完成一项科研工作所有阶段任务的"预演"，这是一份实施科学研究的计划书，也是一篇学术论文的基本框架。与学术论文不同，研究计划中的"材料与方法"及"结果与讨论"都是"预期的"。

前面我们提到研究生主要是通过文献综述来实现科学方法中的第一阶段，即"观察"阶段。那么，研究生可以通过阅读大量文献，运用上面讨论的撰写引言的方法来完成科学方法中的第二阶段，即"构思假说"。然后在此基础上完成研究计划的撰写。我们这里强调文献综述、提出假说、写出研究计划的重要性，就是为了消除研究生认为一进入实验室就是开展"科研"，有朝一日靠此就可以出成果这种误解。这里强调写研究计划的重要性并不是弱化"观察"在科研中的重要性，有的学科，比如以原创性为特色的学科，可能就是以观察现象、收集资料为研究起点的。不过，只要不是完全崭新的领域，只要有文献可查，首先进行文献综述对于科研工作者来说总是开始科研工作的捷径。对于刚进校的研究生，参加导师或团队的一些辅助的、初步的实验室工作也是必要的，这既可获得一些科研上的感性知识，又能学会一些实验操作技巧，但不能沉溺于这种实验操作层面的活动。而更重要的是，必须阅读文献，通过文献综述尽快找到自己的研究方向和研究思路，凝练拟研究的科学问题（或科学假说）和研究目标，并据此来开展实验，这才是开始真正意义上的科学研究。

根据我们的教学和研究生指导实践，我们认为，撰写研究计划是研究生训练自己科学研究能力应完成的"第一份作业"，这也是本书的课程设计部分要求学生完成的课程项目——一份完整的研究计划，具体的课程项目说明如下。

课程项目（研究计划）说明

你将用整整一学期的时间，通过正式写作方式完成一份用于指导自己去开展某一阶段性研究的研究计划（即一篇学术论文的基本框架），最终的研究计划将包括：

（1）题目

（2）摘要

（3）引言

（4）材料与方法设计

（5）预期的结果与讨论

（6）参考文献

可见，研究计划的总体结构与学术论文的总体结构是一致的。鉴于几乎所有科研成果，包括研究计划、学术论文、学位论文、项目申请书、科研报告等的核心结构都相同或相似，所以下面只详细介绍学术论文结构各部分的撰写。

- 对于没有打算写研究计划就进入实验室开展"研究"的研究生，你有何忠告？
- 在团队成员研究进展汇报和讨论会中，正在撰写研究计划的研究生一般是汇报读了哪些文献，而正在实施研究计划的研究生一般是汇报实验进展，但都很少联系着科学问题来进行汇报。为了把以研究内容（what）和研究方法（how）为主导的汇报转变为以科学问题（why）为主导的汇报，你有何建议？

6.4 学术论文的结构

科学研究的成果主要是以学术论文形式的发表。主要（primary）学术论文应该是关于最新研究成果经过同行评审后的首次发表的文章。作者发表论文的意义在于让同领域的读者能充分地理解和应用文章所揭示的内容。因此，作者必须在论文所提出的科学问题、假说与结果之间进行逻辑严谨的语言组织与推演，以便读者能够评价观察的结果、重复实验过程、评估认知过程以及论文的学术价值。

学术论文一般都是按 IMRaD 系统组织起来的。作为一篇完整的学术论文，除了最核心的 IMRaD 系统中的三大主体结构（即引言、方法、结果与讨论）之外，还包括其他部分：论文题目、作者署名、摘要、结论、参考文献（即引用文献）以及致谢等，下面对这些部分的撰写进行一一说明。

6.4.1 题目的斟酌

在准备文章的题目（title）时，作者应该记住一个重要的事实：许许多多的读者可能会阅读到这一题目，从而决定是否去阅读全文。另外，许多人在进行论文检索时或者在像摘要这样的第二手资料中都将阅读到文章的题目。因此，文章题目中的每一个词都必须仔细选择，并且词与词之间的关系也要仔细斟酌，消除题目中可能出现的任何错误。题目的准确性能够提高检索和摘要方面的服务质量，可以确保你希望的读者群通过检索，能够查阅到你的论文，并吸引他们去阅读全文。

论文题目的重要性或作用在于：其一，它是对论文核心内容的高度概括和提炼，一个出色的题目能够起到画龙点睛的作用，使论文的中心思想更加清晰明了。其二，题目是一篇论文的总纲，读者通过浏览题目，就能粗略地判断是否继续阅读摘要或全文。其三，题目是被检索工具和数据库收录的关键信息，是读者进行文献检索的重要依据。因此，一个好题目既可以提升论文的质量，也可以吸引更多的读者。

拟定题目应遵循"三性"原则：其一是准确性。题目的用词应该能准确地抓住论文的核心内容和创新点，恰如其分地反映相关研究的深度和广度。题目中出现过于笼统或泛指性的词语，会使研究内容显得空泛而没有特点；华而不实的辞藻使论文失去科学性和严谨性。不要在题目中包括特定的人名或地名，除非这些人名或地名能提升题目的科学性或学术性。比如，"黄铁矿山废料产酸机制研究：以大宝山矿为例"，如果该研究的产酸机制适用于任何黄铁矿山，那么在题目中"以大宝山矿为例"就降低了题目的科学性或学术性。如果此研究是在大宝山矿区开展或在此矿区采样，只需在"材料与方法"部分说明采样地点就可以了。再如，"超大型水库对周边地质环境的影响研究：以三峡水库为例"，由于三峡水库是我国最大的水库，结合周边的地质状况，此超大型水库对周边地质环境的影响可能是独特的，即"三峡水库"在题目中可以提升题目的科学性或学术性。如果确实如此，题目就最好使用"超大型三峡水库对周边地质环境的影响研究"。其二是正确性。在准确反映论文核心内容的情况下，要确保题目语法结构的正确性，包括语态、时态、单复数、首字母大小写等，同时也要避免产生歧义，使题目流畅通顺、清晰易懂。其三是简洁性。题目不宜过长，作者在选择要投稿的期刊后，需仔细阅读"作者指南"。有些期刊会在指南里明确规定题目的字数或者行数，如果期刊没有明确要求，在能够表达论文主要内容的前提下题目的字数要尽可能少，字数一般不超过 20 个英语单词，行数不超过 3 行。一个好的题目应该是用尽可能少的单词描述出文章的内容。不过，如果题目太短，可能缺乏关键信息。比如，"Studies on Soils"（关于土壤的研究），显然这样的题目过于宽泛而对潜在的读者不是很有用。但更多的情况是题目太长，适得其反，与短题目相比，长题目所表达的意思可能更差。毫无疑问，在一些长的题目里总是包括一些多余的单词或"废词"（waste words）。通常，这些多余的词往往都出现在题目的开头，比如"Studies on..."（对……研究）、"Investigation on..."（对……调查）、"Observation on..."（对……观察）等。请注意，在中文刊物和会议论文集中，许多文章里都使用这种包括"研究""调查"的题目，这些词在中文题目中可能并不多余，但在英文题目中，应直接删除。

文章的题目是一种标签，不是一个句子，不要求像句子那样具有主谓宾等完整结构，所以比一般句子简短，单词间的顺序也变得更为重要。题目作为文章的标签，其作用之一是为检索系统提供"关键词"，也就为读者能查阅到该文章提供帮助，所以，题目中的词语应只选择那些能突出文章重要内容的关键词。

让学生懂得题目的作用就能帮助他们学习学科的知识系统。他们需要看到学术界的读者是怎样使用学术文章题目的，包括通过题目来选择所要阅读的文章以及获得全文的概括意义。因此，题目既要简短又要详尽，在微型意义上起到引言中总括的作用。为了帮助学生给他们的研究文章起个更好的题目，这里列出学术文章的三种通用的常规性题目。

①突出"问题"类的题目：题目简单地叙述文章将讨论的问题，比如"20世纪后家长式的管理还会存在吗？"。

②突出"论点和目的"类的题目：题目简明扼要地总结其论点或目的，比如"精神疗法的效果与改善病人和心理医生期望值之间的关系"。

③用冒号分开的两部分组成的题目：比如"生物炭添加对土壤中微生物与氮循环的影响：全球数据的统合分析"，前一部分突出文章的主题，后一部分突出分析方法的特殊性。

6.4.2 作者署名规则

虽然还没有听说过合作者因不适当的论文作者署名而进行决斗的，但是，确实存在因为作者署名异议而引起纠纷的现象，诸如合作者之间原本是和谐的同事关系，却因为论文署名异议而变成仇人关系。此外，作者署名还涉及更严重的学术道德与学术腐败的问题，所以我们必须重视作者署名的严肃性与规范性问题。

什么是正确的作者署名规则呢？尽管没有统一的规定，但是一些基本原则还是明确的。我们可以这样来定义"作者"：论文中列出的作者应该包括，并只应该包括那些对论文研究的整个设计和实践做出了积极贡献的人，并且，作者顺序通常按照做出贡献的重要程度来列出。第一作者是主要作者，第二作者是主要合作者，第三作者可能等同于第二作者但较少地参与研究工作。每一个列出的作者都应对正在进行的研究工作做出一定的重要贡献，"重要"贡献是指作者在产生其新知识的研究工作中所做的贡献，包括提出有创意的定义、科技概念等。同事或上司如果在研究工作中没有太多地参与研究，他们的名字就不应该出现在署名中。署名除了考虑作者的贡献之外，还包括作者对研究结果承担的责任。

以下面的例子来说明作者在定义概念和技术参与上的划分,以确定作者的署名顺序。假定科学家 A 提出了一个可能产生重要新知识的研究计划并设计一系列验证实验,然后科学家 A 指导技术人员 B 精确地操作这些实验,如果实验成功了并发表了文章,科学家 A 应是唯一的作者,虽然技术人员 B 做了所有的工作。当然,在致谢部分中应感谢技术人员 B 的帮助。如果以上的实验没有成功,技术人员 B 将不理想的结果交给 A,并且向 A 提出了一定的建议,A 接纳了 B 的建议,并且再次实验取得需要的结果,在这种情况下,发表的文章中,应按 A 和 B 的顺序列出作者。

研究生与导师间的成果划分问题,我以自己的例子来说明。1986 年初我开始在亚利桑那大学攻读博士学位,导师推导了一个多维条件下,在饱和与非饱和土壤中水流运动的数学模型,需要我用计算机模型(数值模型)来验证。当时所用的 286、386 的微机在编程和运行速度上都达不到要求,我只能借助学校的大型计算机(mainframe)来进行计算,但由于白天使用计算机的人多,运算速度很慢,计算机管理部门也不容许执行这类占内存多、耗机时量大的计算,所以我只能每晚 12 点后开始在大型计算机上编程和进行计算,直到第二天清晨,这样连续工作了近半年,完成了计算,并从几万次的模拟结果中整理出了系统的结果,完成了初稿(虽然英语水平很差),还手工完成了图的制作(那时还没有很好的制图软件)。导师很赞赏我的努力和工作成效,并在论文中将我列为第二作者[如(Warrick and Zhang, 1987)]。这是我的第一篇 SCI 论文,能作为第二作者,我真是欢天喜地!对导师也心存感激。因为我心里清楚,虽然自己辛苦了半年,但论文的主要思路是导师给出的,导师还为我提供了经济资助(即"奖学金")和计算费用等,导师还通过这一过程培养了我的科研能力,最后还将我列为论文的作者之一。在后续研究中,我提出了自己的思路,所发表的论文中我就是第一作者。

同事之间的成果划分问题,我也以自己的例子来说明。我同我在美国农业部一国家重点实验室做博士后时结识的一位美国科学家合作,他提供资料,我分析资料。这是他的研究小组花了 4 年时间,在野外一个 1000m×1000m×3m 的三维土壤中采集土壤样本,经过大量实验室分析,获得的包括 10 多个土壤理化特性时空分布的几万个数据。我用地质统计学方法分析了这些资料,获得了不少有价值的结果,并总结写成学术论文。我们一起共发表了 4 篇学术论文,我都是第一作者,而资料提供者是第二作者[如(Zhang et al., 1997)]。这是因为,虽然资料收集的工作量巨大,但是如果不进行资料分析,以及不能从资料分析中找到规律或机理，资料还是资料。另外，再宝贵的资料，如果束之高阁是毫无用途的。其实，在一个遵循学术道德、讲究学术诚信的环境中，分享思路、分享资料，相互交流、相互合作是一个多产而愉悦的过程，根据贡献来确定作者排名既公平也不复杂。

有时，在一篇短小文章里却列出了许多个作者，比如在一篇只有 10 个小段落的文章里，竟列有 20 多个作者。为什么会有这么多作者呢？有的人用一些手段使他们的名字出现在来自他们实验室发表的大多数文章里，他们自己真正的研究成果其实是很少的，但一年下来，他们所列出的文章数量确实不少，在一些研究单位里，这样虚假的文章数量可能有助于职位晋升。不过，这种做法是不值得推荐的，严重的还属于应受到惩治的学术腐败。严谨的科学家在自己的论文中，不会允许加入一些没有做出多大贡献的人作为作者，而降低他们自身的工作价值，也不会允许自己的名字出现在一群无足轻重的作者署名里而玷污自己的名声。有的导师容许一个团队里的研究生在论文中相互署名，导师的本意也许是善良的，即让研究生毕业后简历"好看"，但忘却了研究生可能会被这种投机取巧的学风影响。简而言之，科技文章只应列出那些对研究工作做出实质性贡献的人作为作者。

作者署名的作用包括声明拥有著作权，作者在论文中署名，即表示对该学术成果拥有著作权，未经著作权人授权，其他任何人都不得占有、控制和修改该论文。作者还承诺文责自负，即论文一经发表，署名者就应对论文负有学术上、道义上、政治上和法律上的责任。同时便于读者与作者联系和交流，读者阅读论文后，如果有疑问或需求，可以通过作者署名的相关信息与作者进行联系和交流。

6.4.3 摘要的撰写

如果说论文题目是读者查阅论文的首要信息点，那么摘要就是读者阅读论文的第二个重要信息点。读者在检索文献时，首先是阅读题目，然后阅读通过题目筛选后的论文的摘要，之后再决定是否阅读全文。所以，为了避免你的论文不被读者筛选掉，而是要使读者对其产生阅读兴趣，好的题目和摘要是何等重要！

在科学期刊中，文章的开头部分就是摘要（abstract），它独立成段。摘要位于全文之首，因此摘要在论文评审过程中也是首先被阅读的部分，使编辑和评审者对文章有一个总体的定位，所以将摘要写得清晰明了极为重要。如果摘要不能引起编辑和评审者的兴趣，论文就会失去被接收的机会。比较普遍的是，编辑或评审者仅仅阅读了论文的摘要，就可能大胆地对你的论文做出最终的判决。事实上，好的摘要之后往往跟随着好的文章，而差的摘要则预示着不幸的到来，即文章被拒绝发表。

除了科学期刊要求摘要，大部分的国内和国际学术会议也要求摘要，所以科学工作者必须掌握好写摘要的基本要领。在撰写摘要时，应将摘要视为一篇论文的缩影，是对论文核心内容（引言、方法、结果与讨论）的简要概括，相当于一篇具有独立性和完整性的短文。一篇好的摘要能帮助读者快速地、准确地掌握文章的基本内容，能很好地建立起论文与读者兴趣之间的关系，从而帮助读者决定是否需要去阅读论文全文。而会议论文摘要则能帮助参会者决定是否去倾听该论文的演讲。

摘要的内容包括：一是陈述论文研究目标和研究范围；二是描述使用的方法；三是总结研究结果；四是归纳论文的结论。因为研究目标（即论点）的极其重要性，故一般会依次在论文的"摘要"、"引言"和"讨论"部分出现。摘要中绝不要包括任何在文章中没有陈述过的资料或结论，也不要在摘要中引用参考文献，除了极个别的情况，比如，如果该论文是对过去发表过的某一理论或方法的改进，在摘要中需要引用该理论或方法的文献来源才是被容许的。

一篇好的摘要，应该满足以下基本要求。

①不带个人感情色彩，而是能提供资料与事实，增进知识；

②对主题的处理，应该清清楚楚，没有语法错误，数据准确，风格一致；

③摘要的开端往往是叙述研究问题的理由，简短地说明对这一问题进行研究、假定或不同处理的目的以及重要意义；

④清楚地叙述研究目标或科学假定，即这一研究将解决什么科学问题；

⑤简短但具体地给出研究方法，特别要强调有别于常规方法的地方；

⑥简要而清晰地概括结果；

⑦简洁地表述主要的结论或推荐意见，强调研究工作、结论或推荐意见的重要性，这包括新的理论、新的解释、新的评价、新的应用等；

⑧一份英文摘要应限制在 150 至 250 个单词之间，一份中文摘要应限制在 200 至 300 字之间。

以上对摘要的要求主要是用于学术论文中，这种摘要也被称为"资料性"（informative）摘要。对于会议论文的摘要，也可以用另一种被称为"描述性"（descriptive）摘要的形式来撰写，而这种摘要类似于论文的目录，描述在会议论文中将要报告的东西。不过,比较正式的国际会议都要求按"资料性"摘要的标准来准备摘要。学术论文摘要一般都以过去时态来写作,表示工作已经结束。但会议论文摘要可用现在时态甚至将来时态来写作,因为在征求甚至到提交会议论文摘要时,许多研究工作还在进行之中。下面列出的摘要范文选自于美国农业科学学会、美国植物科学学会和美国土壤科学学会联合举办的年会(这是每年都超过万人参加的大会)为参会者准备会议论文摘要所提供的范例(张仁铎和杨金忠,2004)。

范例1：会议论文摘要范文

Dryland Grain Sorghum Water Use, Light Interception, and Growth Responses to Planting Geometry

J. L. Steiner*

Rationale	Crop yields are primarily water-limited under dryland production systems in semiarid regions.
Objectives or hypothesis	This study was conducted to determine whether the growing season water balance could be manipulated through planting geometry.
Methods	The effects of row spacing, row direction, and plant population on the water use, light interception, and growth of grain sorghum (*Sorghum bicolor* [L.] Moench) were investigated at Bushland, TX, on a Pullman clay loam (fine, mixed, superactive, thermic Torrertic Paleustoll).
Results	In 1983, which had a dry growing season, narrow row spacing and higher population increased seasonal evapotranspiration (ET) by 7 and 9%, respectively, and shifted the partitioning of ET to the vegetative period. Medium population crops yielded 6.2Mg/ha and 2.3Mg/ha of dry matter and grain, respectively. High population resulted in high dry matter (6.1Mg/ha) and low grain yield (1.6Mg/ha), whereas low population resulted in low dry matter (5.4Mg/ha) and high grain yield (2.3Mg/ha). Row direction did not affect water use or yield. In 1984, dry matter production for a given amount of ET and light interception was higher in the narrow-row crops. Evapotranspiration was less for a given amount of light interception in the narrow-row crops and in the north-south row crops.
Conclusions	Narrow-row planting geometry appears to increase the partitioning of ET to the transpiration component and may improve the efficiency of dryland cropping systems.

译文
旱地高粱的水分利用、遮光和生长反应与种植几何形状的关系
J.L.斯坦纳

研究理由	在半干旱地区的旱地生产系统中,作物的产量主要受到水分的限制。
目标或假定	进行这一研究的目标是判断通过改变种植的几何形状是否能控制生长期的水量平衡。
方法	我们研究行距、行的方向和种植密度对高粱(高粱的学名略——编者)的水分利用、遮光和生长的影响,这一研究是在得克萨斯州布什兰进行的,使用的土壤是普尔曼黏壤土(土壤的全名略——编者)。

结果	在1983年这一干旱年,窄行栽种和较高密度的栽种分别使季节性的腾发量增加了7%和9%,并且增加了生长期中腾发量中的蒸腾部分(从而减少了地面蒸发量——编者)。中等密度的种植生产出的干物质是每公顷6.2吨,高粱产量是每公顷2.3吨。高密度的种植生产出较高的干物质量(每公顷6.1吨)和较低的高粱产量(每公顷1.6吨),而低密度的种植生产出较低的干物质量(每公顷5.4吨)和较高的产量(每公顷2.3吨)。行的方向对水分的利用或产量没有什么影响。在1984年,对于给定的腾发量和遮光,窄行种植产生较高的干物质。对于给定的遮光,在窄行种植和南北方向的种植条件下,腾发量较小。
结论	窄行种植看来能增加腾发量中的作物蒸腾量的部分,从而可能改善旱地作物系统的用水有效性。

说明:以上摘要范例左列的标注是编者为了说明摘要的基本组成部分而添加的。

另一篇摘要来自 Ouyang 和 Zhang(2013)发表在期刊 *Journal of Soils Sediments* 上的论文。

范例2:学术论文摘要范文

Effects of Biochars Derived from Different Feedstocks and Pyrolysis Temperatures on Soil Physical and Hydraulic Properties

Lei Ouyang and Renduo Zhang*

Purpose Biochar addition to soils potentially affects various soil properties, and these effects are dependent on biochars derived from different feedstock materials and pyrolysis processes. The objective of this study was to investigate the effects of amendment of different biochars on soil physical and hydraulic properties.

Materials and methods Biochars were produced with dairy manure and woodchip at temperatures of 300, 500, and 700 °C, respectively. Each biochar was mixed at 5% (w/w) with a forest soil and the mixture was incubated for 180 days, during which soil physical and hydraulic properties were measured.

Results and discussion Results showed that the biochar addition significantly enhanced the formation of soil macroaggregates at the early incubation time. The biochar application significantly reduced soil bulk density, increased the amount of soil organic matter, and stimulated microbial activity at the early incubation stage. Saturated hydraulic conductivities of the soil with biochars, especially produced at high pyrolysis temperature, were higher than those without biochars on the sampling days. The treatments with woodchip biochars resulted in higher saturated hydraulic conductivities than the dairy manure biochar treatments. Biochar applications improved water retention capacity, with stronger effects by biochars produced at higher pyrolysis temperatures. At the same suction, the soil with woodchip biochars possessed higher water content than with the dairy manure biochars.

Conclusions Biochar addition significantly affected the soil physical and hydraulic properties. The effects were different with biochars derived from different feedstock materials and pyrolysis temperatures.

在范例2摘要中，*Purpose*、*Materials and methods*、*Results and discussion*、*Conclusions*等标题必须按该期刊规定的格式明确地标示出来，该论文摘要看起来就像一篇浓缩了的短文，正所谓"麻雀虽小，五脏俱全"。但在更多期刊的摘要中，是不要求列出这些标题的，不过，摘要的基本要素（即"五脏"）却都是相同的。

6.4.4　独立章讨论的三大主体结构

从科学研究的角度，学术论文旨在解决某一科学问题和达到一定的研究目标，而论文结构就是从问题出发到获得结果之间的逻辑链条，所以主要包括引言、材料与方法、结果与讨论三大部分。其中引言是研究起点，即通过文献综述这一"观察"方法，凝练出拟解决的科学问题、科学假说以及拟达到的研究目标，形成全文的论点。引言的意义在于为论点建立起牢固的基础，而整个文章就建立在这个基础之上。论文的第二部分"材料与方法"，是为实现研究目标服务的。论文的第三部分是"结果与讨论"，因为有了确证而丰富的结果，才可能进入论文的完善与发表阶段，结果部分显示为学术界所做的贡献，所以"结果"部分必须表达得极其明白、准确与透彻；从学术成果创新性角度看，"讨论"的作用就是揭示结果的机理、规律、特色、重要性和创新性等。鉴于论文这三大主体结构的内容多、写作技巧性强、批判性思维强度高，我们将以独立的章节来阐述这三大主体部分的撰写，即分别在第7、8、9章中讨论"引言""材料与方法""结果与讨论"部分的撰写。

6.4.5　结论的撰写

结论部分主要是总结本研究的关键性发现是什么，获得了哪些规律性的结论，解决了什么实际问题；本研究对前人的观点做了哪些证实、补充、发展或否定。

结论的行文要简短，不对具体内容展开论述，但也不能过于笼统和抽象，需要将全文的要点进行梳理和概括，有逻辑地进行表达。为了使论文的结论结构清晰，层次分明，有些期刊建议结论分条叙述（例如：i，ii，iii，iv…）或者分段叙述。

6.4.6 致谢的撰写

一篇科技论文的结尾处，通常包括两个附加的部分，即致谢和文献列。撰写致谢部分，主要考虑两方面的内容，其一，对为你提供了比较重要的技术帮助的个人致谢，同时对特别设备、资料或其他材料提供来源的机构致谢。其二，对提供经济资助（比如通过研究基金、项目合同等）的个人或机构致谢。

撰写致谢部分，一方面，重要的是要礼貌，以示尊重。在科技文章中，这一部分不存在任何科学的东西，而只是应用我们日常生活中所使用的尊重规则：你向邻居借了一件工具，为此你会表示谢意；邻居为你房屋的布置提出了建议，当你采纳这些建议后，你也会表示谢意。在科学研究中也不例外，如果你的同事为你提供了有益的建议、重要的工具或设备，你也应该表示感谢，并在你的文章里表达这种感谢。致谢部分的用词需特别注意，表达谢意既不要不够充分，更不要表达得太过分，即致谢力求客观。致谢中最好不要用"wish"这样的带虚拟语气的单词，如果你说"I wish to thank John Jones."，那是浪费笔墨，简单说"I thank John Jones."更好。如果你的致谢与帮助者给出的概念、建议或解释等相联系，那么，这些概念、建议和解释的范围应该力求具体，否则，你会将帮助者置于一个不得不为你的整个论文进行答辩的敏感而尴尬的位置。肯定地说，如果你的帮助者不是作者之一，他就不应对论文承担任何责任。

致谢部分中另一重要方面就是实事求是，你发表的学术论文的内容必须同你致谢的资助单位所资助的项目的研究内容相一致，即确实是通过这一项目资助完成了相关的研究工作。这也是项目资助单位比较关注之处。

6.4.7 参考文献

"参考文献"一词广泛应用于学术论文、科学著作等许多出版物。然而，这一词是从外文翻译过来的，翻译后的中文用"参考文献"一个词，来对应英文的"reference"（引用文献）和"bibliography"（参考文献）两个词，从而导致其在学术著作中使用不准确、不严谨的问题。本书中的"参考文献"只代表引用文献，不过，考虑到使用习惯，本书仍沿用"参考文献"一词。

论文中引用的文献与文献列中的文献必须一一对应，文献内容要完全一致。列出参考文献，有两条可遵循的规则。第一，你只应列出重要的、已发表了的文献，没有发表的资料，正在印刷中的文章、摘要、论文及其他第二手的材料不应包括在参考文献中或文献引用部分，如这样的文献非常必要，可考虑用脚注方式加以标注。第二，送审文稿前，仔细与原文献对照，检查每一文献的所有部分，在校正大样阶段，还要做这样的检查，以消除任何错误或格式上的不一致之处。

不同刊物对参考文献的标注格式存在很多差异。有人查看了 52 种科学刊物，发现有 33 种不同的文献标注的形式。有的刊物要求在文献标注中要显示论文题目，而有些刊物则不要求显示；有的刊物要求给出文献的页码，而有的则只要求给出第一页的页码……不过，即使你打算投稿的刊物只要求文献的较短形式（比如，不需要题目），但在论文准备阶段就以完整的形式，如包括列出所有作者名和完整题目等，列出文献的所有信息还是明智之举。这是因为你选择的刊物可能不一定接受你的文章，而另选其他刊物投稿时，很可能对文献格式又有其他要求。另外，很可能在你后续的学位论文、研究论文以及述评中，你还会引用内容相同但格式不同的文献，这时只需对完整形式的文献在格式上加以取舍即可。

特别需要注意的是，当你准备提交你的文稿给某期刊之前，一定要参照此刊物的"读者指南"或一份最近在此刊物发表的论文，使你的文献格式（包括标点符号）完全符合此刊物的要求。如果文献的格式与期刊要求的格式相差较大，编辑和审稿人会假定这是你的稿件曾被拒绝的标志，或是学术上不严谨的明显证据，这种负面印象对于评审你的论文显然是十分不利的。

绝大多数著作和学术刊物采用以下两种通用的文献标注或排序形式之一：著者-出版年制，按字母-数字来排序（alphabet-number system）（例如本书的文献排序），以及顺序编码制，按文中引用顺序的数字来排列（citation order system）（详见第 12 章）。

虽然不同期刊列出文献的格式各不相同，但近年来在文献引用方面，一些规则已经标准化。诸如刊物缩写，"Journal"（刊物）现在都统一缩写为"J."或"J"；学科名称后缀"-ology"统一缩写为"1."，比如"Biology"（生物学）缩写为"Biol."，"Hydrogeology"（水文地质学）缩写为"Hydrogeol."等。对于只有一个词的期刊，如 Science、Nature，则不能使用缩写。只要注意到这些规则，作者就可以写出许多刊物的缩写名称，包括不熟悉的刊物。

为了避免在文献检索系统中引起混乱，同时保证自己在学术界的影响力，在论文扉页，作者姓名应列出全名。在文献列中，每个缩写字母则代表一个名。外国人姓名中确实存在多个名，因此有多个缩写，而中文姓名中往往只有一个名，比如张仁铎就只有仁铎一个名。在英文论文中，作者名字应按"名在前、姓在后"的英文习惯写。比如张仁铎，英文全名为 Renduo Zhang，而不是 Ren Duo Zhang，在文献列中，正确格式是 R. Zhang 或 Zhang, R.。如果在文献中有的列为 R. Zhang，有的列为 R.D. Zhang，别人就不可能用 R. Zhang 或 R.D. Zhang 检索到 Renduo Zhang 的全部论文。可见，作者姓名不规范，除了造成混乱，还可能降低作者在学术界的影响力。

最后需要说明的是，虽然就学术论文的格式而言，具体到不同学科甚至同一学科的不同期刊，并非完全和严格地遵照 IMRaD 系统的格式，不过，因为 IMRaD 系统包含了科学研究的计划和成果展示的最核心结构部分，所以研究者可以先按 IMRaD 系统撰写学术论文，直到投稿阶段，再根据意向投稿期刊的具体要求，参照其期刊的"作者指南"，进行必要的修改即可，而这些修改往往只是格式上的修改。

6.5 项目申请书的结构

项目申请书也称为项目申请报告，是申请科研经费的主要文件。无论什么项目，研究者都需要向相关项目资助机构（如自然科学基金委、科技部、各省份科技管理部门）提交项目申请书，并经过这些机构组织的项目评审、审批、立项等过程。从研究内容的覆盖面上看，项目申请书是研究计划的"扩展版"。撰写项目申请书也是科研工作者的必备能力，研究生在其培养期间经过多份研究计划和多篇学术论文的撰写以及论文发表之后，就会为项目申请书的撰写打下坚实基础。研究生尤其是博士研究生毕业走上科研工作岗位后，一般就有撰写项目申请书和申报项目的要求。如果研究生在其培养阶段就积累这方面的经验和训练这一能力，他们就可以在撰写研究计划和学术论文的基础上，比较得心应手地开始撰写项目申请书。

对于项目申请书的结构，我们以科研项目中最具代表性的国家自然科学基金项目为例来加以说明。以下是国家自然科学基金青年科学基金项目、面上项目、重点项目、重大研究计划项目申请书报告正文的结构。

报 告 正 文

参照以下提纲撰写，要求内容翔实、清晰，层次分明，标题突出。**请勿删除或改动下述提纲标题及括号中的文字。**（编者注：黑体字是项目申请书版本要求的）

（一）立项依据与研究内容（建议 8000 字以下）

1. 项目的立项依据（研究意义、国内外研究现状及发展动态分析，需结合科学研究发展趋势来论述科学意义；或结合国民经济和社会发展中迫切需要解决的关键科技问题来论述其应用前景。附主要参考文献目录）；

2. 项目的研究内容、研究目标，以及拟解决的关键科学问题（此部分为重点阐述内容）；

3. 拟采取的研究方案及可行性分析（包括研究方法、技术路线、实验手段、关键技术等说明）；

4. 本项目的特色与创新之处；

5. 年度研究计划及预期研究结果（包括拟组织的重要学术交流活动、国际合作与交流计划等）。

（二）研究基础与工作条件

1. 研究基础（与本项目相关的研究工作积累和已取得的研究工作成绩）；

2. 工作条件（包括已具备的实验条件，尚缺少的实验条件和拟解决的途径，利用国家实验室、国家重点实验室和部门重点实验室等研究基地的计划与落实情况）；

3. 正在承担的与本项目相关的科研项目情况（申请人和项目组主要参与者正在承担的与本项目相关的科研项目情况，包括国家自然科学基金的项目和国家其他科技计划项目，要注明项目的名称和编号、经费来源、起止年月、与本项目的关系及负责的内容等）；

4. 完成国家自然科学基金项目情况（对申请人负责的前一个已结题科学基金项目（项目名称及批准号）完成情况、后续研究进展及与本申请项目的关系加以详细说明。另附该已结题项目研究工作总结摘要（限 500 字）和相关成果的详细目录）。

下面我们将项目申请书正文内容中"立项依据与研究内容"的结构与研究计划或学术论文的结构进行比较。

项目申请书中标题1"项目的立项依据"和标题2"项目的研究内容、研究目标,以及拟解决的关键科学问题",相当于研究计划或学术论文结构中的"引言"部分,即阐明研究意义,通过文献综述凝练出研究目标,以及拟解决的关键科学问题。

标题3"拟采取的研究方案及可行性分析",相当于研究计划或学术论文结构中的"材料与方法"部分,说明研究方法、技术路线、实验手段、关键技术等。

标题4"本项目的特色与创新之处",相当于研究计划或学术论文结构中的"讨论"部分。

标题5"年度研究计划及预期研究结果",对应于研究计划中的"预期结果"部分。

此外,项目申请书还包括第二大部分,即"研究基础与工作条件",用来展示申请人能够完成该项目的能力、条件和基础,让评审人和资助单位信服申请人是完成该项目的最佳人选。

值得一提的是,虽然国家自然科学基金青年科学基金项目、面上项目、重点项目、重大研究计划项目等不同项目的科学研究之规模、深度和广度相差很大,资助额度也从几十万元、几百万元到几千万元不等,但项目申请书的结构却是一模一样的。研究计划、学术论文以及项目申请书作为不同的学术成果,它们的结构也是基本一致的。这些学术成果的结构相同,也就意味着它们的科学思维结构相同。所以通过融会贯通,就能抓住核心,成功地完成这些不同类型学术成果的撰写。

为了更清楚地展示项目申请书的结构,下面是我已获得资助的一份国家自然科学基金项目申请书,作为示范,仅供参考。项目题目为:"土壤温室气体的时空变异性及尺度效应"(文中编者省略的部分用"略"标注)。

(一)立项依据与研究内容(建议8000字以下)

1.项目的立项依据(研究意义、国内外研究现状及发展动态分析,需结合科学研究发展趋势来论述科学意义;或结合国民经济和社会发展中迫切需要解决的关键科技问题来论述其应用前景。附主要参考文献目录)

1)研究意义

土壤呼吸,即从土壤中微生物、动物和植物根系代谢排出到大气中的二氧化碳(CO_2)流量,是从陆地到大气中的第二大碳源(Bond-Lamberty and Thomson, 2010),是目前矿物燃料燃烧所产生的 CO_2 排放量 10 倍以上,因此，即使土壤呼吸量的一个较小变化也能显著地影响（增强或减少）当前大气中 CO_2 的含量，从而影响气候变化。农业是影响大气中温室气体如 CO_2、氧化亚氮（N_2O）和甲烷（CH_4）的一项重要的人类活动，来自农业土壤中的温室气体占年总温室气体排放的 20% 以上，在过去的半个世纪，由于长期农业耕作对全球变暖已产生重大影响，土壤温室气体已成为一种"新"的面源污染物。

土壤呼吸是生态系统中碳、氮循环的一个关键组成部分，对于调节全球气候变化的生物圈反应相当重要（Enquist et al., 2003）。然而，土壤中的碳、氮分布和土壤温室气体排放具有巨大的时空变异性，这一时空变异性是由土壤物理、化学和生物性质的复杂变化及其与土壤管理措施的相互作用所决定的（Lee et al., 2006）。……（略）不过，土壤呼吸与变化环境因子间的关系是随尺度（从实验室尺度到全球尺度）而变化的，每一尺度又具有其特殊的问题，而不同尺度间的结果可能不同（Reichstein and Beer, 2008）。

温室气体的排放本身是一个环境问题，但为促进全球温室气体减排，所采用的市场机制却是一种经济安排，而排放限额的设定又涉及国际政治格局博弈，因而需要跨学科的综合视野。碳交易把气候变化这一科学问题、减少碳排放这一技术问题与可持续发展这一经济问题紧密地结合起来。

2）国内外研究现状及分析

（1）土壤温室气体的时空变异性及尺度效应

……（略）

在讨论从分子到全球尺度下土壤中碳和氮循环过程的知识空白中，Gärdenäs 等（2011）指出，对不少主题的认识水平随尺度的提升而下降。与土壤-气候相互作用的土壤碳、氮循环过程中，存在许多有待进一步研究的科学问题，比如，土壤碳、氮分布怎样影响土壤温室气体的排放？怎样在不同尺度的模型中较好地表征土壤物理、化学和生物特性和过程？尺度提升是贯穿这些研究的一个核心问题。在讨论土壤呼吸的跨尺度问题中，Bahn 等（2010）强调以下方面需要深入研究：①影响碳、氮循环的不断变化的环境条件；②土壤碳、氮的转化，特别是底物的质和量对分解速率的影响，土壤和植被类型对土壤碳、氮稳定性的机制；③对于土壤有机碳、氮库和通量的生物群落的作用；④发展土壤碳、氮模式，更好地描述碳、氮的理化特性和生理生态学过程、土壤异质性和生物之间的相互作用。Ostle1 等（2009）讨论了全球性模型的一些最新进展，确定了三个需要持续面对的挑战：一是需要对全球性模型中植物-土壤过程的代表性进行严格的评估；二是需要提供和整合知识加入全球性模型；三是需要用大尺度多因素实验和不同观测梯度的数据对全球模型模拟结果进行检验。

（2）从异速生长模型认识生态系统代谢过程的尺度提升问题

土壤 CO_2 通量与生态系统呼吸或代谢过程紧密相关。West 等（1997）对于生物学中异速尺度法则提出了一个一般性模型，即异速尺度关系，认为是所有生物的基本特征。……（略）

（3）土壤温室气体和碳汇的经济分析

碳交易是为促进全球温室气体减排、减少全球 CO_2 排放所采用的市场机制。目前的研究热点之一就是将生态、土壤的巨大碳汇能力与碳交易相结合，使土壤碳汇成为减轻大气中 CO_2 浓度的一个重要途径，不过，土壤碳汇项目能否成功，将取决于政策的总结构中对于土壤固碳发展的激励机制，其中土壤温室气体和碳汇的经济分析是必不可少的重要一环（Marland et al.，2001）。

……（略）

3）需要解决的关键科学问题

综上所述，对于土壤温室气体的研究，还存在许多需要深入探讨的科学问题，本项目将集中研究以下科学问题：

①土壤温室气体为什么具有时空变异性及尺度效应？

②影响土壤温室气体的时空变异性及尺度效应的关键物理、化学和生物特性和过程是什么？

参考文献：

……（略）

2. 项目的研究内容、研究目标，以及拟解决的关键科学问题（此部分为重点阐述内容）

由于土壤系统的高度变异性和各相异质性，土壤中的物理、化学和生物过程随时空随机变化，因此，与这些过程紧密联系的土壤温室气体也具有高度的时空变异性，并带来结果随尺度变化的特性。土壤温室气体的时空变异性和尺度效应为定量描述土壤碳、氮循环过程，土壤温室气体的变化规律及其对气候变化的影响带来巨大挑战。

……（略）

对于土壤温室气体的时空变异性和尺度效应方面的研究，内容极其丰富和广泛，本项目主要根据以上涉及的几个基本问题确定研究内容和研究目标。

1）研究内容

（1）研究影响土壤温室气体的时空变异性及尺度效应的关键土壤物理、化学和生物特性和过程

①土壤质地、容重、碳氮比和植被的空间变异性与土壤温室气体的空间变异性的关系。

②土壤水分、温度、微生物功能群落的时空变异性与土壤温室气体的时空变异性的关系。

③检验土壤呼吸温度敏感性的空间变异性，建立起一个全球范围内不同区域的 Q_{10} 值的分布。

（2）表征土壤温室气体的时空变异性及尺度效应

①应用统计学、地质统计学、分形方法和随机模拟建立表征土壤温室气体的时空变异性及尺度效应的统计模型。

②验证和改进表征土壤温室气体的尺度提升的异速理论。

③比较统计模型和异速理论的优越性、局限性和交融性。

（3）土壤温室气体和土壤碳汇的经济分析

①发展考虑土壤温室气体时空变异性及尺度效应的经济分析方法。

②通过经济分析设计土壤温室气体的最佳采样策略和最佳管理策略。

2）研究目标

①研究土壤物理、化学和生物特性和过程的时空变异性及尺度效应与土壤温室气体排放和土壤碳汇之间的关系。

②研究表征土壤温室气体的时空变异性及尺度效应的方法。

③研究具有综合环境、生态和社会经济效应的最佳土地利用管理策略。

3）拟解决的关键问题

时空变异性及尺度效应是许多领域最具挑战性的科学问题，也是该项目拟解决的关键问题。对于土壤物理、化学和生物特性和过程的研究，土壤温室气体排放和土壤碳汇过程的分析，统计模型和理论模型的应用和建立，以及引入时空变异性的经济分析，尺度提升都是贯穿其中的关键。

以上部分就相当于研究计划和学术论文的"引言"部分，虽然项目申请书的"引言"格式与研究计划和与学术论文的引言格式有所不同，但核心内容是完全一致的。申请书第一部分说明拟开展研究的重要性和目的，即研究意义，这一部分比研究计划和学术论文的相应部分更长；第二部分，通过文献综述找出拟研究课题的争端、疑点、空白等；第三部分提出拟解决的科学问题和研究

目标。

下面是项目申请书中的研究方法、技术路线、实验手段、关键技术等，相当于研究计划和学术论文的"材料与方法"部分。

3. 拟采取的研究方案及可行性分析（包括研究方法、技术路线、实验手段、关键技术等说明）

1）技术路线

我们将收集大量文献资料、开展实验室实验和田间实验，综合运用土壤科学、环境科学、分子生物学方法以及数值模拟、地质统计学、经济分析等方法，较系统地研究温室气体在土壤中的产生和运移过程及释放机理，以及与土壤温室气体相关的各种因子的时空变异性及尺度效应。最后通过文献资料和实测数据、数值模拟结果、地质统计学分析和经济分析结果，建立减少土壤温室气体减排和增强土壤碳汇能力，具有最佳的环境、生态和经济效应的方案。我们将按以下的技术路线来开展研究：

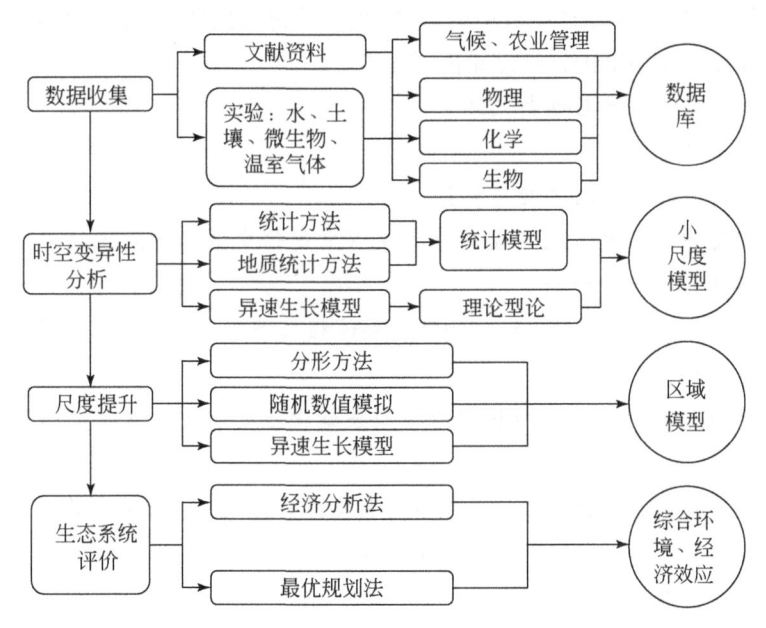

```
数据收集 ──┬── 文献资料 ──┬── 气候、农业管理 ──┐
          │              ├── 物理              │
          └── 实验：水、土 ├── 化学              ├── 数据库
              壤、微生物、  └── 生物              │
              温室气体                          
                                               
时空变异性 ──┬── 统计方法    ──┬── 统计模型 ──┐
  分析      ├── 地质统计方法  │              ├── 小尺度模型
            └── 异速生长模型  └── 理论型论   │
                                            
尺度提升 ──┬── 分形方法                      
          ├── 随机数值模拟 ──────────────── 区域模型
          └── 异速生长模型                   
                                            
生态系统 ──┬── 经济分析法                     综合环境、
  评价    └── 最优规划法 ─────────────────── 经济效应
```

2）研究方法和实验方案

（1）数据收集

……（略）

（2）土壤温室气体时空变异性分析

……（略）

（3）土壤温室气体分布的尺度提升

……（略）

（4）经济分析

……（略）

3）研究方案的可行性分析

①这一研究项目涉及土壤科学、生态学、环境微生物学、农业经济学、地质统计学和计算机模拟等多学科。项目组成员的学科背景完全涵盖了以上学科领域。研究团队成员素质良好，在各自领域具有丰富的科研经验和成果（详见工作基础），这些为本项目的完成提供了可靠的保障。

②我们集中了研究的目标，使项目既具有丰富的研究内容，又具有切实的可行性，我们较新颖的研究方法、合理的技术路线、周密的实验方案，是达到预定的研究目标的必要条件。

与学术论文一样，在项目申请书中，也必须讨论预期结果的特色和创新性。以下是此项目申请书的预期结果的讨论部分。

4. 本项目的特色与创新之处

……（略）

本项目有以下创新之处与特色：

时空变异性及尺度效应是研究土壤温室气体中最具挑战性的科学问题之一，本项目的创新之处如下。

①通过土壤物理、化学和生物特性和过程来揭示土壤温室气体的时空变异性和尺度效应。

②结合地质统计学模型和理论模型来量化土壤温室气体时空变异性和尺度效应。

本项目的特色是将自然科学和社会科学结合起来，以跨学科的综合视野来开展土壤温室气体对气候变化影响的研究。

……（略）

这里需要做具有学术高度和深度的"画龙点睛"的表述，可采用"比较或对比"手法，创新点要在"引言"中的"关键科学问题"水平上进行比较后，呈现预期结果突破情况；特色点要在"研究方法和技术路线"方面进行对比后，呈现出本项目的独到之处。

在研究计划中或项目申请书中，由于课题本身还没有开始，所以只能写出预期结果，即预测实现研究目标或解决科学问题后可能获得哪些结果。以下是该项目申请书预期结果部分。

5.年度研究计划及预期研究结果（包括拟组织的重要学术交流活动、国际合作与交流计划等）。

1）年度研究计划

本项目需要进行大量的实验室实验和野外实验，土壤温室气体的所有试验都需要在整个项目期间进行，同时还要开展数据的统计分析、数值模拟，工作量大，理论分析工作难度亦较大。采用实验工作和理论分析同步进行的方法。具体研究工作的计划如下。

2015年度

①进行文献综述，细化研究方案。

②从文献中收集相关数据，建立数据库。

③布置野外试验：进行温室气体排放或汇聚的监测，收集相关的土壤和气象资料。

……（略）

2018年度

……（略）

2）预期研究成果

①建立土壤物理、化学和生物特性和过程的时空变异性与土壤温室气体排放和土壤碳汇的时空变异性间的关系。

②建立表征土壤温室气体的时空变异性及尺度效应的模型和方法，预测土壤温室气体对气候变暖的贡献率。

③提出最佳土地利用管理策略，以提高土壤固碳、减少土壤温室气体排放，具有最大综合环境、生态和社会经济效应。

④发表研究论文16—20篇，其中SCI收录论文10—12篇。

⑤培养研究生6—8名。

……（略）

值得注意的是，这里预期研究成果1—3同上面的研究目标是相对应的，项目申请书中清楚说明实现这些研究目标后将如何获得这些结果的令人信服的逻辑关系（此处省略）。预期研究成果4是研究成果的论文形式，预期研究成果5是在人才培养方面的表现形式。

综上所述，研究计划、学术论文和项目申请书都是以相同的结构，即由引言、材料与方法、(预期)结果与讨论等主要部分组成,以及以相同的功能来组织科学研究的思路、过程和结果的。

6.6 积累和发展思想成果及学术成果

在研究生培养阶段以及今后整个科研生涯中,研究生将会产生除了学术成果之外的大量思想"成果",其学术成果是这些大量思想成果积累、发展、升华后的结晶。因此,我们建议研究生从科研入门开始就记录、收集、整理、保存和利用自己的思想成果。研究生可以用文档或文件夹的形式将这些思想成果进行如下归类。

(1)研究方法

这一文档或文件夹主要用于记录自己对科学研究方法的认识和思考。在本书推荐的"科研心得"中,要求研究生写出对一些与科学研究相关的重要问题的思考以及对本书的书评,研究生可以在此基础上加入自己认为与科学研究相关的其他重要问题以及其他指导自己开展科研的优秀著作和论文,不断写出对这些问题的新看法和对这些著作的新评价,从而逐步形成一套对自己行之有效的科研方法。

(2)文献库

按第5章和第7章介绍的方法建立文献库,对文献的分类是对自己研究思路以及目前和未来研究资源的分类。所以在文献库的建设中除了将文献归于不同文件夹外,还应包括大量自己阅读文献后的写作。

(3)探索性写作

在这一文档或文件夹中,记录自己的一切探索性写作活动,如日志、随笔等。

(4)半成品

在这一文件夹中主要包括半成品的学术成果,如正在撰写中的研究计划、学术论文或项目申请书,暂时搁置的研究计划或学术论文的草稿,未获资助的项目申请书等。对每一项学术成果建立一个子文件夹,其中包括与这一学术成果相关的一切材料。

(5)成果

在这一文件夹中包括已完成的学术成果,如已发表的学术论文和已获资助的项目申请书等。对每一项学术成果建立一个子文件夹,其中包括这一学术成果从萌芽阶段到成熟阶段的一切相关资料。

通过建立以上思想成果的文档或文件夹，并随研究过程不断地进行更新、充实，日积月累，研究生会惊奇地发现，自己确实像真正的科学家那样开展科学研究工作，思想会那么丰富！成果会那么丰硕！在获得成就感的同时又会获得大量新的研究思路，进而取得更多、更好的学术成果。

思 考 题

（1）为什么各类学术成果在结构上具有高度统一性？

（2）怎样通过各类学术成果统一的结构模式来组织辩论，完成其核心部分的撰写？

（3）为什么说撰写研究计划对于开展科研具有"启蒙"作用并可建立"起跑优势"？

（4）怎样撰写研究计划？

（5）撰写研究计划与撰写学术论文和撰写项目申请书的关系是什么？

（6）怎样通过撰写研究计划、学术论文的积累为撰写项目申请书做好准备？

第 7 章 引言的功能及撰写

撰写任何科学研究的文件，包括研究计划、学术论文、学位论文、项目申请书、专利申请，等等，其第一部分就是撰写引言。一份好的研究计划、一篇好的学术论文、一份成功的项目申请书都离不开好的引言，而一篇好的引言不仅十分关键，并且十分难写，正所谓万事开头难。上一章谈到，撰写研究计划是开展科研工作的最基本的训练科目和关键步骤，而撰写引言又是撰写研究计划的首要步骤，所以我们把怎样撰写引言作为科学研究入门的基本功来训练，也是本书的重点之一，为此独立成章加以探讨。在课程设计中（第 15 章），学生写学期论文一半的时间就是用来写引言，而后续的部分是在引言的基础上完成的。

7.1 撰写引言的意义和基本要求

引言作为学术论文以及其他科研文件（如研究计划和项目申请书）的开篇，有其特定的功能和基本要求。撰写引言就是提出科学问题的过程，也是进行批判性思维和创新性思维的过程，是进行科研活动的基础和核心步骤。

7.1.1 引言的功能

引言的特定功能就是"引"出科学问题，"引"出论点主导式写作中的论点，"引"出创新思路与逻辑。可见撰写引言是撰写所有科研文件的关键步骤，各种科研文件的撰写都是在写好引言的基础上依照其逻辑而逐步展开。只有在引言中拟解决的科学问题与研究目标确定之后，才能设计为解决这些科学问题和实现研究目标的实验及研究方法。通过实验去解决科学问题或实现研究目标后，才能总结获得哪些结果，证实引言中提出的哪些科学假定或论点等。总之，引言之外的其他部分都是紧紧地围绕引言中的科学问题或学术论点而展开的。

所有的科研文件的撰写，从研究计划到项目申请书都要求论点主导式写作，其中引言部分就是提出科学问题和研究论点。在论点主导式的学术论文自上而下的结构中，引言就占据了顶层设计中的最高位置："引言"提出研究论点、研究目标；"材料与方法"是为实现这一研究目标所采取的手段；而"结果与讨论"是实现这一研究目标所取得的结果及其创新性成果。而论文结果及其创新性成果如何又是由引言所提出的科学问题的质量所决定的。

从某种意义上说，科学研究入门也许就是从撰写引言开始的，因此，建议研究生从撰写以引言为主体的研究计划开始自己的学术生涯。研究计划主要包括引言和引用的文献（主要是近期发表的主流或国际文献），通过引言和文献综述引出"研究目标"或需进行验证的科学假说，为实现这一研究目标所采取的方法和手段，以及实现这一研究目标后的预期结果及创新点。在研究计划中，研究目标要具体、清晰。"具体"是指在一定时间内（比如通过3到6月的研究）可以实现研究目标并取得阶段性成果；"清晰"是要让读者了解拟解决的科学问题的重要性和创新性，阶段性成果具有发表的价值。

7.1.2 撰写引言的基本要求

以下是针对撰写研究计划，特别是其主体"引言"撰写的基本要求，给研究生提供的一些建议。其一，一定要充分认识到写研究计划及其引言对于开展研究工作的"启蒙作用"和重要性，这一"关"是开展研究工作的关键，一定要过，要下大力气去过！过好这一"关"就为进入科学研究的殿堂迈出了坚实的一步，并建立起了"起跑优势"。过好这一"关"的关键是对文献的把握。查阅文献的原则是全、准和新，在此基础上，要尽快建立起自己的文献库并不断更新，对所研究学科与方向的最新的研究文献一定要把握全面和准确，从而紧跟该学科研究的发展前沿。

其二，写研究计划和引言要避免题目过大，力求研究问题就是一个"点"。一般广而泛即百科全书式的研究计划及引言比较容易写，但价值不大，而这个研究"点"越集中，立位就越高，也就越具有学术价值。当然，这样的研究计划及引言也就越难写，因为要写出研究问题集中的研究计划及引言需要阅读大量论文，并需要消化和组织，通过深入思考，建立起广博的知识基础和进行深入的批判性思维后才能完成。这犹如广州高塔"小蛮腰"，苗条优美、耸入云霄，它一定是从千百种建筑结构形式、广阔深厚的地下基础以及众多的风水宝地中比较优选的基础上建立起来的。

其三，必须亲手去与问题本身搏斗。在引言撰写中，从文献综述到引出研究目标的逻辑性要清晰而严密，具有说服力，判断要准确可信。对引言中的每一句主要陈述都得反复考问自己，并有文献支持，确信这些陈述也经得起其他人（如导师和读者）的考问。从重要性而言，引言所呈现的研究计划的第一个关键点——拟研究的科学问题或文章的论点将在引言的末尾部分清楚展现；从主观性而言，引言中科学问题的提出也许最花费心力，因而也最能训练批判性思维；从客观性而言，引言中的每一句重要陈述和推论都将面临读者的评判，所以作者必须尽可能地深思熟虑，提出真正具有一定深意和创意的科学问题，千万别"虚晃一枪"或"自欺欺人"。

引言中常出现以下的陈述，请检查这些陈述是否经受得住自己和他人的考问：

"目前国内这方面研究还是空白"考问："那么在国际上在这方面研究如何呢？"

"关于……的研究还开展得很少"考问："少到什么程度？目前都研究了哪些问题？这些问题同你的研究目标有何关系？"

"对于……的研究只有定性分析"考问："此话准确吗？为什么只有定性分析？你准备做定量分析吗？定量分析的难点是什么？你能做定量分析的优势何在？"

"对于……的研究缺少机理性的探讨"考问："此话准确吗？为什么会缺少对机理性的探讨？是缺少理论还是缺少物理、化学、生物过程的研究手段？你将开展机理性的探讨的优势和突破点何在？"

以上种种不断考问的过程，不仅让批判性思维不断深入，使研究计划中的科学问题越来越明确，而且可以提高实现研究目标的可行性。比如在研究计划中你提出"对于……的研究只有定性分析"，这就意味着查不到任何定量研究的文章。如果确实如此，说明这一领域的定量研究确实有难度，如能突破，成果也应该具有创新性，你可以记录下这一个研究难点，不过作为研究生，由于能力和时间的限制，可以暂时别碰"定量研究"这一问题。另外，研究计划中的科学问题或研究目标越明确，为实现此研究目标所采取的方法和手段就越具有针对性，对实现这一研究目标后的预期结果或要检验的假说以及结果创新性，就越能做到心中有数。

研究生在顺利完成第一份研究计划后，按计划开始进行实验，通过实验充实研究计划中的内容，进而逐步形成自己的第一篇 SCI 论文初稿，同时，还可以按此科研"套路"撰写另外的研究计划。如果都能写出目标具体、逻辑清晰的研究计划，并按此步骤推进，硕士研究生毕业时就可能有 1 至 2 篇 SCI 论文发表，博士研究生毕业时就可能有 3 至 4 篇甚至更多的 SCI 论文发表。

7.2 引言的典型结构

论文的第一部分就是"引言"，"引言"的目的是提供充分的背景知识，使读者了解这篇文章写作的目的和意义，然后通过文献综述提供最重要的研究背景，最后提出明确的研究目标。

一篇学术论文的引言通常包括三个主要部分：第一部分，即第一段，集中说明拟研究问题的重要性和目的性，一般是两三句与拟研究问题的核心意义紧密相关的话，避免长篇的宽泛叙述。第二部分，通常也是最长的部分，即中间的数个段落。通过文献综述，向读者引出文章所要讨论的问题，显示出该问题当前的研究前沿和水平、局限性、争端、疑点、需进一步探索的方面等。解释为什么这一问题会成为问题，比如，为什么解决这一问题的早一些的尝试不令人满意，为什么这一问题是重要的和值得去探索的，如解决这一问题将产生的学术上或应用上的价值，以及填补这一知识空白的重要意义。第三部分，一般是倒数第一、二段，作者提出其论点或"论点叙述"、拟解决的科学问题、研究目标及需要检验的科学假设等。从文献综述到研究问题的提出必须具有说服力、逻辑性，避免没有说服力的勉强转折叙述。如在英文论文写作中，当你使用"however"时，你需对其前后句子逐句考问它们之间的逻辑关系。最后一段是明确地提出研究目标或论点叙述。在这里，通常用在英文学术论文中的典型句子如下："The objective of this study was…"（论文的研究目标是……）；"The aim of this study was…"（论文的研究目的是……）；"The hypotheses to be tested in this study included…"（本文将检验的假定包括……）。有时会给读者一个概述，或者对辩论提供一个简短的总结或通过蓝图叙述预示文章的结构（"第一，将显示……第二，将探索……第三，将讨论……"）。

在 4.3.3 节我们讨论了论点不成熟的写作方式之一——资料堆积式的写作时，建议研究生不要急功近利，去撰写和发表资料堆积式的"论文"，并指出："我们应该告诫研究生，这种资料堆积式的'综述文章'虽然容易写，但是学术意义不大，不客气地说，只能算'学术垃圾'。如果只局限于写这种文章，只会养成学术上的怠惰和写作的坏习惯，这种'论文'的发表对自己的学术地位不但没有帮助反而会带来负面影响。"这里的建议不是说研究生不要写综述文章，相反，研究生必须进行文献综述，必须写好文献综述，因为文献综述是引言中最长的部分，是"引"出科学问题和研究目标的基础。这里强调的是，综述文章必须是论点主导式的而不是资料堆积式的。

文献综述过程中，文献一般以时间顺序排列。尽量选择近期的和发表在高水平学术期刊上的文献，这样能保证你的研究工作的新颖性或前沿性以及学术高度：必须站在巨人的肩膀上。在论文中引用文献时，作者应该记住，如果一篇文献值得引用，就应该说明为什么，要防止大段意译甚至抄袭。有的作者有将所有的引用文献放在一段末尾的习惯，这是不恰当的。在需要引用此文献的地方，文献应该放在相关句子的末尾，也可放在从句末尾。一般一句话后引用的文献不要多于三条。

"论点叙述"、"目标叙述"和"蓝图叙述"是"引言"中常用的三种聚焦方法。在绝大多数情况下，学术论文通过概念层次的安排去支持一个论点。在学术论文的典型结构中，作者为了提醒读者论文的论点，明确地将论点叙述，既将其放在论文的引言部分，又放在论文的其他部分（如放在摘要和讨论部分），还可以用与论点相关的转换和段落的主题句子来提示读者。将论点叙述放在引言里，就建立起了一种明白的、自我声明的结构，在这种结构中作者在呈现其他部分前，先总结论文的全部，目的是能给予读者最大的清晰度。结构严密的论文也要求作者对概念和结构有最大的清晰度，只有作者能够清楚地概括自己的思想、目的和结构，才可能写好引言以及论文的其他部分。

在提出科学问题时，清晰而准确地界定问题是求解问题的一个重要步骤，同样，研究目标的准确表述是解决科学问题的关键步骤，也是撰写引言比较困难的地方，建议读者使用以下这个练习来帮助自己尽可能准确地表述研究目标（卡比和古德帕斯特，2016）。

例1

模糊表述：我讨厌工作。

更准确的表达：我讨厌这份经常加班的工作。

例2

模糊表述：The objective of this study was to investigate the priming effect and temperature sensitivity of soil organic carbon in biochar-amended soil. （本论文的研究目标是探讨生物炭改良土壤中有机碳的激发效应和温度敏感性。）

更准确的表达：The objective of this study was to investigate priming effect and temperature sensitivity of soil organic carbon（SOC）induced by biochars with different stabilities in relation to microbial community growth strategies. It was hypothesized that *K*-strategists were partly responsible for positive priming of SOC in the early stage of incubation, the SOC priming diminished over time with shift of microbial community composition, and that temperature sensitivity of SOC was related with biochar-induced SOC priming.（本论文的研究目标是探讨不同稳定性的生物炭对土壤有机碳的激发效应和温度敏感性，并与微生物群落生长策略联系起来。这里假定，K策略微生物对于培养实验早期土壤有机碳的正激发效应起到部分作用，这种激发效应随着微生物群落变化而逐渐减弱，而土壤有机碳的温度敏感性与生物炭诱导的土壤有机碳激发效应有关。）(Chen et al., 2021)

为了具体说明怎样撰写引言部分，下面给出一篇发表于自然科学期刊上的学术论文的引言例子（这篇论文的摘要见第6章）(Ouyang and Zhang, 2013)。

Effects of Biochars Derived from Different Feedstocks and Pyrolysis Temperatures on Soil Physical and Hydraulic Properties

Lei Ouyang and Renduo Zhang*

1 Introduction

Biochar is a product of incomplete combustion of biomass in absence of oxygen (i.e., the pyrolysis process). Biochar application to soils can improve soil quality and offer ancillary benefits (Lehmann et al. 2006; McHenry 2009; Liu et al. 2011).

As biochar has a high porosity and large specific surface area, biochar addition to soils can alter soil physical properties (i.e., soil structure, pore size distribution, and bulk density) and soil hydraulic properties (i.e., soil water retention capacity and hydraulic conductivity) (Downie et al. 2009). For instance, with a much lower solid density and bulk density than those of mineral soils, biochar addition to soils can decrease soil density and thus increase soil porosity, and lead to favorable soil processes, including better aeration, improved drainage property, and better microbial environment (Zhang et al. 2012). Studies also show that biochar addition increases water infiltration rate, reduces surface runoff, and decreases soil erosion (Asai et al. 2009; Ayodele et al. 2009).

Soil water retention capacity is dependent on the distribution of soil pores, which are largely regulated by soil particle sizes (texture), structural characteristics (aggregation), and soil organic matter (SOM) content (Verheijen et al.

2009). Therefore, with high porosity, large inner surface area, and the potential ability of affecting soil aggregation through interactions with SOM, minerals and microorganisms, biochar applied to soils should also change soil hydraulic properties(Asai et al. 2009; Brockhoff et al. 2010).Research has shown that biochar addition can influence soil structure, soil physical and hydraulic characteristics (Chen et al. 2010; Major et al. 2010).**Nevertheless, biochars reported in the literature vary with different feedstock materials and processing conditions, which lead to different results.** Laird et al.(2010)did not find significant influence of hardwood biochar on the soil saturated hydraulic conductivity, while Asai et al. (2009)and Uzoma et al.(2011)observed that biochar application improved the soil saturated hydraulic conductivity. Novak et al. (2009a) reported significant differences in water retention capacity among soils treated with different biochars.

The biochar properties are highly heterogeneous and mainly dependent on feedstock types and/or pyrolysis conditions, such as air exposure, duration of combustion, and temperature (Lehmann et al. 2002).The ratio of C/N can be largely different depending on different feedstocks (Major et al. 2010; Zhang et al. 2012), whereas biochars produced at higher pyrolysis temperatures have lower total surface charges, higher specific surface areas, porosity, pH, and ash contents (Bagreev et al. 2001; Novak et al. 2009a).When added to soils, biochar derived from different feedstock types and/or pyrolysis conditions should influence soil physical and hydraulic properties differently. **Nonetheless, studies on such effects are still limited.**_Therefore, the objective of this study was to investigate effects of biochars produced from two types of feedstock materials and three pyrolysis temperatures on soil physical and hydraulic properties. It was hypothesized that addition of biochars with different production conditions should affect soil physical and hydraulic properties differently, and biochar produced with a higher pyrolysis temperature should result in higher water retention capacity and soil hydraulic conductivity._

以上引言的第一段简述本研究的意义；第二、三段总结研究的现状和需进一步探索的方面，如黑体字所示；最后一段继续总结本研究的现状和需进一步探索的方面，如黑体字所示；进而提出研究目标和假设，如斜体字所示。

在第6章中，我们给出了一份已经获得资助的国家自然科学基金项目申请书作为如何撰写项目申请书的例子，与以上这一例子比较可见，虽然项目申请书的引言格式与学术论文的引言格式有所不同，但核心内容却是完全一致的。即第一部分说明拟开展研究的重要性和目的，即研究意义；第二部分，通过文献综述找出需研究课题的争端、疑点、空白等；第三部分，提出拟解决的科学问题和研究目标。

一旦学生正确地掌握了撰写引言的典型结构，即在引言中通过文献综述凝练出科学问题，并在引言结尾明确地提出论点和研究目标，那么他们就能更好地理解，论文是以问题为导向，即基于提出一个问题和努力去解决这一问题。这种问题导向式的科研方法和论文写作驱使他们不断地进行批判性思维和开展科学研究，而通过解决问题可获得具有一定创新性的科研成果，同时提高批判性思维能力与创新能力。

为了指导学生进行论点主导式的论文写作，教师反复强调撰写引言的重要性，对于一份研究计划，凝练科学问题和提出学术论点的引言部分占主要部分。在课程设计中（第15章），引言部分的文献综述是否全面、研究目标（即学术论点）是否明确就占了评分的50%。而引言的最后一段又是"画龙点睛"之处，这也是教师对学生研究计划的撰写过程进行点评以及对研究计划的终稿进行评分时最关注的一部分。因此，下面列出撰写最后一段的注意事项，学生务必重视。

①这一段落一定要提出明确的"科学问题""研究目标""验证假说"。要包括以下典型句子："论文的研究目标是……"（The objective of this study was....）；"论文的研究目的是……"（The aim of this study was....）；"本文将检验的假定包括……"（The hypotheses to be tested in this study included....）

②必须检查这一段落研究目标的提出与前面段落的文献综述之间逻辑是否清晰、严密、具有说服力，判断是否准确可信。

③作为一篇论文的研究计划，不要在这里列出"研究内容"和"技术路线"，对于学位论文或项目申请书，才有必要在提出科学问题和研究目标之后列出"研究内容"和"技术路线"。

④如果在这里出现"此研究为……提供理论依据"或"此研究为……提供技术支撑"这样比较空洞的句子，甚至包括更多展开的类似内容，那么，问问自己，删除这些内容，这一段还剩多少"干货"？如果"干货"不够，那就重写这段。

⑤不要在这里列出论文其他部分（如"材料与方法"）的具体内容，这一

部分是后面其他部分的起点，即独立于这一段，如果出现如"待分析……数据（或待完成……实验）后，论文的研究目标将确定为……"的句子，那显示作者的研究思路还不够清晰。

7.3　怎样进行文献综述

一般而言，衡量科研工作者的学术水平与论著质量的标准，至少有三个方面：一是科学问题的创设能力，二是文献综述的掌控能力，三是学术论点的论证能力。文献综述反映研究者对所研究领域文献的掌握程度和理论思维能力，是研究者学术功力的基本表现。一篇优秀的文献综述应该具有四性：前沿性、全面性、相关性和连贯性。好的文献综述首先很大程度上取决于研究者对本课题最新文献的掌握程度，而文献综述的"综"则要求文献的全面性，即应该涵盖所有重要的文献和各种不同的观点，包括自己不赞同的观点，其实往往只有站在对立面上，加以探讨所研究的问题，才能更深入发现问题的疑点、弱点或焦点，如果对立面的观点属于主流观点，你却能够质疑主流观点而独树一帜，恰好说明你研究的创新性和价值。在"全面性"的基础上，好的文献综述还要力求"相关性"强，因为文献综述的实质是分析，而不是罗列或展示文献，所以对文献要进行筛选，选择与你研究问题直接相关或间接相关的文献，加以综述，避免出现相关性不大的文献。依据不同的理论视角将文献进行分类，比较各种不同观点之间的差异与逻辑联系，并且批判性地评估不同观点的理论贡献，这就是文献综述中"述"的要求。在"述"的基础上，文献综述的目的是"为我所用"，所以好的文献综述都有一个清晰的逻辑主线，将各种不同的相关文献串联起来，为你的论点或思路服务，以此推演出你的理论假设。总之，文献综述的掌控能力是一项综合能力，它要求作者既要对所检索的文献进行综合整理与陈述，还要根据自己的意图进行理解与认识，在此基础上，要对综合整理后的文献进行全面、深入、系统的论述和客观的评价，进而提出作者的研究思路与论点。

前面我们已经提到，研究生是通过文献综述来实现科学方法四阶段中的第一阶段，即"观察"阶段，因此，文献综述是帮助研究生进入科学殿堂的捷径。通过"观察"阶段到提出科学问题或科学假说，即科学方法的第二阶段，研究生就需要阅读大量文献并进行综述。然而，刚开始学习科学研究的研究生在进行文献综述时，往往面临着巨大的困境，这一困境通常是因他们认知的不成熟所造成的。由于学生的"认知自我表现主义",对于吸收不熟悉的观点和价值观而感到困难或产生恐惧。特别是刚入学的研究生,正经历从知识积累型到知识探索型的转变,这更加剧了他们对浩如烟海的文献进行阅读、消化和综述时感到困难而无所适从的恐惧。以下是研究生描述他们在文献综述中处于迷失、被淹没和困惑情形下的心理状况的一些比喻(凯姆勒和托马斯,2020)。

以深水的图像比喻文献本身化身为危险的领地且难以把控:
- 一个混乱的漩涡
- 一片充满暴风雨的海洋

用迷宫来比喻研究者跌跌撞撞、找不到出路:
- 被蒙上眼睛进入一个迷宫
- 在黑暗中行走

用身心的痛苦来体现文献综述的过程:
- 牙齿疼
- 陷入流沙

最丰富的比喻是把困难归咎于文献的复杂性:
- 吃一只活着的大象
- 试图将八爪章鱼装入罐内。

怎样帮助研究生尽快摆脱这些困境呢?首先,为了解决学生对文献综述心理上的恐惧,建议他们重温我们在第 5 章中提供的建议:从了解自己课题组内各个同门所研究的课题入手,了解本课题组正在开展哪些研究方向,并阅读本课题组近年所发表的相关学术论文或者研究生学位论文。从相对熟悉的研究课题入手,然后再去进行更广泛的文献阅读。为了有效地克服恐惧心理,凯姆勒和托马斯(2020)建议将文献综述工作比喻成如下的晚餐会,用这种愉悦的、可控的心理情景去取代"陷入泥沼"、"迷路"和"溺水"等无助场景,以此让自己自如地面对复杂的文献综述工作。

我们喜欢晚餐会带来的熟悉感,因为它将重点放在了学术社群中学者们的交流上,这个聚会在自己家里举办,一个熟悉的场地(而不是海洋、泥沼或河流等令人恐惧的场地)。博士生邀请一些在晚餐时间他想要与之交流的学者,重点放在个人和餐桌上的对话。博士生选择了菜单,买来食物并为客人做好了晚餐。作为主人,他为客人们制造谈论他们工作的空间,但这些谈论内容都是有关主办者的工作的。论文无时无刻不和这些对话有关,因为论文就在餐桌上,是食物的一部分(凯姆勒和托马斯,2020)。

在这里，研究生作为"晚餐会"的主人，这个角色决定了他的主动性，在整场的对话中他不是观望者而是参与者和主角。把文献综述工作类比为一场"晚餐会"，跟那些恐怖的场景形成鲜明对比，晚餐会的对话场景自然使人更轻松愉快而不会心生恐惧。最重要的是，在"晚餐会"上，研究生的角色发生了变化，他作为学术盛宴的邀请人与参与者，自然会主动开启与受邀者的活跃对话，并分享其中的快乐。当然，研究生要完成从"孤独无援的溺水者"变为"学术盛宴的主角"的心理和角色转换，除了自己的努力，也需要导师的必要指导，以及研究生课程（比如我们开设的这门课）提供的帮助。

克服了对文献综述心理上的恐惧后，下面讨论怎样进行文献综述。在进行文献阅读时，研究生应对每一篇阅读的文献进行如下总结：科学问题是什么？主要研究方法是什么？主要结果是什么？创新点是什么？还需解决的问题是什么？对于文科，在文献综述工作中需要完成的关键任务大致如下（凯姆勒和托马斯，2020）：

- 概述此项研究的领域或与此研究调查相关的领域的本质，显示其历史发展过程；
- 确认与此项研究相关的讨论议题，界定有争议的术语；
- 确定与此项研究最相关的前沿研究、观点和方法；
- 确定领域的空白点；
- 建立研究的依据；
- 指出此项研究做出的贡献。

对于理工科，在文献综述工作中，对于每一篇文献，需要认识以下方面：

- 此项研究的重要性及研究背景；
- 解决的科学问题（科学假设）、研究目标；
- 采用的研究方法；
- 获得的主要结果；
- 论文的创新点；
- 还需进一步解决的问题。

通过大量文献的总结和综述，以及批判性思维，就可以从中找到争端、疑点、需解决的问题，其中越是共性问题，它的研究的意义就越大，这样，就逐步建立起自己的研究课题计划，包括以下部分：

- 拟研究课题的重要性及研究背景；
- 拟解决的科学问题（科学假设）、研究目标；

- 为实现这一研究目标拟采用的研究方法;
- 实现这一研究目标将获得的预期结果;
- 预期结果的特色和可能的创新性。

从上述讨论可见,无论文科或理工科,在开展科学研究时,文献综述的核心任务就是通过批判性思维从文献中寻找或凝练科学问题,建立起新的研究课题,然后去解决这些问题,进而获得对学术界有所贡献的科研成果。

为了实现文献综述的这些核心任务,就必须强化研究生的阅读和综述文献这一开展科学研究的基本功。由于大量高水平的学术文献是用英文撰写的,而高水平的学术论文也主要是投向英文期刊,因此我们专设第 10 章,来探讨如何提高英文文献阅读与英文写作的能力,其中包括深究研究生阅读困难的原因以及帮助他们成为更好的阅读者的各种策略。这些策略包括:向学生解释阅读过程怎样随目的而变化;给学生展示专家阅读时的笔记和应答过程;教学生写"内容"和"作用"的段落叙述;使学生负责阅读课堂里和论文中没有讨论的内容;发展各种方式以激发学生对于将要进行的阅读的兴趣;让学生理解,所有的文章只是作者的参考系统(frames of reference)的反应;学生需懂得的文化译码对理解文章的重要性;遇到阅读特别困难的文章,运用"阅读指导";引导学生建立一种意识,即所有的文章都是作者试图改变读者对某事的看法;帮助学生学会"相信和怀疑"的游戏等。另外,设计帮助学生与论文进行交流的各种练习,包括在书页边做笔记、集中阅读笔记、总结与回答笔记、回答对写作有用的关键问题、想象与作者面谈等。除此之外,在第 11 章还将讨论训练批判性思维的多样性写作活动,即除了正式写作之外的其他写作活动,包括文献阅读和综述的习作,如日志、阅读日志或阅读笔记,进行论点写作的非正式的任务等;以及在文献阅读和综述中设计批判性思维任务的各种方法,比如将概念与学生的个人经验或学过的知识联系起来,向新的学习者解释新的概念,如支持论点的写作练习、提出问题的练习、资料提供式练习、结构方法练习、要求扮演不熟悉的角色或想象假定情景的练习、文章或讲课内容的总结或摘要、对话或辩论手稿、案例和模拟,等等。如果学生主动认真并坚持不懈地去使用以上"武器库"中的几件对自己行之有效的"武器",就一定能够不断增强自己阅读和综述文献这一开展科学研究的基本功。

通过大量文献阅读,一个需要回答的重要问题是:"怎样通过文献综述提出拟研究的科学问题?"研究生可以运用以上各种策略和方法进行文献阅读,有的采用略读,有的采用精读,经过理解、消化、融合,逐渐就形成一些新的思路或新的想法，然后通过探索性写作进一步去孕育和发展这些新思路或想法，逐步形成比较明确的新观点和新思路，再开始以撰写引言入手的正式写作。也可以用头脑风暴法和星爆法等方法提出问题，运用思维图来进行思想碰撞，运用树形图来帮助建立写作结构等。

在第 5 章讨论选题时，我们就建议研究生建立自己的文献库，并在不断查阅文献的过程中，进行扩充与完善。在此，文献库对于撰写引言的作用是显而易见的。

比如，我在开展生物炭添加对土壤的影响这一研究时，就建立了一个名为"生物炭对土壤的影响"文件夹，并在这一文件夹中根据文献中涉及问题的集中程度，设计了以下子文件夹，将相关文献归于各子文件夹中。

子文件夹 1："生物炭对土壤碳汇和温室气体的影响"

子文件夹 2："对土壤特性的影响"

子文件夹 3："对土壤化学和生物过程的影响"

子文件夹 4："对作物的影响"

子文件夹 5："生物炭作为土壤营养物"

子文件夹 6："对土壤有机物污染的影响"

子文件夹 7："对重金属污染的影响"

子文件夹 8："生物炭的表征"

子文件夹 9："综述性材料"

在每个子文件夹里包括相关的文献，如果文献涉及多个方面，那么在相关的子文件夹里都保存一份拷贝。我还建立了一个文档，记录我对每一篇重要文献的梳理与总结，梳理与总结按"科学问题（研究目标）、主要方法、主要结果、创新点和特色、还需解决的问题"五大内容依次进行，同时在文档中将总结的文献按某一格式加入文献列，为下一步写研究思路和写引言做好准备。我还建立另一个文档，主要记录从阅读文献中产生的各种思路，即在前一个文档中的某几条、十几条或几十条文献的混合、综合、融合，从而产生某个或某些相对集中的思路，同样，将相应文献附在这些思路之后。这些素材对于开展选题、撰写引言和论文的其他部分，都有极大的帮助。比如，前面提到的 Ouyang 和 Zhang（2013）的那篇论文，其最初的文献就来自"对土壤特性的影响"和"生物炭的表征"这两个子文件夹。在第 6 章中作为范例的项目申请书的撰写过程中，除了用到文件夹"生物炭对土壤的影响"中多个子文件夹中的文献，还用到其他文件夹的文献，如"土壤温室气体的时空变异性"文献。

"借用"别人的语句可以帮助研究生学习文献引言或讨论部分中新的、原来感到生疏的写作方式,这里使用斯韦尔斯(Swales)和菲克(Feak)提出的"句子骨架"的概念,引入这个概念的目的是通过剔除内容和找到修辞的骨架从而提取出任何科研写作段落的语言学模式(凯姆勒和托马斯,2020):

①该研究基于……,并为……做出贡献。
②尽管……的研究探究……,但目前还没有……的研究。
③鉴于此,本研究提供更多的……方面的洞见。
④聚焦于……的分析对研究做出了贡献。
⑤对于……的分析是本研究的另一个贡献。
⑥尽管很多研究表明……,很少有分析将关注点放在……。
⑦针对这一问题,我们将呈现……。

这些骨架是具有修辞力量的语言工具,运用这些语言骨架,就是鼓励研究生站在专家的立场上、以专家的语气来写作,而且引导他们学习在写作中树立权威,帮助他们建立语言的身份认同或身份转换,这有助于他们在所在的领域开始变得语气坚定和自信地表达自己的学术观点。

同理,下面列出的是引言中常用的英语表达方式,这些表达方式可以帮助读者熟悉专家们采用的语言模式。研究生撰写引言时,可采用这些语言模式以增加句子的修辞力量。

表达研究的重要性:the most widely investigated/studied, increasingly important/significant, of growing interest, received increased attention, an important concept, play a key/vital/essential/major/crucial/fundamental role 等

表达研究的时效性:in recent years, recently, in the past decades, during the last decade, recent trends, traditionally, the findings of … in 2021, so far, up to now, to date 等

表达现有研究的不足:limitation, concern, may cause, suffer from, problem 等

表达引用文献的结果:It has been found/reported/shown/demonstrated/suggested/manifested/proposed/indicated that 等

表达研究中的争论:debate, controversy, issue, discrepancy, division, challenge, conflicting interpretations, there has been little agreement on 等

表达某问题仍需进一步研究:little research/information, few studies have examined/explored/tested/quantified/evaluated, open to doubt/discussion, remain largely unexamined/understudied/unclear/unknown, a knowledge gap in the field of, need further investigation 等

表达本文的计划、研究目标和科学假定：this study/paper plans to investigate/examine/assess/analyze, the objective/purpose/aim of this study, the hypothesis to be tested 等

表达研究的意义：contribute to/offer insights to/advance the understanding of/fill a gap in 等

研究生需要不断地提升收集文献和资料的能力，其中主要的技能就是怎样去利用图书馆资源，包括数据库的在线搜索。尽快学会查询资料，运用图书目录和特定的参考工具，评价所找到的资料与正在研究的问题的相关性，目的在于充分利用图书馆资料开展有效率的研究。

在没有网络的时代，科学家主要是依赖图书馆来获取资料和文献，所以在学术界，"图书馆"是"资料和文献源"的代名词，在本书中，我们仍沿用"图书馆"一词的这一含义。比如书中提到"图书馆里的两个小时比在实验室埋头苦干六个月收获更大"，这里的"图书馆里的两个小时"就是指在实际的图书馆或通过网络进行文献查找、阅读并思考的两个小时。在网络时代，不必去图书馆就能及时和方便地下载大量文献，这无疑可以提高科学研究的效率。但是，这种方便也可能使研究生在文献阅读中形成囫囵吞枣、浮光掠影的习惯，使他们失去了做图书卡片、读书笔记这样的机会，而这些"烦琐劳动"也许正是吃透文献、深入思考需要下的"绣花针"功夫。同样，文字编辑软件的出现推进了句子水平和一些较大规模的修改，如加入、删除、文章块的移动，带来了文字编辑的极大方便。不过，文字编辑软件可能妨碍了文章在概念方面的重建，这是一种需要抛弃大量的草稿、重写、全面修改的工作，从而减少了进行批判性思维的时间、过程、强度和深度。所以，建议读者在享受网络下载文献和文字编辑软件方便的同时，还必须认识到它们可能存在的弊端。用以上介绍的各种策略和方法，弥补上促进科研工作所必须要下的"苦功夫"。

有的学生用翻译软件来帮助阅读英文文献，这是否是一个值得推荐的方法呢？翻译软件对于一般性的翻译确实有快速、简便等实用性，但对于应用英语进行阅读、写作和思考的专业人员，依赖翻译软件不仅行不通，甚至可能造成负面影响。首先，不少翻译软件的翻译不准确、不完整，甚至是错误的，尤其是对于专业的学术论文。其次，更重要的是，对于应用英语进行阅读、写作和思考的专业人员，只有亲身经历了英文阅读和写作这一缓慢而艰苦的过程，才能真正掌握英文阅读和写作的技能，最终做到用英语进行思考。这一自身必下

的苦功夫就像蝴蝶破茧时必须自己完成一个阵痛过程一样，依赖翻译软件就犹如用剪刀帮助蝴蝶破茧一般，只可能导致蝴蝶终生飞不起来。

想象或通过阅读科学史，来了解一下，在没有复印机，甚至连打字机都没有的年代，科学家是如何开展科研工作的？比如，如何查阅文献，做文献卡片、科学笔记等，而在网络时代科学家又是如何开展科研工作的？将二者进行比较，看看我们应该如何将两者优势结合起来更好地为自己的科研工作服务？

7.4　引言中涉及的科学假说

科学研究方法中的第二阶段，就是构思假说。所以一般在引言的最后一段，除了提出研究目标，更有深意的引言还包括拟检验的科学假说或科学假设、假定。提出拟检验的科学假说，这对于研究工作者很具有挑战性，对于研究生就更为困难，需要通过不断实践去提高这种能力。就目前而言，大部分学术论文和项目申请书都缺少拟检验的科学假说，这必然影响到研究工作的目的性和科学性。

科学假说是研究工作者最重要的思想方法，其主要作用是提出新理论、新实验或新观察，绝大多数的实验和观察都是以验证假说为明确目的而进行的。假说的另一作用是帮助人们看清一个事物或事件的重要意义。假说的价值在于：以该假说为基点，将研究工作的新方向朝四面八方铺展，把这种假说尽可能广泛地应用于各种具体情况。如果假说能广泛用于各种情况，则可能上升到理论范畴，如果理论具有足够的深度和广度，甚至可上升为"定律"。

• 哥伦布由于坚信以下假说而发现了新大陆：既然地球是圆的，他就能向西方航行而最终到达东方。

• 埃利希的假说奠定了化学疗法的基础，他的假说是：由于某些染剂能有选择性地给细菌和原生动物染色，所以就有可能找到某种能够单为寄生虫所吸收的物质，用其杀死寄生虫而不损伤宿主（贝弗里奇，1979）。

当假说不能被实验或观察的结果所证实时，可用一种能起到澄清作用的补充性假说来适应矛盾的事实，而不是完全抛弃原来的假说。这种修正的过程可一直进行下去，直至主要假说可能滑稽地附加一大堆特设条件，能否到达这一步，很大程度取决于个人的判断力和鉴赏力。到此，"大厦"方始倾倒，而代之以另一"新大厦"——能更合理地综合现今可以获得的一切事实的新假说替代了旧假说。在第5章我们讨论了使用这种不断修改假说的方式可获得新的选题。在第 9 章"学术论文的结果与讨论"中,我们将详细讨论,在研究过程和论文撰写中通过对科学假说的证实和修正过程以及"自上而下"和"自下而上"不断循环过程就可以使研究问题不断深入、研究成果不断升华,通过这一不断循环上升的过程来强化批判性思维的深度和提高论文结果的创新性。

运用假说必须记住,不要抱住已证明无用的设想不放,当证明假说与事实不符时,应放弃或修改它。这种要求说起来容易做起来难,研究人员抱住自己有破绽的假说不放而无视相反的佐证的情况,并非罕见,有的甚至故意隐瞒矛盾的研究结果。如果能够代之以新的假说,放弃旧的假说就容易得多。在发现假说不能令人满意时,想象丰富的科学家比想象贫乏的科学家更容易放弃它,因前者能较容易找到可替代的新假说,后者往往更有可能把时间白白耗费在旧假说的纠缠中。诚然,对假说抱有信念并持有锲而不舍的态度,是十分可贵的。顽固坚持一种在矛盾的佐证面前无立足之地的设想,与坚持一种虽然难以证实但却无直接佐证否定的假说,二者间有天壤之别。然而,即使是第二类情况,如毫无进展,也可暂时放弃。科研工作者应进行让设想服从于事实的思想训练,否则他们往往会陷入如下的危险:一旦假说形成,因自己的偏爱很可能会影响观察、解释及判断,而这种主观愿望可能在不知不觉中产生。而防止这种倾向的最好方法,就是培养一种使自己的意见和愿望服从客观证据的思想习惯,培养自己对事物本来面目的尊重,并时常提醒自己:假说只是一种假定。正如赫胥黎指出:"我要做的是让我的愿望符合事实,而不是试图让事实与我的愿望调和。"

在科学研究中,科研工作者研究自己的设想通常比研究别人的设想效果更好。当设想被证实正确的时候,设想的提出者即使没有亲自参与设想的证实工作,也能既获得个人满足,又荣膺主要功劳。研究他人假说的人常常在一两次失败后就可能放弃,因为欠缺那种想要去证实这种假说的强烈愿望,而科学研究需要的正是这种强烈愿望去驱使研究者开展彻底的实验,并想出各种可能的方法来完成实验。所以,在研究生的指导中,高明的导师通常引导研究生提出自己的研究计划,其中包含研究生自己的设想或科学假说,这样就能激发他们在研究过程中坚持不懈。为了使科研工作与研究生的好奇心紧密联系起来,在第 15 章"批判性写作课程设计案例"中就建议,让研究生完成一份与自己的研究方向(或者是自己学位论文的一部分)相关的课程项目论文,即一份通过自己进行文献综述、以引言为主体的研究计划。如果这份研究计划是在导师必要的指导下由研究生独立完成的,那么,接下来他就会怀着满腔的热情和坚定的信念去开展实验和完成论文的撰写。

值得一提的是，在引言撰写中，科学问题或研究目标的凝练和假说的提出常需借助推理方法，推理方法以及在科学研究中的重要作用，将在第9章"学术论文的结果与讨论"中加以详细讨论。

思 考 题

（1）引言的功能是什么？

（2）为什么引言在论点主导式的学术论文结构中占据顶层设计的最高位置？

（3）引言的典型结构是什么？

（4）引言中怎样进行文献综述？怎样凝练科学问题?怎样提出研究目标？

（5）引言中怎样提出科学假说？

（6）怎样撰写引言？

第 8 章　科学研究的实验设计和研究方法

科学研究的实验设计和研究方法是为解决科学问题、实现研究目标服务的，所以在进行实验设计及确定研究方法之前，心中必须已有明确的研究目标、拟解决的"科学问题"和拟验证的"科学假说"。也就是说，写研究计划时，首先必须完成"引言"部分的撰写，即通过文献综述，从中凝练出科学问题和研究目标。然后针对这些研究目标和拟解决的科学问题，详细地规划实验设计和研究方法。对科学假说进行验证而设计的方法和手段包括理论推导、数学模型、实验室实验、野外实验，等等。

因为科学实验是设计来探索未知的问题，所以不可能像现代化工厂那样进行程序化操作、流水线作业，一个好的科学实验要求精心的实验设计及研究方法的选择，还要求实验人员在操作技能、思维方式、心理素质和观察方法等方面都训练有素。本章首先讨论科学研究的实验设计和研究方法制定的基本原则，然后讨论科研工作者设计实验的准备工作和常见方法，最后介绍研究计划和学术论文中"材料与方法"部分的撰写。

8.1　实验设计与研究方法制定的基本原则

实验设计与研究方法在科学研究中有两个主要目的：一是探索和发现新现象或新规律；二是检验已有知识或理论的准确性。为了达到这两个科研目的，研究者进行实验设计和制定研究方法时，在精心设计之中，必须坚持以下基本原则：以解决科学问题为中心原则，"无偏"原则，最佳设计原则，小心求证原则，以及可重复性原则。

8.1.1　以解决科学问题为中心原则

本章开篇就强调，科学研究的实验设计及研究方法是为解决科学问题、实现研究目标服务的，所以科学家首先是根据拟解决科学问题，对课题进行周密思考，并将课题分成若干关键的问题，然后精心设计为这些问题提供答案的实验。观察必须"根据合理的假设,即观察是一种主动的过程。观察即是探索,是为了发现先前隐藏着的,未知的事物,以达到实际的或理论的目的而进行的研究"(杜威,2010)。所以,研究生在设计每一个实验时,应询问自己这一实验是为了解决科学问题或研究目标中的哪一部分问题,是为了证实自己引言中的哪个假定而设计的,即紧紧围绕科学问题而展开实验设计。

著名的微生物学家勒内·杜博斯指出(贝弗里奇,1979):"实验有两个目的,彼此往往不相干:观察迄今未知或未加释明的新事实,以及判断为某一理论提出的假说是否符合大量可观察到的事实。"对于第一个目的,比如通过天文望远镜(如 FAST)的日夜观察来探索未知的浩瀚宇宙,或通过运转高速的对撞机来探索未知的微观世界等。对于开展跟踪创新的科研工作者,包括开始学习科学研究的研究生,实验一般是针对第二个目的而进行的,所以,没有拟验证的科学假说、没有明确的研究目标而进行的实验是盲目的、低效的,甚至是浪费资源和时间的。遵循以解决科学问题为中心的原则,也能解决前面列出的研究生的一些困惑:"在缺乏明确研究目标的情况下,以忙碌的实验活动来充当科学探索活动。""试图利用一切可能的资源,做尽可能多的、尽可能先进的实验(包括物理、化学、生物实验),花费大量的人力、物力和时间,然后利用这些实验得来的数据进行某种分析(通常是统计分析),最终只能靠碰运气来获得一些可能连自己也难以提炼其创新点的'结论'或一些创新性不高的结论。"这里实际上涉及到经验思维和科学思维的方法问题,经验思维方法是依靠自然界偶然呈现给我们的某种情境的联系,研究者希望从大量数据分析中靠偶然机会来获得这种联系;而科学思维方法则是通过实验来"制造事实"(而非仅仅"制造数据"),有意识、有目的地努力使这种联系显示出来。用这种方法,进步的概念便获得科学的保证(杜威,2010)。

另外,实验是获得论文数据的基本途径,只有合理的实验设计,才会少走弯路,缩短实验周期,尽快获取准确、有效的数据,达到事半功倍的效果,实现预定的研究计划。

科学实验的设计应遵守最少化原则,最少化原则的思路就是使实验带有明确的针对性和目的性。许多科学家设计的实验都简单、直接,一个实验设计就是为了证实一个假定,即一个关键性的实验能得出符合一种假说而不符合另一种假说的结果。比如巴斯德方法,就是科学家们通常采用的方法:做的实验很少,很简单,但每个实验都是围绕着科学假设,进行长时间智力孕育的结果,考虑到一切可能的因素,并在最后的实验中对假说加以检验,单刀直入,不做虚功（贝弗里奇，1979）。

先进的科学手段往往会极大地提高科学研究的效率。比如，CT 扫描技术最初主要用于医学，随着仪器价格的降低以及技术的普及，这种技术也用于土壤和岩石的检测，从而推动相关学科的发展。又比如，实验尤其是野外实验可能需要大量时间、经费和人力的投入，而合理使用计算机模拟技术可以大大提高科研效率。但是先进的科学仪器和分析方法都是为实现研究目标和解决科学问题服务的，科学实验的设计不是越复杂越好，也不是使用的先进仪器越多越好。这就像去医院看病，医术精湛的医生能够顺利地做到对症下药，而庸医即使使用上一切先进测试手段，比如对任何病都进行验血、B 超，使用先进仪器如 CT、核磁共振等"过度诊断"，还未必能够找对症状，最后还是进行"大包围"似的开药，浪费大量资源、时间和金钱后，病症仍可能得不到有效治疗。作为科研入门者需要注意的是：在你的研究计划（或项目申请书）和学术论文中列出大量的先进的科学仪器和分析方法，并不表示其更具有创新性，可能暗示没有实质性内容，而试图用这些先进的科学仪器和分析方法来"装点门面"。要达到精确的测量结果，还必须熟练掌握先进仪器的原理和操作方法，必须理解先进的分析方法的应用范围。在模型的运用上也是一样，如必须了解统计模型与数学模型、统计学与地质统计学、数值模拟与随机模拟等的应用范围，即它们分别适用于分析什么样的问题，才能更好地让它们服务于你的研究目标。

假设你是美国跨国农业公司孟山都公司（Monsanto Company）的一名研究员。该公司计划开发一种新型除草剂，已通过超级计算机模拟出其分子结构，不过，投产前，根据美国环保署关于清洁生产的有关规定，开发新型除草剂必须预测其投入使用后产生的生态环境效应。你将负责这一预测工作。首先，你确定这一问题的研究目标就是预测这种新型除草剂在土壤、地下水、地表水中的运移和转化过程及其短期（1—20 年）、中期（20—100 年）和长期（100—500 年）的生态环境效应，包括对土壤、地下水、地表水及其中的植物、生物以及最终对人的影响。由于新型除草剂还未投产，更不可能有 100 年的观察数据，所以你采用实现这一研究目标的最好方法——运用计算机模拟，即运用到上面提到的数学模型、地质统计学、数值模拟和随机模拟等分析方法。另外，你还需查阅文献，找到与此新型除草剂分子结构类似的几种已有的除草剂，用其物理、化学和生物特性作为模型输入参数，并用这些除草剂进行必要的实验工作，以确定所需的模型参数。

8.1.2 "无偏"原则

科学研究的"无偏"原则包括至少两方面的内容：心理或观察上的"无偏"以及研究方法使用上的"无偏"。以下我们就这两方面的问题进行讨论。

1. 观察上的"无偏"

科学研究的目的是认识事物的客观规律，所以科学观察必须客观、不带任何主观偏见，也就是"无偏"。然而，人们在进行观察时，却容易受到自己心理或感情的影响。我们不仅倾向于按照我们想要看到的情形和需要看到的情形来思考这个世界，而且还倾向于代入自己固有的观念来感知和思考他人与周围的一切。这样的观念被称为模式，通常是我们扭曲了真理并将其融入自己的模式中。比万在《当代心理学》一书中指出："没有任何智力活动，包括科学，能免于一种或另一种特定意识形态的塑造力量。"（卡比和古德帕斯特，2016）"观察者期望效应"就是指人们的这类认知偏见，即在科学实验中，由于观察者预期某些测试结果，于是无意识地以某种形式操纵了实验步骤，或错误地揭示实验结果以达到他们希望得到的结论。有时科学上的失败就归因于实验者的偏见，偏见使他们在感知或判断上产生不全面甚至犯错误的倾向，他们的观察只是根据其期望或欲求而获得的一个特定结果。下面是观察者选择性地观察符合自我情感的东西的一个例子。

心理学家雨果·蒙斯特博格（Hugo Munsterberg）给大量听众做了一次关于和平的演讲，听众包括多名记者。事后，他以如下方式对记者的见闻进行了总结："这些记者坐在离讲台很近的地方。一个人写道，听众对我的演讲感到非常惊讶，会场上鸦雀无声；另一个人写道，我经常被大声的鼓掌打断，在我讲演的最后，鼓掌持续了几分钟的时间；一个人写道，在我的对手讲话的时候，我经常微笑着；另一个人则注意到我的脸保持严肃，没有一丝笑容；一个人写道，我的脸由于激动变得紫红；另一个人则发现我的脸变得惨白。"（格里格和津巴多，2003）那么，在科学研究中怎样才能做到"无偏"观察呢？

研究人员要懂得观察，首先必须知道，观察者不仅经常错过似乎显而易见的事物，更为严重的是，他们常常臆造出虚假的现象。虚假的观察可能由错觉造成，或头脑本身滋生了谬误。头脑滋生的谬误是由于头脑容易无意识地根据过去的经历、知识和自觉的意愿去填补空白。不同人在观察同一现象时，个人会根据自己的兴趣或知识背景所在而注意到不同的事物（贝弗里奇，1979）。

从马克·吐温（2012）的《密西西比河上的生活》中的片段，看看有训练的头脑看问题的视角是多么不同！"随着时间的推移，河水这张脸变成了一本精彩的书。对于没有受过正规教育的乘客来讲，它像一门毫无意义的死语言；但它却毫无保留地把它的心思泄露给我，明明白白地传达着它珍藏的秘密，好像出声说出来的一样。""读不懂这本书的乘客倒是会被它脸上一种奇怪的、浅浅的酒窝所吸引……但是对于舵手来说，它的含义是下面埋着一条沉船或者一块岩石，很可能把打这儿漂过的最坚固的轮船撞个粉碎……它暗藏最阴险的杀机。读不懂这本书的乘客只看见其中阳光涂抹、云彩掩映的各式漂亮画面，但是在受过良好训练的眼睛看来，那些根本不是画面，而是最为冷静、最为客观的文字读物。"

同样的观察而形成因人而异的反应在日常生活中比比皆是，此外人们反复看见某一事物却不加记忆，即熟视无睹，或可能注意到了一个熟悉场景有所变化，却说不出什么变化。必须懂得所谓观察不止于看见事物，还包括思维过程在内。一切观察都含有两个因素：感官知觉因素和思维因素，这些因素可能处于自觉或不自觉的意识之中。这里主要指出可能产生偏见的各种心理因素，通过认识并主动克服这些心理因素进行纠偏，从而达到观察上的"无偏"。

2. 分析方法的"无偏"

不仅要重视观察上的"无偏"，才能收集到可靠的数据，而且要求分析观察数据的方法也必须是"无偏"的，最终才能获得可信的科学结论。在观察数据的分析上，常用到统计学中的"无偏"估值方法。不过，要求某一变量的估值达到"无偏"需要满足以下原则：其一，变量需符合随机性原则，即统计学上机会均等的原则。例如，进行土壤污染状况调查，针对场地内土壤特征相近、土地使用功能相同的区域，将监测区域分成面积大致相等的若干地块，从中随机抽取一定数量的地块，在每个地块内布设一定的监测点位。其二，需要样本量足够的大，即足够多的数据。其三，还需知道变量的统计分布规律。比如，土壤水分含量测量值的统计分布规律符合正态分布，所以直接用其测量值就可以计算这一变量均值、方差等各阶距。而土壤水力传导度的测量值的分布规律更符合对数正态分布，因此需先将测量值进行对数转换后用来计算均值、方差等各阶距，方可以获得"无偏"估值。

同理，当我们运用统计学方法时假定所分析的变量是完全随机的，但自然界中的许多变量并非完全随机，而是在空间或（和）时间上有某种相关性，比如降雨在空间和时间上就具有某种相关性，这种变量如果用统计学方法来分析就会产生"有偏"的估值，这时应该运用考虑了这种时空变异性的地质统计学方法来分析这种变量。又比如我们用比浊法来测量微生物的量，原理是在一定波长下和一定的微生物悬液浓度范围内，可以通过测定的微生物悬液的光密度（optical density）来获得微生物量。这里测量时应控制在微生物浓度与光密度成正比的线性范围内，否则就不准确。所以使用某一方法来分析某一变量观察数据或测量某一变量时，一定要清楚这一变量是否符合所用方法的假定条件。

在计算机模型被普遍运用于科学研究领域的今天，比如从普通统计软件输出两个变量之间的相关系数到复杂的计算机系统模拟输出天气预报信息，模型使用者必须重视模型运用的条件及其准确性，应该牢记一点：对于模型，"Garbage in，garbage out！"，意思就是"输入的是垃圾，输出的也一定是垃圾！"也就是说，如果对于要模拟计算对象的内在过程认识不清楚，相关的输入参数不准确，相关的输入数据不充分，那么，模型的输出结果一定是不可信的。有的绘图软件，如绘制变量空间分布的软件，无论输入多少数据，这些软件都会输出漂亮的二维等高线图或三维的立体图。不过，如果没有足够的输入数据，这些漂亮的图形显示的却不是"无偏"估值的结果。

一位学生用 GIS 软件来绘制广东省 2000 年的降水量分布图，他输入了该省 30 个雨量站的测量数据，然后将色彩斑斓的降水量分布图呈现给导师。以下是导师与学生的对话。导师问："降水量分布图是如何获得的？"学生答："用 GIS 软件绘制的。"导师问："用了多少数据？"学生答："30 个雨量站的测量数据。"导师再问："据我所知 GIS 软件是用地质统计学方法来计算空间分布的，您认为这些数据在全省范围内符合地质统计学的二阶平稳假定吗？这些数据可以计算出可靠的变异函数吗？"学生答："我没考虑，也不懂得要做这样的考虑。"导师继续问："那么这种降水量分布图可信吗？有用吗？""……"导师通过这种循循善诱的方法让学生理解了"有偏"估值的问题。

值得注意的是，这里的"无偏"主要是针对科学研究而言的。不过，就像在批判性思维中的其他概念一样，"无偏"的概念也是相对的。这里用几个例子来说明。例一，一座桥梁设计，如果完全从理论力学、结构力学或材料力学的角度看，也许可以指出许多"不科学"的地方，比如使用了比理论计算所要求的更多材料，但从实用、安全的角度来看，它就是可行的，甚至是完美的。例二，一个用"傻瓜"相机或智能手机拍摄的照片已能满足一般人的需求，但在专业摄影家的眼里，这些照片肯定是不完美的。例三，上面的降水量分布图从做科研的角度也许是不可信的，但对于某些用途，比如运用于区域的总体规划时，其精度可能已足够了，因此具有一定的实用性。

8.1.3 最佳设计原则

最佳设计原则是指设计实验方法时，要考虑数据精度和实验费用间的平衡。在野外实验中，它又被称为最佳采样策略。比如，进行生态实验，要采集多少样本，在什么位置采集，样方要多大等，才能保证获得尽可能高的数据分析的结果精度，同时使用尽可能低的实验费用。一般来说，采集的样本所需的最小数量，要能保证计算得到可靠的统计学或地质统计学参数，如均值、方差、变量分布、变异函数等；采样位置一般是在变量变化较大的区域布置较密集的采集点；样方的大小应按"最小需要尺度"（minimum requirement scale）来确定；样方的维度应在变量变异性最大的方向延伸等（Zhang et al., 1990）。

要研究某区域小麦产量的空间分布情况，按"最小需要尺度"，确定了样方的大小为 $4m^2$，因此，至少有三种样方的尺度选择：$2m \times 2m$，$4m \times 1m$，$1m \times 4m$。考虑小麦产量在 X 方向的变异性最大，所以样方的最佳尺度为 $4m$（X 方向）$\times 1m$（Y 方向）。

在初期实验中，如果发现所获取的样品点由于数量不足或是设置的空间或时间点不够恰当而导致不能体现数据规律性，就必须及时调整方案，增加取样点或是调整取样的空间位置或时段。例如，开展微生物研究，在制备菌种的时候，需绘制菌株生长曲线，了解其对数生长期到来的时间。以便采用对数生长期的微生物来作为传代菌种，因为这个时期的微生物处于一个高速生长的阶段。这就需要根据实际情况合理地设置能捕捉到微生物最佳传代时段的采样时间。又如，化学反应并不都是缓慢或匀速进行的，在设置不同的处理组时，有些反应会在某些因子的影响下加快反应速度，需按照实验可能的规律对实验进行合理调整，才能获得快速反应过程中尽可能多的信息。如图8.1所示，抗生素氟苯尼考在硫酸盐还原菌（SRB）体系（对照组）中72小时去除率接近90%，而在加入纳米零价铁（nZVI）的处理组（nZVI-SRB 体系）中前3小时的去除率已达到近100%，为了更好地研究这一环境中的污染物的去除机理，应该针对 nZVI-SRB 体系在0—3小时之间（即在变量变化较大的区间）设置更多的采样点（图8.2），而往后就延长采样时段。这样，既可以减少采样次数，又可以有足够的数据分析污染物的降解规律。

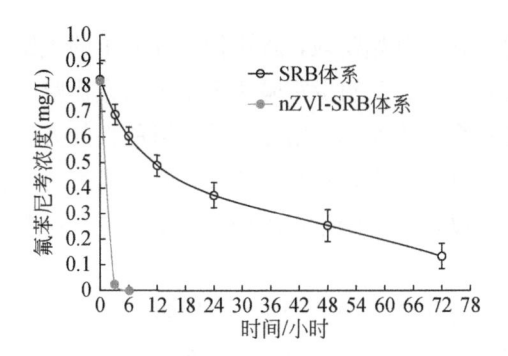

图8.1 SRB和nZVI-SRB体系中氟苯尼考浓度在72小时内的变化

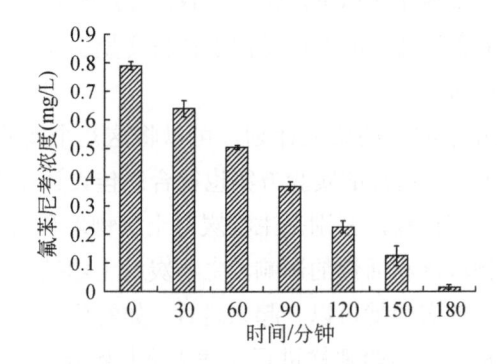

图8.2 nZVI-SRB体系中氟苯尼考浓度在3小时内的变化

另外，虽然野外实验的资料很宝贵，但是其中许多隐藏变量可能会扰乱我们对实验资料的分析以及对实验结果的理解，很难精确知道到底存在什么样的因果关系，要直接从野外实验的资料分析出其中的规律是很有挑战性的。所以，很多情况下，先开展实验室的可控实验，对不同变量的影响程度有一定认识后才开始野外实验。在资料允许的条件下，也可以通过多变量的敏感性分析或主成分分析来确定主导变量或主导因子，这种只针对主导变量来设计的野外实验方案，既可大大降低实验成本，又可保证实验结果的可靠性。

在资料分析中，常用到统计方法来分析结果的显著性，根据统计学理论，样本规模越大，统计分析的结果就越接近于未知的"精确"结果，即发生错误的可能性就越小。显著性水平是依据样本规模大小、样本中变量的多少、两组间结果差别的大小和相关程度等要素计算出来的。但在实际实验中，由于各种条件，如时间、设备、经费、实验规模等的限制，一般只做三个重复处理，这只是进行统计分析的最小样本数，所以，对这样的分析结果的可靠性要保持警醒。

尽可能在研究工作的开始阶段，就进行一项简单的关键性实验，以判断所考虑的主要假说是否成立。在初步实验某个定量因素影响时，最好一开始就确定在极端条件下是否会产生影响。用逐步缩小可能性的方法或逐步排除法，常常比盲目猜测能更快地发现预期结果。比如，研究温度对实验的影响，可先试可能的最低和最高温度，然后用逐步逼近的方法找到"最佳"（或影响最大的）温度。

由于实验环境通常包含多个自变量，为探明某一个自变量的影响及相应的反应机制，通常都会遵循单一变量原则，即在实验过程中，除了要考察的那个自变量外，其他变量和条件均尽可能保持一致。每组实验只能有一个自变量在变化，这样才能确定实验结果的变化是由于该自变量引起的。对于实验变量的考量稍后还有更详尽讨论。

如果同时实施几个相关的研究计划，可以将这几个实验方案协同起来考虑，避免重复性的工作。这样的实验方案也符合最佳设计原则。比如，我们正在实施三个相关的研究计划，分别是生物炭对土壤物理和水动力特性的影响，生物炭对土壤微生物群落和活性的影响，生物炭对土壤碳、氮循环的影响。与这三个研究计划相关的实验就可以一起来进行，如孵化培养、随培养时间土壤的采样等都可以只按一个实验那样进行（适当增加孵化培养的土壤量），但获得土壤样本（适当增加采集的土壤样本量）后，就依照不同的研究目标进行不同的实验分析。这种综合实验最佳设计原则对于布置和实施大型科研项目尤其重要。

8.1.4 小心求证原则

科学研究需要"大胆假设，小心求证"，即需要大胆创新，大胆提出科学假设，但必须如履薄冰、小心翼翼、一丝不苟、精益求精地进行科学假设的验证工作。因此，进行科学实验时，必须在思想上和技术要点上采取极其审慎的态度。并且必须勤勉刻苦，重视每一个"细节"，才有可能获得可靠的测量数据及相关的研究成果。

实验观察的训练遵循着与其他任何方面的训练相同的原则，随着实践的增多，行动逐渐变得不知不觉或无意识，遂养成了习惯。进行有效的科学观察还必须有良好的基础，因为只有熟悉正常情况，才能注意到不寻常或未加释明的现象。对实验工作的全部"细节"做详尽记录是一条基本而重要的规则。建议应用"我所看/我所想"的方式做实验笔记（第11章）：这一类笔记使用两栏，左边一栏包括经验观察（比如"溶液变成了青蓝色"），右边一栏则记录研究者的思想过程（比如"因此我假定溶液里含有铜，然后我决定做铜的证实性实验"）。左栏也可以是数学计算，在这种情况下，右栏则解释为什么研究者做这些计算。人们常需要回过头来查看以前的某个实验细节而该细节所具有的意义在进行实验时可能还未被意识到。除了为所做的工作和所观察到的现象提供可贵的记录外，做笔记也是促使自己进行细致观察的一种有用方法。对事物进行科学的观察，就要进行最专注的详审细察，做详尽的笔记和绘图或摄影都是促进准确观察的宝贵方法。研究生毕业离校前，除了自己留下一份拷贝外，所有的原始资料和数据，包括纸质和电子版数据，都要提交给导师，之所以要求这样，其一，这些原始资料和数据是属于学校的公共财产；其二，便于根据这些资料和数据对研究结果进行检验和查询。

培养以积极探究的态度注视事物的习惯，有助于观察力的发展。在研究工作中，养成良好的观察习惯与拥有大量的学术知识同等重要，而且随着科研工作的深入，观察力的作用会变得越来越重要。做实验时，除了注意那些预期的事物，还不能错过意料之外的现象，而这些现象尽管开始时可能令人不解，却可能导致意想不到的重要事实的发现。每当发现不正常的现象时，就应该搜寻可能与之有联系的情况。进行任何形式的观察都要有意识地寻找可能存在的特点，寻找各种异乎寻常的特征，特别是寻找各事物之间或事物与已有知识之间存在的任何具有启发性的联系或关系。在观察时，应培养善疑多思的思想方法，注意搜寻值得追踪的所有线索。

实验人员必须正确认识自己使用的技术方法，要认识这种方法的局限性和所能达到的精度。必须非常熟悉实验所使用的方法和仪器，才能有效地将其用于科学研究工作。而科研工作上的任何疏忽不仅不会带来科研成果，还可能带来灾难。

1999年9月23日，"火星气候探测器"在太空中飞行286天后，进入火星轨道，随即与地面失联，这项耗资超过3亿美元的火星探测任务以失败告终。事故原因简单得让人难以置信。探测器由洛克希德·马丁公司设计制造，该公司工程师使用英制单位来记录某项关键运行数据。而美国国家航空航天局（NASA）主要使用国际公制单位，所以NASA科学家理所当然地认为数据以公制为单位，并且没有做任何检查。未经转换的数据在NASA被用来调整探测器运行轨迹，使它逐渐偏离预定轨道，滑向灾难。

另外，在进行实验前，特别是在做重要的实验前，必须进行实验风险评估，特别是对于需要长时间才能完成、需要昂贵的或不可替代材料的实验，以避免潜在的风险甚至失败。

一个不容许发生错误的"实验"就是航天飞机项目。NASA 前飞行主管克兰兹（Kranz）曾将"失败不是一个选项。"（"Failure is not an option."）这句话用作他 2000 年出版的登上《纽约时报》畅销书榜的畅销书书名，以警示 NASA 工作人员必须保持这样的工作态度。

8.1.5 可重复性原则

研究结果的可重复性是验证科学实验方法的重要原则，可重复性是指按照实验方法进行重复实验，理论上应获得同样的结果。不过在实际实验中，一般由于有这样或那样的非系统因素或随机因素，重复实验很难获得完全相同的结果，只能获得统计学意义上的"相同"结果。因此，实验设计中的可重复性原则指在相同实验条件下的独立重复实验的次数应足够多，以降低因样品个体差异而导致的各种实验误差。其中，"独立重复"则是指要用不同的个体或样品做实验，而不是在同一个体或样品上做多次实验；同一批次的实验重复取样不可以视作两次平行实验，更不能将一个样品的重复测量视为平行实验。只有单次实验的结果，或者多次实验结果相差较大的，即没有可重复性的结果是不能作为科学结论的。结果的可重复性也是论文发表后被验证的重要原则，如果一项实验是成功的，那么其他人去做同样的实验就应该获得相同的结果，包括统计学意义上的"相同"结果，否则就会遭遇质疑。论文发表后，由于科学界无法根据论文提供的实验方案重复出论文的关键结果而被迫撤稿的例子并非罕见。

2018 年诺贝尔化学奖得主弗朗西斯·阿诺德于 2019 年 5 月在 Science 上发表了一篇学术论文，该研究于 2020 年 1 月被作者宣布撤回。Science 简述了该论文的撤稿理由："在发表了论文'酶催化的位置选择性可以完全不受 C-H 键的强弱以及产物环张力的影响'之后，该实验的二次试验结果表明，这些酶并不催化活性和选择性的反应。根据第一作者的笔记进行了二次试验后，阿诺德发现在先前的研究中忽略了部分原始数据，而这些内容正是实验的关键所在，因此她决定撤回自己的论文。"

为确保实验工作的可重复性，对实验工作的全部细节进行详尽记录是一条基本而重要的规则。对于一些化学类实验，可在保持所有实验条件相同的情况下进行重复实验，对所有实验数据计算平均值和方差，对方差较大的实验要再重复实验，直至方差在合理范围内。

8.2 实验方案设计和方法制定

实验方案设计和方法制定涉及的内容很广泛也很精细，请读者根据具体的研究问题参考相关的实验手册、著作和学术论文。这里只简单讨论实验方案设计和方法制定中一些共性的内容，包括实验对象和变量的确定、对照实验的设计、实验设计方法与数据分析方法，以及实验材料和仪器等。

8.2.1 实验对象和变量的确定

上一节讨论的实验设计和研究方法制定的基本原则，也就是实验前在思想上和技术准备上应遵循的原则。本节讨论一些更具体的准备工作，包括实验对象、实验自变量和实验因变量的确定等。

1. 实验对象的确定

我们在第5章"科学研究的选题"和第7章"引言的功能及撰写"中已系统地讨论了如何确定研究目标。在确定了研究目标以后，尽可能在研究工作的开始阶段进行一项简单的关键性实验，以判断所考虑的主要假说是否成立。在对各部分进行实验之前先对整体实验进行初步验证，即确定主要的实验对象，往往是明智的。例如，Zhao等（2022）要研究人体气味吸引蚊子的关键因子，由于绝大多数蚊子都受到血源的吸引，但并不区分人类或动物血源，这就增加了实验的工作量和延缓了实验进度。他们根据前期研究发现埃及伊蚊（*Aedes aegypti*）已经演化成为专门叮人类的物种，因而选择了埃及伊蚊作为实验对象。

选定实验对象后，对后期实验中实验对象来源的可靠性也要进行确认。对于涉及生物体的相关实验，实验对象的挑选是否科学合理更是影响实验成败的重要因素。一般来说，作为实验对象的生物，其健康状况必须是良好的，年龄、体重、性别等指标应当相近，同时实验对象的挑选分组也要符合随机原则，不能存在人为干扰。例如，要研究新烟碱类杀虫剂对小鼠肝功能的影响，作为实验的研究对象，小鼠的选择在性别、年龄、体重、饲养温度和湿度等因素上应尽可能具有一致性和可比性。

2. 实验自变量的确定

在确定实验对象以后，我们需要根据实验所研究的场景和目标对自变量进行筛选和确定。前面提到的研究人体气味吸引蚊子的关键因子的研究，研究者将人类身体和动物的气味作为自变量，收集了人类、大鼠、豚鼠、鹌鹑、绵羊和狗等多个物种的气味。

在确定了实验自变量之后，还要根据实际情况或参考文献确定自变量的取值范围。自变量的取值范围必须考虑研究的目的，而选择合理的数值。自变量的取值范围可以通过文献资料来确定，但如果文献没有报道，应该通过预实验来确定主导变量的取值范围。例如，在判断埃及伊蚊是否更倾向于人类气味的初期实验中，研究者只需将收集的动物毛发及研究者自己的手短期暴露在实验体系中进行定性的判断即可。然而，如要进一步确定人类气味中吸引蚊子的关键化合物，就需要研究对象几天不洗澡，然后脱光衣服躺在特氟龙袋子里收集气味，这样收集到的气味浓度才能足够高，以达到仪器的测定需求（Zhao et al., 2022）。

3. 实验因变量的确定

实验因变量是指在实验过程中用来反映实验对象变化的某种特征，如物质的理化特性、浓度、电导率等，可分为主观指标和客观指标。通常主观指标是可以通过研究者自身感官观察到的指标，包括颜色、声音、气味等。如在铁还原细菌还原可溶性柠檬酸铁的研究中，培养基中三价铁转化为二价铁，颜色会从黄色变成红褐色。在硫酸盐还原菌去除硫酸盐的研究中，硫酸盐转化为二价硫，能够闻到臭鸡蛋气味（H_2S 气体）等。客观指标指需要借助仪器来测得的指标，例如在确定人类气味中吸引蚊子的关键化合物时，研究者构建了特殊的转基因蚊子，它们的大脑，比如初级嗅觉脑区的嗅小球会在被激活时发出荧光，用于观察哪些神经元在接收气味时被激活。这个实验中，蚊子嗅小球就是实验的因变量。研究者还通过大脑的嗅小球的特异性反应发现了癸醛（decanal）和十一醛（undecanal）这两种分子是人体气味吸引埃及伊蚊的关键组分（Zhao et al., 2022），因此也成了重要的客观指标。

研究人员在实验过程中要观察实验因变量的综合变化，从而对实验结果做出评判，只有确定了合理的实验观测指标才能记录到完整的实验数据。需要指出的是，在实验过程中应尽量对可能发生变化的因变量都进行监测，这对后续的分析，如对解释结果的机理，将会非常有帮助。

8.2.2 对照实验的设计

一个对照实验应包括实验组和对照组。实验组从实验目的出发，通过控制实验自变量来干预实验对象而进行的操作，是为了验证假设是否成立；而对照组不进行相应的操作。按照对照实验设置的目的，又将对照分为空白对照、自身对照、条件对照和相互对照等。

1. 空白对照（blank control）

针对所要研究的实验自变量，在处理组中通过变化这些自变量而形成不同的实验"处理"（treatments），而对照组则不做任何实验处理，故被称为"空白对照"或"控制对照"。空白对照能清楚地对比和衬托出处理组在自变量作用下的变化和结果，增强实验结果的说服力，排除无关变量对实验结果的影响。例如，研究某种药物 A 的降血压作用，实验对象是高血压小鼠，如果只给小鼠饮用相同体积和频次的生理盐水，就是空白对照组。通过与空白对照组的对比，实验组的结果就显示在药物 A 的作用下小鼠的血压会得到怎样的控制。

2. 自身对照（self control）

指实验组与对照组在同一对象上进行，不再另设对照组。单组法和轮组法，一般都包含自身对照。自身对照方法简便，关键在于充分比较实验处理前后现象变化的差异，通常把实验处理前的对象状况设为对照组，实验处理后的对象变化则设为实验组。如洋葱鳞片叶植物细胞质壁分离和复原实验就是典型的自身对照：先后将洋葱鳞片叶细胞放置于高浓度和低浓度水环境中，这时，由于浓度差原理和细胞组织的伸缩性差异，洋葱细胞会呈现出质壁分离再复原的现象。同样，要验证一款降血糖药物是否有效果，就是通过比较同一个人吃药前后血糖的变化，以吃药前的血糖值作为对照组，吃药后的血糖值作为实验组。

3. 条件对照（condition control）

条件对照是指虽给对象施以某种实验处理，但这种处理是作为对照意义的，给定的处理因素正是为了保证实验中对照组与实验组相比，仅仅因为实验变量的变化而产生的影响。例如，硫酸盐还原菌（S 菌）对同型产乙酸菌（A 菌）固定二氧化碳影响的实验，采用条件对照实验法，其实验设计方案如下：

甲组（实验组）：A 菌+培养基+S 菌；

乙组（条件对照组）：A 菌+培养基+S 菌活性抑制剂；

丙组（空白对照组）：A 菌+培养基。

该实验通过比较、对照，更能充分说明硫酸盐还原菌（实验变量）对同型产乙酸菌代谢的影响。

4. 相互对照（inter control）

相互对照是指不单独设置对照组，而是几个实验组相互之间进行对照，一般是在探究某种环境因子、实验因素对实验结果影响的情况下使用，通过实验的相互对照，确立实验变量和反应变量的关系。在此情形下，每一组处理既是实验组也是其他级别的对照组。相互对照能较好地平衡和抵消无关变量的影响，使实验结果具有说服力。例如，要验证水稻根系对重金属离子有选择吸收的特性，可把水稻分别培养在其他成分相同但含有不同的重金属离子的培养液中，经过一段时间后，测定培养液和根系中各种重金属离子浓度的变化，通过相互对照，就会发现水稻吸收重金属离子的偏向性。

8.2.3 实验设计方法与数据分析方法

目前常用的实验设计方法包括单因素轮换法（俗称瞎子爬山法）、正交实验法和均匀设计法等，本节还列出一些常用的数据分析方法，如统计学方法、地质统计学法、数学模型等，其中数学模型又包括解析解模型、经验模型、数值模型（或计算机模拟）、随机模型，等等。每一种方法都有各自适用的范围和优缺点，实验者应根据研究目标进行合理的选择。

1. 实验设计方法

单因素轮换法，是指在多因子影响的实验体系中，每次只改变一个影响因子，其他因子固定不变，探究该因子对于实验体系响应的最适范围。这种方法的优点很明显，比较简单直观，方便操作。不过，当影响因素较多时，实验次数就会大大增加，且这种方法不能考察各因素之间的相互影响。例如，微生物对污染物降解作用是在一定条件下进行的，它受多种因素的影响，如微生物群落、碳源、温度和污染物类型、初始浓度和 pH 等，都能影响微生物降解污染物的速率。通常是在其他因素恒定的条件下，通过对某因素在一系列变化条件下的微生物活性和污染物浓度的测定，获得该因素对微生物降解速率的影响，这就是单因素的简单比较法。

正交实验法是处理实验中多因素优化问题的有效方法，是通过正交表来安排多因素实验，利用统计数学原理进行数据分析的一种科学方法，它符合"以尽量少的实验，获得足够的、有效的信息"的实验设计原则。它依据伽罗瓦（Galois）理论从全面实验中挑选出部分具有代表性的水平组合进行实验，它的基本工具是正交表。这种实验法具有均匀分布、整齐可比的特点。运用正交法可减少实验次数，通过较少的实验次数得出各因素对实验因变量的影响大小，厘清各因素间的主次关系，找出较好的实验条件或最优参数组合。另外，正交实验法得到的数据点分布更为均匀，对数据进行回归和方差分析后可得出一些有价值的结论。例如，研究微生物对某污染物降解的实验，如果选取三个主要影响因素：碳源（A）、污染物的 pH（B）和污染物初始浓度（C），每个因素下进行两个水平的实验（1 和 2），全部实验的次数共 2^3 次，而正交实验则只需要 4 次，即 A1B1C1/A1B2C2/A2B1C2/A2B2C1。

均匀设计法与正交实验法不同，它由于只考虑"均匀分散"而不考虑"整体可比"，因此实验点的选取比正交实验法的实验点均匀性更好、更具代表性，且实验点数量大大减少。均匀设计法中实验结果的处理必须采用回归分析方法，这是它与正交实验法的最大不同之处。

2. 数据分析方法

常用的分析方法包括统计学方法、地质统计学法、数学模型等，所以应准备相应的软件包，如 MATHLAB、MATLAB、统计学和地质统计学的软件包。对于计算机模拟编程，应尽量在已经通用的（即经过反复测试和行之有效的）软件程序上进行必要修改，这既省力省时，还能保证软件的可靠性，同时还需准备必要的模型参数、输入数据库等。

在分析方法中，统计学方法可能是用得最多的，它用于分析随机变量之间可能存在的某种关系，但并非确定性的关系，而是统计学意义上的相关关系。以上所列实验方法，如正交实验法、均匀设计法都是针对统计学方法来设计的。地质统计学法是在统计学的基础上发展起来的一种方法，如果研究的变量是完全随机的，用统计学方法和地质统计学法分析所得的结果是一致的，但如果研究的变量具有空间或/和时间的相关性，即具有时空变异性，则应该使用地质统计学法来进行分析。数学模型包括直接的数学表达式或用控制方程式来表征，对控制方程式的求解可获得精确解（即解析解）或数值解。在实际应用中，只有在物理问题比较简单的条件下（如一维问题，初始和边界条件都简单）才能获得精确解，所以对大多数问题的求解只能使用数值解。数值解一般通过计算机编程来计算结果，所以又称为计算机模拟或数值模拟，用来表征随机过程的方法就是随机模拟方法。这些方法用以下的例子来进一步说明。

表征溶质（污染物）在土壤中的运移和转化规律的方法

如果描述某一种既不会吸附也不会转化的保守性溶质（如氯离子）在一维的土柱中的运移规律，且水流运动是稳定的，那么求解控制方程式即对流-弥散方程就可以获得解析解，即精确解。但如果是非保守性污染物（如农药），这种污染物会同土壤发生吸附和解析作用，还会发生化学、生物过程的转化，如果再加上水流的非稳定流动、温度的非均匀分布、土壤的非均匀性等，要获得解析解已不可能。这时，要同时求解污染物运移转化、非稳定水流运动和温度变化的控制方程式，就只能运用数值解，即计算机模拟。如果需要考虑某些随机变量对模拟结果的影响，比如随机分布的土壤水力传导度对模拟结果的影响，则可以用统计学方法或地质统计学法产生该变量的随机场，将随机场与数值模拟相结合进行数值模拟，即随机模拟。可见，要解决的问题越复杂，所采用的方法也越复杂。不过，这是"头痛医头、脚痛医脚"的做法，随着对问题本身认知的提高、解决方法的改进，将来是否可能发现一种表征复杂问题的通用而简洁的方法呢？

8.2.4 实验材料和仪器

实验材料和仪器的内容纷纭纭杂沓，这里只就实验的准备工作进行简要介绍。实验材料和仪器的重要性犹如战役中的"粮草"，所谓"兵马未动，粮草先行"，实验人员需根据研究目标和研究对象提前做好充分而周密的准备工作。

1. 实验所需的材料

研究者在设计实验时和开始实验前，需在头脑中将整个实验过程预演一遍，对所需的实验材料和用量，即包括玻璃器皿和化学药品等进行预估，可以尝试列出一个清单。比如一般耗材，如烧杯、比色管、容量瓶等玻璃器皿，可以独立使用及购买；实验用药品则应该对照实验室或课题组的公共药品储存情况来决定是否购买，从而避免浪费。对于一些罕见药品、昂贵试剂，或是国家管制清单中的危险化学品，则需要谨慎对待，考虑其必要性，是否能够找到替代品等。如果确定需要购买，就要预留足够的时间，以完成必须的购置手续。药品购买回来后，需要依照其说明书，对其溶解性、预处理方法以及是否易燃易爆等特性，进行充分的了解，从而确保实验安全与结果可控。涉及生物、微生物实验的材料准备，可能会有特殊要求，更需要提前进行准备。例如，微生物实验所需要的模式菌株，常需要从美国模式培养物集存库（American type culture collection，ATCC）或德国菌种保藏中心（Deutsche Sammlung von Mikroorganismen und Zellkulturen，DSMZ）等地进行购买。一般菌株的购买周期大约为 2—3 个月。如果实验对象涉及动物或人类，还可能要走较复杂的审批手续。这些都是实验前必须考虑到的事项。

化学药品应选择常见品牌及通过正规渠道购买。对于一些精度要求高的实验，在同一个实验中使用不同来源的药剂，有时候得到的数据可能差异很大，这主要是由于不同品牌之间存在纯度和品控的差异，研究者可根据自身实验室的具体情况和预实验的结果，选择合适的品牌和纯度规格。

2. 实验所需的仪器及相关参数

研究人员必须正确掌握自己将要使用的技术方法，认识这些方法的局限性和所能达到的精度。只有非常熟悉实验所用的方法和所使用的仪器，才能将其用于研究工作，否则即使是先进的仪器和方法，也不可能带来可靠的研究结果。

实验人员需要列出实验所需的分析仪器，例如气相色谱仪、离子色谱仪、紫外分光光度计、液相色谱仪等。如果实验室缺乏大型仪器，可以通过本单位的测试平台预约或去其他单位借用。此外还必须注意从仪器说明书和文献中获得使用仪器所需要的基本参数，例如，对于微生物固碳并产有机酸的实验，需要用到离子色谱或液相色谱，来测定有机酸的浓度，实验者可以从文献中获取流动相的配制方法、流速以及目标物质的出峰时间、标准品的配制方法等信息。当然，如果研究生所开展的实验是其所在课题组的延续实验或者已有的方法比较成熟，可以从课题组成员那里获得这些方法。不过，仍需对照参考文献进行小心验证、细心观察与精心操作。

3. 实验操作

做实验时，必须严格遵循上面讨论的"小心求证"原则，在技术要点上，采取极其审慎的态度。只有勤勉刻苦，反复尝试，重视实验细节，在实验步骤上，做到知其然并知其所以然，才有可能获得理想的实验结果。研究生初进实验室前，都必须接受实验室安全培训和技术培训。通常导师会安排有经验的研究生对新生就课题组常用的实验操作进行培训，确保后期实验过程中避免因操作不规范而导致实验数据的不可靠。需要指出的是，这些操作培训是必要的，但也可能是初级的，有的甚至不一定合理、合格，所以研究生必须依靠自己去思考、钻研和摸索，尽一切可能地使自己的实验能够获得理想的结果。

除常规的实验操作外，研究者还需要认真思考实验进行中的一些特殊的实验操作。例如，完成扫描电子显微镜样品的制备，必须满足以下要求：①保持完好的组织和细胞形态；②充分暴露要观察的部位；③良好的导电性和较高的二次电子产额；④保持充分干燥的状态。通常化学方法制备样品的程序是：清洗—化学固定—干燥—喷镀金属。样品为生物材料时，需要在固定之前用生理盐水或等渗缓冲液等，把附着物清洗干净。生物样品经冷冻固定后，其中的水分冻结成冰，表面张力消失；再将冷冻样品放于真空中，使冰渐渐升华为水蒸气。这样获得的干燥样品在一定程度上避免了表面张力造成的形态改变。如果没有提前搞清楚样本的制作方法，就会导致前功尽弃。另外，有的实验材料价格非常高昂或者需要复杂的进口审批流程，等等。所以，如果没有提前做足功课，不仅会在实验材料购买阶段费时费钱，而且可能导致在实验阶段实验失败。

8.3　材料与方法部分的撰写

"材料与方法"（materials and methods）是学术论文中很重要的一个组成部分。而判定"材料与方法"写得好与不好的唯一的标准就是：是否提供了足够的资料而使读者能重复你的实验，即是否遵循了"可重复性原则"。因此，撰写"材料与方法"的主要目的就是描述实验的设计，并且提供足够详细的步骤和资料，使他人能够重复你的实验。如果你的实验步骤和实验结果是不可重复的，那么你的文章价值以及你本人的名誉都可能受到损害。撰写"材料与方法"的另一个目的就是通过客观的描述，使读者清楚了解研究工作的对象和过程，便于读者对你的实验结果进行检测。另外，当他们需要开展类似的研究时，可以参考或采用这些方法。

"材料与方法"的写作包括两部分："材料"部分和"方法"部分，但是实际上其内容还应该包括研究对象（subject）、使用的设备和物品（materials）、诊断或实验的步骤和数据分析的统计方法或其他方法，如理论推导、数值方法等。如果是进行数学模型推导和发展理论，那么"材料与方法"部分主要是给出推导方法和过程，而对理论的实验验证不必出现在同一篇论文，或不必由同一作者来完成。比如爱因斯坦首先发表了关于相对论的论文，而相对论的验证工作则是由爱丁顿和他的团队在西非海岸岛普林西比岛通过长时间的日食观察结果来完成的。这两篇论文的方法部分自然各不相同。

"材料"部分包括准确的技术说明、设备、仪器、数量和来源、准备方法等。有时还需列出所使用试剂的相关的化学和物理性质，以及研究的对象。如果是以动物作为实验对象，应说明动物的来源种系、性别、体重、健康情况等；植物、微生物通常应通过属（种）菌株等准确地划分出来。化学药品应正确地标明药品的名称和来源。

如果要描述的东西比较多，比如需要描述多种土壤、多个测量点、多种污染物、多种植物，等等，可以采用表格的形式。避免犯将"结果"的一些东西与"材料与方法"的内容相混淆的错误。对于材料、对象和方法的描述，应采用国际同行所熟悉的通用名称和通常用法。如果使用一个新名词或者符号，一定要给出相关的定义。

"方法"部分的最重要内容是要对实验的设计及操作步骤进行描述，如实验组与对照组的设置及它们之间的差别、自变量及因变量，以及设计意图等。描述要详略得当，并重点突出方法，也就是描述研究是如何开展的。阐述观察或调查的目的、时间、地点、方式。要将实验的整个操作流程描述清楚，对于较为烦琐的实验，可以附加实验的流程图进行说明（参见第6章项目申请书中实验流程图的范例），每个步骤之间的关联要描述清楚。除了描述实验步骤、方法外，还可包括数据和资料的定量和分析方法、统计方法、数学模型，等等。如果是对已有方法进行改进，应该详细地写清楚改进之处以及修改的依据。如果是完全新的重要方法，即会对后面数据的产出及分析起到重要作用的方法，则应该尽可能详细地进行描述，以便读者能够重复这些方法。如果所采用的方法已有文献记载，一般简述并引用该文献即可。但如果采用的方法来自读者面较窄的文献如会议论文集，就有必要比较完整地描述这种方法。如果存在几种可供选择的常用的方法，应简短地指出所用的方法以及引用的文献，比如，与"Soil water content was measured as previously described by（9）"［土壤水用文献（9）中描述的方法来测量］相比较，"Soil water content was measured using the neutron probe method as previously described by（9）"［土壤水用文献（9）中所描述的中子法来测量］就更清楚。测量和分析方法的描述一定要准确，"方法"与烹调书里的菜谱相似。比如,如果一个反应混合物加热了,就要给出温度。论文中常见这样的描述:"本实验是在室温下进行的。"这里"室温"是一个模糊概念,如果温度是一个重要变量,就应该给出准确温度。如"本实验是在 22±2℃的条件下进行的"。否则就删除这句话。作者必须准确地回答"怎样"和"多少"之类的问题,而避免让读者去猜测。

对资料进行统计分析是必要的,不过应该突出和讨论的是数据而不是统计学知识。应该分析资料的特征并进行讨论,还应简要说明在什么条件下使用何种统计方法与显著性标准,必要时应说明计算手段和软件名称及软件版本,而不是仅限于统计结果。一般来说,对某种方法的长篇描述表明作者最近获得了这些知识,并且相信读者也需要同样的知识。对于自己不熟悉的方法,可以查阅相关文献或向相关的专家请教,看看专家们在他们的论文中怎样对这种方法进行详略得当的描述。对于常用的统计方法,比如求均值、方差、相关系数等,只需应用而不需做任何解释;而对于比较深入或不常用的方法,可能需引用有关的参考文献。

物理量与单位符号应采用《中华人民共和国法定计量单位》的规定或国际通用标准,选用规范的单位和书写符号,比如长度单位使用公制单位米(m)或厘米(cm)而不使用"尺"或"英尺"等单位。如不得不选用非规范的单位或符号时,应考虑行业的习惯,或使用法定的计量单位和符号加以注解和换算。不同的期刊对于计量单位的使用有不同的规定,比如 mg/L 和 mgL^{-1} 的使用,mol/L 和 M 的使用,应根据期刊的"读者指南"要求来撰写。对于学位论文,研究生应保持严谨的态度,按照统一的标准进行规范化写作。

投稿英文的国际学术论文,"材料与方法"部分的写作一般采用过去时态,也常使用被动句式,因为这部分更注重完成了什么,而不是谁来完成。例如,常用"Reactors were constructed with…."这样的被动句式,而不用"I constructed the reactor with…."这样的主动句式。"材料与方法"的副标题,可以是几个重要研究内容,也可以是研究方法的主要步骤。

论文提交期刊前,比较好的做法就是把你已完成的文稿复印件给课题组的同事,看看他们在阅读你的"材料与方法"部分时,是否能够明白你文章中描绘的方法,他们还可能发现某些明显的错误,而你由于一直在文章上工作,离文章太近了,反而难以发现这样的错误。因此,这也是一种提高你的文章投稿成功率的好办法。

思 考 题

（1）在科学研究中，设计实验和方法的基本原则是什么？

（2）在科学研究中，为什么设计实验和方法必须遵循这些基本原则？

（3）怎样通过这些基本原则，比如以解决科学问题为中心原则，来设计实验和方法？

（4）通过本章的学习，您是否能够有效地分辨完美的科学实验设计与拙劣的科学实验设计之间的区别？

第 9 章 学术论文的结果与讨论

一篇学术论文或研究计划一般包含三大部分。第一部分是"引言",其作用是通过文献综述凝练出科学问题,提出科学假设和研究目标。第二部分是"材料与方法",是为实现研究目标而采用的研究方法。第三部分是"结果与讨论",是总结和讨论结果,提出可能的创新点和特色。结果部分是总结在所采用的研究方法已解决或部分解决科学问题后,获得了哪些研究结果以及证实了哪些科学假设,讨论部分则是阐述这些结果揭示了什么机理或机制、规律或原理,哪些是原创性的结果,哪些是前人已有发现的推进,以及凝练与升华这些结果对于学术界有何贡献等。

9.1 结果部分的撰写

结果部分主要回答以下问题:实现了研究目标或解决了科学问题后获得了哪些结果?引言中提出的科学假定或要辩论的论点是否得到证实?为了说明结果在学术论文中的地位,让我们首先引用赫胥黎(1825–1895 年)的话,如果圆满的结果能与美丽的假定相结合,那就是科学中的"完美姻缘"。相反,就是"科学的巨大悲剧——丑恶的事实扼杀了美丽的假定"(The great tragedy of science–the slaying of a beautiful hypothesis by an ugly fact.)。"圆满的结果"在学术论文中既是严谨的、可证实的实验结果,也构成了作者为科学世界贡献的新知识,所以在"结果"的撰写上,存在一些特定的要求。

9.1.1 清晰而透彻地总结结果

虽然"结果"部分是文章最重要的部分,但可能是最短的部分,特别是在它之前有一个好的"材料与方法"的章节,之后有一个好的"讨论"章节的情况下,更是如此。文章前面的"引言"及"材料与方法"部分分别是用来说明为什么和怎样去获得这些结果,而文章稍后的"讨论"部分是设计来阐明结果的意义是什么,从学术成果的角度,整个文章都建立在"结果"之上,所以,结果部分必须表达得极其清晰、透彻，还应该将结果表达得简明和专业，没有多余的话，也不用华美、夸张的语言，正如爱因斯坦所说："如果你是在描述真理，就将华美留给裁缝去吧。"

在"结果"部分，首先对实验做一个总体的描述，当然，不要重复在"材料与方法"中已给出的详细内容，然后就摆出结果，包括数据、分析结果、理论成果等。这样即使读者直接跳过了材料与方法部分，也能快速进入研究结果部分。此外，逻辑框架对于一篇成功的论文至关重要，好的论文在结果部分一定要按照研究对象的内在逻辑关系进行展示，否则审稿人或者读者难以理解文章内容，导致文章被拒稿或很少被同行引用。在撰写结果部分时，为了构建简洁、清晰又没有重复的逻辑框架，作者可以利用故事板的方法，分别把每一个重要结果写在可以粘贴的便签纸上，然后改变这些便签纸的顺序，帮助自己找到最佳的逻辑框架。

这里一定要注意典型结果和整体思路（即围绕着拟解决的科学问题应呈现的核心结果）的关系，如果结果部分只是一些松散甚至孤立事实的罗列，而不能形成一个完整的"故事"，即一个系统，那结果部分的撰写就是失败的。"对比不同点才能将多种重要事实结合一处，形成连贯的整体。这样思维就能避免个体的孤立，也能清除某个原则的狭隘性。单个的事例和特性具有侧重性和明确性；而通用法则能够将其整合成一个系统。"（杜威，2010）

9.1.2 概括结果而非罗列资料

在建构流畅的逻辑关系的基础上，怎样展示重要的结果呢？如何从繁杂的实验数据和大量的资料中去粗取精提炼结果，即概括，并非一件容易的事，简单地将实验记录册里的数据搬到论文里来，这只是简单的实验报告，而不是研究论文。最重要的是，在文章中，只呈现代表性的数据和资料，而不是无穷尽的重复数据。事实是，重复相同的实验 100 次，每次结果应该差别不大，对于这些重复实验的结果，你的导师可能会感兴趣，但对于期刊的编辑或者读者而言，宁愿你简化你的数据，呈现你的主要结果。当然，重复实验是不能避免的甚至是必需的，不过对数据需要进行分析，比如通过统计分析确定重复实验的规模，以满足统计显著性的要求。把多次重复的数据表示成平均值与标准偏差，并利用统计分析的方法凸显模型的可靠性与显著性。这就是原始数据的处理提炼过程，在处理凝练过程中获取重要的研究结果。概括意味着对新生事物适应的能力，而运用和总结密不可分。"总结的意义在于将概念从单一情况下解放出来；总结就是自由的概念；由偶然的事例得出的解放了的概念就能运用到新情境。失败的总结（无法运用到新情境），在于不能自由扩充所谓的原理。通用原则的核心在于运用。"（杜威，2010）

在我担任国际期刊的副主编时，如果看到一篇投稿论文里包括20多张图、20多张表格，许多图、表中基本都是重复结果，我一般不会将论文送出评审而是直接拒稿，或要求作者精简论文后重投。正如科学家们所指出的，在文章中包括每一样东西，并不证明作者具有无限的资料，而只是证明作者缺乏鉴别的能力。早在19世纪，科学家就懂得，愚蠢的人收集事实，聪明的人选择事实。在"结果"部分只展示从大量的数据中分析和凝练出的核心结果，这犹如居里夫人从数吨的柏油中提炼出0.1克镭一样。而有的研究生只做了一些实验，测量了一些数据，就将这些数据以不同的方式进行展示，有时用图形、有时用表格、有时用统计方法或其他方法拟合一些"模型"，这作为自己研究过程中的练习是可以的，但试图用这些不同方式重复展示数据作为学术论文的"结果"，就是比较幼稚的做法。如果做数据分析，请记住，你只可能从大量的数据中分析出一些结果，千万别期望从少量的数据中扩展出有用"结果"。由于学术论文结果的基本准则是可重复性，因而我们要能够多次重复自己的实验结果，还要尽可能采用不同的方法或不同的路径证明获得相同或相似的实验结果。

根据学术概括程度，科研结果的表达形式从低到高可以按以下顺序排列：实验数据—图形、表格—统计结果—经验模型—数学模型—精确的数学表达式。即精确的数学表达式是科研成果学术概括程度最高的表达形式，而目前很多论文的科研成果主要停留在图形、表格和统计结果的表达层面。学术结论的概括程度越高，科研成果的含金量就越高，比如几百页的实验数据与一个"画龙点睛"的结论相比，后者才具有真正含金量，这已成为共识。自然科学中许多高度概括的重大结论，还有社会科学（如经济学）中的一些重要结论，都是用数学语言来表达的。高度概括的学术成果也具有更高的美学价值。

最好的科学结论是高度概括、高度抽象、高度量化的结论，那么科学的"终极结论"是否都能够或只能够用数学语言来表达？这里的数学语言除了像描述爱因斯坦质量与能量关系这样精确的数学表达式外，还包括像描述门捷列夫周期表、DNA结构图这样定量方法。请用批判性思维来讨论这一问题。

9.1.3 图文并茂

结果的展示应做到图文并茂。结果的展示方式，既可以采用文字描述的方式，也可以采用图、表形象展示。如果你有很多图、表，这些图、表确实需要用来描述结果，可考虑将最重要的图、表放在正文里，其他的可以放到附录里。原则上，任何出现在正文及附录中的数据和结果都应该是有意义的，对应的图、表在正文里都要被提及。比如，在一组特定的实验中，你对一些变量进行检验，那些符合你假设关系的变量就成了你的结果，而那些似乎不符合你假设的变量就不需呈现在文章里，除非它们是从另外的角度证实你的假说或具有某种特殊意义。

在撰写结果部分最常见的毛病是，重述已通过图形和表格向读者解释清楚了的东西，导致冗余；更糟糕的情况是，用文字的形式重新叙述表格或图形里的资料或数据。可以用文字的形式描述的资料或数据，就不需要再用表格或图形。表格或图形用来展示大量的资料或数据，在这种情况下，文字的形式就是总结表格或图形所包括的核心结果和规律等。对于图表而言，每幅图表都应该有一个图例或表头，并按顺序编号。此外，图例一般放在图的下方，而表头一般放在表的上方。图例或表头要能够直观反映图表的主要内容，包括定义缩写等，让读者能够直接从图表中获取尽可能多的信息，读者不需要阅读正文就能理解图表的内容。图形要尽可能美观，综合考虑图的分辨率、大小、色彩搭配等，能够给读者一种赏心悦目的感觉。不过，这里值得提醒的是，有的研究生为了吸引读者，特意把图弄得很复杂、五彩斑斓、很"迷人"（fascinating），但读者却不能一目了然地从中获得所需信息。请记住，作者是为读者而写作，如果图中没有包含较为丰富的结果，或者读者不能领会图中包含的结果，再漂亮的图表也毫无意义。关于图、表制作的更多建议可参见第 12 章或相关手册。如果在表格中对比自己与前人的结果，可以考虑把自己的研究结果放在表格的最后一行，因为根据心理学家的统计分析，对于最后一行信息，读者会投入更多的关注。正文中引用图形和表格时要简洁，比如，不应该说"It is clearly shown in Figure 1 that rainfall increases from the northwest to the southeast"（图 1 明显地表明，降雨从西北向东南增加），而应该说"Rainfall increases from the northwest to the southeast（Figure 1）"［降雨从西北向东南增加（图 1）］。英文写作中，结果部分一般用过去时态描述，但在比较图形和表格的结果时，应使用现在时态。

9.1.4　怎样处理不寻常的结果

分析实验中负面的结果通常也是重要的，其中可能孕育一些创新性的思路或结果。应该在文章里解释说明，在特定的实验条件下，你发现了什么，没有发现什么。有可能别人在这相同的条件下，会发现你没有发现的不同结果。塞根（Sagan，1977）说得好："……证据的不存在并不是不存在的证据。"（Absence of evidence is not evidence of absence.）

当在实验中遇到负面或异常的结果时，要学会分析与处理。如果能够将异常结果从赫胥黎所说的科学的"巨大悲剧"变成"巨大喜剧"，乃是科学研究中的莫大幸事。在第5章讨论科学研究的选题时，指出选题的来源之一就是从实验过程中的不寻常结果中获得新思路。在理论推导或开展实验的过程中可能会遇到很多反常现象，诸如与假定不符合或与文献报道不符合的结论或实验现象。这时，首先要确定理论推导或实验操作没有任何错误，多重复几次推导或实验，如果每次都获得同样的结果，即确定研究结果是完全可信的。然后就要去重新查阅文献，保证没有遗漏任何重要文献以及确认原来提出的研究目标或科学假定的可靠性。接着，根据这些异常结果去修改研究目标或科学假定，这时可能需补充一些验证性实验。这样做，实验中的异常结果很可能就成为新发现、新课题的来源。所以，撰写"结果"和"讨论"部分时对异常结果一定要引起重视。

目前在国内外污水处理行业中，厌氧氨氧化（Anammox）技术能有效地减少污水厂的能源消耗和二氧化碳的排放，并成为当下国际上最为热门的研究方向之一，而起初厌氧氨氧化的发现就是起源于实验结果的异常现象。早在20世纪90年代初，荷兰代尔夫特理工大学昆宁（Kuenen，2020）教授发现污水厌氧处理系统运行中存在异常现象：反硝化反应池的氨氮浓度随运行时间下降，硝酸盐也随之减少，同时出现明显的氮气逸出。按当时已有的理论，氨氮只能在好氧条件才会转化，那么厌氧条件下的反硝化池里的氨氮浓度应该保持不变。为了解释这一异常现象，他与其他科学家提出了"厌氧氨氧化"的新概念，他们结合化学热力学进行预测，并用15-N同位素示踪技术来确认氮气是否来自氨氮。通过探究，在国际上首次发现了厌氧氨氧化现象，并从基础研究拓展到工程应用领域。

又比如，我们用数值模拟（计算机模拟）方法解决水流和污染物在土壤和地下水中的运移和转化问题的过程中，对于如流速过大、流速和污染物浓度随时间或空间变化过快这样的物理问题，以及使用当时条件下的有限元或有限差分这些数值方法时，从数值模拟获得的计算结果就出现了明显异常的情况，即明显地偏离物理问题的基本变化规律。经检查，发现这些异常结果主要来源于数值计算中产生的数值波动或数值弥散问题，使得我们原来的研究不能继续进行下去了。为了解决这些本属于应用数学领域的数值计算问题，我们又制定了新的研究计划，提出了新的研究目标，即解决模拟特殊条件下水流和污染物在土壤和地下水中的运移和转化过程中，数值计算的数值波动和数值弥散问题，然后开展了新的研究，提出新的计算方法，而将这些特殊条件下的物理问题转化为数学问题就成为用来验证新计算方法的算例，从而获得了一系列成果（Zhang et al.，1992；Zhang et al.，1993；Huang et al.，1994）。解决了这些数值计算问题后，我们使用新的计算方法又可以继续前面的研究。这样不断地发现问题、解决问题，研究成果就可以不断涌现。

9.1.5　结果的可重复性原则

学术论文的发表都需要经过同行的评议，而论文结果的可重复性是其中的一个重要评审环节，因为结果的可重复性是学术论文的基本准则，也是提升论文信用的根本保证。为了让审稿人和读者切实相信论文的结果是可信的，作者需要做好以下几方面的工作。

第一，要注重研究方法的可重复性（第8章）。对于材料与方法部分，要提供足够详尽的试验流程、实验参数和其他重要"细节"，让同行根据这一部分描述就可以重复整个实验并获得相同的结果。

第二，要保证结果的精确性。作为研究论文，如果进行了多次平行试验，应该采用平均值与标准偏差来表示实验结果的可靠范围，而不应该选择一次最佳的试验结果。如果采用了大规模的试验，比较不同方法的结果，应该采用如统计方法来表征结果是否存在显著性差异来提高论文的可信度。即使实验数据较少，也需要表明实验方法的可靠性，以及这些数据对于自己提出的科学假设的可支撑性。

第三，要保证解释的合理性。作为研究论文，设定一定的试验条件，观察到特定的试验现象，为了解释这些试验现象，寻找内在的可能原理，我们可能提出一些假设或者机制对试验现象进行推理归纳，这些假设或者机制一定要合理，不能与最基本的公理相违背。这里要谨慎使用外推法，比如研究某一微生物生长速率同温度之间的关系，实验温度范围是0至35℃，通过拟合实验数据获得了一个指数生长模型，这一生长模型就只适用于这一特定微生物和特定生长温度范围。如果将结论延伸到测量范围之外就可能遭受质疑。

第四，要和前人的研究结果进行深入比较。比较是科学研究的重要方法，同时是提高论文信用度的可靠方法。因为这些已经发表在国际刊物上的论文，已经通过了审稿人的严格评审而具备了一定的信用度，如果自己的研究与这些前人的研究结果一致或者更好，就可以在一定程度上提升自己论文的信用。一般来说，从来没有人涉足的研究领域是罕见的，如果有可能，要把自己的研究置于整个学术界的庞大网络之中，只有广泛而深入地比较才能与这些网络节点建立起更多更密切的联系，从而贡献更多的知识内涵与外延。

9.1.6 预期结果的撰写

在研究计划中或项目申请书中，由于课题本身还没有开始，所以只能写出预期结果，即预测实现研究目标或解决科学问题后可能获得哪些结果。项目申请书的预期结果一般比较宽泛。相比于项目申请书来说，研究计划的各部分更具体、更深入，所以研究计划中的预期成果也需要更具体、更深入，甚至可以通过趋势图、数学表达式或预测模型等来表征预期结果。

学生常常会问："在研究计划中，我的预期结果应该写到什么程度？"可以说，对此问题没有标准答案，但有一些可供参考的原则。比如，学生可以站在专家或评审人的角度来考虑此问题。如果是研究计划，学生可以站在专家角度反问自己："根据这份研究计划写出的学术论文，其结果的丰富程度及创新性（即量与质）能达到论文发表的要求吗？该论文可以发表在几区的 SCI 期刊上？"如果是项目申请书，学生可以扮演评审人的角色反问自己："根据这份项目申请书中的预期结果丰富程度及创新性，我同意资助此项目及申请人所申请的资金额度吗？"

值得注意的是，研究计划或项目申请书中的预期结果并非作者随心所欲所虚构的"剧情"，而是经过作者从写"引言""材料与方法"，到"结果与讨论"不断深化批判性思维的结晶和逻辑产物，是经得起专家评审的、具有可行性的、预计将来通过项目实施可以获得具有实实在在学术价值的成果。以第 6 章提供的项目申请书实例来说，因为评审人即专家们认可其预期结果的丰富程度及其创新性，所以申请人获得了 90 万元的项目经费资助。当然，申请人必须在执行项目的过程中完成或超额完成预期的研究成果，否则，他的学术信誉就会受到损害。如果没有很好地完成已资助项目，最直接的影响是，他如果再申请国家自然科学基金项目，因为他的能力和信誉遭到质疑，将影响到项目的成功申报。相反，国家自然科学基金项目完成得很好的科研工作者，往往会得到基金委的连续资助。

9.2　讨论部分的撰写

在学术论文撰写中，也有将结果与讨论（results and discussion）组合成一部分的，因为这两部分有时是相互交叉的，然后有一个"结论"部分（conclusions），主要总结文章的主题结果和结论。也有的将"结果"作为单独一节，然后将讨论和结论组成最后一节的（discussion and conclusions）。无论哪种情况，结果与讨论的基本撰写方法都一样，只是组织方式不同而已。

"讨论"部分主要回答以下问题：所获得的结果显示哪些原理、关系、一般性结论？揭示了什么机理和规律？这些结果有何特色和创新性？对于同行具有何种借鉴价值？等等。

9.2.1　讨论部分的要点

与其他部分相比，讨论部分是比较难定义的，因此，讨论部分通常也是最难写作的。即使文章的数据或结果可能是有效的和令人感兴趣的，许多文章投稿时被拒，就是因为讨论部分存在问题。许多情形是讨论部分太长、太累赘。有时，作者怀疑自己的结果或理论；更多的时候，作者根本不清楚自己结果的内涵，就试图躲藏到这些冗长文字的"烟幕保护"的后面。这是新手常犯的错误之一，也可能是无奈之举。那么，怎样才能写好讨论部分呢？下面给出一些建议。

讨论部分不能过多地罗列和重复结果部分的内容，这也是没有经验的作者常犯的错误，因为感觉没什么可说的，就用重复结果来填补空白。好的"讨论"是讨论结果的内涵而不是重述结果。"讨论"部分必须清楚地总结论文的重要结论，并对其给出有力的证据。这里，不是面面俱到地对每一个结果都列出一些支持性文献进行发散式讨论，而是集中地呈现出这些结果尤其是核心结果所揭示出的原理、关系、一般性结论。如果在实验阶段就按"我所看/我所想"做好了实验笔记（第 11 章），那么这种笔记就能帮助研究者分析观察结果，认识机理，对于撰写结果与讨论部分是十分有益的。

讨论部分可以就与结果密切相关的研究现状以及存在的一系列问题，指出自己的研究工作解决了哪一些问题、推进了哪一些问题的深入研究。讨论的功能就是要延伸出很多结果部分所体现不出来的信息。比如研究结果的长期效应、潜在效应；与已发表的研究结果相比较，它们之间的相同之处、不同之处；这些结果的优势、问题、局限性及其原因，还有将来可以改进的地方，等等。通过与相关领域的文献，尤其是与近期发表在本领域顶级或主流期刊上的文献报道的结果相比较，讨论自己研究结果的特色、新颖性或创新性。

讨论成功的关键还在于将研究成果或发现与引言中提出的问题联系起来，解释结果的重要性。该研究完成了预定的目标吗？回答了引言中提出的问题吗？证实或否定了引言中提出的假定吗？这些结果有用吗？为什么？该研究引出了新的问题吗？在结果中是否还存在隐含的内容或需要进一步探索的方向？等等。

指出结果中例外或任何不相关的情况，定义出还没有解决的观点。对于看起来不太好的资料或数据，千万不要去试图掩盖或修改，这是学术上不容许的手法。对实验中负面的结果进行讨论，分析这些数据与预期结果不一致的可能的原因。要善于从这些不寻常结果中，提出新的思路，修改原来的研究目标或科学假定，建立起新的研究目标或新的科学假定。如果遇到"讨论"部分已动摇了论文基础的情形，那就需重新回到引言部分，开始新一轮的论文修改，甚至重新做实验。如果这里的讨论没有动摇论文的基础，即结果证实或基本证实了引言中提出的基本假定，那么讨论中获得的新思路或者用于进一步修改论文全文（包括补充必要的实验），以提高论文的质量，或者仅限于在讨论部分列出这些新思路，以帮助作者本人或读者在未来开展进一步的研究。

对研究中的一些问题或局限性是很难隐藏的，不如在讨论中主动提出来，这样就能变被动为主动。比如你开展了实验室实验，即在理想条件下验证了某一假定，而在野外条件下结果可能会不同，这时你在讨论部分就应清楚说明，自己的研究结果只限于实验室条件下，并大胆而合理地推测野外条件下可能的结果。

具体来说，"讨论"的根本目的就是要正确地显示出所观察到的结果或事实之间的内在关系，对于初学者，在"讨论"中难以正确解释结果的真实意义和潜在机制。甚至更可能，结果的真实意义被"讨论"中提出的解释完全弄混淆了。让我们用生物学家训练跳蚤的一个老故事来强调这一要点。

一位生物学家训练一只实验用跳蚤几个月后，对于一定的指令，跳蚤可以产生反应。而最使生物学家满意的是，每一次他高声发出"跳"的指令，跳蚤就会蹦到空中去。他打算将他卓著的成果以科学论文的形式，留给子孙后代。不过，以真正科学家的态度，他决定将他的实验推进一步，他设计了另一种实验：第一次去掉跳蚤的一支腿，接到指令后，跳蚤还继续蹦向空中，但当腿一支支去掉后，跳跃的动作也越来越不漂亮了，当最后一支腿除掉后，跳蚤就不动了，一次又一次的指令都得不到回应。生物学家决定，他终于可以发表他的发现了，他详详细细地记录这几个月来他的实验，在他的讨论部分，他给出了令科学界瞠目的结论："当把跳蚤所有的腿都去掉后，跳蚤就变成了聋子。"

初学者撰写讨论部分时，心中没有明晰的整体概念，只是试图寻找各种文献"支持"自己的每一条结果，因此常常出现引用文献混乱、相互矛盾的现象，讨论部分也零散、混乱，没有形成一个完整的"故事"。你能感觉得到他们的手足无措，甚至出现以上"跳蚤变成聋子"类似的笑话，自然也酿成论文被拒的悲剧。

经常出现的情况是，对于结果的重要性，或者没有讨论到，或者讨论不充分。如果读者阅读了"讨论"后发问："那又怎么样呢？""就如此而已吗？"就证明读者体会不到文章的精华，很可能是太多的数据淹没了核心的结果，犹如宝石被沙粒完全掩埋了那样。更糟糕的情形是，论文详细描述了观测过程或观察结果，但在讨论部分却从这些观察结果中提出一个错误结论或推论。比如，以下是"科学之父"亚里士多德曾犯过的错误。

亚里士多德研究小鸡发育时，没有显微镜，他却看到了整个发育过程，看到了胚胎中各种物质的形成，然而，他却得出这一物质形成过程并没有形成生命的错误结论，对人类社会的影响持续了几个世纪，直到18世纪，著名胚胎学家斯巴兰让尼才推翻这一结论（威尔逊，2011）。

不必羞羞答答，应大胆地讨论你的研究结果在理论上的含义以及可能的实际应用。当展示观察结果之间的关系时，必须努力去揭示"结果"所包含的内在规律。但是，不必去追求普遍的结论，你很少有可能去阐明整个真理，而通常能做到的，就是在真理的某一方面获得了一个突出的闪光点。值得注意的是，如果你试图将你的资料所支持的结论扩大到更大的范围内去，这种做法往往会导致人们怀疑你的资料所支持的结论。比如，前面所举的研究某一微生物生长速率同温度之间关系的例子，如果你在讨论中声明，你获得了一个微生物生长同温度之间的指数生长模型，你一定会遭到质疑的：这一生长模型对于任何微生物在任何温度下都有效吗？所以最好集中在那一个闪光点之上，把"全部真理"的主题留给那些每天都声明取得了重大发现的人吧。当你解释你的那一点真理的意义时，以尽可能简单的方式，因为最简单的叙述表明最深沉的智慧。有时试图用冗长的语言和华丽的术语来强调结果的重要性，比如不适当地使用形容词 tremendous、spectacular、outstanding 等，反而显露出肤浅的思想。应该以一个关于该研究工作的重要性的结论或小结来结束"讨论"，好的文章就像好的音乐，应达到一个高潮点，讨论到达这一高潮点可以使文章具有让读者拍案叫绝的效果。

9.2.2 讨论部分常用的英文短语和句式

在英文论文的讨论部分，必须注意动词时态的转换。用现在时态陈述别人的工作，即已建立起来的知识，而用过去时态描述作者自己的结果。在英文语法中，从过去时态改用现在时态，往往意味着从事实跨入归纳，这是一个经常要采取的步骤，但这样做的时候，必须十分清醒和自觉。

以下列出用于讨论部分中的一些常用的英文短语和句式：

- Overall，our studies establish the….
- Our results suggest a possibility of….
- One important future direction of …is….
- Our studies serve as a proof of concept that….
- This can explain why….
- On the other hand，the lack of….
- In summary，we have identified….
- Our results confirm that….
- These studies thus offer a new strategy to….

以下列出的是用于讨论部分中的另一些常用的英文短语和句式（关小红等，2020）：

①描述实验结果时引起读者注意的转折词：remarkably、interestingly、unexpectedly、intriguingly、particularly、notably、unfortunately、however 等

②描述图表结果：As shown in Figure 1、As indicated in Table 1 等，show、illustrate、demonstrate、display、present、provide、compare 等，These results suggest、indicate that 等

③与其他结果一致：This finding was also reported by、As mentioned in the literature、support、in line with、agree with、in accord with、consistent with、in agreement with 等

④与某结果不同：This outcome is contrary to that of、The findings are different from、compared with、contrast with 等

⑤解释原因：be ascribed to、be attributed to、be attributable to、can be explained by、An possible explanation may be 等

以上提到，学术论文应避免使用冗长的语言和华丽的术语和句子，而这里列出的英文短语和句式中包括具有强有力修辞含义的词汇（strong words），如 establish、suggest a possibility、important future direction、serve as a proof of concept、identified、confirm、offer a new strategy 等，在撰写讨论部分时如能正确使用这些词汇和句式，可以增强文章的修辞力量。

9.2.3 通过从引言到讨论的循环提高论文的创新性

我们反复强调学术论文是以论点为主导的写作。论点主导式写作是以解决科学问题为导向，并具有自上而下的结构，即引言［"引"出科学问题，提出研究目标（论点陈述）］—材料与方法（为实现研究目标而准备的材料和制定的研究方法）—结果（实现了研究目标后获得的结果，对科学假说的证实）—讨论（所获得结果揭示的机理和规律、特色和创新性）。很明显，批判性思维贯穿于论文写作的全过程，通过这一自上而下的过程使批判性思维不断深入，创新性结果不断得以实现（图 9.1）。

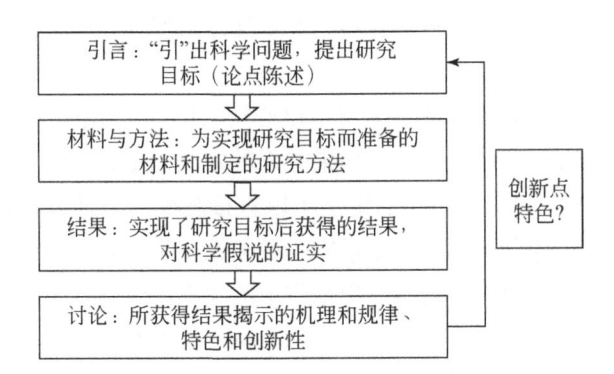

图9.1 论点主导式写作中批判性思维的循环和深化过程

从引言到讨论完成一个循环后，就可以总结文章的亮点和创新点，然后检查文章每部分，包括题目、摘要、引言、结果与讨论、结论等，是否紧紧地围绕着这些亮点和创新点展开。如果论文的亮点和创新点不是足够地引人注目，

论文的创新性还不够强，科学假定还未被充分证实，需要建立的理论还不够系统，等等，就需要自下而上，回到引言，进一步阅读文献，重新思考，修改甚至完全颠覆研究目标、科学假定，这样又得修改相应的材料与方法、结果与讨论部分，完成新一轮的更高层次的循环。通过这样不断地循环、提高、升华，论文的特色、亮点和创新性就一定会变得越来越鲜明。可见，提高批判性思维能力与提高论文写作能力以及研究成果的创新性之间是相辅相成的。这也回答了本书读者最为关心的以下问题：如何写出具有创新性的论文？如何突出论文的创新点？怎样提高SCI论文写作能力？

9.3 论文撰写中的具象思维和抽象思维

人的思维和认知过程具有阶段性，即从具象思维逐渐上升到抽象思维，且这一上升过程不是自然发生的，而必须经过严格训练和不断实践来渐进完成。为了帮助研究生解除"局限于具象思维，缺乏抽象思维"的困境，这里我们简要总结论文撰写中怎样通过抽象思维来提高认知水平和论文质量。在论文的引言部分，应尽可能运用抽象思维提高拟解决问题的科学内涵和普遍性；在结果部分，应尽可能运用抽象思维将科研成果从图形、表格或统计结果等表达层面提升到更系统的理论层面；在讨论部分，应尽可能运用抽象思维从对物体的静态特性、现象描述的解释变为揭示结果的深刻的因果关系、内在的一般性规律，从而提升论文成果的理论高度和深度。下面就讨论部分中的具象思维和抽象思维作进一步的说明。

我们强调讨论部分必须集中呈现出核心结果所揭示出的原理、机理、定理等因果关系，因为正是科学使用了因果关系的定义，使其成为最完美的知识类型（杜威，2010）："这个科学的定义不以直接观察的特性为依据，而是以与其他物质间的联系为基础的；即显示出一种关系。化学表明物质之间相互作用形成新物质的关系；物理表明物理相互作用的关系；数学表明数的功能及群阶的关系；生物表明物种的变异及与环境的关系；这些都是科学的范畴。简而言之，我们的概念所包含的最多的个体特征和共性，显示了其相互之间的影响，而非仅仅表达物体的静态特性。最理想的科学概念就是获得概念的灵活自由性，可以相互转化；这就取决于它们在多大程度上相互联系，以及在不断变化的过程中的动态关联——这一原则便是发展或进步的具有远见的模式。"要从概念的灵活自由性去阐释结果，关键就是研究者必须打破具象思维的局限，不断提高抽象思维。为此，杜威（2010）通过安排儿童时期的教育活动以提高儿童的抽象思维的建议给我们提供了许多启示："安排直接感兴趣的活动以及提供创造成果的注意事项，创造出与原来活动越来越多的间接和远程连接的需求。在木工和车间工作的直接兴趣应逐步转化为对几何和机械问题的兴趣。做饭的兴趣应滋生对化学实验、生理学和成长健康的兴趣。制作图画的兴趣应该过渡到对雕塑技巧及美的欣赏等兴趣。这一发展才是'由具象到抽象'的重要含义；它代表了这一过程中动态的真正的教育因素。"显然，抽象思维与批判性思维的训练和提高是相辅相成的。

鉴于研究生的思维现状和认知阶段性，以上我们强调一定要不断提高抽象思维，提升学术成果的理论性，但这并非否定学术成果的实用性。学术成果的理论性和实用性就犹如硬币的两面，例如我们需要认识核裂变和核聚变的原理，我们也需要根据这些原理开发核能利用，制造原子弹和氢弹。特别是对于工科，学术成果的形式可以是论文（更侧重于理论、机理），也可以是专利（更侧重于技术、应用）。以下是又一个显示学术成果的"硬币两面性"的例子。

我通过大量的计算机模拟，建立了圆盘渗流仪（disc infiltrometer）的渗流模型，以及应用圆盘渗流仪的测量数据计算土壤水动力学参数的公式，根据这些成果，在土壤科学的顶级刊物 *Soil Science Society of America Journal* 上连续发表了三篇学术论文（Zhang, 1997a, b; Zhang, 1998）。在1998年的美国农业科学、植物科学和土壤科学年会上，我受到美国一家科技公司的邀请，参与其研发的一款测量土壤水动力学参数的新仪器的首发仪式，到场后我才知道该公司是根据我以上发表的论文结果研发了这款仪器。在首发仪式上，我确实有一种众星捧月的飘飘然感觉，而且仪器的开发和应用也提高了我的论文引用率。但首发仪式后，很快我就意识到自己思维的局限性，为什么别人能，我却不能根据自己的论文结果获得这些技术开发的思路呢？因此心情变得不再轻松了。再联想到我们为何稍微高端点的测量仪器，如测量土壤水分的中子仪和时域反射仪都要靠进口，甚至连测量水势的陶瓷板也需在国外购买？而美国的这些科技公司（大部分都是小公司）却能够较快地将学术成果转化为应用技术或仪器设备，就像这家并不大的公司，我的论文发表还不到一年，就能从中开发出新仪器来，我除了被这些公司的创新、创业精神和成就折服外，还想到我国当时科技开发的状况和自己的无能为力，心情就更沉重了。

9.4 推理在科学研究中的重要作用

在科学研究中，推理具有重要作用，特别是在撰写学术论文的引言、结果与讨论部分，包括在形成假说时，在判断由想象或猜测得出的设想是否正确时，在部署实验并决定做何种观察时，在评定佐证的价值并解释新的事实时，在做出概括时以及最后在找出新发现的拓展和应用时，推理都是主要手段。一般来说，由观察或实验获得的事实，只有在我们运用推理将其结合到知识的总体中去时，才具有重要意义。正如达尔文所言："科学就是整理事实，以便从中得出普遍的规律或结论。"认识到一个新的普遍原则才是科学研究的一个终结。在研究中仅仅收集事实是不够的，解释事实并发现其重要性和必然性，常能使我们在科学上迈进一大步。一个结果或结论的普遍性越广泛，其学术价值就越强大，比如许多被称为"定律"、"定理"甚至"真理"的科学发现。

9.4.1 推理有助于揭示自然规律

科学研究不仅要发现现象，更要发现隐藏在各种现象背后的秩序，即事物之间的因果关系，从而导向对自然规律的发现。所以在学术论文的讨论部分必须努力呈现出研究结果所揭示的原理、关系、一般性结论以及规律，在这些环节中，推理起到至关重要的作用。在揭示科学规律时，需要认识其渐进性和相对性。许多科学都是通过认识大自然规律而逐步发展起来的，如运动规律、热力学、核周期以及相对论等。当这些规律运用于如行星运动、飞机运动时，能产生准确的预测。然而，有的自然领域的现象，似乎就不可能被准确预测，这就是所谓混沌系统，比如变化的天气、湍流运动、脑部神经元，甚至经济和人的行为都分别被看成一个个混沌系统（卡比和古德帕斯特，2016）。不过，可预测系统和混沌系统是相对的，可预测系统在其自然规律被认识前也属于混沌系统，而目前的这些混沌系统将来一旦掌握其支配的自然规律后就变成可预测系统。另外，人类认识大自然规律的方法也在不断改进，就是用越来越复杂的模型来描述越来越复杂的自然现象。有的混沌系统比如变化的天气目前只能通过复杂的计算机模型来模拟和预测，而有的混沌系统一旦被认识清楚，用最简单的数学表达式就能表征其规律，如牛顿三大定律、爱因斯坦的质能关系式，等等。这些简单而伟大的科学成果都体现出简单之美！难怪赛尔南说："天才就是使复杂变得简单的人。"可见，从牛顿的万有引力定律到爱因斯坦的相对论，奥卡姆剃刀已经成为重要的科学思维理念和推理方法。如果我们能用简单的数学表达式表征出某一普遍规律，可能就达到了科学的最高境界。研究生以及许多科研工作者绝大部分论文的结果还难以达到这种境界，也不可能每一项研究都获得"普遍结论"。不过，在开展科研工作中憧憬着科学研究的最高境界，认识到推理的作用，这对于客观地评价自己和他人成果的学术价值就有了标杆并开阔了自己的视野。

9.4.2 科学研究中使用的推理方法

对于结果的解释和阐明其内涵、机理时常用到推理方法，包括逻辑学中的演绎法和归纳法。由于演绎法是将一般原理推广用于具体事物，所以不可能导出新的概括，因而也不可能在科学上获得较大的发现。归纳过程虽然可靠性不够，却较富有创造性，这是由于归纳法过程是得出新理论的一种方法，而其可靠程度不足则是由于从搜索到的事实出发往往可以引出好几种可能的理论。在很多情况下，这些理论可能是相互矛盾的，也可能不是全部正确，甚至可能全部错误，这就是使用归纳法面临的挑战。

数据处理和分析中的内插法和外推法也属于推理方法的范畴。只要有足够的数据为基础，在大多数情况下是可以使用内插法来进行推理的，但使用外推法带来错误的危险则要大得多。不过，充分利用归纳法和外推法确实可以帮助产生新的思路和研究方向。通过大胆推理、大胆假设获得新的思路，然后小心求证，即运用严密的科学方法去验证假设，就可能取得学术上的突破。

在学术上可能造成谬误的原因还包括，运用"必然性"的逻辑推理，将不同时间、不同空间、不同尺度的两组实验数据进行比较，假定互有联系的两个因素之间必然是因果关系，根据代表性不足的样品做出观察，加以概括，得出结论。比如当你使用一个绘制变量（如降雨、人口、污染物浓度等）的空间分布的绘图软件，一般来说，无论你输入多少数据，哪怕是极少的数据，软件都会输出漂亮的分布图形，如果你按"必然性"逻辑"从计算机模型中输出的结果都是正确的"来推理，并以此作为正确结果，就大错特错了。因为你只有知道至少需要多少数据才能比较完整地表征该变量的时空变异性，并且输入足够的数据。更专业的，你甚至应该调整软件计算空间分布的克里金法中正确表征该变量的时空变异性的变异函数的参数，才可能获得可靠的结果。

类比法推理在科学思维中有着重要的作用，类比是指事物关系之间的相似，而不是事物本身之间的相似。比如热力学第一定律、费克定律、达西定律的数学表达式完全相同，而所表达的物理含义也相似，即温度、物质流量和土壤水流量分别与温度梯度、浓度梯度和水力梯度成正比。那么，其中一个定律的数学解就可以为其他定律借用。同样，热力学第二定律方程同污染物运移-扩散方程与土壤水动力学一般方程（即 Richards 方程）的数学表达式也完全相同，而所表达的含义也具有某些相似性。也许污染物运移-扩散与土壤水动力学方程的推导就是受到发展更早、更成熟的热力学第二定律方程的启发而完成的。同样，通过仿生学来实现的科学发现和科学技术也是应用了类比法推理的原理。以下两个简单例子对你运用类比法推理应该有所启发：

- 2000 多年前，尼罗河流域的牧师一直都测不出金字塔的高度，泰勒斯告诉他们："当你本人和影子一样高时，测金字塔影子的高度就行了。"
- 希波克拉底让人们在雅典城里点起巨大的火堆，成功消灭了瘟疫。他为什么想到用火呢？原来研究瘟疫时，他发现，只有成天与火打交道的铁匠没有感染瘟疫，于是就想到用火消灭瘟疫的方法（威尔逊，2011）。这两个例子听起来都很简单，但对你运用类比推理方法有所启发吗？

9.4.3 科学研究中使用推理方法的注意事项

在进行推理时，批判性思维者经常将理性的标准运用于推理元素之中，以形成推理的理性特性。这里理性的标准包括思想的清晰性、准确性、精确性、重要性、相关性、完整性、逻辑性、公正性、广度及深度等；推理元素包括目的、推论、问题、概念、观点、含义、信息和假设等；理性的特性包括理性的谦恭、理性的执着、理性的独立、坚信推理、理性的真诚、理性的换位思考、理性的勇气以及理性的公正等（保罗和埃尔德，2010）。

要有效地发挥推理在科学研究中的重要作用，在运用推理时必须注意：应检查推理出发的基础，这包括尽可能明确我们所用术语的含义并检查推理的前提。有些前提可能是已成立的事实或定律，但有一些可能纯粹是假设。

法拉第警告说，思维有"依赖于假定"的倾向，一旦假定与其他知识符合，就容易忘记这个假定尚未得到证明而继续依赖它。因此，应把未得到证明的假定的运用保持在最低限度，并以选用假定最少的假说为宜，最好使用已被证明的基本定理或公理。比如，在推导热力学第二定律、污染物运移扩散、土壤水动力学基本方程时就是以能量守恒、质量守恒、动量守恒这些基本定理为基础的，因此，推导出来的数学表达式是可靠的。尽可能依靠基本理论和定律，我们才能更好地进行推理以及评判自己的研究方向和成果，而不会将自己的时间和精力投入到像永动机这种异想天开的发明中去。

微生物通过氧化-还原反应来使用化学能而产生电极势,根据生化反应的"电子塔",理论上可能产生的最大电极势为1.226V,知道了这一理论极限,你就千万不要期望能设计出产电220V的单对微生物燃料电池。当然,根据电学原理,理论上将多对微生物燃料电池串联起来电压就可以达到220V,不过要实现这一创新性成果,就需要解决系统"尺度提升"所带来的科学和工艺问题。

决不能把事实混同于对事实的解释,就是说,必须区分资料与概括。对结果的解释方式也有可能造成混乱,往往在描述实验时,我们将结果解释成别的东西,然后又用这种解释作为"论据"去进一步解释其他现象,而这时或许还没有意识到自己已经离开了对事实的说明,这犹如在沙滩上建高楼,第一步就错了,高楼虽一层层在建,结果一定是"大厦坍塌"。

在科学研究中我们始终面临着这样一个困难:我们不但要为过去和现在做证明,而且要为将来做证明。科学若要有价值,就必须预言未来。我们必须根据过去的实验和观察所得的资料进行推理,并要为未来作出相应的预测。这就造成了特殊困难:由于知识不足,我们很难肯定将来变化了的环境会不会对结果发生影响。推理中的难点自然是归纳,逻辑学在此帮不了大忙。只能避免去做概括,并把任何以归纳为依据作出的结论看成是实验性的。概括是永远无法证实的,我们只能通过考察由概括导出的推断是否符合从实验和观察得到的事实,来检验概括。我们在进行概括时必须谨慎小心,同样,对任何概括我们都不能过于信任,即使是普遍接受的理论或定律。科学家应该养成一种好习惯,决不信赖以推理为唯一依据的设想。不过,由于人类受到时间和空间的限制,许多自然现象对于人类都具有"不可遍态历经性",比如 DNA 中仅仅46条染色体就可以组建出 26×10^{22} 组合,人类不可能去研究每一种组合。又比如,银河系处于1300亿个类似星系之中,而平均每个星系都有1000亿颗星星,同时与宇宙的年龄相比,人的寿命比果蝇还要短,面对浩瀚的宇宙,对自然界的"不可遍态历经性"就更容易理解了。因此,对这些自然现象的认识只能依靠想象、推理、归纳等科学方法,这就决定了任何科学成果的局限性,其实,像牛顿三大定律和爱因斯坦的相对论这样的似乎"放之四海而皆准"的定律也存在局限性。这进一步说明在科学研究中批判性思维和创新性思维的必要性及重要性,它们促使人类不断地去探索和创新,这也是推动人类和社会不断向前发展的原动力。

思 考 题

（1）对于撰写学术论文，您最大的困难是什么？
（2）对于撰写学术论文，您最希望解决的问题是什么？
（3）怎样从实验过程中的不寻常结果中获得新思路？
（4）怎样撰写讨论部分？
（5）怎样通过从引言到讨论的循环来提高论文的创新性？
（6）怎样通过抽象思维来提升论文的理论高度和深度？
（7）如何在科学研究中合理使用推理方法？

第三篇

培养批判性思维的其他方法及环境

第 10 章　提高英文文献阅读和英文写作能力

学生进行学术写作和批判性思维活动时，必然涉及文献阅读的问题，因此，阅读和综述文献是开展科学研究的基本功。对于科学工作者，阅读当前的科学文献，就如同每天读报纸一样，应养成习惯，构成其正常工作的一部分。就正如听和说的技能相互依存一样，阅读和写作的技能也密不可分。

不少学生的阅读和写作能力都比较差，他们被厚厚的教科书、成千上万篇学术论文所压倒，而知识来源的生疏和复杂、对学科领域的不熟悉更使他们十分困惑和恐惧。就目前情况而言，由于大量高水平的学术文献主要来源于英文期刊，而主流的学术论文也主要是用英文来撰写并投向英文期刊，另外，母语不是英语的学生在阅读和写作科技论文时，还面临另外一些挑战，所以我们专辟这一章来帮助读者提高英文文献阅读和英文写作能力。我们首先指出学生阅读困难的原因，然后提出一些帮助他们成为更好的阅读者和写作者的建议。

10.1　英文文献阅读的困难

在为提高学生的阅读能力提供帮助之前，我们需要仔细地检查他们阅读困难的原因。固然，研究生已有多年的英文训练和已经学会基本的书本阅读技能，除了极个别阅读能力具有缺陷的学生外，大多数不需再教一般意义的阅读。他们需要的是学会怎么去进行专业教科书和学术论文的阅读，即需要学会怎么到专业教科书和学术论文的"海洋"里去"钓鱼"，在那里"水"比他们以前跳进去的任何地方都要深。是什么原因使他们怀着花费了大量时间而一无所获的挫败心理离开那科研阅读的"海洋"呢？我们至少可以找出以下 9 种原因来。

10.1.1　误解阅读的过程

当专家阅读有难度的文章时，他们慢慢阅读并且通常读多遍，他们努力在文章上下功夫直至完全理解。阅读中，他们把不明白的片段暂时放在一边，相信阅读文章的后面部分将能澄清前面部分。在阅读中找到问题的核心时，通常将要点叙述写在书页的空白处。他们认为第一次阅读只是对文章的初步熟悉，因此，他们第二次、第三次甚至更多次地阅读一篇困难的文章。他们通过提出问题，表达自己的不同意见，将文章与其他阅读或个人经验联系起来，使得自己与文章有效互动。越想"钓到大鱼"，就越要在文章上下功夫。

相反，我们的学生误认为有经验的读者是"快速读者"，受到某些宣传和广告的误导，以及在有些英语考试中，如 TOEFL（Test of English as a Foreign Language，针对非英语国家留美学生举行的英语能力测验）和 GRE（Graduate Record Examination，美国研究生入学考试），会要求"一目十行"的快读，学生在准备这些考试时，督促他们自己读得更快。如果将同样方法用于阅读文献，结果是他们没有投入更多的时间去反复阅读。另外，根据过去所受教育的经验，如果学生第一遍阅读后没有明白课文的意义，他们就假定，教师会向他们解释那篇课文，而且教师经常就是如此做的。这样，学生的阅读困难就开始了一个恶性循环：教师习惯解释课文（"我不得不讲解这一课文，因为学生们是如此拙劣的阅读者"）的结果是，剥夺了学生们成长为好的读者所需要的那种真正的实践和挑战（"我不必在这课文上下功夫，因为教师将在课堂里解释它"）。不过，现在大学生成为了研究生，他们必须完成角色的转变，他们必须独立地去完成阅读、消化阅读内容，更重要的是，必须将阅读融入自己的科研中去，这种转变之初是令人恐惧的。我们注意到了"钓鱼者"的垂头丧气，但作为教师不能再像过去那样直接把"鱼"送给他们（"授之以鱼"），而应该教他们怎样去钓鱼（"授之以渔"）。

10.1.2 没有针对不同目的或不同论文调整阅读方法

除了知道有经验的读者怎样去阅读有难度的文章外，学生还必须知道，一个善于阅读的人的阅读过程随阅读的目的而变化。研究生面临着巨大的阅读量，必须学会随自己不同的阅读目的来调整阅读方式和投入的阅读时间。有的阅读材料只需为要旨而略读，而另一些则需要精读。斯腾伯格（Sternberg，1987）设计了一个阅读能力的测试，测试由 4 段文章组成，每一段要求读者以不同的目的去阅读：一段是为了要旨，一段为了主要的观点，一段为了详细内容，一段是为了推理和运用。他发现好的读者随目的而变化他们的阅读速度，把最多的时间放在需要详细了解、推理和运用的段落上。相反，差的读者以相同的速度去阅读每段文章，正如斯腾伯格所说，差的读者"不知道根据阅读的目的来区分他们的阅读时间"。这里的启示是，我们需要帮助学生学会什么时候该快读或略读，什么时候该慢读或精读。导师们可以同研究生分享自己的阅读过程怎样随目的而变化的经验，比如：

①写项目申请书时，由于需要涵盖更大的研究领域（一份项目申请书的研究内容包括几篇甚至几十篇将要撰写的学术论文的内容），且属于研究设计阶段，需要思路广但不一定很深入，所以对大部分论文只是略读，只读要旨（如论文的摘要、引言部分）而不必精读。

②在寻找具体的研究思路时，如撰写研究计划中的引言部分时，需要思路更深入，所以主要精读学术论文的引言、讨论部分，对其他部分可以略读。

③在研究方法设计时，如撰写研究计划中的材料与方法部分时，需要仔细地读文献的"材料与方法"部分等。

学生通常不明白，文章的风格、论文的结构以及辩论的方法是随不同的学科或不同的历史阶段而有所不同的。正如他们没有按照不同的目的调整阅读速度一样，他们也没有针对不同的文章类型调整自己的阅读方法。比如，他们不懂得，通常科学家非常仔细地读一篇科技文章的引言和讨论部分，却略过方法部分和仅仅略读结果部分。又比如他们不明白历史学家阅读原始资料的方式大大不同于阅读杂志文章的方式。他们也不明白有些作者下功夫使自己的文章尽可能明白易懂，而另一些作者通过阅读困难的风格和复杂的结构使文章晦涩难懂。对于探索性的、多分支的、论点主导式的论文或有很多比喻或暗喻的论文，学生特别感到理解困难。作为"钓鱼者"，他们没有调整他们的方法去"钓他们想钓的那种鱼"。

10.1.3 对辩论结构理解的困难

与专家们不同，没有经验的读者不善于用具有可描述性的功能将大块的困难文章分别为离散的部分。比如，他们无法对自己说："这一部分是为一个新的理由找出证据""这一部分是为下一个段落做铺垫""这一部分总结一个对立的观点"。在他们的心中，学术论文就像一个难以解剖的庞然大物，犹如难以驯服的大象或八爪鱼，他们不能像庖丁解牛那样以一个有层次的结构来剖析文章。

10.1.4　对吸收不熟悉东西的困难

心理学家们早已注意到了大学生以及刚入学的研究生的"认知自我表现主义"，因而这些学生对于吸收不熟悉的观点和价值观感到困难（Flavell，1963；Kroll，1978；Norman，1980；Bean，1986；Kurfiss，1988）。学生通常将不熟悉的东西的意义转变为他们感到可接受的观点。一个新观点越是不熟悉和越可怕，学生就越想把它转化为他们心理范围内可接受的某种东西。艰深之中隐藏着陌生和恐怖，学生对付它们的办法是：最好不要去揭开这些观点的内幕，而是把它们"驯服"成较熟悉的某样东西，这犹如把海洋中的八爪鱼变为罐头盒里的金枪鱼。在这里，认知心理学家洞察到，这些行为同智力低下和用脑的怠惰无关。这些问题的出现就像孩子学走之前必须学爬一样自然，教师需要采用适当的策略去帮助学生应对这些问题。

这种对不熟悉的事物的恐惧心理其实普遍存在于我们的生活中，比如你刚搬到一个新的大城市，即使你是熟练的驾驶员，在不熟悉的车流汹涌的高速公路上，你也会感到"万马奔腾"的压迫感，你会担心自己误了出口而早早就靠右行驶。但当你熟悉这条高速公路后，你就会获得如入无人之境的自由。阅读学术文献的认知过程也与此相仿。

10.1.5　对评价论文修辞内容的困难

学生看不到一篇论文是属于什么类型的对话，他们不明白文章中正在讨论什么问题以及作者为什么会提出这种问题，他们难以理解从一个真正的历史内容出发，或出于某一重要理由的一篇真实作者的写作。特别是，他们不能正确评价不同杂志和报纸的政治偏见、学术刊物和出版物的知名度，以及有经验的读者常给知名作者和有影响力的学术刊物的那种重视分量。他们难以区分"高水平"和"低水平"学术论文的区别，也难以理解为什么导师要求阅读高水平学术论文，特别是阅读知名学者的综述论文的重要性。这些问题与下面讨论的其他困难紧密相关。

什么是高水平学术论文？为什么需要阅读自己领域顶级科学家发表的学术论文？为什么投稿时要尽可能投自己的研究领域里影响因子高的期刊？

10.1.6　难以看到读者同作者的对话关系

可能学生认为书本或论文只是没有活力的信息来源，而不是作者意在改变读者对某一事物的观点的辩论。没有经验的读者在进行阅读时对文章没有反应，学生阅读时难以看到他们自己同作者的对话关系。有经验的读者阅读时让自己扮演两个相反的角色：一个是向文章的力量屈服的、虚心的信仰者，而另一个则是能发现文章弱点的怀疑者。在扮演这些角色中，一个有经验的读者与文章的作者进行着一场默默的对话。

10.1.7 缺乏文章作者所假定的"文化读写能力"

以阅读理论家的术语来说，学生没有接触到文章的"文化译码"——背景资料、引喻、作者假定读者阅读时应具有的一般知识。"文化译码"的知识对于理解文章的意义是必不可少的，它是如此重要以至于赫希（Hirsch）等（1987）提倡在美国开展一个全国性的"文化读写能力"运动，他们声称，缺少这种能力是大学里学生阅读困难的主要原因。在文学、社会学、历史学、政治学、经济学等人文科学领域，由于缺少"文化译码"而给阅读带来的困难尤为严重。

10.1.8 词汇量不够

词汇量不够阻碍了许多学生的阅读理解力的提高，运用词典能给他们不少的帮助。但学生经常没有意识到文章的内容怎样影响单词的意义，对讽刺和幽默也体会不到，这主要源于缺乏阅读文章所需的"文化译码"；并且在他们阅读的文章里常会有技术术语、以非一般方式使用的术语、或随时间意义已发生变化的术语。

10.1.9 分析复杂句法的困难

虽然学生有足够的技巧来阅读使用简化句法的大学教科书，但他们经常对于理解专业的学术著作或学术论文里的句子结构仍然感到困难。当要求他们大声地读一个句子，往往在转折上就会出现错误，这些错误揭示了他们对于大块语法单位的理解困难。他们甚至对于在复杂句子中划分出主句、附加的或包含的从句和短语等也会感到困难。

10.2 变成更好的读者

检查了以上学生阅读困难的各种原因后，我们意识到阅读能力就像写作能力一样，当学生上升到佩里提出的一定的知识发展阶段（Perry，1970），当他们的词汇量增加时，当他们的"文化读写能力"提高时，当他们增加各种阅读技巧时，当他们养成更好的学习习惯时，阅读能力也会随时间慢慢发展起来。虽然我们不能直接地教学怎样阅读，但我们可以创造提高阅读能力的环境。下面就创造这种环境提出一些建议。

10.2.1　阅读过程随目的而变化

学生通常希望知道他们的教授是怎样进行阅读的，所以可以用一些课堂时间与学生讨论专家们的阅读过程。一种方法就是建立小型研究场景，帮助学生看到专家们的阅读方法怎样变化和为什么变化。比如，当教授们进行研究时，什么时候略读文章？什么时候只读要旨而不是精读？什么时候和对什么论文要精读？在什么情况下，阅读文章时做笔记或将笔记写在文章的空白处？当阅读一篇学术论文时，什么时候仔细地读"方法"和"结果"部分，什么时候略过这些部分而直接去读"讨论"部分？一个作者的知名度对读者的影响有多大？学术期刊的知名度或杂志报纸的政治偏见对读者阅读文章的方式有多大影响？15至20分钟这样的讨论，可能对学生理解阅读过程怎样随目的而变化产生强有力的影响。

10.2.2　参考专家们的阅读笔记和应答过程

正如让学生看到有经验的作者的写作稿对他们有所帮助一样，让学生参考有经验的读者做了大量标记的文章、书页边的笔记以及笔记条目卡片等对他们也会有所帮助。教授可将自己所做的页边笔记和画满了标记的一本书或一篇文章带去教室，还有在卡片上所做的笔记条目或对问题的应答的工作笔记，向学生显示在页边写下哪一类的东西，解释对什么东西划线和为什么划线。教授还可以向学生展示自己阅读时怎样做笔记，以及怎样区分作者的观点和自己对该阅读材料的反应等。

10.2.3　养成使用词典的习惯

学生应该在学习的地方放一本好的英文词典（如《美国传统词典》，*The American Heritage Dictionary*），或者随身带一本小词典，或运用翻译软件。当学生碰到不熟悉的单词时，他们需要学会适用于自己的方法。一种方法就是在靠近不确信的单词的页边注上小记号，当他们读到文章的适当停顿处后，从词典里查出这些单词；查出一个单词后，他们可以简短地回溯这个单词所在的那部分文章，然后再继续下一部分。一个较好的办法就是建立起供自己使用的单词、术语库。应当注意，翻译软件虽然可以带来便利，但是许多情况下，其翻译是不"专业"的，因此是不能取代词典的，就像软件不能取代专业翻译人员那样。完全依赖翻译软件带来的负面影响已在第 7 章指出，值得重视。

10.2.4 写"内容"和"作用"的段落叙述

帮助学生懂得文章的结构作用的一个有效的方式，就是教他们怎样写出对每一段落的"内容"和"作用"的叙述（Ramage and Bean, 1995）。一个"内容"的叙述就是对段落内容的一个总结，也就是该段落的明确的或隐含的主题句子。一个"作用"的叙述是描述在文章中该段落的目的或作用，比如"为作者的第一条主要理由提供证据"，"总结一个相反的观点"，"提供支持一个观点的统计资料"，或者"运用一个相似法澄清前面段落的观点"。例如，这一段的"内容"的叙述应为"让学生写'内容'和'作用'的叙述来教他们理解文章的段落结构"，"作用"的叙述则为"这一段落给出了提高阅读理解力的另一种方法"。要求学生写出一篇学术文章中每一段的"内容"和"作用"的叙述，将保证他们不仅仔细阅读文章，而且增加了他们对文章结构的认识。

10.2.5 负责阅读课堂里没有讨论的内容

增加课程的覆盖内容或创造积极学习空间的一个好方式，就是让学生负责阅读课堂里没有讨论到的书本内容（Machlup, 1979）。这种方法给学生这样一个信号：不是所有的课程学习的东西都要经教师来传授。这种方法不仅给教师充裕的时间来讲解主要的内容，而且还打破了前面讨论的阅读的恶性循环——因为学生是很差的读者，所以教师不得不在课堂里解释课程阅读的全部内容；因为教师在课堂里解释了课程阅读的全部内容，所以学生变成了很差的读者。当学生知道他们的考试里或其他运用知识的场合会涉及课堂里没有讨论过的内容时，会促使他们付出更多的努力去阅读课堂里没有讨论过的内容。对于研究生，包括论文阅读在内的学习内容远远超出教师或导师指定的阅读，更多的是根据自己的知识结构规划、学术研究要求和兴趣独立地去进行大量阅读，而这些独立地进行的大量阅读又进一步提高自己的阅读能力，即形成阅读的良性循环。

10.2.6 发展激发阅读兴趣的方式

当学生已经同阅读所涉及的问题或论点相结合或对主题内容感兴趣时，他们的阅读理解力就会增强。技巧是，在学生阅读一篇文章之前激发起他们的兴趣，这样，实际上他们已经参与到属于文章本身的那种对话中去。因此，他们可能被激发起来，为自己的兴趣，而不是为完成教师布置的作业去进行阅读。以下是一些实用的方法。

设计激发兴趣的预先测验。就是把将要进行的阅读设计成一种不评分的预先测验，这样，学生对阅读的内容将进行一个预习并且意识到他们自己的知识缺陷。如果测验能使阅读内容看起来是有趣的或重要的，它就有助于激发好奇心。

针对阅读中将要讨论的问题，指定一个探索性写作或小组合作的任务。指定阅读之前，让学生对阅读中将要讨论的问题或疑难进行自己的思考。比如在指定阅读柏拉图的《克里托篇》（Crito）之前，教师可以给学生如下的问题：

在《克里托篇》里，苏格拉底被判了死刑并等待处决。监禁他的这一国家也许对处死苏格拉底的决定很为难，因此有意让他很容易就可以从监牢里逃出去。写出一段对话，在其中苏格拉底的朋友克里托劝苏格拉底逃到国外去，但苏格拉底认为，他的正确的行动应该是待在监狱里接受处决。努力去预测克里托和苏格拉底所做的辩论，对越狱和等待死亡各找出至少三条好的理由。

通过一个家庭日志练习或课堂小组任务，学生首先已经在写作对话中扮演了角色，因此他们将非常有兴趣将柏拉图的观点与他们的预测做比较。

对于理工科，同样可以用发展以激发学生兴趣的方式来提高学生的阅读效果，比如为了激发起学生进行分形理论（fractal theory）方面阅读的兴趣，可以让学生带着以下问题去进行阅读：

- 为何随着测量尺度变小（比如从米变成微米），测量到的海岸线的长度变得越长？
- 像海岸线、雪花、云朵、蕨树叶等，在微观和宏观的形态上都极其相似，如何定量描述物体的这种"自相似性"（self-similarity）？
- 观察布满广场上的弯弯曲曲的人群队列，如果将人群换成无数的细胞，这些细胞所排出的紧密的曲线就逐渐变成一个"面"（由一维向二维转变），就是说，这条曲线逐渐变得无限长，对吗？

10.2.7 文章是作者在参考系统内做出的反应

向学生说明，所有的文章只是作者在某一参考系统内做出的反应，因此需要对文章进行询问和分析。没有哪一本教科书或哪一篇学术文章能给予学生关于主题的"全部真理"，而只是作者对真理的看法：一种必然被作者自己的选择、强调和写作风格所影响甚至扭曲了的看法。当学生意识到每一个作者都是为了更好地影响读者，所以必然会强调他的主题甚至有时曲解其主题时，有了这种警觉，他们通常对于学术文章就会更感兴趣。学生可以将不同的教科书或学术文章对同一主题的论述进行比较，来探索它们之间的不同，这样就可以激发起阅读的兴趣。对同一主题的各种不同论述的课堂讨论将帮助学生更好地理解概念、参考系统以及作者的偏见。一旦学生意识到了文章都是通过让某一主题的一些方面优先通过，而对另一些进行删改来过滤现实，他们就更倾向于活跃地去进行阅读，而对观点、比喻、风格和辩论描述的说服力量或主观扭曲也更为警觉。

10.2.8 文章试图改变读者对某事的看法

学生倾向于将书本或学术论文看作一成不变的知识载体而不是一种强有力的修辞信息，其实文章的目的在于影响读者，改变他们的主题观点。这一方法与前一方法（10.2.7节）相类似，如果学生充分意识到，文章是以某种方式来改变读者的观点，他们就会更主动地去质询文章，去判断什么应该接受，什么应该怀疑。一个帮助学生正确评价文章的修辞性质的、有用的练习，就是要他们在阅读时用自由写作来回答下列的激发性的问题：

①我阅读这篇文章之前，作者假定我相信……（填空）
②我阅读这篇文章后，作者希望我相信……（填空）
③作者怎样成功地（未能成功地）改变我的观点呢？为什么（或为什么没有）？

10.2.9 文化译码对理解文章的重要性

学生应该意识到，如果读者不知道文章的文化译码，他们对文章的某一段就会感到困惑。作者假定读者有一定的背景知识，如果缺乏那种知识，读者很快就会在阅读中迷失。为了说明文化译码对学生的重要性，可以使用下面的一些方法：如放映一些西方的动画片，并且提问，为什么西方人看到这些动画片就会捧腹大笑，而对西方文化不熟悉的人则看不出其中的令人发笑之处。比如下面是一组美国人看了会发笑的动画片：一群狗在狗窝里举行晚会，这些狗都站着喝饮料，其中一只狗对另一只说："哈，嗨，奇妙的晚会啊……喂，你能告诉我去后院的路吗？"要看懂这组动画片需要以下的文化知识（Bean，1996）：

- 美国中产阶级的狗一般住在狗窝里。
- 在中产阶级的晚会上，人们都手持饮料形成各种小圈子站着说话。
- 在中产阶级的屋里，一般比较难找到卫生间，因此客人得间接询问主人卫生间在哪里。
- 中产阶级的房子都有后院。
- 狗在后院里大小便。

读懂文章需要相似种类的背景知识。比如给学生一篇冷战时期的短小的新闻文章，文章里涉及北约、里根和戈尔巴乔夫、弹道导弹和反弹道导弹、新孤立主义等，如果学生关于北约和其他概念的知识很少，通过这一文章的讨论就能为学生解释清楚文化译码对于提高阅读能力的重要性。同样，如果我们跟外国人讲一段笑话或一句幽默的"歇后语"，没有足够的文化译码，他们也不会开怀大笑或会心一笑。这也就是将《红楼梦》翻译成外文或将莎士比亚作品翻译成中文，能让外国读者同样领略到其中的精华（比如美妙的诗词或深刻的警句）是件高难度的事的原因。

宋代李禺的《两相思》，从头到尾顺读是《思妻诗》，从尾到头逆读是《思夫诗》，如果将《两相思》翻译成英文，如何能让外国读者更好地领略此诗词的韵味和绝妙（即所含的文化译码）？

枯眼望遥山隔水，往来曾见几心知？
壶空怕酌一杯酒，笔下难成和韵诗。
途路阻人离别久，讯音无雁寄回迟。
孤灯夜守长寥寂，夫忆妻兮父忆儿。

10.2.10 对于困难文章运用"阅读指导"

对于特别困难的文章和含有不熟悉文化译码的文章，可考虑使用"阅读指导"的方法。运用指点学生阅读文章的困难部分的"阅读指导"，教师能给学生极大的帮助。对于阅读困难文章，研究生也要逐渐学会建立起自己的"阅读指导"，必要时可寻求导师的帮助。在这些"阅读指导"中，定义关键的词语，扩充所需的文化或理论知识，解释阅读的修辞内容，并且提出了学生在阅读进程中应考虑的问题。通过要求学生运用自由写作来回答几个指导中的问题，教师就能够运用探索性写作来促使学生对阅读中的问题产生反应。同样，研究生可以运用探索性写作来回答自己建立起来的"阅读指导"中的几个问题，以促进自己更透彻地理解阅读中的问题。

10.2.11 玩"相信和怀疑"的游戏

"相信和怀疑"游戏（Elbow，1973，1986）就是教会学生作为读者应同时扮演对文章既接纳又表示怀疑的双重角色。当玩"相信"游戏时，通过沿着作者的思路、精神上融入作者的文化和情感、通过作者的眼睛观察世界等方式去倾听作者。通过扩展看问题的新方式，"相信"的游戏可以帮助学生克服对不同于他们自己的概念和观点的自然抵抗，接受作者的观点。相反，"怀疑"游戏要求读者扮演"魔鬼的鼓吹者"，对作者的辩论提出反对、找出辩论的弱点、抵抗文章的修辞力量。为了帮助学生练习"相信和怀疑"游戏，教师可以设计探索性写作任务、课堂辩论或小组任务以鼓励学生看到任何文章的强处和弱点。

埃尔伯（Elbow，1973，1986）的"相信和怀疑"游戏与保罗（Paul，1987）所称谓的"对话性思维"或"强意识的批判性思维"相似。根据保罗的观点，强意识批判性思维者必须培养的重要习惯就是寻找不同于自己观点的积极倾向："……我们必须进入相反的角色并形成自己与对立观点的对话。"因此，保罗认为，应该教学生对每一个重要的观点、每一个基本的信仰或结论进行支持和反对的辩论。

为了应用这一策略去帮助学生阅读，教师需要强调，学术文章和其他的阅读资料都是思想交流中的不同声音，学生应加入这种交流之中去。对于学生而言，当他们意识到了他们有责任去想象和考虑别人的观点，因而应该去评价作者的论点、理由和证据时，他们也就看到在书页空白处做笔记或以其他的方式对文章进行应答的意义。

学生难以吸收不熟悉的东西，常抵制使人感到不适应的或迷失方向的观点或问题，这往往出现在阅读中接触某一新事物或新观点的阶段，所以在这一阅读过程的初期，强调"相信和怀疑"游戏中"相信"的一面，以先建立起足够的知识基础，这有益于解决这一阶段的"学术恐惧"问题。

10.3 阅读时与文章相互作用的方法

让我们来考虑各种方式，以便教师或研究生可以将这些方式用于探索性写作或正式写作练习之中，帮助学生或研究生自己成为更善于思考的阅读者和写作者。当教师指定一个家庭作业时，短小的"写而学"任务对学生的阅读质量有着强有力的影响。下面一些方法在第 11 章里也会用到，是探索性写作里广泛运用的方法。

10.3.1 书页边笔记

许多教师限制学生简单地使用在句子下画线的方法，他们坚持要学生在文章的空白处或在另外的纸页上做出丰富的笔记。教师可以给学生如下的建议："每一次当你想在文章的句子下画线时，在书页的空白处写出为什么你想画线？为什么那一段文章重要？是否是辩论中的一个主要的新观点、一个重要的支持论据、一个反对观点的总结、一个特别强或特别弱的观点？"然后教师可以建议学生："用页边笔记去总结文章、提出问题、表示赞同、猛烈抨击等，而不是仅在书页上画线。"这样做的目的是，让学生在书页边缘与作者进行一个活跃的对话。教师偶尔也可以让学生阅读他们对文章某一段落的页边笔记来开始课堂讨论。

10.3.2 集中阅读笔记

另一种方法就是让学生在分成 4 至 5 栏的纸上做读书笔记，给学生一个关键词或短语作为每一栏的标题。这一标题相当于你希望学生在阅读中应该意识到的论点或概念。比如，在指定阅读《克里托篇》一文时，教师可以给学生这样的标题："克里托的价值观"，"苏格拉底的价值观"，"运用类推法"，"城市或家庭对应于个人"，以及"你自己的问题或答案"，然后学生在适当的栏里写下阅读笔记。学生发现即使像这样最少的指导，也能帮助他们集中地阅读文章的主题。一旦学生掌握这一系统，教师就能为每一课程阅读提供新的"笔记标题"。当学生变得有经验了，能在一次阅读中找出关键的论点和价值时，他们就能开始提出他们自己的标题。研究生也可以用这种方法来阅读和消化学术论文，然后通过对多篇学术论文中相同或不同观点的归类、比较、融合而发现新的观点和新的思路，为文献综述做好准备。

10.3.3 阅读记录

就像没有限制的日志，阅读记录要求学生经常地写出他们正在读什么，但他们有选择发表任何观点的自由，学生可以总结一篇文章，将文章内容与个人经验相联系，对文章进行辩论、仿效、分析与评价。通常研究生对于阅读如何影响自己的学术水平的论文感兴趣，因此他们可以在阅读记录中发表个人的观点，可以描述他们对文章的情感的、智力的、学术的或哲学方面的反应，还可以将重新激发出的隐藏记忆和文章唤起的联系尽可能清楚地记录下来。读者回答的问题如"这篇文章对我有何启示？这篇文章对我意味着什么？"以及"这篇文章对我现在研究的课题（列出课题题目）有什么影响？这篇文章对我的价值观、我的信仰、我的世界观有什么影响？"学生应经常性地在他们的阅读记录里或在更正式的反应性文章里对类似的问题做出应答。

10.3.4 总结和应答笔记

一个总结和应答笔记比阅读记录更具备一些结构性，它要求学生对一篇文章做两种相反的应答：首先以自己的话写出代表文章的应答，然后他们再对文章做出自己的应答。下面是对这种方法比较典型的描述。

对于每一篇你计划阅读的论文，你需要在笔记本里写出至少两页的笔记，第一页是以你自己的话重新叙述文章的辩论，可以写一个总结，做一个提纲，画出一个阅读流程图，或做出仔细的笔记。这一页的目的是帮助自己尽可能充分地了解作者辩论的结构和详细内容，还能帮助自己几星期以后依旧记得文章的一些详细部分。第二页是你个人对文章的反应，分析文章，用自己的经验和感受对文章进行阐述、驳斥，表示反对、质询、相信、怀疑以及超越文章的观点。研究生应不定期地阅读自己的笔记以找出自我努力和运用总结推进思考的证据，同时从这些总结中凝练出一些比较清晰的、新的研究思路。

10.3.5 对阅读的关键问题的回答

另一个有效的方法就是设计一系列要求学生对一篇文章认真思考来训练批判性思维的问题，然后将这些问题包括到课程中去，作为阅读指导或指导日志的一部分（指导日志见 11.3.2 节）。通过在阅读中不断提出问题并努力回答这些问题，就能够使学生集中到阅读的特别重要的地方上去。教师通常可以让学生阅读自己的对一至两个问题的答案来开始小组讨论或课堂讨论。

10.3.6　想象与作者面谈

一种形式不同的阅读方法就是要求学生写一个对话，对话中他们与作者面谈或将作者摆在一个与几个对手进行辩论的位置上（Francoz，1979）。通常研究生可以扮演面谈者、"魔鬼的鼓吹者"、作者的支持者或反对者的角色来进行辩论，然后虚构作者的回答。学生一般都能享受到这种练习提供的创造性以及扮演不同观点角色产生的思想延伸所带来的乐趣。学生还可以模拟小组专题讨论，其中一个小组扮演文章的作者，另一个小组扮演不同观点的人。或同一小组中不同成员扮演不同角色展开辩论。

10.3.7　总结写作

如果教师喜欢指定正式的写作，一种很好的提高阅读技能的方式就是要求学生写出文章的总结或摘要（Bean，1986；Bean et al.，1982）。总结写作要求读者将主要概念与支持概念的详细资料分开，因此提供了找出文章层次结构的实践方式。并且，它要求读者将他们自己的个人表现主义和个人的观点暂放一边以便仔细地倾听作者的观点。对于教师的另一好处就是，让学生上交对自己文章的总结写作，可以帮助教师更容易抓住学生文章的要点及存在问题，因此也更容易批改作文。

10.3.8　多种选择式的小测验问题

让学生对他们阅读的教科书的每一章写出他们自己的多种选择式的小测验问题，是一种对某些课程很有用的教学方法。可以要求学生每星期上交他们的问题，教师可以对他们希望学生写出的问题种类进行指导，并将学生写出的一些问题包括在小测验里。根据使用这一方法的经验显示，当学生写他们自己的考试问题时，他们对阅读课文更有理解力，他们开始区分主要的和次要的部分、观点和论据以及概念和说明等。研究生在论文阅读中，可以想象自己领域的读者群（包括自己）对论文的关注点（就像学生关注测验中的知识点那样），因此也可用这种发展多种选择的小测验问题方式帮助自己强化对论文的层次、观点和重要概念的理解，还可以通过这种方式使自己的思路向某些研究方向集中。

10.3.9 写作"翻译"

另一种帮助阅读的方法就是要求学生以他们自己的话来"翻译"一个困难的段落。根据戈次乔科（Gottschalk，1984）："创作这种翻译能帮助读者看出为什么一个段落是重要的和困难的。"这是一种帮助学生练习解释语法和复杂文章的特别有用的方式，准确的意译也加强学生对词语的精确定义的关注。对于英文文献，这里的"翻译"包括两层意思。其一，将英文翻译为中文，其二，将中文译文再"译"为自己的话。

10.3.10 科研笔记

为了能深刻地理解文献，建议研究生在阅读每一篇重要文献后，按以下格式进行文献摘录，即写出科研笔记。
①科学问题（假定）、研究目标是什么？
②使用了哪些主要研究方法（如实验、理论推导、计算机模型等）？
③主要结果是什么？发现或证明了什么？
④特色或创新点是什么？
⑤是跟踪创新还是原始创新？
⑥局限性或需进一步解决的问题是什么？

要写出很好的科研笔记，不但需要完全理解文献，还必须消化文献、加入自己的思考，而写科研笔记的过程，就是促进理解文献、消化文献和强化思考的过程。这就要求学生在阅读文献上下细功夫、苦功夫。

以上讨论的所有策略都是为了帮助学生成为更好的阅读者，表10.1总结本章讨论的关于提高阅读效率的教学方法。

表 10.1 提高阅读效率的教学方法

学生的问题	帮助的方法
阅读能力差	将课堂里没有讨论过的阅读内容安排在考试或写作练习之中。 要求对文章写出富有表现力的应答，如阅读记录、总结和应答笔记等。 要求做页边笔记而不是简单地在文章上画线。 向学生显示专家的阅读过程。
不能重新组织辩论的内容	指定复阅读总结的练习。 要求学生写出一篇文章的提纲、画出流程图或图解等。 帮助学生在阅读进程中，在页边写出总结要点的"要旨叙述"。 同学生一起阅读一篇样本文章，对每一段写出"内容"和"作用"的表述。

续表

学生的问题	帮助的方法
不能理解不熟悉的东西，抵制感到不适应的或迷失方向的观点	指出学生对于不熟悉或不适应的概念进行抵制的例子和心理状况，教学生怎样逐步学会接纳不熟悉的观点。 在阅读过程的初期，强调"相信和怀疑"游戏中的"相信"的一面。
不能充分地理解修辞内容	建立包括作者的资料和阅读的修辞内容在内的阅读指导。 通过阅读指导，建立起阅读的阶段性，特别是对于文章核心部分的阅读。 训练学生提出以下问题：作者是谁？他的写作对象是谁？什么原因促成这一写作？作者的目的是什么？
不能与文章相互作用	应用本章推荐的应答方法，包括阅读记录、总结和应答笔记、指导日志、书页边笔记、阅读指导等。
对文化译码不熟悉	建立解释文化译码、隐喻、历史事件等的阅读指导。 通过讨论帮助理解漫画或幽默故事所需的背景知识来向学生显示文化译码的作用。
对词汇不熟悉	养成使用词典的习惯。 建立起定义以特殊方式使用的术语或单词的学习指导。 建立起自己的单词、术语库。
对理解复杂句法有困难	多实践对复杂句子的分析。 要求学生以自己的话来翻译复杂的段落，将特别长的句子重新写成几个较短的句子。
不能根据阅读目的或文章种类来调整阅读过程	向学生解释教师自己的阅读过程：什么时候略读，什么时候精读，什么时候精研究文章的某一部分等。 解释当专家碰到不同的文章时，阅读过程怎么变化，怎样阅读一本教科书、一篇学术论文、一份杂志等。

教师还应该向学生解释，在文献阅读中，新手是学习式阅读，逐字逐句，搞清细节，掌握最基本的知识点。研究生最初阶段，可能十几、几十篇论文就要这样精读。老手是搜索式阅读，已熟悉研究的常见模式和套路，能迅速提取关键信息、把握思路。高手则是批判式阅读，一针见血，直指要害。认真钻研的研究生一般可在三年中实现从新手到高手的嬗变。

作为阅读的高手，在进行国内一些期刊论文审稿过程中，你不必阅读全文，首先阅读摘要、引言的最后部分、讨论部分，如出现以下问题，你就可以选择拒稿（如结果比较丰富，可选择修改后重审），并写出以下评审意见：

"论文虽然展示了一些较有趣的结果，但作为学术论文，研究目标和结果的创新性不明确。建议做以下修改：

①摘要部分应显示研究目标。

②引言部分应根据系统的文献综述，提出拟解决的科学问题和明确的研究

目标。

③应加强对结果的讨论，必须同文献中，尤其是近期发表的主流文献和国际文献中的相关研究结果比较，以凸显本文结果的特色和创新性。"

这种批判式阅读的评审方式既可以节省审稿人大量时间，因为只有当作者解决了以上问题后，审稿人才有必要去评审论文的其他方面，如论文结构、方法设计、文字图表等，还能够直接抓住期刊编辑、未来读者以及作者本人都最应关注的核心问题——论文解决了什么科学问题及其创新性。正所谓"一针见血，直指要害"。

10.4 用英文写科技论文的其他挑战

要用英文写出好的科技论文，对中国科学工作者而言，还面临一些新的挑战。为了能更好地阅读英文文献和写好 SCI 学术论文，我们需要了解西方的文化背景和交流方式，以及根据西方文化衍生出来的思想假定和思维习惯。中美之间的差别显然比美国和欧洲之间的差别更为广泛，除了在教育系统和文化之间在东西方修辞传统上存在着深刻的差别外，西方的写作，特别是在英美传统的学术论述方面，通常由以下的特点来表征：问题—论点结构、预言性目的叙述、详细的论据、避免离题以及明显的标示性组织结构。当亚洲学生开始学习西方的写作风格时，他们通常被其明显的针锋相对、它的直率、它的明确地表达要改变读者对某一问题的观点的愿望所震惊。所以，我们书中用了大量的篇幅来强调问题—论点结构、预言性目的叙述的方式来达到批判性思维的目的。

在飞驰的高铁上正在播放"禁止吸烟"的通知，我让坐在身边的妻子听听这中、英文的通知有何区别，她仔细听了两遍后才发现，中、英文都在提醒乘客，全程无论车厢何处都禁止吸烟，否则可能会带来停车、晚点等后果，责任人会因此受到罚款，甚至负法律责任等处罚。不过，英文中没有中文中"请吸烟的同志稍加克制，希望得到您的理解和配合"这样的"客套话"，我问她为何两种语言之间会有这些表达差别，她欣赏我观察事物的细致，同时我们一起探讨了引起这类不同语言之间表达差别的文化和社会因素。你的观点呢？

根据西方文化衍生出来的思想假定和思维习惯，比如说根据西方的作者个人能"拥有"自己的单词和立论，因此必须承认这种拥有权的奇特观点，文章中凡是属于他人的成果都必须明确指出，比如以引用参考文献的方式。但对于研究生，包括不少留学美国的研究生，在开始学习科研阶段，进行文献综述时都可能面对"意译"甚至"剽窃"的问题,他们将文献中大段的文章下载下来,以某种方式拼凑或"融合"在一起,没有引用参考文献,就完全变成了自己的东西。这里存在两个层次的问题。其一,没有认识到个人能"拥有"单词和立论的重要性,因此,他们将这样的拼凑看成是理所当然的做法,因此他们也难以理解这些知识拥有者被剽窃后表现出的那种愤怒和谴责。这一层次的问题(即"非故意剽窃")将在第 13 章里详细讨论。其二,已认识到个人能"拥有"单词和立论的重要性,但由于认知的不成熟,在文献综述中不得不采取"意译"这种自欺欺人的处理方式来对浩瀚的文献进行无力的抵抗。第二层次的问题我们在本章、第 7 章以及书中的其他章节都提供了必要的应对策略,研究生应尽快学会这些策略,提高自己的认知能力,正确地引用文献和运用文献。

除了以上讨论的思想方法问题外,对于一篇英语文稿,还必须消除一切语法错误,比如不恰当的主、谓、宾搭配,使用悬垂修饰语、双重否定等,也必须消除一切拼写错误,这些问题将在第 12 章进一步讨论。由于我们通过教科书来学习英语知识,只培养了描述和分析言词表达的结构特性和收藏术语集的能力。但没有以英语为母语的人所具有的那种内在的语法或"语感",这样我们就面临另一些困难,比如在什么情况下应在名词前面加冠词(a、an、the),什么情况下不加。考虑表述以下的意思:这儿有一块(a)小甜饼,这是那(the)块小甜饼,那些(the)小甜饼在哪里?我想我闻到了小甜饼(不用任何冠词)。以英语为母语的人本能地知道怎样去用这些冠词,但大多数亚洲语言的使用者试图去学这些规则时会感到困惑。内在的语法只有通过多读多写来体会、逐步提高。更重要的一点是,这些写作"技巧"是同内容紧密联为一体的,即这些写作"技巧"不是科技内容的"包装",这也就是一篇理工科的科技论文难以通过英语专业的教授帮助修改论文语法成为一篇好论文的原因。好的文章要达到讲究修辞和风格的"地道英语",就更需要多读、多写、多练、多积累、多体会。

为了帮助读者解决科技英语中的一些问题,附录 2 收集了一些在科技英语中应避免使用和推荐使用的表达方式,这些推荐用法表明:"简短的词是最好的。"(丘吉尔)这些英语的表达方式涉及第 12 章论文修改中关于修辞的问题。以下是一些关于英语修辞的例子:

- so、therefore 都用着连词,但 so 一般用于口语或报纸杂志,therefore 用于科技写作;
- but、however 都用于转折,但 but 一般用于口语或报纸杂志,however

用于科技写作；
- 不用 accounted for the fact 而用 because 更好；
- 不用 in order to 而用 to 更好；
- 不用 of great theoretical and practical importance 而用 useful 更好。

附录3是"英语当代用法词汇表"，列出了学术写作中英语常用词的正确（或通用）用法（American Society of Agronomy，Crop Science Society of America，and Soil Science Society of America，1999），本词汇表列出了学术写作中需要注意使用的单词和结构。有些词条是成对的单词，它们的意思大不相同，但拼写相似，容易混淆（如 principal，principle），有些用法，例如将 without 作为 unless 的同义词，是科技写作中不可接受的非标准用法，有些是非正式的结构，在某些情况下可能合适，但在其他情况下不合适（比如 guess）。词汇表中的一些例子如下。

（1）compare，contrast

compare 可以暗示相似或差异，contrast 总是意味着差异。compare 后面可以跟 to 或 with：compare to 用于比较相似（相同），compare with 用于比较差异（不同）。动词 contrast 后面通常跟 with。例如：

①Compared to her mother, she is a beauty.

②I hope my accomplishments can be compared with those of predecessor.

③His grades this term contrast conspicuously with the ones he received last term.

（2）affect，effect

这两个词都可以用作名词，但 effect 意思是"结果"，表达"想要"："His speech had an unfortunate effect."（他的演讲产生了不幸的影响）；"The treatments had no effect on me."（这些治疗对我没有效果）。名词 affect 是心理学中的一个专业术语。虽然这两个词都可以用作动词，但 affect 更常见。作为动词，affect 的意思是"打动"或"影响"："His advice affected my decision."（他的建议影响了我的决定）；"Does music affect you that way?"（音乐对你产生那种影响吗？）作为一个动词，effect 在大学写作中很少被应用，但可以用来表示"执行"或"完成"："The pilot effected his mission."（飞行员完成了他的任务）；"The lawyer effected a settlement."（律师达成和解）。

（3）credible，creditable，credulous

这三个词都来自一个拉丁动词，意思是"to believe"（相信），但它们不是同义词。credible 的意思是"believable"（可信的），"His story is credible."（他的故事是可信的）；creditable 是指"commendable"（值得称赞的），"John did a creditable job on the committee."（约翰在委员会中做了一份值得称赞的工作）或"John's job was acceptable for credit."（约翰的工作值得称赞），"The project is creditable toward the course requirements."（该项目符合课程要求）；credulous 的意思是容易受骗，"Only a most credulous person could believe such an incredible story."（只有最易轻信的人才能相信这样一个难以置信的故事）。

（4）**data are**

因为 data 是拉丁文 datum 的复数形式，所以在逻辑上需要复数动词跟随，在科学写作中总是使用复数动词："These data have been double-checked."。在流行用法和与计算机相关的上下文中，datum 几乎从未被使用，而 data 被视为单数名词，并被赋予单数主语："The data has been double-checked."。在流行写作中 data are 或 data is 都可以使用，但在科学写作中只使用 data are。

（5）**double negative**

即双重否定：在同一结构中使用两个否定词。在某些形式（"I am not unwilling to go."）中，双重否定是对肯定陈述的可接受用法；在其他形式（"He hasn't got no money."）中，双重否定就是不标准的用法。英语用法中的"两个否定等于一个肯定"的说法是基于与数学的错误类比而得出的半真半假的结论。"He hasn't got no money."在大学写作中是不可接受的，不但是因为两个否定并不等于肯定，而且是因为这是不标准的用法。

这一英语当代用法词汇表里记录的关于用法的判断是基于《美国传统词典》中的用法注释，并辅以其他来源。因为这些来源间并不总是一致，所以作者使用该词汇表有时有必要决定应该接受哪些判断。上表在做出判断时，试图代表一种共识，但读者应该知道，在有争议词汇的使用上，对本词汇表中记录的判断最终是作者的判断。

因为字典并不总是区分正式用法、非正式用法和口语用法，所以指出特定用法是否适合大学写作是很有用的。然而，这一建议的有用性取决于对其局限性的理解。在任何单词用法的选择中，决定的依据与其说是词典或教科书上所表达的语言，不如说是与写作目的和风格相一致的语言。只有学生和教师掌握了论文的背景知识，他们才是回答这个问题的最佳人选。词汇表所能做的只是提供一个背景，从中可以做出特定的决策。词汇表所依据的一般假设是，大学写作的主要风格是温和的，而不是非正式的或口语化的。这一假设意味着，将一个用法称为非正式用法并不意味着它不如正式用法可取。所以这一词汇表仅供科技写作者参考（Day，1988；Sturrock，2001）。

我们已反复强调，因现在全世界主流期刊都是使用英文，所以专辟这一章来帮助读者提高英文文献阅读和英文写作能力，这里不存在崇洋媚外的问题。实际上，随着我国综合国力的提升与科学技术的进一步发展，我国自主创办的期刊的比重将会与日俱增，现在已开始有越来越多的优秀中文期刊，外国学者在投稿这些中文期刊的过程中，必须掌握阅读和撰写中文学术论文的技巧，也需要了解中国的文化背景和交流方式，以及根据中国文化衍生出来的思想假定和思维习惯。对于我们的研究生，与提高英文文献阅读和英文写作能力相比较，中文作为母语以及国内对于阅读和撰写中文学术论文方面的参考书籍较多，他们在提高自己阅读和撰写中文学术论文能力方面的挑战也许会少一些。不过，至少从他们中不少写出的学位论文来看，他们同样需要下功夫去提高阅读和撰写中文学术论文的能力。以上讨论的帮助提高英文文献阅读和英文写作能力的大部分方法也同样适用于中文的文献阅读和写作，比如对于中文文献，同样应该针对不同目的和不同文章类型调整阅读方法，同样可以通过写"内容"和"作用"的叙述来理解困难段落，同样可以使用书页边笔记或集中阅读笔记使自己在阅读时与文章相互作用，同样需要对文献做出研究笔记以及通过文献综述凝练科学问题，等等。当然，中文与英文是存在差别的，研究生应针对这些差别来掌握不同语言的功能。

思 考 题

（1）在英文文献阅读和英文写作方面，您面临哪些困难和挑战？

（2）在帮助自己变成更好的读者时，您采用了书中提供的哪些策略？您认为哪些策略最有效？除此之外，您还采用了哪些策略？

（3）为帮助自己阅读时能与文章相互作用，您采用了书中提供的哪些方法？您认为哪些方法最有效？除此之外，您还采用了哪些方法？

（4）书中列出的策略与方法，哪些对于提高中文文献阅读及其写作同样有效？

第 11 章 探索性写作：培养批判性思维的温床

第 6 章至第 9 章集中讨论了要求完成最终作品的正式写作活动，这些正式写作活动的最终作品包括研究计划、学术论文和项目申请书等。而本章集中讨论非完成性的（即不需完成最终作品的）探索性写作、课堂讨论和小组学习活动，这些式样繁多的活动都是训练批判性思维的温床或沃土（Bean，1996）。

本章首先简述探索性写作给批判性思维带来的好处，然后讨论探索性写作的黄金原则，怎样将探索性写作结合到课程和科学研究中去以提高教学和科研的效率，以及介绍以训练批判性思维为目的而设计探索性写作任务的各种方法。除了探索性写作，本章还讨论怎样运用小组活动来训练批判性思维。

11.1 探索性写作带来的好处

进行写作研究的学者（Britton et al.，1975）通常称探索性写作为"表现性写作"。不过，跨学科的许多教师更喜欢称这种写作为"探索性写作"、"非结构写作"、"个人写作"、"自由写作"、"集中的自由写作"或简单地就叫"非正式的、不批改的写作"。不管选择什么叫法，我们所指的是一种探索性的、在纸上进行思考的写作。探索性写作的例子包括日志、笔记、书中或论文页边的笔记、无间歇的自由写作、阅读记录、日记、与同事的往来书信甚至写在餐巾纸上的短笺或手机里的微信，等等。探索性写作典型地没有结构并具有尝试性，在思维和创造的过程中，当新的观点、困难和问题冲击着作者时，这类写作内容可以远远偏离既定的思维方向。我们通常用这种写作去发现、发展和澄清自己的观点。尽管广泛的经验和有力的证据证实了探索性写作的有效性，但仍然有人没有完全信服探索性写作值得尝试。因此，首先澄清这些怀疑观点，对于教师指导学生进行探索性写作或研究生本身自觉地运用探索性写作应该是有帮助的，使他们清楚认识到探索性写作带来的诸多好处。

11.1.1 激发思想的强有力工具

作为已发表了 270 多篇科技文章的作者，物理学家詹姆士·范·阿伦（James Van Allen）将这种写作称为"自我备忘录"（Barry, 1989）。詹姆士·范·阿伦认为："仅仅这一写作过程就是我们所具有的澄清我们思想的最强有力的工具之一。如果没有经过许多的自我折磨和至少三稿，我几乎很难写出达到发表水平的文章。在我的写作过程中，我的桌上散乱地堆着记载了不得不放弃的各种尝试的纸张，不过我从其中得到了补偿；当我对某一样事物的写作结束时，我就对它有了从来没有过的清晰了解，写作过程本身就是一个强化、澄清思维的过程。确实，我经常给自己写备忘录的唯一目的，就是为了澄清我的思想。"阿伦的主要观点是，写作过程促使思考。有时探索性写作可转变成最终作品，但更多的时候，如阿伦的"自我备忘录"，探索性写作本身就是一种结果。而一般情况下，大学生或研究生并没有充分意识到探索性写作的价值，也没有足够的意愿和机会去进行探索性写作练习。结果是，他们没有进行充分的实践，所以难以体会到这类写作可以激发出来的那种思考和学习效果。

就像深思需要养成习惯一样，探索性写作也需要不断实践才能成为习惯。但一旦掌握了它，它就成了专注于思考问题和激发思想的强有力的工具。在跨学科写作学习班里，具有直接使用探索性写作经历的教师们通常都相信这种写作的力量（Young and Fulwiler, 1986; Fulwiler, 1987a, 1987b; Belanoft et al., 1991; Abbott et al., 1992）。以下主要是从教师在课堂教学中结合探索性写作的任务的角度来讨论其在教学中的作用，同理，研究生如果将探索性写作运用到自己的日常科研活动中去，也会获得孕育科研思路和提高批判性思维的极大益处。只需花上一些零散时间，就像写日记、饮茶、喝咖啡那样，养成每天都进行探索性写作的好习惯，这将是最有价值的思维训练方法，这些训练方法能培养起自己更好的写作习惯和思维习惯。

11.1.2 具有价值的写作练习

一种有趣的对探索性写作的怀疑意见是，有学生认为这种写作只是教师为了让他们保持忙碌而布置的作业。虽然许多跨学科写作的文献显示，热心的教师们表示，他们的学生对探索性写作非常满意，但总有学生不喜欢探索性写作并认为这仅仅是一种使学生更加繁忙的作业。在某种程度上，对探索写作的喜爱程度可能与学习习惯有关（Jensen and Di Tiberio, 1989）。由于性格或者写作经验等原因，一部分学生喜欢有头有尾的写作，而不喜欢无限制的、似乎是无目标式的写作。如果日志不记分，那么学生不愿意写作的另一原因应归于他们对分数的重视而不是对学习本身的重视。研究报告显示（Janzow and Eison，1990），25%—38%的学生认为不评分的写作练习是浪费时间。还有另一个可能的原因就是，教师不能将探索性写作有效地与他们的课程教学结合起来，不能使其在课程中起到明确的作用。不过，最重要的原因是，学生还没有学会怎样自发地提出问题来激发真正的探索。学生仍然将知识看成是"正确答案"而不是可争论的论点，因而不习惯于探索性写作所使用的那种对话式的思维。简而言之，因为他们没有看到探索的必要性，所以他们也看不到探索性写作的必要性。

因此，对这一怀疑意见的最好答复不是放弃探索性写作而是帮助学生认识到它的价值，为此这一章提供了许多有效的建议。不过，在这里让我们提出两种关键的、使学生对探索性写作产生个人兴趣的方法。

第一，努力将学生的探索性写作与课程内容以及学生自己的科研活动结合起来，在任何可能的场合中，用他们的探索性写作去激发课堂讨论和课外写作，以帮助他们为正式写作探究观点和寻找思路。许多教师以一个学生在前一夜用日志或信件形式探讨过的问题来开始自己的授课，一些教师要求学生以小组的形式分享他们在探索性写作中的观点，另一些教师则每天随机地收集学生的探索性写作，作为一种方式来检查学生的学习和指导他们的思维过程。这里的要点是帮助学生认识到探索性写作是掌握功课和开展研究的强有力的手段。在批判性写作课程设计中（第14、15章），我们通过以下方式让研究生将探索性写作与课程内容以及自己的科研活动结合起来：要求学生写"课堂心得"、教材书评或日志等探索性写作活动，以帮助他们更好地完成正式写作——课程论文研究计划的写作。在这一过程中，既训练了开展科研的好方法，又培养了开展科研的好习惯。研究生必须认识到探索性写作对于科研活动的必要性和重要性，主动地、有效地、持续地将探索性写作与批判性思维紧密结合起来以促进自己的科研工作。

第二，让学生知道探索性写作是专业作者们经常的、必要的实践活动，而不是仅仅布置给学生的作业练习。当学生看到他们的教师运用探索性写作来思考问题，他们往往就会对这种写作感兴趣，在任何可能的场合，教师应该在课堂写作的时间里同他们的学生一起进行自由写作，教师也可以将自己的探索性写作带到课堂与学生一起分享。最终，学生会认识到，与其他作业相比，探索性写作确实是更有趣、更有价值的练习作业。研究生应该知道,科学家们都使用大量科学笔记来记录思想、激发思想、发展思想,所以,他们需要像科学家们那样,通过探索性写作培养开展科学研究的良好习惯和挖掘科学研究的不竭源泉。

11.1.3 培养更好的写作习惯和思维习惯

因为在进行探索性写作过程中一般不考虑组织句子结构、拼写或技巧等,所以有人怀疑这类写作是否会强化学生写作的坏习惯。但是,这种意见似乎是根据将写作与一些人类行为进行比较从而做出的一种不正确的类比,在这些行为中,毫无条理是一种行为或道德错误,比如在家务的管理、汽车修理等工作中,而不是根据一个过程的发展阶段来看问题。探索性写作一般是不完全的,因为在使观点的各部分不互相纠缠和将它们清楚地组织起来之前,作者必须对他要表达和反映的复杂观点的千头万绪进行梳理。当你正努力去发现和澄清观点时,担心拼写和语法只会大大削弱作者的思考力和创造力。探索性写作之所以混乱是因为思想本身的混乱,而此时关注写作的结构、语法、拼写等,不过是舍本逐末。因此对于探索性写作更好的类比,应该是像音乐家对于复杂的新作曲早期的练习曲,或者像建筑师对一个工程的可能设计的草图集。进行探索性写作是澄清思路的必要手段,通过这种不断深化的过程,能够培养起学生更好的写作习惯和思维习惯。

11.1.4 不会给教师带来更多负担

教师们可能会将探索性写作与需要批改大量的学生写作作业联系起来。不过,正如本章将要解释的,除了日志以外,还有许多布置探索性写作的方式,教师只需采用必要的策略,对写作作业只需做必要的评价而不必进行详细的批改,自然就不会增加自己的负担。当然,如果日志是你使用的探索性写作的方法,并且你也喜欢阅读学生日志,那么要求探索性写作意味着有时你得对学生的日志进行必要的批改。不少教师喜欢阅读学生日志——比对短文考试和正式的短文还感兴趣,并且学生日志将教师与他们的学生,作为个人和学习者紧密地联系起来。如果教师经常阅读在自己的课程里指定的日志,就能有效地帮助自己了解学生个性和洞察力。如果阅读日志不适合你的教学风格,还有许多其他可供选择的方式将探索性写作结合到你的课程里去。

另一种怀疑意见是,要求探索性写作是否将花去教师太多的时间。其实,只有教师感到他不得不阅读学生写的每一样东西，这种意见才是正确的，这就等同于一个钢琴教师不得不去听学生家庭练习的所有录音带一样。理论上说，要求探索性写作不应占用教师的更多时间，因为探索性写作应是学生为了去激发自己的创造力，或集中和深入发展自己的思想而进行的，所以学生也应像专业作者一样以相同的理由去进行探索性写作——为了进行这种写作所获得的那种内在满足。但在现实中，绝大部分学生需要教师的一些监督以保持学习动力，而且教师也需要阅读一些学生的探索性写作以便指导他们的思想过程。不增加负担的技巧是，教师只选择性地阅读学生的其中一部分而非全部写作。本章对于减少教师的时间给了一些提示：其中的一些方法几乎不花教师的任何时间，而另一些方法则给予教师的时间安排上很大的灵活机动性。

研究生如果充分认识到了探索性写作可以帮助自己去激发思考力和创造力，他们就知道花这种时间是值得的和必要的，而不需要导师的任何监督，就会主动地花时间和心血去进行这种探索性写作实践，并持之以恒、从中受益。

11.2　探索性写作的黄金原则

下面我们将介绍多种探索性写作的方式，而这些方式的运用都遵循"苦想勤写"这一黄金原则，不断磨炼自己的心智，达到提高自己的批判性思维能力的目的，其中日志就是实践黄金原则的最好方式。

11.2.1　苦想勤写

探索性写作遵循两条十分重要的黄金原则（德拉蒙特等，2009）：①尽早写，经常写；②不用考虑是否正确，将思考化为文字。"尽早写，经常写"的意义在于：写得越多，写作就越容易；每天都写，日久就成习惯；积少成多，将文章分成小块，将每一块写的内容收集在一起，就积累起很多素材；越迟动笔，写起来越难。"不用考虑是否正确，将思考化为文字"的意义在于：写下任何思路的"初稿"是整理思路的重要一步；从较成熟的思路写起，写这些内容时，其他思想也会随之明朗起来；只有通过写初稿才会发现"真知"与"谬误"；另外，只有将想法写出来，你自己才能对作品进行修改，别人（比如你的导师）也才能帮你修改。所以探索性写作需要不断思考，不断写作。

为了概括批判性思维的两个最核心的活动：一个内在活动"思-想"，一个外在活动"写-作"，以及它们之间的关系，我就想出以"批判性思维"为横批的一副"对联"：

想、想、想、想出创新观念，

写、写、写、写来锦绣文章。

自我感觉"对联"不错，对仗也工整，竖读还有"想写、想写、想写，想写出来创新观念、锦绣文章"的含义，不足之处是没有表达出需下冥思苦想、勤写苦练的功夫，遂改为：

想、想、想、冥思苦想，涌创新源泉；

写、写、写、苦练勤写，出锦绣文章。

不过，自知这离严格意义上的对联还有差距，于是就在家庭群里寻求修改意见。

我一位弟弟（某高校中文系教授）写出以下对偶文字（他认为"对偶文"不同于"对联"，无须太注重平仄）：

想、思，思、想，苦思善想，涌创新源泉；

作、写，写、作，勤写妙作，成锦绣文章。

并说明："想、思……，强调多想、苦思，苦思还应善想。而后为'思想'，为'创新性思维'。作、写……，强调多写、勤写，勤写尚需妙作。而后为'文章'，为'著作'。"

我的哥哥（另一高校中文系教授）则建议："想"和"写"都是仄声字，一联之内，几个仄声字连用，两联之间，几个仄声字相对，不合格律。虽然他赞同表义第一，平仄第二，但二者兼顾则最佳，遂给出以下对联：

思、思、思，苦想冥思，涌创新源泉；

写、写、写，精编勤写，出锦绣文章。

（这是我给他们的回复："弟兄间的又一次批判性思维的交流！多谢帮助，手足情谊，私下谢啦！"不过，借此再次致谢。）

通过探索性写作去结合思想观点，集中在思维的过程而不是结果的探索性写作，可加深绝大多数学生与课程内容及自己的研究相结合的程度，从而提高学习效果和发展批判性思维。探索性写作的好处是增强学生对课程的准备，丰富课堂讨论，产生更好的最终作品，加快进入研究领域的步伐。从课堂的自由写作，到反应性思想信件，再到系统性的日志，探索性写作可以帮助绝大多数学生变为更活跃和更主动的学习者和研究者。写日志可以作为学生经常地、主动地训练自己批判性思维的探索性写作活动，所以下面以日志写作为例阐明探索性写作的黄金原则的实践活动。

11.2.2 日志：实践黄金原则的最好方式

学生应该每天写日志，从中会寻求到每日所碰到的问题或疑点以及自己的答案。写这些日志的目的不在于直接地提高你的写作技能，而主要是激发你对在学习和研究过程中所碰到的争端、疑点和问题的思考。对大多数情况而言，教师主要是看重你的思维过程，而不是你的最终作品。日志就是典型的"探索性"或"表现式"写作——也就是，在纸上彻底想通一个问题而不必顾虑你的写作是否对读者有作用的那种写作。因此，正式写作的特点比如清晰的段落、正确的句子结构、拼写以及整洁度等在日志里都不必顾虑，日志主要是为自己而写作，而不是写来供别人阅读的。

这种类型的日志写作能帮助许多学生变成更多产和更专注的思考者。研究表明，有规律的日志写作习惯能帮助学生加深对他们课程内容和课题研究内容的理解，它帮助学生看到所面对的学术领域是一个充满奇异、探询和争论的舞台，而不是一个简单的信息和资料的集合体。这种看待知识和学术领域的方式能使他们对学习和研究更感兴趣，甚至令人振奋。在这一过程中，学生自己提出的对问题和质询的答案越多，像一个真正的哲学家和科学家那样的思考就越多。

1. 怎样写一个日志条目？

运用称为"集中式自由写作"的技巧，进行自由写作。即在一张纸上，在一个规定时间内不停地写；集中全力在纸上思考，而不必关注拼写、组织结构及语法等，尽可能快地写下涌出的所有想法。如果你的思路源泉突然变得干涸了，就随便涂写"放松"一词或反复写一个关键词直至新的思路源泉从你的心灵中喷发出来。在一般自由写作中，你的思想可以从一个题目跳到另一个题目，自由地漫游。不过，在集中式自由写作中，你必须保持你的整个日志集中在指定的疑点或问题上，你的目的是，在规定的时间内尽可能完全地探索你对这一问题的答案。人们比较习惯的方式是，先要想好，然后再记录下所想的东西。与这种习惯方式不同，日志写作者是为了激发自己的思路源泉并记录下自己的思想轨迹。

2. 一个日志条目有多长？

一般来说，每一条目是 15 分钟集中思考和写作的结果，一个熟练的作者在 15 分钟能容易地写出一至两页单行的文章来。不过，对于开始的练习，写一整页应该是 15 分钟自由写作的合理目标，因此我们考虑一个条目应该是一页的文章，然后希望写得更多。自由写作时，将你的表定为 15 分钟，然后不停地写。如果在这规定的时间里，你写出一页或更多，就完成了一个条目。

3. 写出"有质量"的条目

课程提纲里要求"有质量"的条目，当然，比较难定义"有质量"的含义。教师肯定不会根据拼写、组织结构和语法这样的东西来评判学生的写作，而是从条目中寻找学生对问题认真思考的证据，许多条目会要求学生运用在课堂里或论文里的概念。学生的条目应该显示：在准备写作日志条目之前，是否仔细思考了这些概念并且进行了阅读和学习，比如直至学生已经在教科书里或论文里学到了效验性条件的概念，才写关于这一概念的条目，比如写关于经典条件反射的学生显然是进行了必要阅读并努力去理解这些概念。不像写作考试，日志给学生犯错误的自由。日志的写作帮助学生学习概念本身，如果学生混淆了概念，一般来说是允许的，日志应该证明学生在不断地尝试、学习和思考。一篇好的日志是令人感兴趣的，因为它显示了心灵和观点之间真正的搏斗过程。

4. 保持写日志的步骤

研究生应在每个星期，给自己规定一定的写日志任务，比如五个任务，每个日志条目应是对一个任务的应答。当然，完成的任务越多越好。将你的日志按顺序编号，每一条目从新的一页开始，在它们的页眉写上日期和你所应答的任务的编号。你为自己定下规矩：必须按时完成每星期的日志！天长日久，你不但养成了写日志的习惯，而且从上千页的日志中你会发现自己的思想是多么丰富！

5. 一些日志任务的例子

任务 1：你在课程"环境微生物学"中获得以下知识：一头体重 500 千克的食用公牛，24 小时生产 0.5 千克蛋白质，而同样重量的酵母菌，以质量较次的糖液（如糖蜜）和氨水为原料，24 小时可以生产 50 000 千克优质蛋白质。据此，你将对"应该养牛还是养真菌"这一命题进行辩论。

任务 2：假定你有这样一种理论：用定量的啤酒和热狗（hot dog）喂的老鼠能比用西葫芦、菠菜和花茎甘蓝喂的老鼠更快地学会在迷宫里找到出路，你怎样设计一个试验来检验这一假定？在你的讨论中，使用以下术语：实验组、控制组、独立变量和相关变量。

　　任务 3：阅读某一篇相关论文中关于人的记忆的探讨，然后为以下问题寻求你的答案："人类的头脑与计算机有何不同？"

11.3　将探索性写作结合到课程和科学研究中去

　　"日志"作为阐明探索性写作的黄金原则的例子，已在上面对其进行了比较详细的解释，除此之外，还有许多可用于一个课程里或科研中进行探索性写作的方式。这一节提供 25 条建议，以便将探索性写作的优点充分融入课堂之中和研究生的科研训练之中。这里用"探索性写作"一词是以其最广泛的含义来涵盖所有种类的用来帮助写作者产生、扩充、加深和澄清思维的不加修改的写作活动。

　　读者可以浏览下列的选择，找出那些最适合于自己的课程目标、教学风格及科研训练要求的选择方式。选择 1 至 4 集中于课堂内的探索性写作，选择 5 至 11 解释不同种类的日志，选择 12 至 15 针对加深学生对课程和论文阅读的反应，选择 16 至 18 是用来激发创新性思维的变换步调的方式，选择 19 至 22 是使用探索性写作的其他方式，比如交流思想信件、电子邮件、文件夹等，最后选择 23 至 25 描述了为以论点为主导的写作打好基础的短小的、不批改的写作练习。

11.3.1　课堂内写作

　　可能最简单的运用探索性写作的方式就是安排 5 分钟左右的课堂时间来进行安静的、互不打扰的写作以对思考和学习任务做出应答。学生在课堂上写作时，教师可以在黑板上或在笔记本上写，愿意同学生一起写作的教师能起到很好的示范作用。下面是用于课堂写作的 4 种选择。

　　选择 1：在课堂开始时写作，以便探索一个主题。给学生一个问题，以复习前面所学习的东西或激发起他们对新知识的兴趣，复习性的问题可以是无限制的和试探性的（"关于昨晚的阅读内容，你们有什么问题吗？"），或准确的和特定的（"当我们说这一有机污染物被微生物降解了，这一过程是在什么条件下发生的？"），或用一个问题来开始当天的课堂讨论（"柏拉图的关于洞穴的比喻怎样使你对知识有一个新的看法？"）。课堂写作给了学生积累和集中思想的机会，同时也给了教师观察学生思想过程的机会。教师可以要求一至两名学生在课上阅读他们的写作或随机地收集一部分写作以便课后阅读。因为学生总是渴望看到教师所写的东西，所以有时你可以与学生分享你的课堂写作。在第 15 章中，我们列出了以本书作为教材所设计的课程在每次课堂主题演讲前要求学生写作的问题，这种 5 分钟的写作对于"聚焦"讲授内容和集中学生的思想都起到很强的作用。比如在讲解专题 1（"创新型人才培养的重要意义与困境"）前要求学生用 5 分钟对以下其中一个问题进行写作：①"怎样开始研究生的学术生涯？"②"怎样开始进行科学研究？"由于这些是研究生培养过程中的核心问题，值得他们一直深入思考，因此，除了在课堂里应答这些问题外，还要求他们在整个学期中对这些问题进行探索性写作，期末作为"科研心得"提交。当然，他们也可以在今后的科研活动中，一直坚持对这些问题进行探索性写作，形成自己的科学笔记的一部分。

选择 2：课堂进行中的写作可以用来重新集中一个无边际的讨论或冷却一个热烈的讨论。当学生已无话可说了或一个讨论过于热烈，每个人都抢着发言时，暂停讨论并要求进行几分钟的写作。

选择 3：课堂进行中和文献阅读中的写作可用来提出问题和指出困惑的地方。当讲解较难理解的课程内容时，停下几分钟，让学生写作以回答如下的问题："如果你已明白到目前为止我讲解的内容，请你用自己的话总结我讲解的要点；如果你现在对某些内容还不清楚，请对我解释什么地方使你感到困惑，提出那些你需要解答的问题。"教师会发现，收集一些应答的代表样本可以看出学生对其课程的理解有多深，这对于正在进行的教学是一个有启发性的检查。在论文阅读过程中，研究生也不妨用这种边读边写的方法检查自己对文献的理解程度。

选择 4：在讲课的末尾进行写作以总结课程和讨论内容。在课堂的末尾给学生几分钟的时间进行写作以总结当天的讲课和讨论，并准备下堂课开始时要提出的问题。另一常用的方式就是"微型作文"（Angelo and Cross，1993），在课堂的结尾,教师提出如下问题：①"你今天所学到的最重要的东西是什么？"②"对这堂课的结论，你最主要的问题是什么？"或者换一种方式,教师可以问："在我今天所教的内容中，最使你混淆的地方是什么？""微型作文"的方式也可以用来对论文阅读进行总结，这对于理解论文应该是很有效果的。

11.3.2 日志

日志可以用不同的形式来制定，从完全的无限制的写作到高度指导性的写作。教师需要找到一个适合他们自己的教学风格和课程目标的日志类型，研究生也应该逐步摸索到适合自己的研究过程和写作风格的日志类型。

选择5：无限制日志。在这里，要求学生对于课程的各个方面每星期写出一定的页数或规定一定的写作时间，有时称为"学习记录"。这种日志能让学生自由地以任何方式对课程的内容进行写作：学生可以选择总结课堂内容，解释为什么教科书的某一部分难以理解，辩论课堂内容的某些观点，提出问题，将课程的一些知识与个人经验联系起来，将课程的不同部分联系起来，表达自己看到一个新观点时的激动，或为任何其他的目的而进行写作，等等。研究生阅读学术论文时也可以写无限制日志，总结或反驳论文的观点，或写出读完论文后的任何感受。日志变成了对学生学习课程或阅读论文的思维过程的记录，这可能是在文献中广泛地报道过的指定日志写作的最普遍的方式。作为一名物理教师，格伦贝奇尔（Grumbacher, 1987）对这种写作的益处做了很好的描述："我发现：①物理课中最善于解决问题的人是能将物理学理论同他们的生活经验联系起来的学生；②日志写作帮助学生找到了经验和理论间的联系。③如果学生在寻求自己引进的问题的答案，他们将学习到比要求还多的东西；④保持有规律的学习记录能帮助学生引出自己的问题；⑤学生需要大量观察、实践物理学现象的机会；他们获得新信息前，学生需要时间从几种不同的角度真正理解一个概念。"

以上是针对课程设计而言的，研究生应该设计出帮助自己开展科研的无限制日志写作任务，模仿科学家进行科研时真正使用的那种写作方式，即用来澄清他们的思考、扩充科学观点、寻求理论和实践之间的联系，并不断提出问题和解决问题。

选择6：半结构式的日志。虽然半结构式日志给予学生与无限制日志几乎一样多的自由，但它提供指导以帮助作者思考希望表达的事物，比如一些教师要求学生总结他们完成的上一个条目后，通过课堂或通过自己阅读所学到的观点来开始下一个条目，然后再回答1至2个类似下面这种类型的问题。

- 在今天上课时或阅读中，什么内容让你感到混淆不清？
- 你自己的个人经验怎样与今天所学的理论联系起来？
- 这一课程（或阅读这一篇文献）对你的个人生活、你的信仰、你的价值观、你对事物的理解有何影响？
- 你刚阅读完的这一篇文献怎样同你以前阅读的其他文献相联系？

许多教师发展了适合自己教授的课程的一般问题，用以指导学生的日志条目。如肯尼恩（Kenyon，1989）所发展的一系列的"写作探索"练习，以帮助学数学的学生用日志写作澄清他们的数学思考。下面是这类写作的一些例子：
- 用简明的语言，写出这个方程式描述了什么？
- 为了解决该难题，你需要其他什么资料？
- 使这一问题变得困难的原因是什么？
- 当你进行第×步骤时，你考虑的是什么？

选择7：指导性日志。在一篇指导性日志中，学生对教师设立的特定范围内的问题进行答复。结合自己课程的重要内容，教师通过安排相关的写作任务，有效地支配学生的课外学习时间。教师通常要求学生每星期写3至4次日志，每次15分钟。但有的教师每星期只给学生1至2个问题，要求更详尽的答复。下面是为物理学课程所设计的指导性日志。
- 怎样用10 000个醉汉的随机游走来比拟污染物分子在土壤水中的运移，从而阐明污染物在非均质土壤中的水动力学扩散规律？
- 解释为什么夏天沙漠变得如此炎热，而在相同纬度上的岛屿却比较凉爽（Jensen，1987）。

选择8：双重进入笔记（double-entry notes）。在跨学科中广泛采用的双重进入笔记要求学生首先思考课程或论文阅读内容，然后反映出他们自己对这些内容的思想（Berthoff，1987）。因此，这也被称为"辩证笔记"或"对话日志"。在笔记本的左页，要求学生在听课或阅读时做出大量的笔记，应用自己的话来复述知识要点或理论以增强学习。然后在笔记本的右页，学生做出与这些内容相对应的评论——提出问题、引出疑点、做出联系、找出相反的观点、将这些内容与个人经验相联系、表达自己的困惑，等等。在另一种双重进入笔记的形式中，学生运用右页以无限制日志的方式来应答课程或阅读内容，不过，几天后，学生重新阅读自己的日志并且在右页对自己几天前的文字应答做出评论。学生经常发现，他们在同自己的观点进行对话，当他们星期五阅读自己星期一的日志时会对星期一的那种想法感到惊异。

关于辩证笔记与指导性日志的不同影响，在写作研究者中有一定的分歧。辩证日记以及无限制或半结构式日志给学生更多的自由去提出他们自己的问题，追寻自己的观点，进行深思等，而指导性日志则对学生达到教师预定的目标更为有效（MacDonald and Cooper，1992）。

选择9："我所看／我所想"的实验笔记。一种帮助学生了解实验手册所描述的内涵——一个实验的每一步都是符合逻辑且目的明确的方法，就是用"我所看／我所想"方式做出的实验室笔记。与辩证笔记相像，这一类笔记也使用两栏，左边一栏包括经验观察或数学计算，右边一栏则记录研究者对于观察或计算的思想过程。这种笔记能帮助研究者分析观察结果，认识机理，因此，对于撰写论文的结果与讨论部分是十分有帮助的。

选择10：当前问题日志。在这里，教师希望学生将课程与当前的论点和问题联系起来，教师要求学生阅读近期的报纸或论文，然后就怎样将课程内容应用于当前的热点问题来进行写作。这种日志特别适合社会科学和伦理学课程，对其他学科如环境科学也有用，比如，"怎样将你刚学过的环境微生物学中的碳、氮循环知识与土壤温室气体减排，进而与解决全球气候变暖问题联系起来？"这类日志通过揭示课程与学术界以外生活的联系，从而大大地激发学生的兴趣。

选择11：为写作考试做准备的日志。这一方法提供了进行探索性写作的强大的内在动力，并且用学科考试来推动最大量的学习。为了使用这一方法，在课程的早期，教师给出一系列作文问题，而期中和学期考试的问题将从这些问题中选出。要求学生对每一问题写出一段日志，随着课程内容的增加和发展，学生就逐步地找出问题的答案。有的教师允许学生在考试中使用他们准备好的日志，在考试进行时，教师能迅速地查看每个学生的写作成果，如果有必要，可以给认真完成每一篇日志的学生额外加分。

11.3.3　阅读日志或阅读笔记

探索性写作的另一用处就是使学生特别集中在课程或论文阅读上。写作可以帮助学生理解和应答阅读材料，下面这些方法在第10章"阅读时与论文相互作用的方法"一节里已逐一解释。

选择12：书页边笔记或集中阅读笔记（10.3.1节与10.3.2节）。

选择13：阅读记录或总结和应答笔记（10.3.3节与10.3.4节）。

选择14：学生对阅读的关键问题的回答（10.3.5节）。

选择15：想象与作者面谈（10.3.6节）。

11.3.4 创造性写作练习

为了变换探索性写作的步调，教师可以指定创造性写作并用它们作为课堂讨论或小组讨论的基础，这些练习通常给学生许多乐趣，并以各种方式增长了学生的语言和思考技能。

选择 16：对话写作。要求学生写出与想象中的相反观点的人们进行"交换思想"的对话，通常这样的写作是很好的小组作业，3 至 4 人的学习小组可以在一起完成对话写作。

选择 17：传记诗写作。传记诗是以公式化的结构来创作的诗，用以表达作者所看到的创作目标生命中重要的或有意义的事物或人物。在一定的场合下，学生可以用传记诗来写他们自己，以帮助同学相互认识而建立起团体。这种方法对于帮助学生认识课程中所学到的重要人物的个人方面特别有效，例如，学生可以写柏拉图、凯撒、孔子、秦始皇、哥白尼、埃利诺•罗斯福等。学生也可以与一个流浪者、一个疗养院的老人、一个艾滋病患者面谈，并写出让自己进入这些人生活的传记诗。传记诗的形式如下（Gere，1985）：

第一行：名字
第二行：表征性格的 4 个特点
第三行：社会关系（兄弟、姊妹）_____
第四行：爱好_____（列出 3 样东西或人）
第五行：他感到_____（列出 3 个条目）
第六行：他需要_____（列出 3 个条目）
第七行：他害怕_____（列出 3 个条目）
第八行：他给出_____（列出 3 个条目）
第九行：他希望_____（列出 3 个条目）
第十行：居住地在_____
第十一行：姓氏
……

下面是一堂哲学课里关于多什托维斯基的宗教法庭庭长的传记诗（Yoshida，1985）：

他的名字叫法庭长官，
他愤世嫉俗，胆大无比，通晓一切，无所畏惧。
没有一个朋友，同事少得可怜，

爱自己，爱智慧，爱不可战胜的知识。
他既不感到遗憾，也体会不到同情，上帝之爱也无所感知，
他不需要任何人，自己救赎自己。
他害怕温情的接吻，
还害怕令人心碎的泪水。
他发出可击碎玻璃的冷光，
还给予适合于一切人的铁链和脚镣。
他渴望看到骗子被烧死，
还希望基督徒在他面前低声下气。
他居住的年代已成过去，
他姓氏是多什托维斯基宗教法庭。

选择 18：比喻游戏、延伸类比。比喻或类推的思考就是从 Y 的方面来考虑 X，它能使熟悉的东西变得生疏或使生疏的变得熟悉。就像在照相过程中变换焦距、将镜头拉近或拉远，通过不同的形象来观察同一对象。在写作课中，要求学生将写作过程进行比喻，然后再将他们的比喻互相比较。写作文就像拔牙齿、生孩子、游泳、造一架模型飞机、烤一块蛋糕、栽培一个花园、忍受折磨等。这种游戏可以伸延到类比：日志写作像……，但引言写作像……，而正式文章写作像……。

因为类比思考是普遍存在的，在任何学科的课程中做比喻和类比的游戏是很容易的事情。这里给出几个例子："巴洛克音乐像……，而浪漫音乐像……，拿破仑对于法国革命就像……。"更自由的教师还可以将比喻游戏的娱乐性推到极限而设计如下的问题："假如甘地和希特勒是汽车的设计者，那么他们的汽车会分别变成什么模样？"

学生几乎总是喜欢玩比喻游戏的，它解开了关于语言、现实和思想等的复杂问题的铰接，找寻一个合理的比喻对于澄清概念是一种奇妙的练习。但是虚假的类比引起的谬误提醒我们，比喻也是模糊和扭曲的。因此，在塑造我们所知东西的过程中，类比游戏可以引导出有趣的关于语言作用的课堂讨论。

11.3.5 使用探索性写作的其他方法

除了课堂里的自由写作、各类日志，以及偶尔的创造性游戏之外，还有许多使用探索性写作的方式。下面给出这些写作的一些建议，这类探索性写作比课堂内 5 分钟的自由写作更广泛，还不会给教师带来阅读厚厚的日志之

类的负担。

选择 19：非经常性的思想信件。思想信件是一种比日志条目更长和更集中，但比正式文章结构更少的探索性写作，它不像通常需经多稿修改的正式文章，思想信件主要用于朋友间的早期探索。它的模式是，当一个学者正在思考一个新问题时，他可能写给他信得过的同事以共同探索观点的那类信件。一般花 15 分钟在日志条目上的学生，可以花上一个小时或更多的时间去思考并写出一封交流思想的信件来。一个典型的思想信件写作要求单行，一至二页，主要根据探索的深度和质量来评分，而不是结构、拼写或其他技巧方面的要求。教师可要求学生每星期写一份思想信件，而后帮助学生从中选出最好的几份将其修改成正式的文章。对于教师，思想信件的优点是读起来令人感兴趣，而且比正式文章花更少的评阅时间。这是因为阅读思想信件时可以观察作者的思想过程，因此，教师应主要集中在学生观点的形成上而无需评论文章的结构和风格。

选择 20：电子邮件或微信。网络作为一种媒体，用于探索性写作中正在日益变得普遍起来。戴维斯（Davis，1993）引述了一个生物学教师通过电子邮件提出问题并要求学生应答和做出评论的例子。有的教师要求学生将他们的探索性写作送到一个课程的电子邮件地址或微信群，这样学生可以互相阅读对方的写作，然后再开始进行讨论。米查姆（Meacham，1994）报道，在一个发展心理学和多重文化的大课里运用一个电子邮件网络，一个学生的经验如下："我发现计算机网络对于我来说是一种奇妙的学习经验，我不善于在一个大组里发言，但我感到能舒畅地使用电子邮件去向其他的同学发表我的观点……在我们那样的课堂里，我许多时候感到失落，但是计算机网络使我对课堂里讨论的观点保持着浓厚的兴趣。"

选择 21：对正式写作起引导"创造"作用的探索性任务。教大一学生的法律和文学的哈蒙德（Hammond，1991）描述一种指定探索性写作练习的方法，主要是用来帮助学生为正式文章的写作发展观点。对于每一篇正式文章的写作，哈蒙德建立起一连串的集中的自由写作练习，目的在于在学生决定论点之前，能帮助他们充分地探索一个问题或论点的复杂性。她解释说，她的目的是延长对问题讨论的结束时间："我与大一学生相处的经验是，他们倾向于关心如何获得一个'正确的'答案以至于省略了创造的过程；为了迫切达到一个令人信服的结果，他们缩短了分析过程。"为了解决这一问题，她设计了一连串集中的自由写作的任务以引导学生经历所需要的思维过程。她总结这种方法的优点如下："集中的自由写作比第一稿写作的优势在于，它延伸和组成了探索的阶段，而直接写稿倾向于将问题的探索结束。缩短这一分析过程是大学生中最根本的问题之一，而以上的步骤帮助避免这一不成熟的思维和写作习惯。"对于诗歌分析，哈蒙德的代表性问题如下。

- 对这一题目（诗歌的题目）进行自由写作（5分钟）。根据这一题目，你认为这首诗应该是关于什么？它使你产生了什么联想？当你阅读这首诗时，什么东西可能吸引你？
- 将课本放在一边，列出你记住的诗歌的印象。写出三个你将要进行写作的印象……描述第1个印象（5分钟），叙述这一印象对你意味着什么（3分钟）……

她继续让学生写作，使他们形成一个论点之前，能仔细地考虑到一首诗的一切细节。

相似的自由写作任务可以设计为几乎任何一种正式的写作练习，比如下面是对于任何一种讨论一个有争议的问题的辩论性或说服性文章都适合的一套普遍的自由写作任务（Ramage and Bean, 1995）。

- 写出你将辩论的问题，努力以不同的方式来表达你的问题（3分钟）。
- 为什么这是一个有争议的问题？（比如，是否有足够的证据解决这一问题？目前的证据是否模糊或相互矛盾？定义是否有争议？对于基本的价值观、假设或信仰，各方是否意见一致？）（15分钟）
- 在这一问题中，你有什么个人兴趣或观点？你有什么个人经验与之相联系？这一问题怎样影响你？（10分钟）
- 选择问题的一方，找出你支持它的最好论据，自由地写出可能帮助你支持这一方的、来自你心里的每一样东西。(3个10分钟的时间段）
- 选择问题的另一方，做相同的事。(3个10分钟的时间段）
- 当你寻找证据支持问题的两个方面时，你发现你有什么知识缺陷吗？你需要进行另外的研究吗？你需要进一步回答什么问题吗？（10分钟）

当学生带着以上问题进行另外的研究后，继续进行自由写作。

- 现在你已经检查了问题的所有方面并进行了另外的研究，你计划为哪一方进行辩论？为什么？（10分钟）

缩短分析和创造的过程也是研究生中普遍存在的问题之一，通过以上这种辩论性文章的自由写作就可以延伸思考和探索的阶段，之后就可以写出更有说服力的辩论性文章的初稿。

选择22：文件集系统。在这一系统中，学生写出五六篇文章的初稿但从中选出一二篇来进行修改使之成为正式的文章（Belanoft and Dickson，1991）。通过设立一些学生必须进行的作文练习，教师就能涵盖课程的主要概念，在课程中及学期结束时，学生上交修改的文章和修改过程中的文章稿件就组成了自己的文件集系统。研究生在准备学位论文阶段，通过探索性写作和正式写作中可能产生不少初稿，这就形成一个自己的文件集系统，然后从这一系统中挑选好的初稿，进行修改使之成为第一篇正式的论文发表。然后不断写作、不断积累，文件集系统就越来越庞大，从这些初稿中不断凝练，就可以发表第二篇、第三篇学术论文……在国外，如果研究生在攻读学位阶段连续发表了几篇相关的学术论文，他们只需要在学位论文前面写一个前言，将这几篇已发表的论文连贯起来，就组成一篇很好的学位论文，答辩时也是很容易通过的。

11.3.6 进行论点写作的非正式的任务

有的教师宁愿学生进行论点主导式、有层次的写作而不是无限制的探索性写作，但同时希望获得不进行评分的"写而学"活动的好处，对于他们来说，一个极好的选择就是安排有目标的写作练习，包括模拟写作考试、论点表述写作和结构段落写作。

选择 23：模拟写作考试。在学期中，有时教师可以给学生一个作文考试题，要求学生在家里模拟考试的情况，并在第二天在课堂交上答卷。教师收集这些答卷，在记分册上做上记号，然后阅读一些随机样品（在一个学期中，每个学生的答卷都有机会被抽到）；教师再复印一篇优秀的答卷供课堂讨论，或者在相同的情况下，给学生一份教师的答卷，讨论的内容包括复习课程概念和解释怎样应答写作考试。在模拟写作考试中，要求学生用一句话的论点来总结对整个问题的答案，并用这一句话的论点来开始他们的文章。这一句话总结技能的重要性引出了下面的练习。

选择24：论点表述写作。探索性写作的方式之一就是要学生只写一句话，不过，关键是这个句子必须是一个论点表述，即对文章辩论的一句话的总结。论点表述练习的优点是它提供的那种力量——在一个句子的写作中包含许多的思考，学生经常对句子中概念的丰富程度感到惊奇。通过有效地使用从句，这些概念能被很好地概括起来。比如（Bean，1996）：

问题：根据罗伯特•海尔曼（Rolest Heilman）的理论，什么是悲剧和灾难的区别？

简短论点：根据罗伯特•海尔曼的理论，灾难是由于一个事件或外在力量引起的，悲剧则由英雄的错误决定所引起。

详细论点：对于罗伯特·海尔曼来说，灾难和悲剧都带来痛苦或死亡。不过，灾难由一个事件或外在力量引起，因而英雄的肉体痛苦并不伴随心灵的内疚；然而悲剧是由英雄的错误决定所引起的，从而产生出个人的责任感、后果和精神痛苦的极度折磨。

教授以论点为主导的学术写作的教师们，可能都意识到没有一种单一的练习可以完美地教学生进行论点表述，所以应该结合以上不同写作方式以给学生更好的训练。研究生也应该尝试运用这些不同的写作方式，这样，就可以创造出学术写作中关键的东西：论点主导式的批判性思维方式。

选择 25：结构段落练习。结构段落练习给学生提供了一个指导他们去思考内容的组织形式，学生必须用必要的概念和相应的资料来充实这个预定的框架。对于教授层次结构，这是非常好的练习。下面是一些例子。

- 为了模拟土壤中污染物质运移和转化的物理、化学和生物过程，你至少需要知道以下步骤：第一，充分认识所研究的实际问题所涉及的范围、程度和变量（如水流、温度、污染物、微生物等）；第二，将所研究的问题用物理、化学和生物过程来表征；第三，使用（或建立）数学表达式来量化这些过程，用质量(能量或动量)守恒定理将这些表达式耦合起来获得描述这些过程的"控制方程"；第四，求解这些"控制方程"（主要是数值解），就可获得所研究的问题（水流、温度、污染物）的时空分布规律；第五……

- 许多人认为贝多芬的音乐是……（先概括，再发展）。不过我认为它是……（先概括，后发展）。

11.4　设计批判性思维任务的方法

设计批判性思维问题的目的是将学生从被动学习者转化为主动学习者，他们能够应用课程和论文中的概念去解决问题、收集和分析资料、提出假设和形成论据等。批判性思维任务的设计，使教师能灵活地将批判性思维活动结合到他们的课程教学中去，使研究生能有效地将批判性思维活动结合到他们的科研活动中去。在教师的课程教学中，这些任务能用于家庭作业（如探索性写作、微型作文、学习小组自修项目等），也可作为课堂讨论或小组讨论的问题。

下面首先了解设计批判性思维任务的原则，然后介绍设计批判性思维任务的 10 种方法，每种方法后面给出一个或多个的例子。作为研究生，也可以用这些方法促进自己的科研工作。另外，不少研究生日后将成为教师，所以这些训练自己进行批判性思维任务的优秀方法既是帮助自己现在进行科学研究的方法，又是未来培养学生的教育方法。

11.4.1 设计批判性思维任务的原则

阿德勒（Adler，1984）将指导批判性思维的教师或导师的角色定位为一个教练，这也是约翰逊等人（Johnson et al.，1991）在他们许多关于结合性学习的研究工作中所做的比喻，教师是学生旁边的指导者而不是讲台上的圣人。在充当这一角色时，教师向学生提出批判性思维的问题，给予学生解决这些问题的实践活动，通过鼓励、示范、帮助性的干预和忠告以及评判他们的行为等措施来指导他们的行动。一旦教师把注意力集中在怎样帮助学生进行批判性思维方面，他们大部分用于课堂教学准备的时间，就从用于计划和准备讲课转换为用于怎样促进学生进行批判性思维的计划和准备工作。与前面库弗什（Kurfiss，1988）总结的在批判性思维方面成功课程遵循的原则一样（2.3.3 节），设计批判性思维任务至少也需要遵循以下三项原则。

原则 1：问题、疑点、争端是进入学科知识的切入点，并且是进行持久探索的原动力。

原则 2：课程应以训练批判性思维的作业练习为中心，而不是以教科书和课堂教学为中心。对教学目标、方法和评估主要是强调学生怎样去运用知识内容而不是简单地积累知识。

原则 3：要求学生在写作中或在其他合适的方式中形成和评判自己的观点。

因此，批判性思维的教学基础是教师对批判性思维任务的设计，这些任务使得课程变为以提出问题为中心而不是以教科书或作业为中心。

本节的目的是提供一些启发，以帮助教师为他们的课程建立起丰富的批判性思维的任务。一项批判性思维的任务一旦建立起来，就能够以以下不同的方式去应用：

①作为一个探索性写作的任务，如课堂内的自由写作、"当天问题"日志、思想信件等；

②作为一种正式的写作练习，如一篇微型的或较长的正式文章；

③作为一个写作考试问题或一个模拟考试的问题；

④作为一个小组问题解答的任务；

⑤作为整个课堂讨论的问题，或作为课堂辩论、模拟法庭、模拟游戏、小

组发言等的问题。

11.4.2　将概念与已有的经验或知识联系起来

在课堂上或阅读中正式讨论某一个概念或问题之前，在这一范畴里的批判性思维任务对于结合学生对这一概念或问题的兴趣是特别有好处的，这些批判性思维任务通过与学生个人的经验相联系而帮助他们吸收新的概念。正如认知研究结果所显示的那样（Norman，1980），为了吸收一个新的概念，学习者必须与已知的知识结构相联系，决定这一新的概念与学习者已知的东西是怎样的相同与不同。不熟悉的东西与熟悉的东西（如个人的经验和已具有的知识）联系得越多，它就越容易学习和被吸收。

- 描述在你自己的生活中，你所经历过的角色考验和角色冲突的时刻。这些术语有哪些关键的不同？为什么这种区分是有用的？（社会学）
- 对于经历丰富的一生所蕴藏的内涵，你目前的个人观点是什么？为了生活得尽可能丰富，你将做一些什么特别的事情以及完成什么特别的目标？教师在课程刚开始时指定这一任务，在课程快结束时，让学生重读他们的写作，以检查作为课程教学的结果和他们思想发生的变化。（哲学）

11.4.3　向新的学习者解释课程概念

设计批判性思维任务最容易的方式之一，就是要求学生向一个新的学习者解释课程或自己研究领域的概念。这一任务让学生充当起教师的角色，使得他们努力寻找方法将课程或自己研究领域的概念与假定的学习者的知识基础联系起来，因此创造了一种作者为某一理由、某一读者（或听众）而写作的强烈的修辞风格。因为那假定的读者对于有关的题目比作者知道的少，这种任务就使学生摆脱了感到弱小的、不得不面对检查者的自我感觉（Britton et al.，1975）。研究生可以用这种方法向与你的研究方向不同的室友解释你的研究课题或研究思路，如果通过你的解释，作为外行的室友都可以明白你研究课题的意义、重要性甚至一些重要概念的含义，那么你的解释就是成功的，也说明对自己的研究课题或研究思路你头脑中是明晰的，或者说已将概念和问题"吃透"了。

- 向你的母亲解释，将水桶绕着你的头作垂直旋转时，桶里的水为什么不会泼出来（Jensen，1987）。（物理学）
- 写出一个找出数 m 对 n 的模的步骤，以便五年级的学生能够明白（Keith，1989）。（数学）

- 运用通俗的非专业语言，向一个刚确诊的糖尿病患者解释食物的甘油指数的意思，以及为什么知道甘油指数能帮助糖尿病患者保持一个正常的血糖水平。（护士学、营养学）

11.4.4　支持论点的写作练习

正如在前面所讨论的，教论点主导式写作的最好方式之一，就是让学生去支持或者反驳一个有争议的论点。这种练习加强了学生对知识是暂时的和对话式的的认识。这种练习关注理由和证据，以及要求作者或演讲者给出对立的观点，因此这种练习需要较高水平的批判性思维。从支持论点的批判性思维任务，我们可获得优秀的微型作文、模拟考试以及短小文章的练习，也可获得很好的"相信和怀疑"的探索性任务和合作式的学习任务。在这种合作学习中，小组成员分成正反两方对某一个论点展开辩论。

- 患有精神分裂或忧郁症的人应该（不应该）进行药物治疗。（护士学／医学伦理学）
- 阅读所附页中关于历史学家怎样评估原始文献的可信性和可靠性，根据附页中列出的标准，判断伯里克利（Pericles）悼词有（没有）可靠的证据。（历史学）

11.4.5　提出问题的练习

这种练习不同于上面的给学生一个论点的写作练习，而是向学生提出一个问题，学生必须通过论点主导式写作去进行回答，或通过探索性写作或小组问题讨论方式去进行深思。通常这种练习需指定一个听众，这位听众是教师之外的另一个人，此人提出问题或者需要这一问题的答案。绝大多数教师可以通过整理以前的写作考试很方便地获得这类问题，这些写作题常用来作为优秀的小组任务或日志的"写而学"任务、模拟考试或微型作文等。通常这些问题可以结合幽默的故事或问题情景提出，使练习更为有趣。

- 在一个灵敏的天平上称一个沙漏。第一次称是当沙从上部匀速地流到下部时，第二次称则是上部已经空了时，这两次的重量是否相同？写出你的解释以支持你对这一问题的答案，你的解释主要是为那些不同意你的观点的同学而写的。（物理学）
- 人们一般的认识是，水在砂土里比在黏土里流得快。向他们解释，在土壤中，黏土层下的砂土层在有的情况下却会起到"隔水层"的作用。（土壤

物理学）

11.4.6　资料提供式练习

从某种意义上来说，这种方法是主题支持式练习（即支持论点的写作练习）的另一面。在支持论点的写作练习里，教师提供论点，学生必须找出理由和证据去支持或反驳它。而在这一方法中，教师提供资料，学生必须决定这些资料可以用来支持什么论点或假定。这一方法在科学研究中对于教学生怎样去写科学报告中的"结果"和"讨论"部分特别有用。教师可以解释一个实验的研究问题和方法，然后给出以图形、表格、曲线显示的研究者的实验发现。然后要求学生先写报告的"结果"部分，再写"讨论"部分。这种方法也能以各种变化方式来教学生怎样在辩论中使用统计资料。

- 玛丽·史密斯是一位将从急救中心转入康复中心的心脏病患者，所附上的是她的相关资料（包括入院资料、病历和身体资料、治疗过程记录、护理记录和社会服务报告等），根据这些资料，为她写一份转院总结。你的读者是康复中心的护士管理人员，你的目的是帮助康复中心为病人提供一个最佳的继续治疗方案（Pinkava and Haviland，1984）。（护士学）

- 在什么范围内，所附的经济资料支持"社会服务的花费与经济增长是成反比例的"这一假设？首先画出图形以对该假设做直观上的检验，然后分析这些资料是否支持这一假设，并用适当的专业术语来描写你的辩论。（经济学）

11.4.7　结构方法练习

结构方法练习与过去的跳舞课相似，就像舞蹈教师将舞步落点的标志粘贴在地板上，学习者按舞步练舞。一个结构方法练习提供了一个主题句子和一个组织结构，学生必须以适当的概括和支持的资料去充实这一组织结构。学生依照这些段落去学"跳舞"，这些练习教他们在哪儿"落下舞步"。通常结构以一个主题句子开头，然后是段落中的主要转折词。学生反映说，这样的练习帮助他们学到了许多有关结构方法的东西；更重要的是，他们看到了结构方法练习怎样激发创造，在这一过程中，他们必须发展观点和使用论据以充实结构里的空白（Bean，1996）。

- 为了解决美国无家可归的问题，我们必须意识到不是所有无家可归的人都可归入相同的范畴里，事实上，我们应该列出多个关于无家可归的范畴。第一，（展开）……第二，（展开）……（第三……第四……）。（社会学）

- 苏格拉底派和诡辩派有着不同的关于真理的信仰，一方面，苏格拉底派认为（展开）……而另一方面，诡辩派认为（展开）……。（哲学）

11.4.8　扮演不熟悉的角色或想象假定情景

扮演不熟悉的角色，或想象"假使……将会怎样"的情景是很好的批判性思维的练习。研究显示：批判性思维的最大障碍是自我主义，也就是，人缺乏想象其他观点的能力。根据弗拉维尔（Flavell, 1963）的研究，一个自我思考者"只从一个单一的观点"——他自己的观点去看世界，而对其他观点和方面的存在毫无知识……他没有意识到他就是他自身的囚犯。"要求角色扮演和想象假定情景的思考练习鼓励学生脱离自我中心"——从他们自身观点的假想中走出来，要求学生采纳不熟悉的观点或假定情况，我们就可以用富有成效的方法扩大他们的思维（Bean, 1996）。

- 观察这幅史前的洞穴壁画（附上一幅被矛刺着的像鹿一样的动物的岩画复制品）。想象你是冰河时代一位艺术家，你创作了洞穴壁上的这幅动物壁画。是什么激发了你去创作这样一幅画？（艺术史）
- 霍布斯（Hobbes）认为只有在国家为我们提供安全保障的前提下，我们才有责任服从国家的意志。那么他会怎样看待战争期间强制性兵役呢？（历史学、哲学）

11.4.9　文章或讲课内容的总结或摘要

写出文章或讲课内容的总结或摘要是一种发展阅读和听讲技能的有效方法，也是实践"脱离自我中心"，发展准确、清晰和简洁技能的极好方式（Bean, 1986）。在写一个总结时，作者必须弄清原文的层次结构，没有歪曲地保留总的叙述的逻辑顺序，而将特别详细的东西删除；写总结的作者必须对一个主题不加入自己的观点，从而保证客观公正地将文章中不熟悉的甚至是可怀疑的观点都总结出来。在进行文献阅读时，研究生应客观地对每一篇阅读的文献做如下总结：科学问题是什么？主要结果是什么？创新点是什么？还需解决的问题是什么？通过这样的文献总结，就可以对每篇文献以及各篇文献集合的核心理论、概念和科学问题进行比较透彻的理解。

教师可以指定不同总结的字数，一般普通的总结长度是 200 至 250 个单词，但安吉洛和克罗斯（Angelo and Cross, 1993）报告显示在免疫学、护士学基础、技工物理学中成功地运用了一个句子的总结。在另一变化形式中，巴里（Barry,

1989）报道了限定的"25个单词"摘要的良好结果。要求恰好25个单词组成的一句话的摘要，这种练习推动学生进行大量修改，在这一过程中他们必须字斟句酌，即采用奥卡姆剃刀方法去完成摘要。

为了提高仔细听讲和记笔记的技能，有的教师要求学生写出讲课内容的总结，化学教授斯坦尔（Steiner, 1982）报告说，要求学生写出他的讲课的每日总结显著提高了学生的考试分数："我运用写作练习作为促进学习的一种有效方式，就是要求学生写出我的有机化学课的总结，指示学生在写作中简略地（一页左右）讨论每一课中的要点和其他讲课内容的关系……收集的资料表明，写作练习直接地对学生的理解起到了作用。"而且，每一次课后，通过阅读一些随机选择的学生总结，斯坦尔能够发现学生理解困难的地方，并据此调整课程。

● 用200至250个单词对盖尔布雷斯（Galbraith）的文章《权力抵销理论》写出总结，该文试图提供一种描述和解决权力分配的理论。你的总结应该准确地表达文章的内容，总结应该是综合性的，并具有清楚的句子结构和简洁明了的转折。（政治学）

● 所附是一篇关于新冠病毒的论文，根据它写出两套四句话的总结。你的第一套四句话组成该论文的总结——每句话对应于论文的一段，记住"引言"是叙述此研究所要讨论的问题和解释问题的重要性，"方法"是阐明怎样去回答该问题，"结果"是显示实验的成果，"讨论"是分析结果的机理及其可能产生的影响。你的第二套四句话是通过该论文提出的四个值得进一步研究的问题。（流行病学、病毒学）

11.4.10　对话或辩论手稿

这些练习让学生去充当持对立观点的角色，而不要求花费太多时间去完成最终的文章。从论点主导式交流所获得的自由以及在对话中互相充当对立角色的必要性，通常激发了比传统的辩论文章更复杂的思维。在传统文章中，学生一般都想尽快地得到一个结论，而这种练习可以防止对问题讨论的过早结束，促进更深入的探索。安吉洛和克罗斯（Angelo and Cross, 1993）也推荐这种对话方式作为评价批判性思维的有用的方法："创造性的对话对于培养学生抓住别人的个性和表达风格的本质的能力提供了丰富的信息，也为他们对理论、争议和别人观点的理解提供了信息。对于学生在创造性地综合、运用和探索他们已学到的东西的技能的评估和发展，这是一种具有挑战性的方式。"

● 写一个简短的（2—3页）新杰出人物统治理论家与多元论者间的对

话……通过交换角色来继续对话，不要忘记一个理论家的角色是应答反对者提出的辩论。（政治学）

● 对于我们一直在学习的设计轴承的应用，你的设计组提出了4种可供选择的答案：通用的钢滚动轴承、混凝土轴承、气体轴承和磁性轴承。作为一个设计组，写出一段对话，在其中每一小组成员为一个可供选择的答案进行辩论并且指出其他答案的缺点。（工程力学）

● 你突然坠入一个扭曲的时间区，你发现自己在一个小旅馆里碰到了亚里士多德、黑格尔、亚瑟·米勒以及文学评论家罗伯特·海尔曼。他们每个人对于悲剧的定义持有完全不同的观点。他们正激烈地争论米勒之作《一个商人的死》是不是一个悲剧？碰巧的是，你刚在你的文学课里学了米勒的这个戏剧并且对这一问题你确有自己的个人观点。写一个微型剧，在剧中，你与亚里士多德、黑格尔、米勒、海尔曼对这一问题都分别表达自己的观点。（文学）

11.4.11 案例和模拟

案例学习是长期以来在法律、医学和商学中广泛采用的教学方法（Di Gaetani，1989；Boehrer and Linsky，1990；Barnes et al.，1994），近年来，案例在写作教学中的应用也日益变得普遍（Tedlock，1981；Shook，1983）。案例通常需要详尽方案的描述以及广泛资料的组合，有鉴于此，许多教师运用已在教科书里发表的案例，或直接采用，或按自己需要取舍。不过，你也可以根据最近发生的新闻故事、院校大事，或者你学术领域的最新发展来编写自己的短小案例。好的案例通常讲述一个真实的或令人相信的故事，根据冲突提出令人深思的观点、没有明显对或错的答案、要求通过批判性思维和分析才可达到的某种决定（Boehrer and Linsky，1990；Davis，1993）。案例可用于课堂模拟，或用于写作练习，或为小组讨论任务提供现实内容，或作为论文写作的素材。

● 你是《十二怒汉》中的第8号陪审员，由于你的努力，使陪审团对男孩是否有罪的表决发生戏剧性的改变：从11（有罪）对1（无罪）到1（有罪）对11（无罪），终于，12个陪审员都达成了一致意见：无罪！写出你是怎样通过辩论强度、技巧和作用影响其他11个陪审员，以及所有的陪审团员怎样通过各种不同人生观的冲突、各种思维方式的较量，最后都负责任地投出了自己神圣的一票。（法学）

● 在巴黎气候变化大会上，你与戈尔、奥巴马、特朗普分在同一个讨论小组，作为组长，请你记录下你们四人对全球温室气体减排这一问题各自的观

点以及你们间可能的激烈交锋。(环境学)

以上讨论的任务可以用不同的方式来运用于不同的场合：运用于课堂内自由写作、家庭指导日志或思想信件、模拟考试、微型作文、多稿的正式写作、小组合作学习任务，或全教室讨论和模拟任务。这10种设计方法总结如下。

①能让学生将课程要领和他们的个人经验和以前知识联系起来的任务。

②要求学生向一个新的学习者解释困难的概念。

③考虑学术领域中有争议的论点，这可供论点支持写作或对立观点的写作练习。

④要求学生去讨论问题、困惑或难点。

⑤给予学生原始资料，比如数据、图形、表格等，要求他们根据资料写出辩论或分析结果。

⑥考虑一个结构段落的开头句子，学生必须发展观点和提供论据去充实给出的基本结构。

⑦要求学生扮演不熟悉的角色，从 Y 的观点来想象 X 或想象"假使……将会怎样"的情景。

⑧选择你学科的重要文章，要求学生写出它们的总结或摘要，或要求学生写出你讲课内容的总结。

⑨考虑你学科的一个有争议的论点，要求学生写一段持不同观点的人们参与的对话。

⑩通过写作场景来发展案例，将学生放进与学科相关的现实情景中去。在这种情况下，学生必须做出一个决定或解决一个冲突。

以上是从教师的角度来设计的各种教学方法以加强学生的批判性思维的训练。很显然，如果研究生可以将这些方法用于文献阅读、探索性写作或正式写作练习中，创造性地运用这些方式设计不同的任务来帮助自己理解文献、强化思考和磨炼心智，就一定能够使自己成为更善于思考的阅读者和研究者。

11.5　运用小组活动来训练批判性思维

本节介绍有目的地使用小组讨论的方法，这是另一类训练批判性思维的好方法，它可以促进引导出写作者所需的那一类深入思考和详尽阐述的丰富思想交流（Bean，1996）。这是一种在教师的指导下，目的在于提供学生进行学科思维的指导性实践而使用的小组方法。教师给出一个本学科需要进行批判性思维的问题，学生以小组的形式一起工作以寻求该问题的一致的答案，教师则通过观察他们的学习过程和评判他们的答案来进行指导。使用小组方法不会导致简单的知识的叠加，并非每一个学生都掌握着答案的一部分。相反，合作性学习促进辩论和达成共识，每一个学生都必须以试图影响别人的理由和证据去支持某一个假定，通过形成假设、辩论它们的充分性，以及寻求所有小组成员能够达成的共识，促进学生批判性思维能力的成长。在小组讨论活动中，头脑风暴法和星爆法可以起到重要作用。对于研究生，应该自发地组织和使用小组讨论的方法，也许小组成员间的学科专业不同，但是进行科学研究的方法是相同的，因此运用小组学习活动不但能帮助他们提高科学研究的核心活动即批判性思维的效率，还模拟怎样参与重要的学术活动之一——学术交流或学术辩论。

11.5.1 运用小组讨论方法的活动顺序

为了在课堂内外顺利地运用小组讨论方法，教师可以考虑下面的由小组讨论与随后的全体讨论相结合的方式，并按以下的活动顺序来运作小组讨论方法。

1. 设计任务

就像好的写作练习一样，一个好的小组讨论任务需要经过认真设计。好的小组讨论任务提出了没有限制的批判性思维的问题，这些问题是需要用支持性论据来证明的结论。典型的小组任务要求学生对一个学科问题在结论上达成一致，如果不可能达成共识，学生也可选择"同意或不同意"，在这样的情况下，最终的小组报告将包括对分歧原因进行解释的主要和次要的观点。

许多学科问题可以轮换地用于小组讨论任务或者非正式的写作练习，小组讨论任务也可以用来同正式写作练习相结合以帮助学生为将布置的写作产生好的创意、发现并进行模拟辩论、评判论文稿件等。在这些情况下，小组讨论任务促进了文章中所需的对观点的探索。在所有的情况中，一个好的小组讨论任务应该能激发争论、产生一个结果、能在规定的时间内完成，并且是直接地与课程的一个学习目标相联系的。本节之后将进一步讨论小组任务的设计。

2. 布置任务

一个小组讨论任务应该详细说明要讨论的问题或难点、时间限制和最终的成果，给定的讨论时间可以从几分钟至整节课。不过，如果教师希望将一个完整的活动过程集合到 45 分钟的课堂里去，他们通常将小组活动限制在 15－20 分钟，然后留出时间做小组报告以及全课堂的评判。为了保持对话集中在讨论的任务之上，小组应该负责产出一个成果，即通常的一个写作成果，包括论点、正反面的理由、概念联系图、辩论提纲或小组写作段落等。这里的要点是当每一组必须以一个成果"面对大众"时，讨论一般就会更集中、更详尽并且更持续。

3. 实施任务

一旦学生们明白了布置的任务，教师就应让他们独立地去工作。有些教师相信：最好的方式是完全离开教室直到全课堂讨论结束时才回来，这种方式让学生显示他们的自主性以及形成他们自己的知识团体的责任感。另一些教师则喜欢作为一个提供信息的人在小组之间走动或在教室的一角倾听学生的讨论。通常令教师惊奇的是各组讨论产生的混乱声音，一般不要去管这些声音，最好是让所有的小组都在一个教室里，而不是让一些小组去走廊上或去别的教室，教室里那巨大的嗡嗡声，事实上可以激发学生的积极性并使小组变成更紧密的团体。

4. 小组报告

当给予的讨论时间结束时，每一组的记录者向全课堂报告本组的结论（在大课堂里，教师一般只要求代表小组做汇报）。尽管各个教师要求学生做报告的形式不同，但可能最适合的形式是坚持小组的正式报告：记录者必须站立起来，以即兴演说的方式报告小组的一致意见，这样可以训练学生在学术会议中和毕业后工作中所需的那种演说技能。这种报告不应该是像会议备忘录那样的"小组讨论内容的总结"，而应该是展示每组一致意见的令人信服的演讲。由于记录者一般是演讲人，他就承担了必须做出有效的公共演说的责任和压力，因此，在讨论时，记录者就会不时提醒小组成员，促使他们集中在讨论的主题上。

5. 对小组报告的评判和全体讨论

小组报告结束后，开始进行全体讨论。现在教师面临着必须有效地回答各小组结论的挑战，而这些结论通常混淆了强与弱的观点。小组间的分歧常引起全课堂对问题的进一步讨论，然后在教师的指导下，努力达成进一步的共识。

教师必须通过指出学生结论的优点和弱点，常常表扬与自己不同的观点并证明其合理性来帮助学生综合小组报告。学生特别渴望倾听教师对于他们的合作任务的结论，在给出的结论中，教师不仅代表他的学术领域的专家的观点或其中某一类专家观点，而且充当了该学科所使用的认为有价值的那种辩论方法中的强有力的模范角色，即学生希望模仿的角色。但是，现在教师比在传统的授课情况下更容易受到责难，也更冒险，因为学生经过独立思考后，会对于他们自己的观点更有信心，他们变得更主动地提出问题，作为读者和听众，他们也更具有独立性和挑战性。确实，无论是对于教师还是学生，小组形式的课堂讨论可能是最具激发性、挑战性和满足感的教学经验。

6. 将小组讨论任务与学习结果联系起来

最好的小组讨论任务应与教师希望学生达到的一些学习目标明确地联系起来。这种小组讨论任务可以帮助学生做好课前准备，如果讲课是回顾或将注意力集中到已学过的学习内容中的关键的观点或争论，那么这种任务可能要求学生总结及综合讲课与阅读的内容，并与课程中即将探索的新问题结合起来。通常，这种任务可以同将指定的正式写作结合起来，给学生在写作前讨论他们的观点的机会。

11.5.2 典型的小组任务

在关于合作学习的方法中，应对每一个学习任务找出其学科内容目标，以及思维或辩论的目标。比如，针对某一学习任务，教师的学科内容目标就是促进学生对课文或论文的仔细阅读，将学生结合到课文或论文的独立讨论中去，并且观察学生是否能提出令人感兴趣的同类问题等。思维技能的目标则是提高学生对文章自发提出问题的能力。在设计合作学习的小组任务中，广泛地依赖于下面讨论的方法。

1. 提出问题的方法

在这一方法中，教师给学生一个与学科相关的无限制的问题，对此，学生必须给出一个答案并加以证明。为了帮助学生集中在学习任务上，通常要求小组以一句话的"论点叙述"总结出他们的答案并将它写在黑板上。当进行课堂报告时，记录者提出支持他们的论点的证据；如果小组不能达成共识，可给出一个大多数人赞成的论点和至少一个少数人赞成的论点。

根据弗林怀德（Fullinwider）的研究，三种理论常常被用来为优先雇用美国黑人和妇女做辩护：补偿的公平、社会效用以及公平分配。用一种或多种类似的理论讨论下面的问题：立法机关提出的老兵优先的法律公平吗？（社会学）

2. 结构方法

运用这一方法，教师给予学生一个短文章的框架但没有内容，学生必须在每一段的开头建立一个内容的主题句子，并在每一段发展支持这一主题的论据。通常教师可以在学习任务里包括一个空白的树形图或者一个指明需要填充学生观点的位置的示意图。这种任务不仅需要学生形成自己的观点，还需要他们将观点放进清楚的结构中去。

虽然市环保局对于建设一个垃圾填埋场的辩论在某些方面是令人信服的，但我们小组发现其计划有以下潜在的漏洞，第一，从生态保护的角度……；第二，从地下水保护的角度……；第三，……（环境学）

3. 产生问题的方法

这种方法对于训练学科中提出问题的技巧特别有效。当讲解了一个特定学科里常提出的那类问题后，教师就将学生分成几组，让他们讨论与教师提供的题目有关的可能问题。经过这一阶段后，小组必须从他们列出的问题中，精选出2至3个最好的问题并且解释为什么做这样的选择。

科学家通常提出具有下列一般结构的研究问题："X对Y有什么影响？"比如"光线的变化量对大肠杆菌的生长有何影响？"或"新能源汽车和光伏能源的使用对环境有何影响？"用这些例子作为模型，对以下每一个题目提出3个好的研究问题：量子纠缠、毒品类（类固醇）、艾滋病、社会腐败，等等。

4. "相信和怀疑"的方法

"相信和怀疑"游戏（Elbow，1973，1986）要求学生首先想象着进入任何论断的可能真实的一面，为支持它而进行辩论，即玩"相信游戏"；然后站在它的反面，采取一种积极的怀疑态度，即玩"怀疑游戏"。为了在小组中使用这一方法，教师给学生一个有争议的论点，然后要他们找出支持和反对这一论点的理由和论据。

- 表现在《哈姆雷特》中的践踏宗教的观点是与萨特（Sartre）的观点相似的、一种存在主义的无神论。支持还是反对？（文学）

- 市场内无偿为消费者提供购物塑料袋,给出支持或反对的理由。(环境学)

5. 找出证据的方法

在这里,教师的目标是让学生找出支持一个前提的事实、图形以及其他资料或证据。在文学课中,这一任务通常意味着从诗歌里、小说里或戏剧里找出可能用来支持一个论点的原文的详细资料。在其他学科,这种方法可能指运用来自图书馆、实验室或野外研究的资料。这样的任务使学生懂得某一领域的专家们怎样使用适合于该学科的证据去支持他们的论断。请注意,引导学生进行合作学习时,只简单翻查书本或实验室笔记的方法是不够的。通常教师提前几天布置找寻资料的任务以便学生以课外作业的方式找出证据,然后,合作小组的工作是整理、分类和评价参与者事先收集的证据。

作为总工程师,你建议这一水利工程的坝高不应超过160m。用你收集到的关于生态环境、灌溉防洪、发电和其他社会经济效益的证据以及水文地质资料来说服评审专家,使他们同意你的建议。(工程学)

在进行为一个论点找证据的任务中,学生常常发现这样的情况(教师已经清楚这种情况):证据常常是模糊不清的,一个证据充分的事实通常被用来同时反对和支持同一论点。这样的模糊不清使学生感到不安,这时学生期望"专家"的正确答案。学生还没有达到那种认知程度,即能意识到争论者们实际上是选择和组合资料去支持某一个观点。教师应该帮助学生去面对和接受这种模糊性,相信这样会帮助他们进入佩里的智力发展的更高阶段(参见第 2 章关于佩里的智力发展理论的讨论)。

6. 案例方法

在使用小组方法的最普遍的方式中,就是设计需要做决定和证明的案例。如果一个案例牵涉不同的角色,可以指定每组扮演一至两个角色并要求他们为相应的角色准备最好的论据。案例的进一步讨论和例子,参见11.4 节。

7. "初稿评审"方法

在写作课中普遍使用的小组方法之一就是"初稿评审",在其中学生互相阅读他们正在进行的写作初稿并回答相应的问题。这一方法的目标是通过学生间的审阅来激发稿件的全面修改以促进观点、组织结构、内容的发展以及改善句子结构。应用这一方法的小组形式的同学评审在 14.3.5 节中给出详细建议。

8. 改变认识的方法

另一有效使用小组的方法就是要求学生改变认识来观察他们自己的思考和解决难题的过程。当小组产生了一个偏离基础或完全错误的结论时，这种方法特别有用。教师对于学生权威性的冲击就是告知他们，他们的答案是错误的并显示正确的答案。不过，另一种处理方法却是告知学生，课堂讨论的结论与在这一领域的绝大部分专家的结论有显著的不同，随后就是让学生回到小组去完成改变认识的任务，分析他们自己和专家们在认知过程中的不同之处。根据布鲁菲 (Bruffee, 1993) 的观点，"这一任务就是检查达成共识这一过程。课堂里怎样达成共识？学生怎样假定更大的社团达成的共识会与他们的结论如何不同？这两个过程是以什么样的形式显示不同的？"这种方法的效果是使学生对怎样创造知识加深了理解：学生不是根据教师的权威去接受（有时仅仅就是记住）"正确答案"，而是努力去懂得专家们用来达到他们观点而使用的探索、分析和解决问题的原理。专家们认为，答案不仅是一个产物，而且是学科对话过程的结果。

11.5.3　成功运作小组讨论的方式

关于小组的相互作用和有效地建立小组的方法等方面的研究十分广泛，所以在此就不再进行讨论，而只是提供一些有助于小组讨论成功地运作的建议。

1. 消除"讨论课程厌恶症"

很多中国留学生都有这样的深刻体会，美国的课堂充满讨论、辩论和自由提问。教授们鼓励学生根据提前布置的阅读材料自由提问、深入分析、批判性地思考和吸收前人的观点。这种教育方式背后蕴含的丰富理念至少可以归纳为两点：①学生不仅向教师学习，而且也应该尽可能多地与同学交流并互相学习，教授绝不是学生们汲取知识的唯一途径。②同学拥有和教师同等的提问与质疑的权利。然而，不少中国留学生并不习惯这样的理念和教学法。在他们看来，学习就是为了获取正确答案，而课堂讨论和互相提问始终没有直接给出一个他们想要的答案。他们常常这样抱怨："教师从不告诉我们任何答案，却一直让我们利用大好的课堂时间去讨论。学生们对教师指定的阅读文章理解很不一样，大家的看法似乎都有一定道理，讨论来讨论去，我不清楚什么才是正确的答案。这种讨论有何意义？我父母花了这么多钱让我来留学，是让我从顶尖教授那里学习知识的，不是听一帮同学谈论他们的个人看法的。"所以学生认为那些以课堂讨论、口头报告、小组辩论为主的课程使他们无所适从，让他们患上了"讨论课程厌恶症"。

林晓东（2022）邀请35位美国大学教授回答了以下两个问题："第一，在你们的课堂上，中国学生经常遇到哪些困难？第二，你会建议中国学生提高自己的哪些技能，从而让他们在学术上获得成功？"归纳这些教授们的答案，有三种技能是所有教授都提到的：第一，良好的写作能力；第二，提出问题并批判性思考问题的能力；第三，良好的表达和沟通能力。这些答案也进一步强调本书所讨论的根本问题的重要性。

培养良好的写作能力是本书的重点，美国西北大学经济系的Voli教授对以上问题的回答进一步强化解决这一问题的必要性："大多数中国学生学习都很勤奋刻苦，也很听话。我布置的任何作业他们都会尽全力完成。然而，他们只是把我告诉他们的或者书上说的写下来，他们太习惯于复述别人的观点，却不能说出自己的故事、形成自己的观点。这是最大的问题——没有自己的观点。"

对于提出问题并批判性思考问题的能力，多位教授在问卷回答中指出，中国学生在课堂上需要更主动更积极地参与，而不是被动地坐在那里听讲。他们需要有质疑能力，需要问问自己哪些证据可以证明或者证伪前人或者其他人提出的观点。一位纽约大学的教授说："中国学生很善于总结，但不善于批评、分析和提出自己的观点。"为什么提出问题和分析问题的能力对我们如此重要？这是因为提问让我们可以把阅读从静态的、单向的交流转变为动态的、多向的交流。这就是为什么简单的记录和抄写只能是肤浅的理解，而提问或者评判才能带来深入的思考。提问除了对理解学术文章大有裨益，对于有效的社会性交流也起着很重要的作用。首先，提问可以帮助交谈双方发现共识所在，这在协作或者团队性合作中尤其重要。其次，提问有利于控制话题的走向。还是以课堂讨论为例，通过提问可以帮助你把话题转移到自己擅长的方向上来，事实说明，许多中国学生觉得参与课堂讨论难也同他们不会提出问题有关。最后，提问可以让交流的目标更加明确，让交流的过程更加有效。

对于良好的表达和沟通能力，亚利桑那大学的Levin教授在答卷中说："不论我怎么鼓励我的中国学生，他们就是不说话！在我的课上，最安静的一群人肯定是中国学生。他们不说话，我无法确定他们是否听懂了我讲的内容。"许多中国学生为什么在课堂上这么安静，主要原因不外乎以下几种：

- 从小我的父母和教师就告诫我：找到了正确的答案再讲出来。
- 没想清楚就说出自己的看法是非常浅薄的表现。
- 当我发现我的答案跟别人不一样的时候，我不好意思说出来。
- 我的英语表达能力不够好，问题说不清楚会遭到别人笑话。

事实上，当你发现自己想法跟别人不同时，恰恰应该说出来。说出自己的看法，可以帮助你理清自己的思路、加深自己的理解，并帮助你产生新的想法，还可能赢得别人的尊重。每个人都说出自己的想法，不就是最好的头脑风暴吗？来自不同背景的人说出自己的看法，就会极大地丰富每个人的视野和头脑，这不是最好的多元文化交流的机会吗？经常大胆提问并参与交流不就是练习英语和提高演讲技能的大好机会吗？

其实这种"讨论课程厌恶症"不仅限于留学生，在国内大学生和研究生中也普遍存在。在国内大学本来就比较少的讨论课中，往往出现"冷场"现象，学生表现出漠不关心或"消极地以沉默作为减少错误的最好方法"（杜威，2010），所以我们在这里重点指出这一值得关注的问题。学生可以在较小的范围内，如通过小组讨论活动来提高自己对讨论课程的自信心、兴趣和技巧，逐步消除"讨论课程厌恶症"，然后积极地参与到课堂讨论和学术会议交流这些提高批判性思维的活动中去。

2. 怎样形成课堂小组

布鲁菲（Bruffee，1993）对小组研究的结果表明，每个小组由 5 至 6 人组成最好。大于 6 人的小组难以控制并且"冲淡"了参与者的经验，4 人的小组倾向于分成两对，3 人的小组趋向于一对和一个局外人。与课堂小组相对照，长期工作小组，比如在一起写研究报告的小组，应小些为好——3 人小组似乎最佳。3 人也是我们在课程设计中（第 15 章）采用的小组人数，主要考虑较小的组对于同学之间进行文章评审会更有利。

对于一个使用小组方法来完成作业和课程项目的课程，分小组的方法可以根据教师所希望分的组数，按点名册来分组（点名册分组法）。比如教师计划将课堂内的学生分为 8 个小组，就按点名册顺序点名，将序号为 1–8 的学生分到 1 至 8 小组，继续将序号为 9–16 的学生分到 1 至 8 小组……直到学生全部分完。使用点名册分组法，朋友与朋友、男性和女性一般会被分开而避免引起不必要的"局内人"成堆现象。这些小组成员在一学期内共同完成教师指定的任务。

如果经常使用小组方法，需要形成长久或半长久的小组时，一些教师喜欢保证多样性——不同的学习方式、不同的学习态度和技能水平、不同的主修、不同的背景，等等，所以直到他们收集到了学生的适当的信息时，才组成长久的小组。有的教师则发现，随机组成的小组，如点名册分组法，就能使小组工作得足够好。不过，考虑到研究生比大学生更成熟以及研究生之间不同的学科专业，让他们自己根据需要组成小组可能更合适。

3. 小组的成员应起的作用

小组的分配角色应该形成一个脱离领导中心的形式，或"轮流坐庄"的形式，即要求小组对每一学习任务选出一个记录者和一个检查者，定期轮流换角色。记录者的工作就是进行记录并对全课堂做汇报，因此，记录者必须使小组讨论集中在学习任务上，引导讨论集中到他可以做出一个好的汇报所需的观点上。本质上，记录者既是一个领导者又是一个秘书。一个喜欢占优势的人在这一位置上时，必须尽量保持安静，以便小组其他成员得到更多的讨论机会并让自己做好记录；而一个害羞的、安静的人在这一位置上时，因为将面对全课堂做正式汇报，所以在小组讨论中他就要尽可能练习大胆说话、主持讨论。检查者只有一个作用：保证每个人都要对讨论做出贡献，如果某人没有参与，检查者就应介入，督促该成员加入讨论。

4. 使小组成员很好地一起工作

学生需要得到下列问题的一些初始的指导，比如，为什么你认为小组工作是有价值的，从小组活动中你预料会得到什么好处，如何能够在一起高效率地学习等。一种方法就是给学生关于小组相互作用的提示。以解释罗杰（Rogers，1961）的感情移入倾听的理论作为开始，根据这种理论，学生 A 要对学生 B 的观点表示反对，除非学生 A 能总结出学生 B 的论据。这样，给予学生一个需要仔细倾听别人的练习，以及站在别人的立场去进行思考的实践（Bean，1986）。

教师也应该帮助学生看到学习方式、性别或种族的不同怎样能够解释小组中各种不同的人们行为的一些方式。比如：在迈尔斯－布里格斯个性类型中，外向性格的人喜欢通过与别人谈论他的观点去思考一个问题，因此健谈和积极参与小组讨论（Jensen and Di Tiberio, 1989）。相反，性格内向的人在谈论一个问题之前则喜欢个人单独地思考，因此对于参与小组的辩论，他们会感到不自在，虽然他们也在认真表达自己的观点并采纳其他人的意见。因此，教师可以指出，小组中安静的人其实比他们的身体语言所显示的倾听得更仔细、思考得更深。教师可以解释，这样的学生通常有许多可说的，但除非他们准备充分且小组成员不断地要求他们发言，一般他们是不愿发言的。同理，迈尔斯－布里格斯个性类型中的"判断型"的学生很快就做出决定并且通常不能忍耐没完没了地谈论问题、毫无决断的小组讨论；相反，"领悟型"的学生则抵制过早结束讨论，做出决定前，他们希望讨论到一个问题的所有可能的观点。当学生明白了这些不同的学习风格，他们就更能体谅并接受其他同学那些本来会使他们厌烦的行为。

值得讨论的其他的类别，可能涉及性别和文化。比如课堂里可能会讨论到在美国文化中，男人倾向于根据严格地运用原理去做决定，而女人在做决定时更多的是关心人与人之间的关系（Belenky et al., 1986; Gilligan, 1982）。在文化水平上，教师可能解释：美国人一般以率直的和肯定的方式去陈述他们的要求，而在许多亚洲文化中，这种方式似乎是粗鲁的，在那里，表达要求应隐藏在委婉的对话中。

帮助学生更好地一起工作的另一种方法就是向他们解释冲突的正面意义。论点和反论点综合的创造性辩证法只有在冲突观点的气氛中才工作得最好，通过向学生展示冲突性交流能够促进批判性思维和创新性思维，教师就能帮助学生学会接受和欢迎对立的观点。

为了促进健康的冲突气氛，教师可向学生解释小组讨论中的两种极端现象：一种现象是小组成员只是高声地发表自己的观点而没有努力去达到一个更高的理解水平，另一种极端现象就是很快地同意第一个人表达的观点并认为任务已经完成。有效的小组方法需要控制组员的讨论过程，避免这两种极端现象，而走中间道路。

除了给予关于小组成员互相作用的提示外，教师可通过提供自我管理的机会来帮助学生开展小组工作。在一定的时段里，小组需要将他们的集中力从手边的任务转换到对他们自己的小组过程的评估上（Morton, 1988），比如，在一个小组任务的结论阶段，教师可以要求学生进行自由写作以回答下列的问题："你的小组是怎样在一起完成这一任务的？"然后让学生与小组的其他成员交换答案，学生需有机会将问题和挫折摆到桌面上来并将它们讨论清楚。另一自我管理的方法就是给学生问题答卷，让他们在以下方面对他们自己的小组学习方面的技能进行评级：积极地倾听别人的发言、为小组做贡献情况、鼓励其他人发言情况以及保证交谈集中在要求的任务上等（Johnson and Johnson，1991）。

5. 小组学习方法的额外好处

在课堂里应用小组学习方法是一种主动学习的有力形式，给予学生机会在教师的指导下实践学科的探究和辩论的机会，这种方法的有效性产生了思考质量方面可量度的优点并在学生的写作中体现出来（Hillocks，1986）。此外，它给学生留有余地去追寻他们的思想轨迹，并且以教师的思维过程作为对照来衡量自己。

小组合作学习还具有社会学方面的作用，这是一种不可忽视的作用，合作学习的方式可以促进学生的相互作用和建立友谊、发展领导技能、鼓励多样性等。请记住，提高创造力的一个因素就是增强多样性。在一个合作学习的课堂里，学生更能互相了解，他们课后一起喝咖啡、吃饭，他们互相交换电话号码和微信号或建立微信群，他们一起报名选下一学期的课等增强人际交流的活动，他们相互交流科研心得，等等。

合作学习另外的作用就是培养领导能力、促进小组成员互相交流以及提高公共演说的能力。合作学习对于增加女性学生的领导能力特别有效，同时使男性学生习惯于在有压力的情况下，向女性学生求助。在合作学习中，多样性为许多学生带来与课程问题有关的奇思妙想以及解决困难生活方面的经验，在这些不同类型学生的小组中激发对话，并促进同学间的友谊是通过小组教学获得的额外红利。

思 考 题

（1）您使用哪些训练自己批判性思维的方法和手段？成效如何？
（2）什么叫多样性写作活动？
（3）为什么探索性写作活动是培养批判性思维的温床？
（4）怎样践行探索性写作的黄金原则：苦想勤写？
（5）怎样将探索性写作结合到课程和科学研究中去？
（6）怎样通过设计和实施各种批判性思维任务来训练批判性思维？
（7）怎样运用小组活动来提高批判性思维的训练效果？

第12章　学术论文的修改和学术成果的发表

学术论文的撰写是构建和训练批判性思维的强有力的工具，根据进行批判性思维的规律以及学术论文撰写的进程，前面的章节主要解决论文写作的高层次问题，即集中在论点、概念、组织、文章的发展和总体的清晰度等问题上，以及文章是否按从上而下的结构有效地组织起来，这是本书讨论的重点。通过这些过程达到批判性思维不断深入的目的，同时完成了学术论文最核心的部分，以及学术论文撰写的绝大部分工作。学术论文的发表是绝大部分学科的科学研究的主要成果，同时也是培养批判性思维所获得的成果。所以本章讨论怎样通过论文的反复修改，将批判性思维的结果清晰地展示给读者，同时也达到科学研究可考核的目标，也是检验批判性思维训练成效的一个可度量的指标。这时的论文应从"以作者为中心"完全变成"以读者为中心"的写作成品。

本章首先讨论学术论文的修改。由于不断思考、不断写作、不断修改（即"想、想、想，写、写、写，改、改、改"）是贯穿于一切写作活动之中的行动主线，因此，修改是学术论文撰写过程中类似锻造中"千锤百炼""精心打磨"之类的重要工作。根据学术论文的内容要求，重点讨论论文从高层次到低层次问题的修改，其中，关于论文修改的讨论也适用于教师将正式写作运用到自己的课程中的情况。然后讨论学术论文的发表，简要介绍学术论文的写作规范以及学术论文的发表流程。学术成果的发表除了通过学术论文的方式，还包括通过各种学术会议进行的学术交流，因此，本章的最后一节讨论怎样进行学术交流。

12.1　学术论文的内容要求

对于拟发表的学术论文而言，必须保证论文的准确、客观和严谨。准确，即作者在撰写论文过程中，需反复推敲，把论文已解决的科学问题、核心成果、成果的创新点和特色表达清楚、明白,避免读者产生歧义。客观,即科学地表达,按照科学研究的内在逻辑进行表述,不做非科学的想象和延伸。严谨,即遵守逻辑自身的自洽,尊重事实和材料之间的适切性(何得桂和高建梅,2020)。需要明白的是,学术论文的写作及发表是为学术观点的传播和讨论、学术成果的推广和应用服务的,因此文字表达应尽可能凝练、简洁、清晰,应该避免使用生僻字,尽量避免使用长句和烦琐复杂的句子。优秀的学术论文,必须在引言部分就明确地提出启发性的核心科学问题和研究目标,通过逻辑上的有效衔接、段落转换上的有效递进,吸引读者深入阅读,使读者在获得学术、科学方面启迪的同时,亦能从流畅的文字中获得阅读上的愉悦感。

学术论文的内容要遵循科学性、理论性、专业性、创新性和逻辑性的原则。科学性是指:①在立论上要求作者不得主观臆造,必须切实地根据现有的研究现状和从客观实际出发,从中引出明确的科学问题;②在论据上要求作者经过周密的观察、思考、实验和调查,尽可能多地持有资料和数据;持之有故,言之成理。理论性要求不能简单地罗列文献,堆积资料,就事论事,述而不作,或限于叙述同行已共知的知识,而需要广泛利用相关学科的理论与方法,运用逻辑思维和科学推理,揭示事物的内在本质和发展变化的规律。专业性是指论文主要面向相关的专业人员,须接受本专业发展进程的检验。因此,本领域通用的名词术语不必解释,不搞科普,要遵循具体学科中的规则。创新性包括:①要体现丰富的创新性思维过程,在综合现有知识的基础上进行创新,发展新方法、提出新见解;②要对研究对象仔细分析研究,从中发现别人没有发现过或没有涉及过的问题;③要培养探索精神,保持好奇心,强化创造力,从而开拓新领域,探索新理论。逻辑性要求每一篇论文都应当相对地自成一个逻辑体系,文章的整体必须具有系统的、有机的布局。

12.2 从高层次到低层次问题的修改

为了达到以上学术论文的内容要求,写作中的论文就必须反复修改。前面的章节(如第 4、6、10 章)都涉及怎样进行论文修改这一问题,因为批判性思维是"与问题本身搏斗"的过程,所以作为训练批判性思维的工具,论文写作必须是多稿写作,需要不断修改、不断深化、不断提升质量。拟投稿的论文必须是"以读者为中心"的论文,增添了完全为读者考虑这一因素,因此,对于还是"以作者为中心"的论文就需要进一步修改。这里,论文修改技巧是,先集中解决论文的高层次问题，然后再解决低层次问题。

以下我们讨论教师（或导师）对文章写作（或论文）修改的指导，研究生可以从中学习怎样在导师的指导下，或通过学习自己完成论文的修改工作。在阅读下面的建议时，研究生不妨想象自己正在导师的指导下开始某一篇 SCI 论文的修改工作，自己该怎样充分地应用这些建议认真修改论文以达到投稿要求。另外，研究生也可以扮演教师的角色，想象怎样去指导学生进行文章修改。无论哪种角色都能有效地促使研究生进行论文的修改工作。

12.2.1 学生对教师评语的反应

在教师指导学生进行文章修改的过程中，不时会出现学生对于教师辛辛苦苦写出的评语反应冷漠而不重视修改的情况。部分原因是教师在学生文章上的评语有时太短以至于含义不清。使用这些评语时，教师自己清楚想表达什么、是何种语气，但学生常常对这些评语感到困惑不解，他们有时对评语的意义和语气的理解同教师所设想的完全不同。

斯彭道和斯迪金（Spandel and Stigging，1990）的研究揭示了学生对教师评语的误解程度，调查者与学生面谈了他们对教师给自己文章评语的反应，即评语对他们意味着什么或评语使他们的感受如何。

当教师写道："需要更简洁些"，学生反应如下：
- 评语令我迷惘，我需要知道教师具体指什么。
- 我以为这里需要详细内容和支持材料。
- 评论使我灰心丧气。

当教师写道："更具体些"，学生有如下的反应：
- 请您更具体些。
- 那么文章会很长。
- 我试了，但我没法知道每一个事实。

当教师写道："更努力去试试！"学生的反应是：
- 我确实试过了。
- 可能我已尽我所能。

这份调查的结论值得在此引述："不论你的用心是如何的良苦，负面的评语都容易使学生感到困惑、受挫和气恼。这些评语进一步压抑了学生写作的愿望。表面上看，帮助一个初学写作的人的一个好方法是指出他做错了什么，但事实上，这常常不是在帮助他而只是在伤害他，有时还伤害得很深。"

真正有帮助的评语是指出写作者什么地方做得好，正面的评语建立起了学生的自信并使作者愿意去不断尝试。不过，写出好的正面的评论需要技巧，这些评论必须是中肯的、具体的。

为了改进我们评论学生文章的技巧，需要记住，我们的目的不是指出文章中每一样错误的东西，而是促进文章质量的提高。当标记和评改文章时，教师应该充当两个不同的角色，扮演哪个角色取决于学生在写作过程中所处的阶段。在写初稿阶段，我们的角色是指导者，目的是提供有用的指导、好的建议和热情的鼓励。在写作过程的末期，当学生上交了他的终稿时，我们的角色是评判者，在这一阶段，我们坚持学术标准，只给那些满足了我们所设定的标准的文章高分。对于研究生，他提交的终稿的学术标准就是能否达到在某一学术期刊上发表的要求。

12.2.2 评论的目的：指导修改

当教师或导师对文章进行评论时，应扮演的角色就是指导者。评论的目的是对文章修改提供指导，因为正是在这修改的过程中，学生更深入地学习到了他们希望表达的东西；同时也学会了读者所需要的、易于理解文章的东西。修改意味着重新思考、重组概念、重新审视。通过修改这一艰苦工作，学生懂得了有经验的作者是怎样真正去进行创作的。

从教师的角度来说，与简单的打分或指出错误相比，为促进修改而做出的评论更可能会改变指导学生写作的整个导向。开始时，应该去寻找稿件的要点而不是它的错误，应该将评论限制在下一稿学生需要解决的 1 至 3 个主要问题上而不是对每一个问题都做出详细评论。简而言之，应该去指导修改而不是进行评判。

即使临近终稿阶段，也有技巧保证教师的评语能激发学生去进行修改：第一种技巧就是在学生将要上交他的终稿的一至二周前的文稿上做出评论，这种手法应该用于后期阶段，这时，文章已经让其他学生评阅过。第二种技巧是允许学生重新修改教师退回的"终稿"。因为不是所有的学生都选择重新修改，这种方法比较节省时间，并且教师收到终稿的质量也比上一稿的质量更高。通过允许重写，教师就将评论着重于怎样修改，同时运用较严的评分标准，因为教师知道学生是能够重新将文章写好的，并且，为了提高分数，许多学生被激励着去进行认真修改。作为研究生，主要了解通过这些技巧激发自己去修改论文，通过其他更有效的激发机制（如尽快发表学术论文的强烈愿望）更主动地去修改论文，使自己的论文质量尽快地达到投稿要求。

12.2.3 评论技巧：将问题分为层次

在文稿上写出有效的评论要求一个连贯的指导思想和计划，因为你的目的是激发有意义的修改，所以最好的方法就是将你的评论限制在你希望学生在下一稿中必须解决的那几个问题上。因而这种方法将问题分成不同的层次，即从高层次的问题，比如思路、概念、结构、文章的展开及总体上的线条清楚等，到低层次的问题，比如句子的正确性、风格、手法、拼写等。以下列出一系列从高层次到低层次的问题，推荐意见是将教师的评论限制在2至3个问题内，并且在文章比较成功地解决了高层次的问题后，再去考虑较低层次的问题。

1. 高层次问题上的评论

评论的首要目的是集中在思路、概念、组织、文章的发展和总体的清晰度等高层次的问题上。这列出的问题层次可以促进学生进行高层次问题的修改，即为完成一篇以论点为主导的文章必须解决的问题所进行的修改。

（1）文章中含有一个针对适当的问题的论点吗？

这一步就是检查全文的集中点，即引言部分：文章是否有一个论点？论点是否对一个合适的问题或疑点进行应答？正如在第4章里讨论的：如果学生不熟悉论点主导式写作，那么他们习惯于流水账式或包罗万象式的报告，倾向于总结而不善于分析，倾向于没有集中点的资料堆积。

存在着这一类问题的稿件可能没有一个清楚的问题-论点式的结构，还有一些稿件可能有一个论点，但没有明确地表述出来或深埋在文章的内部。通常来说，文章在其结尾部分比在开头部分清楚得多——这是作者在写作的过程中，逐步澄清了他的思想的证据。用弗劳尔（Flower，1979）的话来说，这样的文章是"以作者为基础"而不是"以读者为基础"。也就是说，文章只是记录下了作者的思维过程，而不是以满足读者需要的一个相反的过程来进行的写作。因此，读到了结论部分，意思才清楚的文章必须进行全盘修改。有的情况下，可以让作者参考专业引言写作的典型格式：解释要解决的问题，叙述论点，给出辩论的总体描述（第7章）。进行这样的引言写作驱使作者从读者的立场去考虑对论点的论证。教师强调论点和文章集中点的典型评语包括：

- 你的论点到了文章的结尾才终于清楚，在你的下一稿中，将论点移到引言部分，这样才能有利于读者理解。在引言部分，首先根据文献综述解释你将要强调的问题，然后叙述你的论点。

● 在引言的最后一段，你拟解决的科学问题是什么？研究目标是什么？拟检验的科学假设是什么？将其清清楚楚地表达出来。

（2）如果文章已经有了一个论点，那么辩论的质量怎样呢？概念的优点和缺点是什么呢？

这一水平的评论主要是强调概念方面的问题，即这种辩论对于你的学科是否合适？辩证的逻辑性怎样？是否合理地运用了相关的和充分的证据？概念是否发展到了足够的深度和广度？是否具有洞察力？是否充分注意到了对立的观点？教师典型的页边评语如下：

- 有意思的观点！
- 在这里进行 X 与 Y 的比较很好。
- 好观点——我还没有以这种方式来思考过！
- 这里应该扩充和解释，即需要更系统的文献综述。
- 我看不出你怎样从 X 得到 Y，此处推理令人困惑。
- 这里是太多的关于 X 的重复叙述，应从总结资料改变为分析问题。
- 关于 X，你讨论得很好，但还没有讨论到 Y 或 Z。
- 你需要在这里应答相反的观点。
- 对于这一主张，你的论据是什么？有文献支持吗？
- "引言"倒数第二段中，"However…"上下文转折过于勉强，辩论的逻辑性较弱。
- 应加强从研究现状到研究目标的提出之间的逻辑性。在这里，你逐句考问自己了吗？

（3）文章是否在整体水平上有效地组织起来了？

作为写作者，我们都在文章的组织结构上付出了努力，通常文章终稿的组织与我们的原始初稿的组织几乎完全不同。学生常常在文章的组织上面临更大的问题，需要更多的帮助。当在文章的组织结构上做评论时，可考虑以下的问题：文稿能否用提纲或树形图的形式表示出来？应该在文稿里加什么或减什么？哪些部分应该改变位置？段落间是否有足够的转换？所有的详细内容是否与要点相联系并支持要点？文章的目的、要点、结构是否通过一个好的题目和引言向读者做了必要的表述？这里，教师对题目的评论如："题目应该包括文章的要旨。"对开篇段落和引言的评论："引言和开篇段落应提起读者的注意，在绝大部分学术写作中，通常是以文章所强调的问题来开篇。"对段落的开首句的评论:"这些应该是承前启后的转换句,在学术写作中,一般来说段落应有一个明确的主题句。"

为了达到修改目的,虽然有的学生可能需要单独的帮助,但是教师可以在页边写一些读者似的评论,就可以引起学生对文章组织结构问题的重视,典型的评语如下:
- 这一部分怎么与其他内容相配合?
- 这段的要点是什么?
- 这一段与前一段的内容怎样联系起来?
- 你的引言部分让我以为下面出现的应是X,但这里却是Y。
- 文章到处跳跃,你需要提供一个路线图,让读者清楚来龙去脉。

(4) 文章是否在段落水平上有效地组织起来了?

段落是否是统一的和连贯的?通常当读者被文章的段落弄糊涂时,就会意识到作者的文章组织有问题。在学生文章中常见的现象就是出现一系列短小的、不连贯的段落,或恰恰相反,偏离讨论方向的长段落,结果是段落的后半部分似乎与前半部分毫无关系。如果所有的句子都用来支持或建立一个概念(这个概念常常以一个主题句子明确表示),这样的段落就是统一的。如果句子在思路上互相联系,不出现大的跳跃或空缺,这样的段落就是连贯的。

为了帮助学生注意到他们段落的统一性和连贯性问题,教师可以在页边做出如下标示性的评语:
- 为什么有这么多的短小段落?
- 这段跑题了,它的要点是什么?
- 这段包括了许多详细内容,但我看不出它们的要点,是否加上一个主题句子?
- 在这里你似乎提出了几个要点但没有发挥它们,是否分成几段,对每一观点进行发挥?
- 这些句子互相不连贯,是否应补充一些缺失的东西?

图 12.1 显示了一个学生怎样应答教师的评论,对一篇关于护理的研究文章进行了很好的段落水平的修改(Bean,1996)。

2. 较低层次问题上的评论

较低层次的问题,比如语法错误、拼写错误、标点错误和拙劣的写作手法等是学生文章中常见的令人混淆的根源。如果教师试图去标示甚至改正所有的

不连贯的段落	对妇女的暴力是一个严重的问题,到底有多少妇女被殴打,统计数据变化不一,50%的妇女在她们一生中的某些时候有过被殴打的经历(Walker, 1979)。	这与护理有什么关系?
	每50个孕妇中有一个可能遭到毒打,妊娠期受凌辱的情况比胎盘疾病或妊娠糖尿病等更普遍(Campbell, 1986,第179页)。	
	性方面的失意、性情的波动以及对未来的忧虑通常都发生在妊娠期。	与前一段相连接吗?

上文中的黑体字是教师的评语,以下是学生按评语修改后的文章:

> 对妇女的暴力对于产科学的护士们而言是一个值得注意的重要问题。虽然统计数据变化不一,但有研究估计,50%的妇女在她们一生中的某些时候有过被殴打的经历(Walker, 1979)。没有理由使人们相信,当妇女怀孕时这种暴力行为就会消失。事实上,坎佩尔(Campbell, 1986,第179页)在关于护理的研究中显示:"每50个孕妇中有一个可能遭到毒打,妊娠期受凌辱的情况比胎盘疾病或妊娠糖尿病等更普遍。"发生这种虐待的根源包括性方面的失意、性情的波动以及对与怀孕相联系的未来的忧虑。

图12.1 学生在教师评语前后的写作

错误,那么花费的时间是惊人的。我们强调运用将改错任务的最大责任放在学生身上的原理,让学生通过编辑和校订自己的作品去进行学习。这一原理是根据哈斯韦尔(Haswell, 1983)的"最少标记"的实践原则。实施中,教师告诉学生:他的文章质量由于语法等方面的错误受到了损害,学生的成绩将被降低,或直至绝大部分的错误改正后教师才批改作文。研究生则需认识到,他的论文会由于句子中的错误而遭到毁灭,这样的论文投稿后很容易就会被拒稿(见下文例子)。为了帮助学生,教师可以在含有错误的那一行的页边做"×"式的标记,但要遵守"最少标记"的原则,即不要标示出错误本身。

这一做法的优点,对于教师而言,他们将不再充当校对员的角色,从而节省了大量时间。更重要的是它训练学生培养起消除自己错误的编辑习惯,学生学会从读者的角度阅读自己的稿件,学会使用语法手册,比如美国农业科学学会、美国植物科学学会和美国土壤科学学会(American Society of Agronomy, Crop Science Society of America, and Soil Science Society of America, 1999)出版的 *Editors' Handbook*,并列出一份自己典型错误的清单。在任何情况下,关键是让学生对他们自己的错误负责任。在导师的指导下,研究生应通过第一篇SCI论文的写作、投稿和返修过程,尽快地掌握论文修改中的各种方法和技巧,然后,让自己在这些过程中变得越来越独立、越来越成熟,并持续不断地运用和提高这些方法和技巧。

看到一份硕士论文的扉页的第一行的 dissertation，我就忍不住要将其改为 thesis，但马上意识到这对学生于事无补，于是批注"'硕士论文'与'博士论文'的英语单词不同"，让学生自己去查词典并进行修改，可能他就永远记住了这一区别。

虽然不要在学生的稿件上圈出错误或进行校正是重要的，但是，有多种在文稿上进行评论的方式，用来强调较低层次的问题。以下所列是强调此类问题的一些评论方式。

（1）是否存在特别使教师不喜欢的或不符合学术论文惯例的写作风格问题？

论文中存在教师不喜欢的写作风格或不符合学术论文惯例的写作风格问题时，教师应该让学生知道并在他们的稿件上标示这些问题。写作风格与语法错误不同的地方是，语法错误违反了标准英语的结构惯例，相对稳定的语法规则主导着如词的运用、主谓搭配、平行句和句子的完整性等；相反，风格问题牵涉到修辞选择——文章表达的有效性与华美而不是正确与错误的问题。行文冗长、连续的短句子、过长的句子、使用第一人称等是修辞或风格问题，而不是语法问题。以下是一些写作风格问题的例子。

将 this（或 it）用作代词：有的写作者将 this（或 it）作为代词，试图在两个句子之间构成一种连贯，this（或 it）有时用来代表前一句中的某一名词，但更多时候代表全句的意思。没有语法规则实际上限制 this（或 it）作为一个代表各种东西的代词（虽然有的手册称这种用法为"广义参照"而不赞许），然而它的过多运用却会带来文章的不优美、不连贯或完全的含混。这里是一个例子。

原　　文

When I was a little girl，I liked playing mechanical games and toys，but my parents didn't support this. Fortunately，a female math teacher in high school saw that I was good at this and suggested that I study engineering. But this is more difficult than I thought.

（注：有的学生喜欢在上文中 this 处用 it，这也是应避免的英语修辞问题。）

修　改　文

When I was a little girl，I liked playing mechanical games and toys，but my parents didn't support this "boy-like behavior". Fortunately，a female math teacher in high school noticed my talent in mathematics and physics, and suggested that I study engineering. But the result of this proposal is more difficult than I thought.

冗长：读者喜欢简洁、朴素的文章风格而不是充满累赘的话，学生应该不断删减他们的草稿以达到惜墨如金和紧凑的效果。这里是一个例子："As a result of the labor policy established by Bismarck, the people of the working class in Germany were convinced that revolution was not necessary for the achievement of their goals and aspirations." 修改文："Bismarck's labor policy convinced the German working class that revolution was unnecessary."

过度名词化：作者用动词表达动作行为以增强影响力，相反，受名词化感染的写作者将动作行为转化为名词。名词化通常是官僚主义者们使用的交流方式。受名词化影响的人不说"efficient writers use verbs to express actions."（有效率的写作者用动词表达动作行为），而说"For the generation of article style using the generally considered most efficient writing principle, the expression of an action by using a verb is the most desirable method."（对于运用普遍认为最有效率的写作原理的文章风格的产生，通过运用一个动词对一个动作行为的表达是最可取的方法）。这样的句子不但冗长、死板，而且还不够清楚。怎样解决名词化问题的优秀例子，可见 Williams（1985）的相关文献。

第一人称的使用：学术论文写作中一般不使用第一人称"我"（或"笔者"），在一篇论文里，如果出现大量"我""我的""笔者"，文字读起来显得幼稚，勾勒出一个以个体身份描述自己感受的新手研究者的现象（凯姆勒和托马斯，2020）。"我"很容易被滥用或误用，当"我"被用于个人层面而不是参与学术对话的层面时，则会削弱研究者对权威性的渴求。过度使用"我"可能暗示研究者比研究本身更重要，这些"我"突出了研究者所做的工作（"我试图/我要求/我发现/我解释……"），但也可能因此牺牲了研究本身更广泛的学术价值，这与题目中出现"以……为例"是类似的问题（第 6 章）。强调自我（包括过度引用自己的文献）可能被视为傲慢、自我推销而忽视别人的研究。这些负面印象同样会影响同行对你论文的评价。如果写作中一定得使用第一人称时，建议使用"我们"，比如在讨论部分，需要将自己的结果与别人的结果进行比较，哪怕你是论文的唯一作者，使用"我们的结果显示……"或"该论文的结果显示……"就比"我的结果显示……"更专业、更具学术性。为了避免使用第一人称，科技论文中句子常使用被动语态，这是在语法上科技论文不同于文学著作（如散文、小说）的一个方面。

另外的关于写作风格的例子：①没有遵守"简短的词是最好的"这一原则，如喜欢用 in order to 而不是用 to；②将中文中的惯用句式用于英文写作中，如中文常用句式"虽然……但是……"的对应的英文句式"Although（Even if though）…,…"在科技写作中用得较少，更常用的是"However（Nevertheless），…"的转折句式；又如中文常用句式"不但……而且……"对应的英文句式"Not only…,but also…."在科技写作中用得也比较少，常用的是"…and…."等简单句式，等等。读者可以参考附录 2 中推荐的科技英语的表达方式。

为了帮助学生克服这些令人讨厌的写作风格，教师可以在他们的文章段落中第一次出现这些问题的部分用线条标出，然后要求他们对全文中同类型的问题进行修改。

（2）文稿里是否存在语法、标点和拼写的错误？

虽然我们极力主张教师不要圈出语法、标点和拼写方面的错误，但并不意味着这些错误不应被提醒；相反，教师应该着重提醒它们，并设置一定的奖惩办法来激励学生去发现和改正错误。办法是写出这样的评语："××，由于太多的语句错误，你的分数被降下来了，请找出并改正这些错误，然后再交上你的作文，到时我会视改错情况将分数升上去。"升多少分数取决于学生成功地改正了病句的数目。对于研究生，导师则可以写出这样的评语："由于太多的语句错误，我不再继续修改你的论文，请找出并改正这些错误，然后再交给我。"如果认为学生在找错误方面需要帮助，有时可以在病句所在行的页边上做"×"的记号。另一种办法是帮助学生仔细检查和编辑一至二段文章，然后让学生对其他部分做类似的修改。不过，你为学生修改时，应分清什么是语法错误，什么是修辞选择。当你划掉文章某一部分时，学生通常不知道是他们所写的东西是"错误"的呢，还是因为风格上的不完美。因此，作为修改例子，除了显示必要的修改外，还应在页边说明为什么做这些修改。

另一种帮助学生改正语句错误的办法是找出错误的典型方式。肖内西（Shaughnessy, 1977）显示，在一篇学生文章中看起来有 10 多个错误，可能只是同一个错误重复了 10 多次。如果教师能帮助学生掌握一条规则或原理，通常一下就改正了许多错误。即使不必解释原理或规则，能帮助学生意识到错误的重复形式也是非常有效的。

××，你这里有许多语句错误，但它们基本属于以下两种类型：①撇号错误——你习惯于用撇号作为复数形式而不是所有格；②冠词使用不当。

12.2.4　文章评论应增强写作者的尊严

当教师或导师为修改学生的论文忙到深夜时，可能会忘记写下这些令人烦恼的文章语句的人，而让这些烦恼显现在对文章评论的字面上来，无意中讽刺写出这样作品的人。我们知道，当我们要求同事评阅我们的一份稿件时，自己是带着谦卑同时也是脆弱的感觉。但当我们评论学生文章时，有时就忘记了这些感觉，有时我们对待学生工作上的进步，不像对待我们同事的工作那样敏感。最好的文章评论应增强写作者的尊严，而最坏的那类评论可能使人感到难堪和受到侮辱。这经常使教师困惑，他们的本意是好的，但在方法上却忽略了写作中还有个人情感这一方面。当教师非常仔细地用红笔圈出了学生的所有错误时，却忽略了正面强调的力量。当然，教师的目的是善良和正确的——他们希望培养出有技能的令人欣赏的写作者来，然而，使用的方法却可能适得其反。

12.2.5　对学生文章进行评论的主要原则

下面总结对学生文章进行评论的主要原则。

（1）总的过程

原则1：评论首先集中在概念和组织上。在转向较低层次的问题之前，鼓励学生先解决高层次的问题。

原则2：在任何可能的情况下，做正面的评论，赞扬好的观点。

原则3：尝试写一个结尾评语以显示教师对学生的观点感兴趣，评语的开头强调文章好的地方，然后转向需进一步改进的具体建议。

原则4：避免过多的评论。在对高层次的问题感到满意之前，应特别避免强调低层次的问题。如果一篇写作没有集中点，或没有论点，或没有怎样去支持论点的计划，就去顾虑段落或句子结构方面的问题，实在为时过早，也是浪费教师和学生的时间，并且满篇的评论只会使学生泄气。

原则5：当你阅读学生的文章时，写出你的反应，特别是对观点的评论，提出问题和给出怎样使辩论改进的建议，赞扬你喜欢的部分。

原则6：尽量不要圈出学生的拼写、标点等方面的错误。研究表明，如果要求学生找出并改正他们自己的错误，他们将提高得更快。

（2）对论点的标示

原则 7：在引言结尾的评语应总结你对作者论点的强弱方面的评估，要求作者在他们智力发展的适当水平上进一步深化他们的思想，提出明确的论点。

（3）对文章组织的标示

原则 8：在结构变得混乱的地方在页边用评语标示出来。

原则 9：赞扬好的题目、好的论点叙述、好的段落转换，等等。

（4）对句子结构的标示

原则 10：教师不必标示出所有句子错误，但可考虑在典型病句的页边用"×"标示。当你退给学生文章时，你可以不评分或者将分数降低，直到学生找出并改正绝大多数文章的错误时才给最终分数。绝大部分学生是能够找出和改正大部分错误的。

虽然研究生写作不是为了分数，但仍可以采用以上策略来提高文章质量。

（5）句子问题

原则 11：在意义不清楚的地方做出标示，像"混乱的句子""这一段混淆不清"这样的页边评语可以帮助学生看到问题所在。

（6）一些进一步改进修改过程的原则

原则 12：尽可能将评语写得直接明了。教师的评语有时难以解读，就像初稿写作的东西那样——对作者是明白的，但对其他人来说，可能是莫名其妙的。

原则 13：尽可能运用面对面的会谈，当学生涉及高层次的问题时，面谈形式的帮助特别有用。

原则 14：最后，将你的文章评论作为一种与学生间进行个人交流的工具，一种使你的思想成为发挥持久影响的东西。努力通过适当的评语的语调使学生把你当作支持他们的指导者，一个对学生感兴趣并帮助他们提高具有写作者和思考者那种能力的人。这种感觉能激励学生更积极主动地去进行文章修改。

12.3 学术论文的写作规范

论文经过从高层次问题到低层次问题的修改，即第一层次的修改是解决论点、概念、组织、文章的发展和总体的清晰度等高层次的问题，即论点主导的问题，第二层次的修改是解决文章整体水平的有效组织问题，即从上而下的组织结构问题，在文章接近终稿时，第三层次的修改则是解决写作规范的问题。

学术论文的完美结构和形式与其内在的思想不是"包装"与"产品"的

关系，而是紧密相连的血肉关系，即写作作为一个思维过程，作者通过一系列多次修改稿，不断去发现、深化和澄清他们的思想，最后完美的形式里面包含着完美的思想。所以，将作为成果发表的学术论文，其写作规范同样非常重要。由于讨论论文的写作规范方面的书籍很多，所以本书就不再进行重点讨论，但这并不影响其重要性。对于论文写作规范的重要性可以用"细节决定成败"（The devil is in the detail!）来概括，论文里一切看似"细节"的东西都必须足够重视，否则会影响到学术论文的顺利发表。

12.3.1 英文写作规范

作为英文学术论文，英文的写作规范自然是十分重要的。低水平的英文往往是导致文章被拒的第一理由！以下是我担任国际学术期刊 *Journal of Hydrology* 副主编期间对于一篇论文审稿后写给主编的邮件，我只读了论文的题目、摘要和引言的第一段，由于有太多的英文错误，我没有必要再读下去，更不会将论文送出去请专家评审，而是直接给主编写下面这封邮件，将文章拒了。

我给主编的邮件：

Dear Philippe：

I have read the first part of the manuscript. I felt that the English writing was rather poor. Following are some examples：

The title，"The influence plot size has on the rates of erosion and runoff under different types of landuse：trials of different scales"，is wrong and difficult to be understood.

In "Abstract"，the first sentence，"There have been an…." is wrong. The following long sentence，"The problem with extrapolating data from small plots of land to other sizes is a topic that has been contemplated for some time and one that continues to be the subject of discussion，as it is one of the great pitfalls that exist when we try to validate the ever more frequent use of microplots." is difficult to be understood.

…

In "Introduction"，the first sentence，"Mesoplot studies are nearly-field-scale researches which are large enough to allow use of agricultural practices and crops which cannot be evaluated in microplot studies." is wrong and difficult to be understood.

To save time of the editors, reviewers, and the authors as well, I suggest that the manuscript be rejected. The authors should improve the writing significantly before the manuscript is sent out for review. Best regards.

Professor Renduo Zhang

Associate Editor

Journal of Hydrology

主编给作者的邮件：

Dear Maria:

I am sending you this manuscript back at the suggestion of my associate editor, who is concerned that the quality of the English will make it difficult for us to find good reviewers.

Apparently, some more effort needs to be devoted to this aspect of your writing. One possibility is that you contact someone in Madrid, a native English speaker, who could edit your text. Another possibility is that you contact someone in Spain who could help you put the manuscript in good shape, not just in terms of English but also, generally, in terms of the science.

……

I can suggest Dr. Juan Vicente Giraldez, at Cordoba. Perhaps you might want to consider offering him to become a co-author of the paper, in exchange for helping you getting it published. That may be a fair deal.

……

Professor Philippe Baveye

Editor-in-Chief

Journal of Hydrology

在规范化的英文写作中，除了解决概念、结构、文章的展开及总体上的脉络等高、中层次问题，也必须解决较低层次的问题，比如语法错误（如代词的运用、主谓搭配、平行句和句子的完整性、虚悬分词使用、冠词使用等）、拼写错误、标点错误和拙劣的写作手法等。还需要重视写作风格问题，比如行文冗长、连续的短句子、使用多个从句的长句子、过多使用第一人称、过度名词化等。

对于英语不是母语或英文论文写作经验不够丰富的作者，至少应该写出没有语法错误、拼写错误和标点错误的文稿，这可以让编辑和审稿人看到你的努力和严谨。对于英文写作风格问题，可请本领域有撰写 SCI 论文经验的专家修改论文，就像上面主编给作者的建议那样，可邀请这样的专家作为作者之一（co-author）。请注意，这样的专家不仅能对论文的英文进行修改，还能在修改过程中对论文的思路、结果的表达、该领域专家对结果的可能评价等提出有价值的建议，即他们对论文是可以做出一定贡献的。这里专家的作用是文字翻译软件、论文润色修改机构，甚至英语专业教师都无法替代的。为了便于读者解决好文章的修辞和风格方面一些问题，附录 2 收集了一些在科技英语中应避免使用和推荐使用的表达方式，附录 3 是"英语当代用法词汇表"，列出了学术写作中英语常用词的正确（或通用）用法。

12.3.2 论文其他部分的写作规范

因为关于论文写作规范方面的参考书籍很多，所以本书就不做重点介绍了，只对图表规范、引文著录规范以及文字编辑做简要说明。

1. 图、表

在学术论文中，图和表是辅助文字进行表达的重要形式。使用插图的目的是清晰地传达数据规律的信息，因而插图制作的原则包括：①以论文主题为核心，与相关文字和表格相辅相成、浑然一体；②客观、写实，不能夸张，不能遮掩，不能臆造；③具有自明性，即使脱离正文，所包含的信息量依旧足以使读者理解插图本身的意思；④插图中所使用的专业术语、物理符号及单位都应该符合国际标准、国家标准和学术规范；⑤一篇学术论文或学位论文当中，应保持插图风格即色调、形式、字体、大小、坐标等特征的一致性。

图和表都使用在资料或数据较多，不能用文字直接描述的情况下。一般图是用来展示变化的趋势或规律，而表用来展示比较定量的结果，比如可以直接从表中读出某一实验处理的某一变量的均值和方差。有的图如直方图也可以改成表，这时可根据论文中图和表的数量是否大致平衡来决定是制作成图还是表。制图、表时请记住，你是为读者服务的，只有读者从图、表中一目了然理解了你想表达的思想，这些思想才可能被认可，这样的图、表才起作用。对于学术论文中的图、表，制作得越简洁越好，越清晰越好，不必追求华丽。

插图包括线条图和照片图两类，线条图又包含条形图、扇形图（饼图）、直方图、坐标图（如折线图、箱线图、散点图）等。将数据转换成插图前，应仔细分析其特点和规律，力求选择最适合的图的类型来清楚、直观地表达信息。条形图和扇形图都适用于对定类数据的描述，因为定类数据的类别之间没有大小之分，对顺序没有要求。例如，表示生物膜样品中各个不同的微生物种属所占的比例，就可以使用扇形图，一个扇形代表一种微生物种属类别，扇形的大小代表着该类别相对丰度的多少。坐标图更适用于对数据规律的描述，绘制坐标图时，通常会用横轴表示自变量，纵轴表示因变量，坐标轴上刻度和数值标识的间距也要尽量协调、自然，避免过密或过疏；对于由多张分图组成的大图，各分图要用（A）（B）（C）等清楚标注。

表格的制作要求是简洁明了、层次清晰且具有自明性。从呈现形式上看，表格可分为全线表、无线表和省线表。学术论文一般都使用属于省线表的三线表，它只保留顶线、横表头线和底线，其组成要素包括：表号、表题、项目栏（表头）、表身和表注。还应注意，表格项目栏中使用的单位应该标在该栏表头项目名称的下方，表中上下或左右相邻的栏内容相同时，应重复标注或通栏表示；表内用空白表示未测，用"—"表示未发现或低于检出限。

2. 引文著录

引文规范，包括文献引用内容、引文标注及著录的规则要求的规范化，是历史发展的学科产物，也是评价一个学术产物或作品的创新性的基本考量标准，因而也常常与学术道德问题直接联系，故而引文规范在学术论文写作中具有特殊的意义。

引文通常包括"引语"和参考文献两部分内容。学术论文中的"引语"一般是以论据身份出现，作者通过引用他人的研究数据、现象或观点，或是支持自己的实验结论，或是突出自己研究的创新之处，或是反驳他人的观点，这些都是"引语"在学术论文出现的基本形式。参考文献即"引语"的出处，《信息与文献 参考文献著录规则》（GB/T 7714—2015）中这样定义参考文献："对一个信息资源或其中一部分进行准确和详细著录的数据，位于文末或文中的信息源。"参考文献的引用体现了作者对所研究领域的熟悉程度、作者的学术眼光以及对他人学术成果的尊重。研究人员是否以客观的学术态度、规范的学术操作来对前人的研究进行引用，这关系到学术论文的质量，甚至会影响到学术作品的可信度和数据的有效性，更会影响学术论文的生命力和作者的学术声誉（何得桂和高建梅，2020）。

关于参考文献著录标准，由美国芝加哥大学出版社出版发行的《芝加哥大学论文写作指南》(*A manual for writers of research papers, theses, and dissertations*) 给出了相应的格式规定。在国内，《信息与文献 参考文献著录规则》规定了各个学科、各种类型信息资源的参考文献的著录内容和格式，以及参考文献在正文中的标注法。其中，参考文献在正文中的标注方法通常包括顺序编码制和著者-出版年制。顺序编码制，指的是按正文中引用的文献出现的先后顺序连续编码，并将序号置于方括号中；同一处引用多篇文献时，应将各篇文献的序号在方括号中全部列出，中间以","作为间隔；如遇到连续序号，起止序号间用"-"连接；多次引用同一篇文献时，在正文中只标注首次引用时的文献序号。著者-出版年制，各篇文献的标注内容由著者姓氏与出版年构成，并置于"()"内。如果正文中已提及著者姓氏，则在其后的"()"内只需著录出版年。引用多个著者的文献时，不少期刊规定，引用两个作者的文献，文中需列出这两个作者（之间加"and"）；引用多于两个作者的文献时，只需标注第一著者的英文姓，其后附上"et al."。如果是著录相同作者在同一个年份发表的多篇作品，年份后需加以 a、b、c 等小写字母进行区分。

参考文献表包括了作者、标题、期刊名、发表年、卷号、期号、起止页码这些内容，不同的期刊或学术发表机构对于不同类型的著作（如期刊论文、书籍、图书中的章节、学位论文等）都有其对应的格式要求，可以使用文献管理软件如 Endnote，该软件的功能是按照期刊的要求对文献格式进行统一整理。

3. 文字编辑

文字编辑包括题目、大小标题、文章的字体（如字体大小，是否黑体、斜体等）、特定词的缩写、公式的写法（比如公式中字母变量用斜体，数字不用斜体，文中使用代表公式中变量的字体时也要同公式中的一致），排版上要避免"寡妇与孤儿"（"寡妇"指的是一页的最上方留出了一个收尾的句子，而"孤儿"指的是最后一行文字里只有一个标题)、图表跨页，等等。文字编辑经验除了不断积累外，还可以参考相关的"编辑手册"，比如美国农业科学学会、美国植物科学学会和美国土壤科学学会出版的 *Editors' Handbook* 对于学术论文的写作和评审就具有指导意义（American Society of Agronomy, Crop Science Society of America, and Soil Science Society of America, 1999）。手册中对学术论文的写作规范，包括英文写作规范，图、表，文献，文字编辑规范等都有详尽的说明和指导。

12.4 学术论文的发表流程

学术论文的发表是培养批判性思维所获得的成果，学术论文体现了作者批判性思维的深度和广度，也体现作者对学术界的贡献。下面介绍学术成果发表过程中的主要环节，包括论文投稿、论文返修、被拒论文的处理和怎样持续地发表科学研究的成果的一些建议。

12.4.1 论文投稿

研究生的论文在投稿之前，自己和导师应该已经对论文进行了可能不少于10次的修改，如果能找到同行帮助先评审一下将投的稿件，提出修改意见，那更好。我们建议在团队里建立起论文相互评审机制，这样做对于作者和评审者（评审者可以是教师、博士后，更多的是研究生）都将有极大好处。论文评审的内容包括科学问题的提出是否有扎实的理论基础，研究目标是否明确，研究方法是否合理，结果是否丰富、清晰，讨论部分是否阐明了结果揭示的机理、创新点和特色……再到文献引用是否规范，是否有英文语法错误，图表是否清楚、规范，等等。这种论文相互评审机制不能流于形式，即评审人必须对论文进行严格评审，而作者必须根据评审意见对论文进行必要的修改。这些评审工作越认真，越能提高论文被接受的概率。研究生应积极参与这种评审工作，而不应把它当成一种负担，因为除了你的论文也需要他人提供这种帮助外，更主要的是通过这种评审让自己学习到学术界的评审过程，即怎样通过同行专家的眼光来评判学术成果的过程，这是一个相互帮助和交流、同时提高自己的学术水平及科学鉴赏力的过程。

让研究生参加学术论文评审其实也是导师的指导策略之一。我读博期间，除了参加团队成员论文的相互评审外，导师在我博二时，就将期刊邀请他评审的论文让我先评审，我评审完后将评审意见提交给他，他修改我的评审意见后就向期刊提交审稿意见，同时将提交的审稿意见给我学习。经过多篇论文的评审，对照自己和导师的评审意见，我逐渐懂得了评审论文的要领，评审意见也从最初的只注重"皮毛"（如语法、图、表等）到更注重"精髓"（如论点、创新点和特色等），导师对我的评审意见也从最初的"全盘否定"到后来修改越来越少。这时，导师就向期刊推荐，让期刊邀请我独立评审论文，到我博士毕业时，已为多家国际学术刊物评审论文，还获得"最佳评审人"奖励。最重要的是，通过论文评审，我的科研能力和学术论文撰写能力都得到提升，自己在学术界的知名度也得到提升。

回到论文投稿。研究生在论文撰写和投稿过程中常常会问："怎样的学术深度才达到 SCI 论文水平？"实际上，可能更准确的问题是："我现在写完的这篇论文的深度达到了哪一类 SCI 期刊的论文水平？"这是因为各类 SCI 期刊所要求的论文水平是不同的，包括顶级期刊（如 *Nature*、*Science*）、JCR（或中国科学院）一区期刊（即你所在的研究领域的最好期刊）、二区期刊等。研究生需根据自己论文结果的创新性来决定论文究竟符合哪一类 SCI 期刊的论文水平，从而决定该投哪一类的期刊。

确定拟投稿期刊时所需考虑的因素包括：论文的内容及结构是否符合拟投稿期刊的要求？论文的创新程度是否和拟投稿期刊的平均水准相当？期刊的学术影响力如何？期刊的审稿周期和论文发表所需的时间有多长？等等。其中可能最主要的因素是论文的创新程度应尽量与拟投稿期刊的平均创新要求水准相当。

在不少期刊的投稿指南中，都要求提交 highlights，即总结文章的亮点和创新点："Summarize 3—5 research highlights. Each research highlight should be within 85 characters including spaces."（总结 3—5 个研究的亮点，每个亮点的字数包括空格在 85 个字符之内。）所以，我们建议研究生，当完成论文终稿准备投稿之前，不管将来所投期刊是否要求提交 highlights，都可以按以上要求写出自己论文的亮点和创新点，然后检查文章每部分，包括题目、摘要、引言、结果与讨论、结论等，是否紧紧地围绕着这些亮点和创新点展开。如果论文的亮点和创新点还不是足够的引人注目，那么从题目到结论再修改论文以提高其创新性，然后进一步修改论文的亮点和创新点。通过这一反复循环的修改过程，论文的质量就会进一步提高，论文的亮点和创新点会变得更加清晰、更具有说服力（9.2.3 节）。下一步是找出自己的论文中引用频率较高的那些期刊及其代表性文献，论文的内容与这些期刊的学术论文要求应该相符合，因此它们是拟投稿的备选期刊。然后将自己论文的创新点与这些备选期刊中论文的学术水平或创新性水平进行比较，选择与自己论文的创新性水平基本相当的期刊投稿。在利用参考文献选择期刊时，应当认真比较自己和他人的研究成果，客观地定位自己论文的学术水平，切忌好高骛远，否则会浪费自己和他人的时间和精力，因为你投稿后编辑和评审人都将花费大量的时间和精力去进行论文的评审工作。

有的研究人员希望将自己的论文先往高水平期刊投，被拒后再投较低水平的期刊，有的甚至一降再降，被拒五六次。我们是不推荐这种做法的，特别是对于研究生，因这种做法会对研究生心理上造成负面影响——每次被拒稿都会挫败自信心。一般情况下，我们缺少的不是解决问题的智力，而是解决问题的自信心，建立起自信心，每个人都可能成为求解问题的能手。所以，对于研究生，投稿时，尤其是自己的第一篇论文，一定要挑选合适期刊，争取一投就中或获得论文修改的机会，这样就能大大增强自己的科研自信心。研究生的论文发表后，即研究成果开始显示出来时，会感到极大满足甚至极度喜悦，他们之前的担忧、孤独感和不确定的情绪都会被一扫而光，不自信被一种不断加深的信念，即自己是能够开展科学研究的、自己的科研最终是能够取得成功的信念所取代（德拉蒙特等，2009）。另外，现在的期刊都是有投稿记录的，如果在你的领域的那几个期刊里（特别是较高水平的期刊里）有你多次被拒的记录，对你将来再投这些刊物是不利的。特别是研究生导师常常是作为通讯作者，负责投稿事宜，如果几个研究生都要求采用这种投稿策略，很快这些刊物里就充满了导师作为通讯作者的论文反复"被拒"的记录，这些记录不但对于导师和研究生自己，就是对于将来其他研究生投稿（导师作为通讯作者）也是不利的。

研究生除了通过前期的文献阅读，或是论文撰写过程中在相关的参考文献当中筛选出适合自己研究领域的学术期刊进行投稿外，还可以通过期刊的官方网站、公众号等的"投稿指南""作者须知"进一步了解期刊的学术影响力、领域定位、所接受的文章类型（research paper、communication、review）；从期刊最近几期发表的文章信息中了解期刊的结构要求、审稿周期和论文发表所需要的时间。可以根据学术论文的关键词、亮点等关键信息，借助选刊工具进行初步的筛选，例如 Edanz Journal Selector（https://en-author-services.edanzgroup.com/）、Journal Article Name Estimator（http://jane.biosemantics.org）、Journal Finder（https://journalfinder.elsevier.com/）。

当你确定拟投稿的刊物后，一定要根据刊物的"读者须知"（或"读者指南"）或一份最近在此刊物发表的论文，确保你的论文格式（包括摘要、大小标题、文献等）完全符合期刊的要求。一般的期刊投稿前需准备的文件包括给编辑的信（cover letter）、论文（manuscript）、数据图（figures）、数据表（tables）、论文的亮点（highlights）、图片摘要（graphical abstract），有时还包括补充材料（supplementary materials）、推荐的审稿专家及联系信息、作者责权声明、作者贡献说明等。同样，投稿过程中也是"细节决定成败"，比如文献列不符合要求、将编辑或建议审稿人的姓名写错这样的低级错误都可能是致命的。这是因为人对于与自己相关的事物更为关心也更为敏感，比如自己的名字被别人写错（包括小写），就会感到不被尊重甚至被冒犯。

在给编辑的信的开头写到"Dear sir"，Sir 的小写已够刺眼，而恰好是女性的主编又因这称呼感到被"性别歧视"；或写到"Dear manure"，这里主编的姓不但小写还写错了（本来是 Manuel），另外直呼姓是不尊重的行为（应尊称如 Dr. Manuel 或 Prof. Manuel），而错写的 manure（粪肥）的含义更令人不快。试想，你的论文评审有这样的开头，会顺利吗？

给编辑的信（cover letter）是作者在投稿时或论文返修后提交给编辑的信件。投稿时给编辑的信一般包含论文标题、投稿类型、论文字数、论文的创新点说明、稿件出版道德规范的免责说明、论文的通讯作者及其他作者等重要信息，它既可以帮助编辑快速了解文章的基本信息，从而快速地寻找合适的审稿人，也是初步评判论文是否能够进入评审环节的重要依据。不过，有的期刊不需要 cover letter，而有的只需要简短形式，比如：

April 18，2014

Dear Editor：

We are submitting a manuscript, titled "Characterization of water flow and solute transport in frozen soil with freezing and thawing processes" to *Journal of Hydrology* for possible publication. The manuscript is not submitted to any other journals. I will serve as the corresponding author. Thank you for your consideration on our manuscript. Best regards.

Sincerely yours,

Renduo Zhang, Ph.D.

Professor of soil and water sciences

有的则需要更完整形式，比如：

January 2，2019

Dear Editor：

We are submitting a manuscript, titled "Priming effect and temperature sensitivity of soil organic carbon induced by biochars with different stabilities" for potential publication in *Soil Biology and Biochemistry*. Information about the manuscript is listed as follows：

Type of contribution：Research paper

Date of preparation：January 2，2019

Number of text pages：32

Number of tables：5

Number of figures：8

Names of authors：…

Complete postal address：…

Full telephone No. and E-mail address of the corresponding author：…

The aim of this study was to investigate the priming effect and temperature sensitivity of native soil organic carbon induced by biochar amendment and the underlying microbial mechanism…This research work is not under consideration for publication elsewhere，and its submission for publication has been approved by all authors. I will serve as the corresponding author. Thank you for your consideration on our manuscript. Best regards.

Sincerely yours，

Renduo Zhang，Ph.D.

Professor

12.4.2 论文返修

经过一段时间的评审，论文的通讯作者就会收到编辑的回信，论文投稿后就直接被期刊接收的情况十分罕见，常见的情况是论文被拒或要求修改，如果你能获得修改机会，无论是大修（major revision）、中修（moderate revision）还是小修（minor revision）机会，都千万别错过。审稿专家一般都是熟悉这个研究领域的同行，因此会从论文的创新点、实验设计的合理性、数据分析的深度及逻辑性、英语水平以及写作格式的规范性等方面进行专业的评价并提出修改建议，目的是帮助作者完善论文、提高论文的质量。因此，一定要尊重审稿专家，按照其意见认真修改论文，并对审稿专家的意见进行一一回应，回应要体现在论文的修改上并且要有足够的说服力，否则论文还会被拒。

返修时通常需提供的文件包括 cover letter，对于审稿专家的应答信（response to reviewers），这二者常合在一起为"应答信"（response letter），带修改痕迹的修改稿（revised manuscript with changes marked），无修改痕迹的修改稿（revised manuscript without changes marked），以及其他修改过的数据和图表等。应答信、带修改痕迹的修改稿和无修改痕迹的修改稿这三个主要文件建议按以下的方式来准备：根据应答信中评审人的意见，在带修改痕迹的修改稿上进行所有修改，带修改痕迹的修改稿应该用蓝色或者红色字体将修改的文字内容标识，最好是采用"修订"模式，将一切修改痕迹留在这一文件里，不必担心论文看起来"乱七八糟"，因为这恰恰是显示你进行了认真修改的证据。根据应答信中评审人的意见逐条修改完后，在"审阅"模式中接受全部的修改（即去除"修订"模式），然后另存为无修改痕迹的修改稿。然后将无修改痕迹的修改稿中相应内容（包括行号）复制到应答信中对应的评审意见之下，有的还需在应答信中加上必要的说明，就形成对评审意见的应答。

与初次投稿时 cover letter 不同，返修时的应答信中除了包含信函的基本要素和作者信息之外，还包括：

① 感谢编辑以及审稿人提出的宝贵审稿意见，根据这些建议修改论文后，论文质量确实得到很大的提高。

② 编辑和审稿人的每一条建议（用黑色标出）下面，就是作者的认真答复（用蓝色标出），通过行号，评审人可以去无修改痕迹的修改稿中查看论文的修改情况，如果需要，评审人还可以去带修改痕迹的修改稿中查看论文的修改过程。

应答信中对审稿意见回复的基本原则是：尊重审稿专家，认真回复每一条建议。请记住，评审人都是无偿地为学术界做贡献（当然，别人也为他们的论文提供同样的评审服务），而且绝大多数评审意见都是认真的、中肯的、专业的和具有建设性的。当编辑或审稿人要求作者补充数据或资料时，应尽可能补充，对于耗时过长或当前难以完成的实验，应做出合理说明，包括说明现有的数据或资料也能支持现在的结论。应答信中除了感谢不要出现任何带感情色彩的语言，更不要同评审人争论，比如审稿人误解了作者想要表达的观点甚至提出的意见或建议是错误时，在应答信中应该把责任归于作者自己："由于我们表达不够清楚，所以造成了这些误解。"然后在论文和应答信中心平气和地、专业地将问题解释清楚。比较常见的是编辑或审稿人认为文章的创新性不足，这时确实需要修改论文，甚至大修，凝练出论文的创新点，然后通过论文和应答信清楚地向评审人展示这些创新点。作为例子，以下显示同一篇修改论文的应答信、带修改痕迹的修改稿和无修改痕迹的修改稿的部分内容。

应答信：

August 20, 2019

Dear Editor:

  We are submitting the revised manuscript, titled "Priming effect and temperature sensitivity of soil organic carbon induced by biochars with different stabilities" (Manuscript Number: BFSO-D-19-00382). We greatly appreciate the valuable comments from the editor and reviewers, which indeed help to improve the quality of our paper significantly. We have revised the manuscript following the comments and suggestions. An itemized response to the comments was summarized as follows.

Editor:

…

2) L. 63-64, 108, you assume that bacteria are r-strategists whereas fungi are K-strategists but has this been demonstrated? See also 404-408, again has this been demonstrated? See also L. 429-435, 512;

R: "Soil microbes can be grouped as r- and K-strategists according to their functional traits. Fungi possess the enzymes necessary for degrading lignin, cellulose, and hemi-cellulose (Chen et al. 2016; Keiblinger et al. 2010). Compared with bacteria, fungi are generally more efficient to use recalcitrant C resources, thus characterized as K-strategists (Ho et al. 2017). While the ratio of fungi to bacteria has been used as coarse taxonomic resolutions of microbial cominuties, fine taxonomic resolutions of bacteria have been proposed (e.g., the ratios of Gram-positive bacteria to Gram-negative bacteria, *Actinobacteria* to *Bacteroidetes*, *Acidobacteria* to *Proteobacteria*) (Zhou et al. 2018). High-throughput sequencing of the *16S rRNA* gene has been used to assess the bacterial composition and to track changes in bacterial community at fine taxonomic resolution (Ho et al. 2017)." (L.76-86)（编者：如上文建议，作者的应答部分最好用蓝色标出，由于黑白印刷，这里未能显现原文标出的蓝色。与应答信相对应的这些内容在无修改痕迹的修改稿中如图12.2所示，在带修改痕迹的修改稿中如图12.3所示。如这个例子所示，所有应答信的内容都可以在无修改痕迹的修改稿中和带修改痕迹的修改稿中有相对应的内容。这些内容以下就省略了。）

…

Reviewer #1:

…

Reviewer #2:

…

We hope that now the manuscript is acceptable for *Biology and Fertility of*

Soils. Thank you for your consideration on the manuscript. Best regards.

Sincerely yours,

Renduo Zhang, Ph.D.

Professor

```
76   Soil microbes can be grouped as r- and K-strategists according to their functional traits.
77   Fungi possess the enzymes necessary for degrading lignin, cellulose, and hemi-
78   cellulose (Chen et al. 2016; Keiblinger et al. 2010). Compared with bacteria, fungi
79   are generally more efficient to use recalcitrant C resources, thus characterized as K-
80   strategists (Ho et al. 2017). While the ratio of fungi to bacteria has been used as coarse
81   taxonomic resolutions of microbial cominuties, fine taxonomic resolutions of bacteria
82   have been proposed (e.g., the ratios of Gram-positive bacteria to Gram-negative
83   bacteria, Actinobacteria to Bacteroidetes, Acidobacteria to Proteobacteria) (Zhou et al.
84   2018). High-throughput sequencing of the 16S rRNA gene has been used to assess the
85   bacterial composition and to track changes in bacterial community at fine taxonomic
86   resolution (Ho et al. 2017).
```

图 12.2　在无修改痕迹的修改稿中的内容（例）

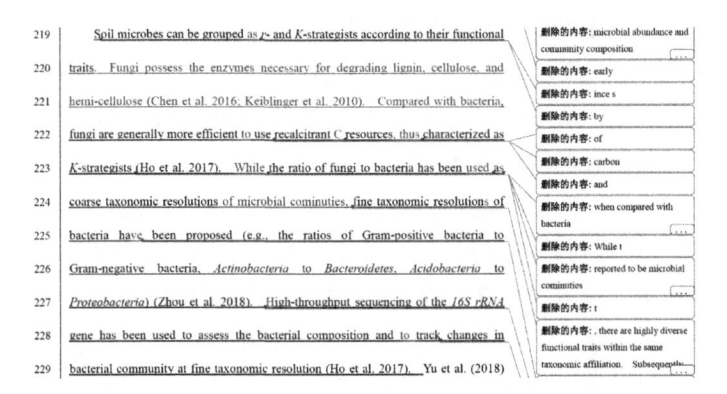

图 12.3　在带修改痕迹的修改稿中的内容（例）

12.4.3　怎样处理拒稿

在第 2 章我们就指出，青年科学家可能会遇到实验的一次次失败，遭受投稿一次次被拒的打击，"忍受痛苦"而不气馁，是他们必修的严峻一课。论文被拒对于任何人来说都是件沮丧的事，但应尽快将心态放平，绝不怨天尤人。

一般情况下，如果三个审稿人中有两个审稿人建议"拒稿"，副主编就会向主编建议"拒稿"，主编会同意副主编建议直接"拒稿"；如果只有一个审稿人建议"拒稿"，副主编往往会自己进行审稿，如果也同意"拒稿"，论文才被拒。所以对于这些专业而审慎的论文评审结果，作者应静下心来考虑如何据其进一步提高论文的质量。哪怕不准备重投原期刊，也需要认真阅读评审意见，尤其是负面的评审意见，对论文进行认真修改，直到解决了评审意见中的主要问题后，再进行投稿。只要这样做，论文的质量就会得到不断提升，论文最终都是能够被某一期刊接受的。相反，如果只是改改格式就匆匆将论文投给另一期刊，看似节省时间，但几次投稿不成功，因为可能论文的核心问题一直没有得到解决，不但挫败了自己的自信心，还在期刊投稿记录里留下"污点"，最终还浪费了自己和他人的大量时间。

12.4.4 持续地发表研究成果

批判性思维是持续不断的，因此，研究工作的开展、研究成果的发表也是持续不断的。一篇论文投稿了、发表了只标志某一阶段、某一批判性思维过程告了一个段落。其实，科研工作者一般都是持续地开展研究工作，包括撰写项目申请书、研究报告、专利申请等，并同时撰写几篇处于不同阶段的学术论文，也会以不同的形式不断发表科研成果，即"让自己的名字飞"，包括会议演讲、会议展示、会议论文集以及根据侧重点或创新程度不同而在不同期刊上发表论文等。作为研究生，从写自己的第一份研究计划开始，除了紧紧围绕着这份研究计划外，一般都会涌现出许多"发散"思路，建议尽快、尽量完整地记录下这些"发散"思路，但暂时把它们搁置一旁。在按研究计划开始实验、分析数据、总结结果、进行讨论的过程中，即在撰写自己的第一篇学术论文的过程中，又会涌现出更多"发散"思路，特别是在撰写讨论部分时，为了凸显自己论文结果的创新性和特色，就必须总结出这一研究成果与前人研究成果的相同与不同之处，以及进一步开展研究的方向。如果研究生此时此地就感到无能为力、思路枯竭，那就说明自己展示的成果一定是肤浅的，连自己都不能挖掘其深意、发掘进一步研究的必要性。原因或者是自己的研究选题犹如一座挖空了的"废矿山"，更可能其实是一座"金山"，但自己连一粒"金砂"都没有发现，这岂不遗憾！相反，在讨论部分，如果你不但能总结论文结果的创新性和特色，还能提出需"跟踪"的方向，包括弥补现有结果的不足、填充现有结果的空白等，这就为自己和他人指出了进一步开展科学研究的方向。根据这些需进一步研究的方向，再结合前面研究过程中涌现出来各种"发散"思路，你就可以写出第二份甚至更多的研究计划。并可能在第一篇学术论文投稿之前，已开始为下一篇论文做准备工作。好的科学研究者一定是沿着一个科研方向不断深入、不断拓展，思路不断涌现，论文不断发表，论文的质量也越来越高，学术影响力越来越大，从而逐渐占领该领域的高地，逐渐成为该领域有建树的领军人物之一。相反，"蜻蜓点水""打一枪换一地""漫山遍野乱挖小煤窑"等做研究的方法有时可能快速地产出一些论文，但很难产出系统的、高水平的学术论文，因此，这类研究方法是不可取的。在项目评审，尤其是人才项目的评审过程中，这种"到处开花"的科研成果一般是会受到评审专家质疑的。所以，研究生应像凸透镜聚集阳光那样，将自己的全部心力集中起来凝练科学问题，再将自己的全部精力集中起来解决科学问题，然后沿着某一科研方向深入推进，持续不断地发表研究成果。

12.5　怎样进行学术交流

除了学术论文，学术交流也是发表学术成果的重要方式之一。有效地进行学术交流也是研究生培养的一个重要的环节，以帮助他们在学术讨论中讲述一个好的科研"故事"，科学、高效、生动地传递自己的学术思想和报告自己的科研成果，同时，在与同行的交流过程中可以获得更多的思路。前文（2.3.2节和5.3.2节）我们阐述了学术交流的重要性，也应用了课堂讨论、课题组讨论以及学习小组讨论等学术交流方式（如11.5节），本节主要讨论怎样在学术会议（尤其是大型国际学术会议）中进行学术交流。

有的学术会议要求提交会议论文并出版论文集，大多数学术会议只要求提交摘要以汇编成"会议指南"。会议论文和摘要与发表在期刊中的学术论文和摘要的撰写格式基本相同，不过，会议论文一般不经过评审，在会议论文中，主要是报告一些初步结果，更多的是一些待探讨的思路。会议论文和摘要的撰写请参考第6章，这里集中讨论如何在学术会议中展示自己的研究成果，特别是以演讲的形式。学术会议的一个主要目的就是交换信息和交流思想，不论你的会议文章是以展板形式还是演讲形式展示，都应记住，展示的文章必须是仔细计划的、清楚的、简洁的，能够有效地传递信息和交流思想，并能抓住读者或听众的注意力。有效的演讲和有效的写作具有共同的特征，即统一协调、连贯一致、重点突出和拓展升华。对于如何准备展板式展示，请参考张仁铎和杨金忠（2004），这里主要讨论如何准备学术演讲。完成一个成功学术演讲的三个关键步骤包括（张仁铎和杨金忠，2004）：①做充分的准备；②进行反复的练习；③以充沛的精力和热情进行演讲。下面我们详细讨论这些问题。

12.5.1 纸上的论文与口头演讲论文的差别

人们常说："我被邀请去一个国际会议宣读我的论文。"给人的印象是，在国际会议上演讲只需拿着写好的文章照本宣科就行了。其实，口头演讲文章与纸上的文章有很大的差别。如果你准备在国际会议上演讲你的论文，应记住你的听众的局限性。当读者阅读一篇文章时，可以自由地阅读其中的某一部分，略过其他部分。能按自己的速度去阅读，如果需要，还可以重读。但你的演讲听众却没有这种自由，他们是依赖于演讲者去进行思索。由于这些内在的不同，你写好的文稿对于会议录或期刊是完全合适的，但如果你逐字逐句向听众宣读文稿就可能是完全失败的演讲。

文章演讲的特性首先决定于你的声音，你说话的姿态传达了一定的文章里没有的感情，声音的变化（语调或音量的变化）为你的文章加入了新的内容，提供了强调重要部分而让某些观点处于从属地位的另一种方式。你的态度是演讲的另一个特点，听众很快就能感觉出来，你对你演讲的热情可以感染听众，同样你的冷漠也会传达给听众。

口头演讲文章还有一些重要的方面取决于你同听众之间的交流和与读者的交流的不同之处。比如，你对听众的感觉是通过你偶尔的姿态和表情，伴随演讲而自然反映出来的；当你放映多媒体，指着屏幕上图形的某一部分，你的解释是直接的、立即起作用的。相反，纸上文章中提到的图形是不直接的，读者需要前后阅读文字和图形才能了解图形的详细内容。

在你的多媒体的图形中该放多少内容取决于你对听众的考虑，他们（特别是坐在后排的听众）能够看到和明白多少，如果用复杂的图形、充满了标示和图像说明的多媒体来进行你的演讲，效果是不会理想的，在听众中很少有人会用照相机拍下你的所有 PPT 会后去进行研究的。

演讲的另一个方面就是其伸缩性，不像纸上的文章，演讲的长短和内容可以根据听众的反馈进行调整，当你看到你的听众在椅子里不安地扭动或努力睁开低垂的眼睛时，你应该加快演讲了，省略一些详细内容，增强你声音的活跃成分。当你看到他们坐在椅子的边缘，希望抓住你的每一字，你知道这是该放慢演讲的时候，你可以加入比你计划还多一些的内容，不过，注意演讲必须在分配给你的时段内完成。

一般来说，你的演讲内容要比纸上文章内容少，注意到这一限制是重要的，它强调了口头和纸上文章的另外两个不同之处，第一是演讲有相当严格的时间限制，如果你用超了分配的时间，就减少了进行讨论的时间，纸上文章却没有这种限制。第二是听众和读者的注意区间的不同，演讲中，听众对长篇解释和太多的数据会感到厌倦，因此你的演讲应该简洁中肯，而纸上文章可以包括更多的支持性资料和数据等。

还应记住写作者与演讲者的区别，写作者像油画家或雕塑家一样，在创造的过程中能不断修改他们的作品。相比之下，演讲者就像演员、音乐家，表演一旦开始，就没有办法修正，因为在表演呈现的同时，观众就已经开始欣赏或是聆听了，演讲者能做的只是在下次的演讲中争取更好的表现。

发表一份科技报告或学术论文具有特别的价值，因为它是一种成果记录，代表由于你的工作使你的专业水平得到同行的认可。进行演讲则提供另外的好处，即提供与同行直接相会、交换思想和信息的机会，从而扩充你的思路和视野。在演讲完后的讨论阶段，你可以利用同行的反馈信息来改进自己今后的演讲，同行也可以从与你的直接讨论中得到启发，因此，在你的学术发展的贡献上，演讲和发表的文章也有所不同。基于以上理由，对于不同的学术会议，同一论文的演讲应该分开设计，为特别的目的和听众来设计演讲。

12.5.2　演讲准备

你的演讲应达到三个目的：①满足大会程序要求；②达到你自己的目标；③符合听众的兴趣。大会组织者会让你知道主题内容的相应要求、听众的类型和平均专业水平、演讲的长短、是否包括了提问题的时间、演讲厅的大小和位置以及所提供的灯光和多媒体设施等，在这一框架下，你来设计能达到你目的的主题内容。记住，不管你的演讲内容多么好，都必须进行设计来满足演讲场所和听众的要求，否则只会使所有的人（包括你自己）失望。

在美国农业科学学会、美国植物科学学会和美国土壤科学学会联合召开的年会中，我成功地做了题目为"土壤水动力学特性的空间变异性及尺度效应"的学术演讲，获得了"优秀学术演讲"的大会奖励。相关结果也是我的博士论文最核心的篇章之一。博士毕业后我获得面试的第一个招聘单位是一家开发和生产科学仪器的科技公司，面试中，我拿出自己的这一得意之作，信心满满地为 5 位面试人员做了以上同样的学术演讲，当我滔滔不绝地讲述"kriging method"（克里金法）、"co-kriging method"（协克里金法）、"pseudo-kriging method"（拟克里金法）以及大量的数学公式推导时，我发现其中两位面试人员已昏昏欲睡，另两位面试人员心不在焉地在玩手机，主持人也只是礼貌地看着我，我的信心马上就降到谷底，赶快草草收场。然后，只有主持人问了唯一的问题："您认为您可以为我们公司做何贡献？"我已不记得我当时是怎样回答的，但肯定是胡扯，因为面试前我压根就没考虑过类似的问题，也没有对此公司的需求进行必要的了解来设计自己的演讲内容。虽然第一次面试就失败了，但让我学会了重要一课：必须了解听众并对于不同的听众给出不同的演讲！

当你计划演讲的各部分时，你将决定文稿中哪些内容该保留及哪些内容该删除。比如，假设你的演讲限制在 20 分钟，你已写了一篇 15 页的会议论文稿，每页 250 个英语单词，共 3750 个英语单词，如果你按每分钟 125 个英语单词的速度阅读，需要 30 分钟。在这种情况下，你至少需要砍去三分之一的内容。还要记住，听比读要慢，读者可以吸收比听众更多的东西。因此，最好删去听众不是很感兴趣的或不在听众的注意区间的内容。另外，留下一些时间来解释术语是明智的，不同于读者，听众不可能停下来去寻找定义。

由于人们的注意力时段是有限的，因此你必须非常清楚地组织你的演讲，将重点突出出来。可以按以下步骤来完成这一任务。

①分析听众，限制题目：你的听众已经知道了什么？你的听众需要知道什么？有多少信息他们可以吸收？

②决定你的主要目的：你希望交流的主要观点是什么？围绕这一主要观点来建立起演讲内容。

③选择有效的支持性资料：请记住，你的听众最多只能记住 3 至 4 个要点，以及 2 至 3 条支持这些要点的详细资料，所以只选择那些能使你的听众信服的资料。

④选择一个适当的组织形式：你的支持性资料通常可用某一常见的方式来组织，比如问题与答案形式、比较和对照形式、以时间为序等。无论你选择什么形式，一旦选定了，就从头到尾使用它。

⑤准备一个提纲：只包括要点和主要的支持观点。只有感到内容太专业你不能正确解释时或你不能确信自己对英语有把握时，才写出全文。

⑥选择适当的直观教具（如多媒体）：直观教具是必不可少的，第一能帮助你记住演讲的内容，第二能帮助集中听众的注意力，与谈话相比，人们能更多地记住直观的东西。

12.5.3 直观教具的准备

演讲中最主要的一点是使用直观教具，直观教具比印刷在纸上的图形对观念产生更强烈的影响，投影在屏幕上的 PPT 是吸引注意力的强大磁石，因为它是黑暗的会议厅里唯一可见的东西，因此，准备好优秀的直观教具对会议的成功至关重要。下面是对准备直观教具的一些建议。

①绝不要将书页直接复印制成 PPT，投影效果太差。

②尽量减少文字。只显示要点，每一张 PPT 上文字应少于 10 行。

③不要使用投影片较低的部分，因播放时，可能前排就座的人使后排的人看不到这一部分。

④每一要点以新一行开头，并且不超过 2 行。

⑤选择大的字体，不要全部使用大写字母，比如：

Arial Bold 20 Points is Suitable.

IT IS NOT SUITABLE TO USE ALL BOLD LETTERS.

做 PPT 时，字体 Arial 或 Univers 比 Times New Roman 要好，比如：

For PPT，it is better to use Arial than Times New Roman.

⑥保证良好的文字可读性。

⑦不要在同一图形内包括太多的曲线（2 至 3 条为限），不同的曲线使用不同的颜色。

⑧避免使用太多的颜色：蓝色和黑色比红色或绿色更容易辨别，不要将红色用作背景颜色。

⑨使用几个简单的图形而不是一个复杂图形。

⑩讲解每一张 PPT 的时间不应太短或太长。一般短于 5 秒钟，听众则无法获得主要信息，多于 1 分钟，听众可能会逐渐失去兴趣。对于一个 10 分钟的演讲，准备 15 至 20 张 PPT 较合适。

⑪在 PPT 上出现拼写错误会给观众造成很坏的印象，一定要进行拼写检查，或请同事阅读草稿，帮助发现问题，提出改进意见。

12.5.4 提高演讲技巧

俗话说，熟能生巧，要做一个很好的演讲，反复练习是关键。如果你有幸聆听过一位声名远扬的演讲家做过的正式演讲，那么很有可能会被他的魅力深深吸引，羡慕他能够选择如此精确的词语来表达思想，同时清晰且有条有理地将观点衔接得天衣无缝。但是就大部分情况而言，看似毫不费力的演讲实际上是艰辛努力的结果。高效率的演讲同高效率的写作一样，勤奋比天赋更为重要。这就意味着除了"口才"的训练，更主要的是对每一个重要的演讲，都需要进行不断练习，直到能够完美传达其中的主旨为止。因此，要提高你的演讲表现，就需要练习、练习、再练习（practice, practice, and practice）。

准备了演讲材料后，应反复高声排练。到目前为止，帮助你发现和改正问题的最好的方法可能是用录像机将自己的演讲录下来，然后认真倾听和观看自己的演讲录像，这样，可以分析出你自己演说的习惯，有些是你自己都会觉得难为情和可笑的习惯。另一种练习方式是在你的同事或家人（如妻子或丈夫甚至孩子，哪怕他们不熟悉你演讲的技术内容）面前做演讲，请他们对你的演讲表现进行评论。为了帮助你做出好的演讲，以下给出一些注意事项。

①你的整个演讲应该紧紧围绕一个主题，但应该变换不同的、有趣的方式去重复那些要点，避免单调。

②通过建立起流畅的段落转换来避免演讲的跳跃，如果必要，可用一两句话建立起段落间的转换桥梁。如果你的演讲是建立在一系列的 PPT 上，你需要用连接词将它们巧妙地联系起来，这些连接能帮助听众跟随你的思路。如果你不使用连接词，特别是如果你从一个题目突然转到另一个题目，你就开始将听众扔在一旁了，这些听众对你的演讲可能就不再感兴趣。因此，为了引起和保持听众的兴趣，选择你的直观教具来说明重要的观点，直观教具的设计应符合听众的专业水平，PPT 之间应仔细联系在一起，以便你的演讲能将听众的兴趣保持到最后。

③建立起你自己的演讲风格，避免枯燥无味。在同事和朋友面前练习时，就应像正式演说那样，让他们当主持人、引见演讲者、记录时间、进行提问等。你自己应高高地站在讲台上，以眼睛同听众接触，姿态要大方自然，变换你的语调和演讲速度，简而言之，表现出你的极大热情。有时由于紧张，演讲者会表现出一些习惯动作，比如，玩弄或挥舞手中的用作指示的小棍，或两手始终插在衣袋里，或用手不断摸头等，这些习惯动作在观众的眼里是十分滑稽的，应在练习过程中将其改掉。

④排练你的演讲，请求你的朋友或家人倾听你的演讲练习，要他们对于难以跟随的部分提出建设性的评论。如果必要的话，特别是英语不是母语的演讲者，应练习英语的语调：变化语音的强弱、高低、停顿以强调重点等。

⑤使用记有关键词和短语的卡片：通过练习，你的信心会不断提高，并且

发现写有关键词和短语的卡片比整页的笔记更容易使用。如果在开头你写下了整页，那么在每次练习后尽量将它减少，最后只剩下关键词和短语，同时你的演讲应尽可能自然、流畅。

在演讲前，如有可能，应至少提前一天去察看演讲厅并试用所需的设备，确信你能正确进行操作。特别是要注意检查灯光和多媒体设施：演讲厅是否有你需要的设备？比如，电脑、屏幕、麦克风、讲台等，这些设备是否工作正常和在正确的位置上，检查你的PPT是否放映正常，将PPT拷贝分别存放在不同的设备里（如U盘和手机里）。在进行演讲的当天，早一些到达会场，准备好你的笔记、PPT和其他东西。这些事前的准备工作可以节省时间和防止出现不必要的问题。

当演讲时间来临时，你可能经受一种恐惧，许多人，甚至很有经验的演讲者，在开始的几分钟内都有这种问题。面对讲台恐惧，最好的方式就是以一种自然反应去接受它，并且认识到这种紧张也不完全是坏事，过于放松，你就会较少警醒，还可能失去较强的驱动力去完成一个完美的演讲。进行有效演讲的最大障碍就是精神紧张，关键是将你的紧张转化一种能量，这种能量能在你的演讲中注入活力，以下介绍完成这种转化的一些方法。讲台恐惧主要来源于面对听众时感到准备不充分的害怕，明显的治疗方法就是通过下面这些不同的方式提高你的自信心：

①充分准备：将你的笔记和直观教具准备好，因为演讲开始时，任何差错（如打不开PPT）都必然影响你已经够紧张的心情，加上听众不满意的表情，你的演讲必然会变得一团糟。既影响你的情绪，又影响听众对你的印象，也耽误了你演讲的时间。一般大型会议都设有进行练习的房间，应利用这些机会进行多次练习和充分准备。可能时，应到你将实际使用的演讲厅去进行练习。

②仔细打扮：知道自己看起来很"绅士"、很整洁可增加自己的自信。当你面对听众时，在衣着上应尽量正规、保守一些为好，避免俗艳的颜色和花哨的首饰。比如男士可穿较深色的西装、白色或浅蓝色衬衣、黑色皮鞋。应避免浅色西装、太花的衬衫和领带、浅色（如白色或红色）皮鞋等。女士的衣着应正规大方，不应太暴露，裙子不应太短，耳环不应太长、太花哨，戒指不应戴得太多，妆不要太浓，等等。

③开始演讲时的心理调整：第一，由于做了充分准备，相信自己一定能做出一个漂亮的演讲，第二，假想你的听众是你的同学或同事而不是陌生的专家们；第三，背熟你演讲中的前几句话，即使你昏了头也能流畅地说出来（比如

"Today my presentation is 'Effects of biochars derived from different feedstocks and pyrolysis temperatures on soil physical and hydraulic properties.'"同时展示有演讲题目的PPT），只要这开场白顺利过了，你的恐惧就会慢慢消失。

④建立起你与听众之间的接触：在你演讲前，努力与一些听众交谈，你可能建立起他们站在你这一边的感觉，即你能感觉到他们希望你成功。当你站在讲台上时，面带微笑扫视听众以显示你的自信。这种姿态总是具有感染力，听众感到放松并报以微笑。人们往往不相信那些不看着他们眼睛说话的人，因此演讲时，首先与你认识的人或似乎对你演讲特别感兴趣或赞同的人（他们倾听、点头、微笑）进行眼睛接触，这帮助你将注意力集中到他们而不是自己身上，逐步建立起自信，消除紧张。然后眼睛自然地注视会场的每一个角落，确保在场的每一个人都感受到你在对他们进行演讲，并在每移动一次后停顿一两秒钟。作为互相尊重的社会的一员，你从听众的反应中会发现你已完全克服了讲台恐惧并获得了听众的支持。

⑤注意你演讲的姿态和面部表情：当你进行演讲时，应有目的地走向前台，站得高高的，面带微笑。同时要避免转移注意力的姿势和动作，自然地站在讲台上，不要僵硬地"立"在讲台上，也不要懒洋洋地靠在讲台上，如果你不知道怎样安置你的不安定的双手，让它们放松地放在身子的两侧。有的动作可以用来强调和变换你的演讲，偶尔离开讲台可以激发起听众的兴趣，你通常谈话中的自然姿态可帮助演讲中的交流，但避免使用过激或夸张的姿势，不时指着屏幕可帮助集中注意力和使演讲生动。如果你善于讲故事的话，可用一个小故事来帮助你自己和听众放松，但不必勉强去做，特别是如果对语言掌握不好反而会弄巧成拙。

⑥将你的全部注意力集中在你应该讲的东西上：依照预定的说服听众的提纲去进行，在每一页PPT上使用足够的时间使听众可以吸收你的演讲要点，如果你不断提供有趣的信息，听众就一定会认真倾听和支持你的演讲。当展示你的直观教具时，不要背向观众，最好是一直同你的听众保持着目光接触，让你的听众感到你在直接与他们交谈。即使在大会议厅，你的目光不时扫视会议厅不同部分的人们可以起到这样的作用：目光间的亲善接触帮助你感触到他们对你演讲的反应和他们行为的暗示。

⑦注意你演讲的音量和音调：演讲你的文章给了听众听到了你直接阐述文章观点的便利，半对话式的风格比严格的正式写作风格使听众更感到舒适。声音的音量大小、演讲的速度都很重要，应按正常发言的变化去使用它们。当你开始发言时，如果感到紧张，最好放慢你的发言，然后逐渐达到正常的演讲速

度。一般的倾向是发言太快，太快的发言者有时会产生一种带鼻音的高音调，这种音调使听众紧张，并较难理解演讲内容。当演讲速度超过每分钟 160 个单词，你的表述就会不准确，为了清楚地发出每个单词，你的舌头、嘴唇和牙齿都必须自由运动而不紧张。除非你比常人有更好的表述能力，否则在演讲中最好保持中等的速度。当你需要激发听众的兴趣时，可以讲得快些，当需要强调一些要点时，可讲慢些。绝大多数情况下，演讲速度保持在每分钟 120 至 160 个单词之间。确保你的声音足够大，以便会场的每个人都能听见你的演讲。如果你使用麦克风，就用正常的音量演讲，如不用麦克风，适当提高音量以照顾后排的听众。发音要清晰，语气要温和友善。高嗓门不一定是吸引听众注意力的最好方式，有时当你到达需要强调的部分，可以将声音放低一点，让听众向前靠近以便去抓住你说的每一个词，这比一直受你的高嗓门"狂轰滥炸"会更有效果。

从经验中去学习

从你自己成功的经验和失败的教训中去学习演讲，不断提高演讲的技能。演讲中一些常见的问题包括：

①照着笔记或字幕念，而忽视了下面的听众；
②没有表情的、没有个人特色；
③没有集中点的表现手法；
④材料组织差，没有强调关键点；
⑤数据性资料太复杂、太详细；
⑥直观教具效果差。

12.5.5 演讲内容

演讲内容一般由引言、主体、结论三部分组成，各部分的大致的时间分配见表 12.1。

表 12.1 演讲内容结构及时间分配

演讲结构	演讲内容	时间分配
引言	叙述你将做什么（内容） 你怎样去做（步骤）	10%－20%
主体	列出要点 集中每一要点	65%－80%
结论	进行总结	10%－15%

1. 引言

从一开始就要紧紧抓住听众的兴趣，你的开场白应该自信有力，绝不要以道歉形式作为开始，"由于水平有限，下面的发言难免有错，请批评指正……"之类的开场白在国际性演讲中是有害无益的，使你的演讲一开头就显得苍白无力。

需要几秒钟的时间，听众才能与一个新的演讲者建立起关系，所以不要以关键的信息来开始演讲，你可说说你将演讲什么和显示一张有演讲题目的PPT或相关的有趣照片。比如，一位讨论全球变暖主题的演讲者此时展示这样一张PPT：在长长的晾衣服的竹竿上，挂满了不同时代人们的内裤式样——从古代长到膝盖的内裤到如今的丁字裤来暗示气候在随时间变暖。看着图片，人们忍俊不禁的同时被激发起了兴趣，尽快进入状态。经过这一初始阶段后，你就应该引出主题：①解释你演讲的结构；②列出研究工作的目的和目标；③解释对于这一主题使用的方法。一定要让你的听众十分清楚你的基本问题和论点，必要时，可提供一些背景资料和定义一些关键的术语。

反复练习这一节，以便能以流畅的风格表达内容，并尽可能不出任何差错。

总之，当你开始演讲，你就成了会场注意的中心，在开场白中，别让听众失望。一个好的开始方式就是直接到达要点、定义你的目的、勾画出演讲的轮廓、向听众显示你想发展的东西、与听众建立起良好的关系。

2. 主体

取决于演讲的类型，这一段应包括实验的主要结果或主要发现。除了足以解释你的成果的资料外，尽量不要去叙述详细的方法步骤。

不要用大量的数据去淹没你的听众，只呈现总结性的统计结果而不是单一的结果，显示统计分析的最终结果和结果的重要性，避免详细叙述使用的实验步骤。更要避免展示大量的数学公式和详细的数学推导。

应该用一目了然的形式去显示结果，图形和曲线通常比表格更好：听众能更好地看出你的资料的趋向和联系，每个图应有一个短的题目，资料符号和趋向线应清楚地标示出来。

以一个适当的速度一步一步地向听众讲述你的"故事"，努力避免因为紧张而使演讲过于急迫，避免复杂的演讲线条，很好地组织直观教具，如果你需要使用相同的图形两次，你就应该准备两份，而不应在演讲中向前向后地寻找同一页 PPT。

保持演讲的主体结构尽可能简单，在每一个分支处都进行声明，而使听众能够跟随你的结构和发展。

3. 结论

你必须将演讲带入一个结论，听众的注意力在演讲过程中一般会降低，但在接近结尾时又高涨起来，此时，他们希望抓住一个结论性的评论或建议。在接近演讲的末尾，你可以做如下的提示："作为结尾，我将显示……""现在我将进行总结……""在结论里，我建议……"此时，坐立不安或昏沉的听众又重新打起精神，你又唤起他们的注意力。

一个无力的结尾是致命的，千万不要让听众感到你已经精疲力竭或不断道歉，千万不要让人们感到你其实没什么更多的东西可说，而你只是想谢谢听众好心来出席你的演讲。因为演讲的结尾比开头给听众留下更强和更长久的印象，在结尾应总结你最好的要点和显示为什么这些结果是重要的。另一种加强结尾评论的方式就是说明你设计或结果的局限性和指出哪些还不完善、还须进一步研究和发展的方面（这不同于不断道歉），这样诚实和直率的评论能帮助你度过回答困难问题的危机。

正如你开始演讲的那样，尽可能有力地、清楚地结束你的演讲，通过回到你演讲的关键要点，提供听众一个清楚的"带回家去的信息"。你可用一页 PPT 逐一列出主要的结论。

通过"Finally（最后）…."或"In conclusion（作为结论）…."来表示你演讲的结束，可以简单地加一句"Thank you."（谢谢），并且说完这句话就立即停止，过了此刻，听众就立即失去了兴趣。

12.5.6 讨论阶段

如果你的演讲后跟随听众的提问和评论，你就有机会解释一些你略去的资料，澄清问题，还可以对反对意见进行答辩。进行演讲后，通常会有人提问，应对提问的最好方法就是事先做必要准备，设想自己会被问到哪些问题，或让你的朋友提出可以想到的各种困难问题，对这些问题准备一些简短的答案。提问中，对于不知道的答案的问题，你至少可以做一些科学上训练有素的猜测，并大胆而谦虚地与同行进行探讨。

你演讲完后的讨论阶段可以显示出听众对演讲的反应和接受情况，提问题的数量可以揭示一些情况，如果没有人提任何问题，暗示虽然你的演讲可能是有效的，但这一特别的听众群对它并不感兴趣或你用了太多的数据将听众压倒了。大量的提问则显示你可能触动了某一"敏感的神经"（学术讨论的热点），虽然大量提问并不表示你文章的价值，但令人兴奋的评论至少表明你的听众对演讲做出了反应。

  问题的类型也可以揭示一些情况，如果询问者主要讨论你文章的主要概念和结果，你可以假定，听众已经意识到了你文章的要旨。相反，如果问题是一些不连贯的侧面的观点，你应该考虑听众是否明白了你的中心点和真正的信息。

  一些听众可能以他们自己的经验或观察来评论你的演讲，你应礼貌地容忍这种"出风头"的评论，但应避免与他们进行无边无际的漫谈。

  如果你得到一个对于你演讲的直接问题，应向全场重复此问题，这给了你思考问题的时间，然后给出诚实的和直接的答案。当问题听起来似乎太复杂或提得不够清楚时，请提问者重新组织问题，你有时会发现一个听起来不相关的问题最后变成一个重要的、有趣的、值得很好答案的问题。另一方面，不要害怕说你不知道答案：如果你不知道答案，就直接承认，你的听众会欣赏你的诚实，而不是试图去讲一个没有回答问题、偏离主题的长故事。

  对提问者总是要很有礼貌，记住是你在掌握演讲，如果你只想在演讲完才回答问题，可以说明。如果要回答的问题太长，会打断你的演讲，可要求提问者等到演讲的末尾，你再给予答复。在任何情况下，决不要同提问者争执，争执只会使听众感到不舒服。如有不同意见，可建议会后讨论。会后，你可主动去找提问者，其一，表示对提问者的礼貌和友好；其二，讨论可以澄清一些问题和学到不少东西。

  当提问者提出一个很有争议的问题时，不要让自己站在被告席上，而应该让自己继续控制会场，建议会后讨论，而不要让听众花费太多的时间。如果你的演讲是某种有争议的内容，或碰上不友善的听众，你应该努力找到一些共同之处，要有策略，提醒他们已经知道的东西，指出双方都同意的领域，即你在哪些方面其实与他们站在同一立场，然后再逐步阐明你自己的观点。当你有技巧地、用良好的判断能力去回答问题时，讨论阶段可以是非常有价值的思想交流。

  在一些会议中，比如在美国农业科学学会、美国植物科学学会和美国土壤科学学会联合召开的年会中，给予每个演讲者严格的 15 分钟的时间，包括演讲和提问。在这种情况下，一般可考虑使用 10 至 12 分钟进行演讲，留下 3 至 5 分钟作为讨论。应避免演讲过快，留下太多时间。这是因为留下的时间都将用于提问和讨论，如没有人提问或提问很少，大家得静等下一个演讲的开始，造成冷场，显示了对本场演讲的冷漠，演讲者会感到尴尬；如果提问的人太多，演讲者，特别是经验不多的演讲者又会感到压力过大。所以，对初次参加会议的新手或英语表达能力不是很好的演讲者，控制好自己的演讲时间，最好只留下 1 至 2 分钟的讨论时间，这样，不管是否有人提问题，场面都不会尴尬也不会承受过大压力。当然，如果你享受讨论的过程并希望多一些交流，就应该多留一些讨论时间。

请注意，你的每次演讲都是在展示你的研究能力、组织能力和个人形象，从你走上演讲台开始，直到你讲完返回座位，除了关键的演讲内容外，你的穿着、坐姿、站姿、手势、语调等，都会影响听众对你的印象。很可能你的一次成功演讲让某位知名教授记住了你，从而为你未来的学术发展铺平了一条路。同理，别人也会因为在你的 PPT 中出现如将 message（"信息"）拼写为 massage（"按摩"）这样的错误而留下深刻的坏印象。所以，就像对待学术论文那样，对于学术交流，你也要力求做到精益求精。

12.5.7　积极同参会人员进行交流

以上主要集中讨论怎样通过演讲向同行汇报和交流自己的研究成果，但参加学术会议的另一重要活动就是积极地同参会人员的交流，包括会上和会后交流。就像我们第 5 章描述的"修行者"那样，专注学问的研究生，对于每一次学术会议，除了精心准备自己的演讲，还会根据会议手册挑选出自己计划去倾听的他人演讲、去阅览的展板以及与来自不同大学的教授和各领域的专家们见面、交流。会议期间，都会将自己的日程安排得满满当当。

不少研究生，由于顾虑自己的学术资历以及英语水平，在学术会议上往往不能积极地参与讨论，也不主动地同参会人员进行交流。以下是一些激励自己去积极地参与讨论和交流的策略：其一，需要认识到，在真正的学术交流中，人与人之间是平等的、相互尊重的。在国际会议中，研究生在台上侃侃而谈，诺贝尔奖获得者在台下聆听、做笔记，然后相互讨论的场景随处可见。在这里，人们关注的是学术问题而非学术资历。所以，大胆发言吧。其二，世界上没有愚蠢的问题，只有愚蠢的答案，你提出的任何问题都是合理的、值得讨论的。所以，大胆提问吧。其三，你会发现，你提出的问题越多，参加的讨论越多，你就会变得越自信。这是由于你的积极参与，增加了自己的曝光度，赢得了别人更多的尊重和赏识，获得了交流中的喜悦，感觉到自己在交流技巧和英语水平上获得长足进步。所以，享受讨论吧。其四，如果你在别人演讲的讨论阶段冷场时提问，既可获得更多关注，这种"救场"还可以获得演讲人的谢意。所以，积极参与吧。

学术界像任何团体一样，你需要成为其中活跃的一员，那么会议期间就是你结识名家和结交新朋友的绝佳机会。通过自己尽可能精彩的演讲、聆听他人演讲及参与演讲的讨论、会后同来自各地的参会者交流，既可以获得大量的新思路，还可以结交不少学术界的朋友。因此，通过参加学术会议，除了帮助你在科研上实现新的跨越外，还可以帮助你加强与学术团体的紧密联系和拓展你的社会资源，在未来你请专家写推荐信、谋求职业、项目评审、科研合作等方面都会获得极大的帮助。所以，作为"社会人"，这也是你需要积极同别人进行交流的动力之一吧。

思 考 题

（1）怎样理解本书的行动主线：不断思考、不断写作、不断修改？

（2）为什么论文修改要从高层次到低层次问题？怎样进行这样的修改？

（3）怎样将"以作者为基础"的文章逐步修改为"以读者为基础"的文章？

（4）为什么在论文的终稿、投稿和返修过程中，"细节决定命运"？

（5）怎样积极参与国内和国际学术交流？

第13章 学术规范与学术伦理

严格的学术规范、良好的科研学风，是不断提升科研人员创新能力和国家整体创新水平的可靠保障。在目前的科研评价体系下，科研论文成果与科研人员的职级晋升、学位申请、荣誉地位、奖金待遇等挂钩，这种评价体系设计的初衷是提高科研人员和研究生培养的质量，同时按"多劳多得"的原则，激励科研人员多出科研成果、出好的科研成果。然而，鉴于科研成果的不确定性和难以准确量化等特殊性，以及人性中的恶，也出现了一些严重的学术不端及学术腐败现象。为了遏制学术腐败，整治学术生态，必须在学术界制定和实施严格的学术规范。作为本书的重点读者对象，研究生必须认识到，科学道德和学风建设是研究生培养工作的重要组成部分，是培养其品格和创造力的重要内容。同时，研究生整体的学术道德和学术规范水平是影响一个国家科技进步的重要因素之一。建立学术规范并不是设置限制科学研究中进行批判性思维、创新性思维的"条条框框"，而是建立起公平公正、风清气正的科研环境的根本措施，从而营造有效促进科学研究中开展批判性思维和创新性思维活动的良好环境。

本章首先讨论尊重知识产权是人类的共同价值观；然后介绍学术规范的重要性，学术规范和学术伦理的基本概念，以及学术失范的行为界定和危害性；最后，从"非故意剽窃"根源着手，继而从科研选题、数据获取、形成成果等几个环节介绍如何遵循学术规范。关于学术规范的细则，在很多书里有专门的介绍，本书不做重点讨论，只在涉及我们讨论的相关部分列出一些主要内容。

13.1 尊重知识产权是人类的共同价值观

我们前面提到，根据西方文化，必须承认知识拥有权和保护知识产权。不过，对知识产权保护的概念并非只源于西方，或并非西方所独有。事实上，中国悠久而辉煌的文化的记载就是我们祖先对知识产权保护的明证。春秋战国以来的古典文献大都有作者的署名，一些作品或流派甚至直接以作者姓名或学派始祖姓名来命名，剽窃抄袭者会受到社会谴责。我们从诸子（管子、孔子、墨子、老子、庄子、孟子、荀子等学术思想的代表人物）、百家（儒家、道家、墨家、名家、法家等各个学术流派的代表家系）、《史记》、唐诗、宋词、元曲、《牡丹亭》、《西厢记》、四大名著等著作典籍中都可以查到无数赫赫有名的大思想家、大教育家和大文豪。在科学、技术领域留下的名人、名著较少，这也许与我国历史上"重士（文）轻工（农、商）"有关，但仍然有发明地动仪的张衡、发明活字版印刷术的毕昇、改进了造纸术的蔡伦等，还有由汉北平侯张苍、大司农中丞耿寿昌所著的数学专著《九章算术》，医学上有张仲景的传世巨著《伤寒杂病论》，李时珍 192 万字的巨著《本草纲目》，等等。毕昇印刷术的创造发明进一步推动了我国版权机制的进程，北宋初年，政府就颁布过"刻书之式"，就是将书籍印刷出版的法规以条文形式固定下来，不按照这个条文形式出版的书籍，就是"假货""盗版"。以上例子已充分说明，尊重知识产权是人类的共同价值观之一。

创造力越强的时代和环境，人们就越注重知识产权保护，也越有益于个人和社会的创新活动。相反，在最平庸、生产力最低下的环境中，比如吃"大锅饭"的年代，既不尊重知识，也不尊重知识分子，更无"知识产权"可言。而在具有创造活力的环境中，扼杀知识产权必然导致创造力被扼杀，并破坏学术生态。比如盗版光碟的盛行侵吞了文艺工作者的创作成果，而越是文艺精品受到的侵害就越深重，从而导致"劣币驱逐良币"，产生大量粗制滥造的、廉价的（包括艺术价值低下和成本低廉的）电视连续剧，文艺精品则难以生存。

下面我们用几个"小故事"来进一步说明尊重知识产权这一人类的共同价值观：①导师的书为何不能复印？②既聋又哑的天才少女值得同情吗？③导师为何"小题大做"？

导师的书为何不能复印？

20 世纪 80 年代，在美国的中国留学生，由于原版教材过于昂贵，所以几乎没人购买教材，通常的做法是借别人的教材来复印，或将教材买来复印完再退回书店。即使是自己的导师开的课，中国留学生也会手里拿着导师著作的复印本去上课。40 年后，其中的一位中国留学生、他的导师、他的一位研究生时代的美国同学相聚，聊起了这件事，以下是对话内容。

中国留学生："那时确实不懂得知识产权一说，即别人的著作应该购买而不能全书复印，所以当时拿着导师著作的复印本去上他的课也没有任何负罪感。另外，购买一本教材需花费 100 多美元，这对于那时的中国留学生来说确实是个不菲的价格，它差不多是我母亲一年的工资，复印就成了理所当然的选择。不过，懂得知识产权的道理后，我对此事一直感到很羞愧。特别是，当自己开始著书立说，看见自己的著作权被滥用时，才感到切肤之痛。"

导师："我理解您当时的困境，但我宁愿帮您买教材也不希望您去复印教材，虽然我尽力去理解，但这种事情还是损害了我心中'中国学生诚实善良'的美好印象。"

美国学生："我们完全不理解不经授权就全部复印别人著作的这种做法，难道当时您就没有注意到同学们那种不解甚至鄙夷的目光？"

应该说，西方对于知识产权保护发挥到极致：一个单词、一项发明、一个螺丝钉，甚至一块砖头，只要是涉及有个人"创造性"成分的成果，其知识产权都受到道德和法律的保护。对于不熟悉这种文化的人，可能不理解他们那种对剽窃的不可容忍的态度。比如，多年前当我读到《假如给我三天光明》中海伦·凯勒（Helen Keller）所经历的《霜王》事件就有这种不能理解的感受。海伦是一个既聋又哑，没有光明、没有声音、没有语言的女孩，她只能用手触摸感知之光，并将其引入自己大脑进行学习。对于这样一位身体残疾的天才女孩，我佩服之至，因此对她曾受到的"不公"遭遇也深表同情，甚至觉得事件的处理不可理喻、不近人情，对于一个残疾的天才少女太过残酷。不过，后来才逐渐懂得这一故事对非故意剽窃的警示作用。

《霜王》事件（摘录）

1892 年冬天，一朵乌云笼罩了我的童年时代。我郁郁寡欢，长时间沉浸在痛苦、忧虑和恐惧之中，书本也对我丧失了吸引力。直到现在，一想起那些可怕的日子，我依然不寒而栗。

我写了一篇题为《霜王》的短篇小说，寄给了柏金斯盲人学校的安那诺斯先生，没想到惹来了麻烦。为了澄清此事，我必须把事情的真相写出来，以讨回我和莎莉文小姐应该得到的公道。

那是我学会说话后写出来的第一个故事。夏天，我们在山间别墅住的时间比往年都长，莎莉文小姐常常给我描述不同时节的树叶是如何美丽，这使我想起了一个故事，那是别人念给我听的，我不知不觉地记住了。当时我以为自己是在"创作故事"，于是热切地想在忘记以前把它写出来。我思绪如泉涌，下笔千言，完全沉浸在写作的快乐之中。流畅的语言、生动的形象在笔尖跳跃着，一字字一句句都写在了盲人用的布莱叶纸板上。

……

随后，我重新抄写了一遍，并且依照他们的建议，将《秋天的树叶》改名为《霜王》，寄给了安那诺斯先生，祝贺他的生日。我做梦也没有想到，就是这一件生日礼物，给自己带来了如此多的麻烦和残酷的折磨。

安那诺斯先生非常喜欢这篇小说，把它刊登在了柏金斯盲人学校校刊上。这使我得意的心情达到巅峰，但是很快地，就跌到了痛苦与绝望的深渊。在我到波士顿没多久，有人就发现，《霜王》与玛格丽特·康贝尔小姐的一篇名叫《霜仙》的小说十分类似，这篇文章在我出世以前就已写成，收在一本名叫《小鸟和它的朋友》的集子中。两个故事在思想内容和词句上都非常相像，因而有人说我读过康贝尔小姐的文章，我的小说是剽窃来的。

……

一向对我殷切照顾的安那诺斯先生听信了这位教师的话，认为我欺骗了他。对于我无辜的申辩充耳不闻。他认为或至少感觉，莎莉文小姐和我故意窃取别人的作品，以博得他的称赞。紧接着，我被带到一个由柏金斯盲人学校的教师和职工组成的"法庭"上，去回答问题。

……

那天晚上，我躺在床头嚎啕大哭，恐怕很少有孩子哭得像我那么伤心。我感到浑身发冷，心想，也许活不到明天早上了。这么一想，倒使我觉得安心了。现在想起来，如果这件事发生在年龄较大的时候，一定会使我精神崩溃的。幸好在这段悲苦的日子里，遗忘的天使赶走了我大部分哀伤和忧虑。

……

那时我对自己写的东西仍然心存疑虑，常常被那些可能不完全属于自己的思想所折磨，只有莎莉文小姐知道我内心的恐惧不安。我不知为什么变得那么敏感，总是竭力避免再提《霜王》。有时在谈话中，一种深层的意识闪过我的脑海，我轻声地对她说："我不知道这是否是我自己的。"有时候，我写着写着，就会自言自语地说："如果这又是跟很久以前别人的作品一样，该怎么办？"一想到这儿，我的手就抖个不停，这一天什么也写不下去了。即便是现在，我有时也感到同样的焦虑和不安。那次可怕的经历在我心灵上留下了永久性的后遗症，其含义我现在才开始理解。

另一个真实故事发生在我还在美国大学任教的时候，目睹让一位中国留美的研究生几乎崩溃的一次经历，他曾伤心地对我倾诉内心的痛苦："这点小事，导师为何如此小题大做、不依不饶？背上这一罪名，我唯一的出路是退学回国……"

1996 年 5 月的一天，我隔壁的 Vance 教授敲开我办公室的门，请我去他的办公室，在他的办公室里，我看到了一位从中国来美国不到一年的攻读博士学位的研究生，Vance 教授是他的导师，从两人满面通红的表情，我知道他们发生了冲突。教授指着那位博士生："他正在选修我上的专业课，在课程论文写作中，他剽窃了！"那学生低着头，强忍着泪水。开始他还与导师争辩，自己没剽窃，甚至说在中国，研究生都是这么完成文献综述的。当我了解到，他将文献中大段的文字以某种方式拼凑或"融合"在一起，也不注明原作者，因此整个引言就犹如自己创作的东西。在向学生指出事件的严重性后，我向教授解释，由于该新生英语水平有限，更由于认知不成熟，因此造成了这种非故意剽窃问题，希望教授能给他一次改错机会。这里其一，他确属非故意剽窃，其二，我也考虑同胞情，其三，我是他的博士生指导委员会成员，因此，于情于理我都得帮助他。Vance 教授最终同意了我的建议，后来我和 Vance 教授都给了这位学生在文献综述上必要的指导。对于此事，学生也从起初认为导师"小题大做"转变了认识，懂得了"知识产权神圣不可侵犯"的道理，牢记了这一深刻教训，因此，他下大力气学习怎样进行文献综述（即怎样引用文献、运用文献），重新完成了作业，最终获得评级"C"（相当于及格）。通过这一难忘经历，他学会了科研的第一课。他其实是一个很优秀的学生，在他毕业时，所有的成绩除了这一门"C"外，其余都是"A"（相当于优秀），在博士论文答辩前，他已发表 5 篇 SCI 论文，博士论文被评为"优秀博士论文"。当我向 Vance 教授表示祝贺时，他面露欣喜之情，不过，又马上变得严肃起来："遗憾的是，他曾剽窃过。"

我们这里举了这么多实际例子，花了这么多笔墨，主要向读者强调，剽窃，无论是无意剽窃还是故意剽窃，都属于严重事件！另外，通过这些"小故事"，也许比那些"规范条文"更能润物细无声地让研究生认识到尊重知识产权这一人类的共同价值观。

为了利于创新，必须进行知识产权保护。只有在一个遵循学术道德、遵守法律准则的环境里，才能保证科学技术的蓬勃发展。拥有人类最聪明头脑的科学研究者，从科研生涯的起步阶段就需要认识到剽窃之源与恶，建立起科学的道德观是其修身之本。随着社会对知识产权保护越来越重视，对项目申请、学位论文、学术论文的查新、查重程序越来越严格，对剽窃和学术腐败的惩治也越来越严苛，知识产权的概念也必将越来越深入人心，因此，创新的环境也会越来越风清气正。

13.2 学术规范和学术伦理的基本概念

在学术研究中，人们逐步建立了需共同遵循的学术规范与学术伦理，作为贯穿学术活动全过程的伦理道德规范和基本准则，其目的是促进学术交流、学术积累和学术创新朝着蓬勃健康的方向发展。下面先简单介绍学术规范和学术伦理的概念。

13.2.1 学术规范的概念

梁启超（2001）认为："有新学术，然后有新道德、新政治、新技艺、新器物。"这强调了学术研究重批判、重创新、重自由、喜开风气之先的特点，但是并不意味着做学术可以随心所欲、无所遵循。学术规范是对人的规范，是指学术共同体根据学术发展规律制定的有关各方共同遵守而有利于学术积累和创新的各种准则和要求，是整个学术共同体在长期学术活动中的经验总结和概述，是从事学术活动的行为规范，是学术共同体成员必须遵循的准则。学术规范是学术共同体的产物，学术规范的表现形式是文字化的、简明扼要的各种要求、规则等。

学术规范的研究对象是学术活动的全过程，即研究活动的产生、结果、评价等。具体来说，就是指在学术相关领域的研究、教学、写作、发表和讨论过程中，学者所应遵守的各种惯例、规则和专业要求。学术规范的主要内容包括基本规范、研究程序规范、研究方法规范、学术成果呈现规范、引文规范、署名及著作方式标注规范、学术评价规范和批评规范八个方面（何得桂和高建梅，2020）。比如基本规范包括遵纪守法，弘扬科学精神；严谨治学，反对浮躁作风；公开公正，开展公平竞争；互相尊重，发扬学术民主；以身作则，恪守学术规范。学术评价规范包括同行评议、坚持客观公正原则、执行回避和保密制度。学术批评规范要求实事求是、以理服人、鼓励争鸣、促进繁荣等。

按照《中华人民共和国著作权法》等有关法律文件，学术规范主要涉及：

①未经合作者许可，不能将与他人合作创作的作品作为自己单独创作的作品发表。

②未参加创作，不可在他人作品上署名。

③不允许剽窃、抄袭他人作品。

④禁止在法定期限内一稿多投。

⑤合理使用他人作品的有关内容。

2000年以来，教育部出台文件《高等学校哲学社会科学研究学术规范（试行）》（2004年）、《学位论文作假行为处理办法》（2013年1月1日起施行），以规范国内的哲学社会科学研究、学位论文和学术评价等事项。科研方面的规范化建设涉及三个层面：在知识层面，科研人员在进行学术活动时应尽可能采用规范的理论和概念系统，在进行个人的创新性阐述时应保持客观，把握分寸，不能过分随意和主观。作品的创新性应是在相应领域与前沿研究对话的结果，从而使学术研究依照传承和积累的逻辑前进。在操作层面，使用同一领域的科研人员基本认同的研究方法、撰写论文时需交代学术缘起、要有注释和目录等。在道德层面，研究者应当具有自律精神，应当有科学工作者必须具备的学术道德和学术品格，要尊重前人的研究成果和发现，引用别人观点要注明出处，不能抄袭剽窃。

13.2.2 学术伦理的概念

学术伦理是指学术共同体成员应该遵守的基本学术道德规范和在从事学术活动中必须承担的社会责任和义务，以及对这些道德规范进行理论探讨后得出的理性认识。早在1955年，18位联邦德国的原子物理学家和诺贝尔奖得主联名发表《哥廷根宣言》，罗素在伦敦发表了由他亲自起草、包括爱因斯坦在内的其他10位著名科学家联名签署的《罗素—爱因斯坦宣言》，以及52位诺贝尔奖得主在德国博登湖畔联名发表《迈瑙宣言》，这三个宣言的宗旨非常相似，都警告使用氢弹的核战争将给人类带来毁灭性的灾难，敦促各国政府放弃以武力作为实现政治目的的手段，表达了科学家强烈的社会责任感。在《迈瑙宣言》中科学家们针对现代科技价值进行反思，指出："我们愉快地贡献我们的一切为科学服务，我们相信科学是通向人类幸福之路。但是，我们怀着惊恐的心情看到：也正是这个科学向人类提供了自杀的手段。"这就要求科研人员在研究中既要考虑科学问题，也不能忽视可能涉及的伦理问题。

学术伦理不是用以管束科研人员的行为规范，而是对于研究对象、研究方法以及研究本身所产生的外部性的影响进行伦理考量、伦理评估的标准和机制。生物学、医学研究的对象是生命，这就决定了该类研究从科研选题到过程都可能涉及伦理问题。例如，一位研究人员在热带雨林采集鸟类标本时，意外发现并捕获了一只人们原本以为数十年前就已经灭绝了的鸟类，从伦理学的角度，他应当仅仅拍照后就将鸟放归自然，不幸的是，他把它制成标本，带回自己供职的大学作为珍藏品。

违反学术伦理的另一个例子，"克隆人"的科研选题在国际社会受到普遍反对，就是因为涉及人体实验，具有利害相伴的两重性和不确定性。请看典型的"基因编辑婴儿"案：某大学科研人员在明知违反国家有关规定和医学伦理的情况下，仍将安全性、有效性未经严格验证的人类胚胎基因编辑技术用于辅助生殖医疗。他们伪造了伦理审查材料，招募男方为艾滋病病毒感染者的多对夫妇实施基因编辑及辅助生殖，以冒名顶替、隐瞒真相的方式，由不知情的医生将基因编辑过的胚胎通过辅助生殖技术移植入人体内，致使2人怀孕，先后生下3名基因编辑婴儿。研究成果虽然惊世骇俗，但从伦理学来看，等待这些基因编辑婴儿将是什么命运？！2009年，科技部发表的《科研活动诚信指南》中明确指出："如果选择的研究题目涉及人类受试者、实验动物或需要使用涉及生物安全和生命伦理等问题的特殊材料，需要寻求专门的审批许可。"

假如你对科学伦理还存在疑问，可以尝试思考以下几个问题。

● 为了使人类生活得更好，使用动物进行医学实验，为了研究烧伤治疗、美容手术及脑震荡问题，分别让猪在麻醉后被焊枪烧伤、兔子的眼睛被缝合上、猴子的脑袋被撞击，从伦理的角度你怎样评价这些实验？

● 假设另一个星球上比我们智商更高的生物为了提高它们的生活水平而使用人类做实验品，你认为这符合道德和伦理吗（卡比和古德帕斯特，2016）？

● 在玛丽·雪莱创作的科幻小说《弗兰肯斯坦》（Frankenstein）中，弗兰肯斯坦创造的科学怪人最后有了人的意识但却因得不到人性的关怀（如需要配偶、温暖和友情等）而制造了一系列诡异的命案，包括在创造者的新婚之夜杀死他的新娘，被科学怪人折磨得生不如死的弗兰肯斯坦也在与其生死搏斗中死去。这一故事对于科学伦理有何启示？

13.3　学术失范的行为界定及其危害

由于科研人员生活在现实社会之中，科研活动是社会生产活动的一部分，科研成果是社会生产成果的一部分，所以科研人员、科研活动以及科研成果的评价和应用都会受到社会的影响。为了遏制学术腐败和学术失范，我们必须认识学术失范的表现形式、危害以及必须因此付出的代价，发挥法律、法规的作用来整治学术生态。

13.3.1 学术失范的定义及表现形式

狭义的"学术失范"是指学术研究及成果发表中存在的违背学术规范与学术伦理的行为问题，如一稿多投、低水平重复、粗制滥造等。广义的学术失范还涵盖了以下两个方面（何得桂和高建梅，2020）。

①学术腐败，主要是指利用学术资源谋取非正当利益或者利用不正当资源谋取学术利益，如权学交易、钱学交易等。

②学术不端，主要是指在科学研究和学术活动中出现的各种造假（fabrication）、篡改（falsification）、抄袭（剽窃）（plagiarism）和其他违背学术共同体道德惯例的行为。

在美国《关于不正当研究行为的联邦政策》中，对不正当学术行为的定义是：在提议、开展和评议研究的过程中，或在报道研究成果的过程中，出现的造假、篡改或剽窃行为。造假是指制造数据或结果，并且进行记录或进行报道；篡改是指修改实验材料、仪器或过程，或者修改、省略数据或结果，造成研究记录所反映的研究是不准确的；剽窃是指擅取他人的思路、方法、结果或者文字，而不给出恰当的来源（复旦大学研究生院，2019）。

在我国科学界，学者们普遍认为杜撰、篡改、剽窃是科学研究中的"三大主罪"。杜撰一般是指按照某种科学假说和理论演绎出的期望值来伪造虚假的观察与实验结果，从而支持理论的"正确性"或者确认实验结果的"正确性"。篡改是指在科研过程中，用作伪的手段按自己的期望随意改动、任意取舍原始数据或试验，使得结果符合自己的研究结论、支持自己的论点（复旦大学研究生院，2019）。杜撰和篡改常见的表现形式为：

①在申报课题、成果、奖励或职务评审评定、申请学位、求职、发表论文等过程中提供虚假信息。如提供虚假学历、论文成果、获奖证书等。

②伪造或篡改研究条件、研究数据、研究过程、研究结论。

③篡改他人学术成果。

④伪造注释（将转引标注为直接引用、引用译著中文版却标注原文版，均属伪注）、文献资料。

⑤伪造履历、证书、论文发表证明、同行评审人信息、评审意见等。

⑥捏造事实、编造虚假研究成果。

剽窃是指将他人的科研成果或论文全部或部分原样照抄，并以自己名义发表的欺诈行为。剽窃常见的表现形式为：

①不注明出处，故意将他人已发表或未发表的学术成果（包括演讲、内部交流、工作报告、毕业论文等）作为自己的研究成果发表（包括提交课程论文）。

②以翻译或直接改写的方式，将外文作品作为自己的原创作品予以发表。

③将他人的学术观点、思想和成果，冒充为自己原创。

④未经授权，利用被自己审阅的手稿或资助申请中的信息，将他人未公开的作品或研究计划发表或透露给他人或为己所用。

⑤自己照抄或部分袭用自己已发表文章中的表述，而未列入参考文献。

除此之外，学术不端的类型还包括一稿多投和重复发表、代写代投论文、虚假署名、滥用学术信誉、违规处理研究对象等。

一稿多投是指同一作者，在法定或约定的禁止再投期间，或者在期限以外获知自己作品将要发表或已经发表，在期刊（含印刷和电子媒体）编辑和审稿人不知情的情况下，试图或已经在两种或多种期刊同时或相继发表内容相同或相近的论文。不规范的一稿多投包含以下形式：肢解型，将一篇文章分割成几个部分，然后将几个部分分别投向不同的期刊；改头换面型，改变文章的题目，文章的内容和结构却基本不变，投稿不同的期刊；署名变换型，改变文章的署名或署名顺序，或者改变作者的单位；机械组合型，变换图表的排列组合或文字表述方式，但内容大体重合；语种变化型，作者把已用中文发表的论文翻译成英文或者其他语言进行投稿（复旦大学研究生院，2019）。

虚假署名指的是为申请科研项目和经费，或为论文顺利发表和成果获奖，未获他人允许，私自将他人署名，或假造个人信息及冒用他人签名。虚假署名的表现包括：未参加研究或创作而在他人研究成果、学术论文上署名；未经他人许可而不当使用他人署名，虚构合作者共同署名；多人共同完成研究而在成果中未注明他人工作、贡献等。

此外，还有借助"第三方"代写代投论文。中国科协等七部委于 2015 年 11 月共同研究制定并联合印发了《发表学术论文"五不准"》，要求广大科技工作者加强道德自律，共同遵守"五不准"，严厉杜绝由"第三方"代写、代投论文和修改论文内容，不准提供虚假同行评审人信息，不准违反论文署名规范。"第三方"是指除作者和期刊以外的任何机构和个人；"论文代写"是指论文署名作者未亲自完成论文撰写而由他人代理的行为；"论文代投"是指论文署名作者未亲自完成提交论文、回应评审意见等全过程而由他人代理的行为。

13.3.2 学术失范的危害及代价

学术失范行为违背了学术道德和科学精神，极其严重地威胁到学术生态的正常发展，导致科研资源的极大浪费和创新能力的整体下降。其危害主要体现在以下几个方面：①违背科学的求真和创新精神；②对社会资源造成浪费和对学术生命造成危害；③有损科学研究的诚信和正常的学术秩序；④贻误人才的培养；⑤贬低学术界和知识分子的社会公信力；⑥不利于社会精神文明的建设（复旦大学研究生院，2019）。学术失范行为对于科研人员来说就是道德堕落，也就意味着学术生命的终结。以下是几个真实案例。

2015年3月，英国现代生物出版集团（BMC）撤销43篇论文，41篇来自中国作者。同年8月世界最大学术出版机构之一的斯普林格集团撤回旗下10本学术期刊上已发表的64篇论文，其中作者大部分来自中国。2017年4月，斯普林格声明：撤销旗下期刊《肿瘤生物学》发表的107篇论文，作者大部分来自中国。这些论文遭到集体撤稿的原因是"发现第三方机构有组织地为这些论文提供了虚假同行评审服务"。这些都是让研究者本人和中国科学界蒙羞的事件。对于论文被撤的作者，自然科学基金委按照基金条例做了严肃处理：一是在当年国家自然科学基金的申请中，如果有以被撤论文作为支撑依据的，一律撤销申请；二是对被撤论文作者中已获得国家自然科学基金资助的，撤销原资助决定，追回已拨付的基金资助经费；三是被撤论文涉及情节严重的，作者在3—5年内不得申请或者参与申请国家自然科学基金资助。以上是直接的惩罚，更严重的是，有了这些"学术污点"的科研人员即使继续留在学术界，未来的科研之路一定是举步维艰的。

目前，自然科学基金委已制定项目申请指南，对于项目申请的科研诚信要求做了明确的规定：①申请人应当按照本指南、申请书填报说明和撰写提纲的要求填写申请书报告正文，如实填写相关研究工作基础和研究内容等，严禁抄袭剽窃或弄虚作假，严禁违反法律法规、伦理准则及科技安全等方面的有关规定。②申请人及主要参与者在填写论文等研究成果时，应当根据论文等发表时的真实情况，如实规范列出研究成果的所有作者（发明人或完成人等）署名，不得篡改作者（发明人或完成人等）顺序。……实际评审管理中，工作人员会核查申请书"内容抄袭"和申请书"代表作署名不实"等情况。核查"内容抄袭"由信息中心的计算机检查，"计算机检查报告"提供当年申请书与其他申请书的相似度及其详细的字句比较情况。申请书相似度较高，核实的抄袭情况

（或者电子版拷贝情况）较严重的，项目评审会议将不予资助。核查"代表作署名不实"就是对比申请书中署名和发表论文首页中署名，如果两者署名不一致（例如第一作者或者通讯作者不一致），该申请书将不可参加项目评审会议（国家自然科学基金委员会，2022）。

韩国科学家黄禹锡，2004年在 *Science* 发表论文，称在世界上率先用卵子成功培育出人类胚胎干细胞，2005年再次在 *Science* 发表用患者体细胞克隆成胚胎干细胞的论文。他被评为韩国"最高科学家""克隆之父"，韩国投入了数百亿韩元的经费，时任韩国总统卢武铉还出席他负责的国家研究中心启动仪式。然而，2005年黄禹锡的合作者，韩国生殖学专家卢圣一揭示其研究组培育成的11个胚胎干细胞系中有9个是伪造的，即干细胞与提供体细胞的患者基因不吻合。经首尔大学调查委员会调查，黄禹锡发表在 *Science* 上的干细胞研究成果均属子虚乌有。2005年底，首尔大学宣布解除其教授职务，韩国政府也取消了授予他的"最高科学家"的称号。后经韩国法院裁定，黄禹锡侵吞政府研究经费、非法买卖卵子罪成立，被判处徒刑（吴迎春，2006）。

13.4 科研人员如何遵循学术规范和伦理

由于本书主要为研究生而写，所以我们对刚入门的科研人员如何遵循学术规范给予更多的关注，我们将认识"非故意剽窃"的根源作为讨论的重点，这除了从学术生涯一开始就从根源上帮助研究生解决剽窃问题，也是对他们最大的关心和爱护。当然，像其他科研工作者一样，研究生也必须恪守学术规范和学术伦理原则，一丝不苟地遵循学术规范和学术伦理。

13.4.1 认识"非故意剽窃"的根源

对于刚入门的科研工作者，比如研究生，他们科研中出现的一些学术不端行为往往并非出于恶意，而根源通常是认知不成熟和对学术规范概念的掌握不清楚。从根源上去帮助他们才是教导其学术规范的根本途径，首先我们应该帮助他们防范"非故意剽窃"。麦基奇（McKeachie，1986）描述了学生对于剽窃的道德观之后，做了一个重要的有见识的评论："我总是假定绝大多数学生在开始时是不愿意剽窃的。当他们剽窃时，是因为他们感到陷入了没有出路的困境，这一困境特别使学生感到写出一篇满意的文章来几乎是不可能的。"好的研究性写作兼具智力和认知的复杂性，学生剽窃通常是因为他们没有其他的应对技巧。第 4 章介绍了对研究性写作变得适应之前，一个学科的新的学习者必须学习的技巧。书中的其他章节提供了提高批判性思维能力的各种方法，研究生应尽快学会这些技巧和方法，提高自己的认知能力，随着批判性思维能力、认知水平的提高，非故意剽窃的问题就可以逐步得到解决。

以意译与剽窃为例，刚入门者的科研工作者面临怎样使用资料的困难——什么时候引用、什么时候意译、什么时候总结为一个论点、什么时候只是简单地作为文献。并且，学生需要将这些引用和意译融入自己的文章中，并以自己的观点去进行辩论。缺乏明确观点和辩论目的的初学者常使用大段落引用或者长篇意译的改写手段对资料进行篡改。

没有论点的文章，也就是认知上不成熟的文章结构，如按时间顺序进行的写作、包罗万象式或百科全书式的写作、资料堆积式的写作。在我们的教育中，有一个奖励泛泛而谈写作的长期传统，比如关于一个著名的科学家、某一历史事件或某一课程项目的写作，这些写作题目常常导致非故意的剽窃，形式是从几类百科全书或其他方便的文献中将没有消化的东西拼凑起来。偶尔，它们甚至诱发隐藏资料来源的故意剽窃。我们在全书中都强调论点主导式写作，在论点主导式写作中，学生必须运用资料去寻找自己感兴趣的论点，并为此论点进行辩论，写作变成了学生自己的思维过程和结果，因此就能有效地避免非故意剽窃。

我们必须面对的问题是，怎样将我们的学生从消极的半剽窃者转变为全身心投入的研究者。书中我们探索许多阻止学生成为独立研究者的障碍，以及提出改进我们教学中研究性写作方式的一些建议。对于以上谈到的认知上不成熟的文章结构，通常在教师和学生间造成了一种恶性循环（McKeachie，1986）："当要求大学生交一篇学期文章时，他们似乎面临三种选择：①买一份，或从朋友、兄弟姐妹的所存文件中借一份。学生可能重新打印，或者如果没任何标记的话，他们只是重新打印有题目的那一页，将他们的名字放在作者的位置上。②在图书馆找到一本覆盖所需内容的书。通过不同程度的改写、抄袭，然后上交。是否将此书列在文献里是一个学生的道德态度还没有充分涉及的问题。如果学生要列入文献，最好的选择就是将它藏在其他两个文献之间，它们的作者是俄国人（第一选择）或德国人（第二选择）。③查阅相关的资料来源，运用分析和集合的力量，写出一篇揭示理解和有独到思维的文章。绝大部分教师都希望他们的学生采用第三种选择。然而，我们中很少有人能找出消除前两种选择的方法。"许多教师表达了相似的失望，科恩和斯宾塞（Cohen and Spencer，

1993）做了关于经济学高年级学生的学期文章的研究，抱怨学生的文章是"低劣的、资料堆积的、无激发性的"。在学期结束时，"大半的学生从未从教师那里取走他们的学期文章，那一堆没被取走的文章是学生对他们写作淡漠的一个明显标志……当询问学生为什么在他们的写作中缺少连贯的辩论时，典型的回答是：'你怎么能期望一个大学生谈论任何有独创的东西？'或者'我一个无知的学生怎能告诉你（一个有知识的教授）任何你还不知道的东西？'"与大学生相比，研究生的写作同样存在认知上不成熟的问题，只是程度不同而已，不过，研究生更有动力和能力将自己从消极的半剽窃者早日转变为全身心投入的研究者。

要克服学生对学期文章的淡漠甚至剽窃，就必须调动他们的好奇心——驱使探索的精髓。防止剽窃而使注意力集中在知识的探究上的最好的方式之一，就是要求学生撰写探索性文章，作为学生正式的研究文章的一部分，比如，要求学生在研究文章终稿到期前的几个星期上交这一探索性文章。文章记录学生的研究过程，追溯他们的思维路线，延长对问题的思考时间，因而增强对问题的思考深度——文章中自己的东西多了，抄袭他人的东西自然就消失了。

让学生懂得写作是一个渐进的过程。在课程设计中，我们将写作过程的要求，包括每一阶段的到期日期，写进指定的作业布置中（见第 15 章的课程项目布置）；通过这一要求，使学生认识到写作是一个渐进的过程。如果学生打算像过去写传统的学期论文那样在作业到期前才花上整整一夜去写作，那么这一夜间完成的作品就注定是一个初稿而不是合格的作品，即如果评分的话，肯定不能获得好分数。要求学生上交终稿时，附上所有的修改稿、笔记和随心涂写的东西：将终稿与按时间顺序组织起来的、像地质层一样的其他材料一起提交。这样做，教师不但有了学生写作过程的证据，而且看到了他们进行批判性思维的心路历程，还设下了反剽窃的强大防卫。在我们的课程中也使用了这一策略，学生提交的学期论文终稿中必须包括带修改痕迹和不带修改痕迹的两个版本。不过，过去不少学生上交的带修改痕迹的版本往往是没有进行实质性的修改而是装点门面似的校正版本，所以，上课的第一天我们就需向学生解释清楚，带修改痕迹的版本必须是记录了他们论文修改全部过程的版本，哪怕是面目全非或全文重写，也需提交全部写作初稿。

就像研究生培养的其他方面一样，对于学术道德的培养，导师榜样的作用十分关键。如果导师在学术上一丝不苟，对学术论文反复修改、精益求精，对数据和文献都认真检查、严格把关，严守学术道德底线，树立学术道德标杆，那么就会在团队里形成严谨的学风，研究生剽窃的风险就会大大降低。

这里必须强调，本节并不是为非故意剽窃辩护而设置，从后果上来看，非故意剽窃就是剽窃！剽窃就是严重事件！不过，就像上文我们花不少笔墨让研究生从思想上认同尊重知识产权这一价值观一样，本节以及书中其他章节都是希望从思想根源上帮助研究生认识学术道德问题。在研究生培养阶段，即科研的起步阶段，就帮助他们不断提高批判性思维能力、提高认知水平，从而解决非故意剽窃的根源问题，并且从研究生涯的开始就让他们认识到故意剽窃的罪恶和后果，这才是解决学术规范问题最根本的方法，也是对研究生，我们未来的科学家们，最大的关爱和保护。

13.4.2　恪守学术规范和伦理原则

对于科研工作者，坚持立德为先、立学为本、知行合一、严以自律，严守学术道德和科技伦理，严守道德行为自律的底线，可以从根本上避免"学术失范"。2017年7月，中国科协发布了《科技工作者道德行为自律规范》，明确提出科技工作者应该遵循的道德行为自律规范，包括"四个自觉"和"四个反对"。"四个自觉"指的是自觉担当科技报国使命，自觉恪尽创新争先职责，自觉履行造福人民义务，自觉遵守科学道德规范。"四个反对"指的是反对科研数据成果造假，反对抄袭剽窃科研成果，反对委托代写代发论文，反对庸俗化学术评价。

为了识别、分析和解决科学研究中的伦理问题，科研人员需要牢牢把握基本的伦理原则，这有助于确立一种伦理分析评价的思维框架，增进科研伦理的决策能力。学术界公认的四项基本的伦理原则包括：①尊重原则。即在科研活动中必须尊重人的尊严、自主性、知情权和隐私权；②风险最小化原则。即尽量降低对受试者的身体伤害（包括疼痛和痛苦、残疾和死亡）、精神伤害和经济损失，尽量减少对人群的公共卫生防线或危险以及对生态环境的危害等；③有利原则。即科研要能促进人类科学知识的增长，开发新疫苗、新疗法、新医疗设备、新药物来提高人类的生活质量和生命质量，增加人类社会福祉；④公正原则。即科研活动中要坚持正义与公道，公平合理地分配科研资源，在程序、回报、分配等方面公平对待受试者。

13.4.3　遵循学术规范的要点

学术规范的内容较广，很多已成为法律、法规条文形式，如《中华人民共和国著作权法》《中国学术期刊（光盘版）检索与评价数据规范》《信息与文献著录规则》《中国高等学校自然科学学报编排规范》，等等，所以这里就不做详细介绍了，而只介绍几个要点：善用科技查新评估科研立项和成果，保证数据获取的真实性、可靠性，以及形成学术成果的学术规范。

1. 善用科技查新评估科研立项和成果

科技查新，是指查新机构根据查新委托人提供的需要查证其科学技术内容的新颖性，按照《科技查新规范》操作，得出结论。新颖性是指查新课题的科学技术内容部分或全部没有在国内外出版物上公开发表过。查新，一般分立项查新和成果查新，以文献为基础，以文献检索和情报调研为手段，对项目或论文选题的创新性进行评价。通过查新，能够为科研成果的鉴定、评估等提供客观依据。此外，查新对科研选题具有方向性和调节性作用。一方面，通过查新，可以综合比较和分析文献，进而确定所选的研究课题在论点、目标、方法等方面是否具有开展的必要性和可行性，从而为避免课题重复立项提供决策参考的重要依据；另一方面，通过查新，可以启发科研人员的思路，使科研人员重新梳理出所要研究的重点内容和技术创新点。因此，一定要保证科技查新评估过程的客观性、公正性和完整性。

2. 保证数据获取的真实性、可靠性

坚持科学观察和数据获取的客观性原则，一定要如实地反映数据，不能根据主观臆测放大或缩小某一些实验现象。坚持科学观察的全面性原则，在实验过程中，应对研究对象的特征、实验条件、环境因子进行周密的设计和测定。为了保证实验数据的可靠性，需明确误差范围、设置合理的对照实验、保证实验数据的可重复性。

无论采用何种方式记录原始数据，都应保证记录具有以下特性：原始性、及时性、完整性、系统性和客观性；原始性指的是不允许后期改动，及时性是避免事后通过回忆进行补充记录，完整性即实验的整个流程都应记录在册，系统性即连续记录结果、不能间断，客观性即不带有任何人为的主观因素。实验记录和原始数据原则上应永久保存，以备考查；对已发表研究成果中发现的疏漏或错误，应尽快以适当方式公开纠正。

3. 形成学术成果的学术规范

学生公开发表的论文和撰写的学位论文必须经过导师的学术规范检查与

审核。"教师对其指导的学生应当进行学术规范、学术诚信教育和指导，对学生公开发表论文、研究和撰写学位论文是否符合学术规范、学术诚信要求，进行必要的检查与审核。"（复旦大学研究生院，2019）

在学术活动中，尊重他人的研究成果，遵守学术引文规范。凡引用他人观点、方案、资料、数据等，无论是否发表，无论是纸质版还是电子版，均应按规定详加注释；成果中的引用部分不得构成引用人成果的主要部分或实质部分。引用应伴以明显的标识，以避免读者误会；凡引用均须标明真实出处，提供与引文相关的准确信息（具体讨论见第 12 章）。

研究成果的署名应实事求是，署名者应对该项成果承担相应的学术责任和法律责任。合作成果在发表前应经所有署名人审阅，应按照对研究成果的贡献大小，或根据学科署名的惯例或约定，确定署名者顺序；所有署名人应对自己完成的部分负责，合作研究的项目负责人或成果的第一署名人对研究成果整体负责；指导教师审阅论文后同意作为通讯作者，那么该教师对论文就要负主要责任（具体讨论见第 6 章）。

为了辨别适当引用与抄袭，以下给出了适当引用的 4 个条件：引用的目的仅限于说明某个问题；所引用部分不能构成引用人作品的主要部分或者实质部分；不得损害被引用作品著作权人的利益；应当指明被引用作品的作者姓名、作品名称和出版单位。

综述撰写是指就某一时间内，作者针对某一专题，对大量原始研究论文中的数据、资料和主要观点进行归纳整理、分析提炼而写成的论文。其具有综合性、评述性和先进性，综合性指进行纵向和横向的比较，评述性指用作者自己的观点进行分析、评价，先进性是把最新的科学信息和研究动向传递给读者。综述撰写要求系统地进行检索和阅读文献，引用文献要有代表性、可靠性和科学性；要有作者自己的综合和归纳，不是罗列文献；遵守适当引用的规范，防止抄袭。

以下是对综述中的抄袭行为的界定：引用文献必须是自己通篇阅读的原始文献；不能引用别人的综述作为自己的综述；综述中全部引用的内容不应超过 50%（从"量"上界定）；综述中要提出自己的观点，同一观点中的论点和论据不能和所引用的文献雷同（从"质"上界定）。

对于著作，编（compile）和著（compose）的区别如下：编是指系统整理已知的资料或前人、他人的成果，如编辞典、教科书、年鉴等。著是指发挥自己的独到见解，有开创、创新的性质，著书立说就是用自己的话来写自己的工作。编著是编与著相结合，在编纂已有资料的基础上提出自己的见解或加入一部分自己的工作。

综上所述，良好的学术规范和学术伦理具有以下主要功能：有利于形成良性的学术生态，有利于提高学者的品格修养和研究水平，有利于提高学术界的研究效率，以及促进科学研究的国际化等。除此之外，良好的学术规范和学术伦理能提供有效促进科学研究中开展批判性思维和创新性思维活动的优良环境，这也是我们将这一章归于"第三篇 培养批判性思维的其他方法及环境"的原因。

思 考 题

（1）为什么严格的学术规范、良好的科研学风，是提升科研人员创新能力和国家整体创新水平的可靠保障？

（2）为什么说尊重知识产权是人类的共同价值观？

（3）怎样杜绝故意剽窃？怎样防范非故意剽窃？

（4）怎样恪守学术规范和学术伦理？

（5）随着科学技术如基因编辑、人工智能等的发展，怎样解决相关领域的学术伦理问题？

第四篇

批判性写作课程设计

第四篇

模拟退火算法设计

第 14 章　对批判性写作课程的教学建议

这一章和第 15 章是为将使用本书作为教材或开设类似的批判性写作课程的教师们编写的。批判性写作或研究性写作是一个复杂的认知过程，它需要对知识创造中科学研究的作用以及对科学研究问题中竞争观点的对话有一个综合的认识。指导学生遵循一个学科写作格式、技巧和风格的指南去写作，只是帮助学生学习研究性写作中形式方面的详细内容，而作为一个复杂过程来进行研究性写作的教学则需要教师有相当的独创性。什么是帮助学生进行批判性写作的最好方式呢？没有普遍的答案。本书前面各章讨论的许多方法既是科学研究方法，也可以用作指导批判性写作的教学方法。除此之外，以下补充一些对批判性写作课程的教学建议，包括对批判性写作思想方法、正式写作、探索性写作和课堂讨论的教学建议，其中也包括我们在第 15 章课程设计中使用到的一些教学方法，供各学科的教师们在设计同类课程时参考。同理，这些教学方法也可以转化为科学研究的方法，所以研究生阅读这两章，对自己的研究工作同样会有帮助。

14.1　对批判性写作思想方法的教学建议

对于批判性写作的思想方法，在前面的章节已有很多讨论，本节仅在以下方面提供一些教学建议：首先是让学生在写作过程中紧盯研究问题，然后认识写作是一个渐进过程，同时给学生更多的自由度去进行批判性阅读和思考等。

14.1.1　紧盯研究问题

帮助学生以提出问题或论点的方式而不是给出题目范围或具体实验活动来讨论他们的研究题目，要求他们紧盯（即时刻想着）研究问题。比如，督促学生不要说（即避免这样思考）"我正在写关于精神分裂症方面的学期文章"，而应该说（即应该这样思考）"我努力去发现精神分裂症的化学治疗的最近发展是否富有成效"。学生汇报科研进展时，督促学生不要说"我正在做……实验"，而应该说"为了解决……研究目标，我正在做……实验来验证……假说"，即反复向学生强调，开展科学研究和进行批判性写作时紧盯研究问题的重要性，这将彻底改变学生在进行科研和学术写作时的思维方式。

要求论点主导式写作，避免使用祈使语气描述写作任务。当学生设计的写作任务或教师所给的写作任务可以叙述为一个必须去支持、修改或反驳的论点时，学生的写作就是论点主导式写作。与以论点或集中问题来叙述的任务相比较，以动词如"讨论"、"分析"、"评估"和"比较"等用祈使语气描述的写作任务会产生更多的无目的答案。

较薄弱的问题	改进了的问题
• 以比较下列建筑为题写一篇文章： (a) 哥特式大教堂； (b) 梵蒂冈圣彼得大教堂； (c) "黑死病"建筑；威尼斯圣玛利亚大教堂	"一种文化的世界观与因它而产生的建筑之间存在一种联系。"这一引用在什么范围内可以用来解释罗马建筑和哥特式教堂之间的不同？
• 讨论杀虫剂在控制蚊子方面的使用	使用杀虫剂来控制蚊子的正面和反面的观点是什么？

通过指导学生怎样提出问题，教师就能提醒学生，包罗万象式的文章与以集中在一个问题上的论点为主导的文章之间的本质区别。为了强调提出问题的有效方式，可用以下的方式来布置学期文章的写作：让研究生在导师的帮助下，提出一个适合于本身课题的有趣的问题或难点，这将要求他们去图书馆查阅、综述文献，提出自己拟解决的问题和研究目标。并制定为了解决这一问题和研究目标，拟开展的实验、拟收集的数据和资料，以及分析数据和资料的方法等。其研究文章的质量将取决于原始问题的质量，在学期的早期，建议在导师和团队成员的帮助下初步提出一个较有成效的问题，然后，随着撰写研究计划的进展，研究问题会变得越来越清晰、越来越深入。另一种选择是让学生去探索一个问题，或去辩论一个论点。布置以论点为主导的写作的具体方法，详见 11.4 节"设计批判性思维任务的方法"。

14.1.2 让学生懂得写作是一个渐进过程

如第 15 章课程项目布置所示，教师分阶段布置批判性写作任务，就是为了让学生懂得写作是一个渐进过程。将写作过程每一阶段的要求，包括教师建议、期望达到的标准和截止日期等，写进指定的作业布置中。如果学生打算像过去写传统的学期论文那样在作业到期前才花上一点时间去写作,那么这匆匆完成的作品就注定只是一个初稿而不是合格的作品。

要求学生上交终稿时,附上整个学期中所有的修改稿、笔记和思考中随手涂写的其他材料。在我们的课程中也使用了这一策略(第 15 章),学生提交的学期论文终稿中必须包括带有从始至终修改痕迹的版本和最后的不带修改痕迹的"干净"版本。在上课的第一天我们就向学生说明,期末提交的带修改痕迹的版本是记录了他们整个学期论文修改全部过程的版本,如果是全文重写,应附上重写前的初稿。

14.1.3 给学生更多的自由度去阅读和思考

教师需要让研究生明白,与本科生不同,他们必须负责阅读课堂里没有讨论的书本内容和独立完成远超出教师或导师指定的阅读,更主要的是根据自己的学术要求和兴趣独立进行大量阅读。这不仅给教师充裕的时间来讲解主要的内容,而且培养了学生的独立性、鉴别力,还给了学生更多的时间和自由度去进行阅读、思考和写作。

另外,有的研究生还习惯于以前的学习方式,希望教师对任何问题都给出具体指示或正确的答案。这时,教师应诚实地告诉学生,对于研究性写作,在许多情况下教师没有也不可能给出具体或正确答案,答案需要学生花时间自己去寻找或判断。但教师应尽可能给出一些指导性原则。比如学生在写研究计划时问:"我的研究目标应该写几条?"教师可以这样回答:"这一问题没有标准答案,不过,您可以从预期实现这些研究目标后可获得的研究结果的量(即结果是否足够丰富)和质(即结果是否具有足够的创新性或特色)来决定怎样写研究目标。"又比如学生在写研究计划或项目申请书时问:"我的预期结果应该写多少?"教师可以这样回答:"对此问题仍然没有标准答案,但您可以根据专家或评审人对预期结果的要求来考虑此问题。"学生独立地去寻找这些问题的答案的过程就是进行批判性思维的过程,也是深入开展科学研究的过程。

14.2 对正式写作的教学建议

第 6 章至第 9 章对研究计划、学术论文写作进行了详细的讨论。本节为批判性写作课程中的正式写作提供一些教学建议,包括紧扣学术引言的典型结构、要求学生提交文章简介、指定终稿前的探索性文章写作、促进学生修改文章的各种建议、提供范文、设计以论点为主导的写作的练习，以及其他类型的正式写作练习杂集等。

14.2.1　紧扣学术引言的典型结构

大多数没有经验的作者对写出好的引言，特别是学术引言（即在研究计划、学术论文、项目申请书等中的引言）会感到很困难。不过，一旦他们懂得了学术引言在科学研究中的重要作用及其典型结构，就能大大地提高他们引言写作的集中程度。学术引言的典型结构如下：问题、论点、总的观点。即一般包括三个主要部分：第一部分，即第一段，集中说明拟研究问题的重要性和目的性。第二部分，通常也是最长的部分，向读者引出文章所要讨论的问题，包括提出问题所需的背景和综述过去对于讨论这一问题的学术成就，从中找出问题的争端、疑点等。解释为什么拟解决的这一问题会成为问题（比如，为什么解决这一问题的早一些的尝试不令人满意），为什么这一问题是重要的和值得去探索的（即解决这一问题将产生的学术和应用价值），以及填补这一知识空白的重要性等。第三部分，叙述论点，包括拟解决的科学问题、研究目标或"目的叙述"及需要检验的科学假设等（引言的撰写详见第 7 章）。一旦学生正确地领会引言的这一典型的结构：在引言的开头"引"出拟解决的科学问题，即提出问题，在引言的结尾提出论点和研究目标，他们就能更好地理解，他们自己的研究文章应以提出和解释一个问题来开始，这一问题驱使他们进行批判性思维和研究，以及他们的文章需要努力去解决这一问题。

14.2.2　要求学生提交文章简介

要求提交一个需要学生进行相当的研究预备工作的文章简介将有助于防止期末草率的写作工作，一个典型的文章简介要求学生强调以下问题：
①你计划讨论什么研究问题或难点？
②为什么这是一个有趣的问题？一个重要的问题？
③你是否已准备好形成一个论点？如果是，你的论点是什么？
④你将怎样进行更深入的思考和研究？你预料会发现什么？
⑤附上到目前为止你所使用的资料的文献目录，对你已阅读的材料写一个简短的注解。

这样的简介将会把学生的注意力集中到问题的说明上去，并使教师能够发现那些早期需要帮助的学生。也许在第 15 章中介绍的课程项目第三阶段布置后 1—2 周，可让前期汇报过程中显现出较多问题的学生用这种方法提供一个简介，以便教师给予他们更多的帮助。

14.2.3　指定终稿前的探索性文章写作

防止剽窃而使注意力集中在问题的探究上的最好的方式之一就是要求学生写一篇探索性文章，作为学生研究文章的一部分，要求学生在研究文章终稿到期前的几个星期上交这一探索性文章。文章以第一人称的叙述记录学生的研究过程，追溯他们的思维路线，延长对问题的思考时间，因而增强对问题的思考深度。通常，相比于阅读研究文章终稿，教师可以从阅读探索性文章中给予学生更多的指导并且花费较少时间。对探索性文章写作的更多建议见 11.3 节。

让学生提交一些与正式写作有关的东西给教师（或导师），以便教师（或导师）介入他们的写作过程：通过让学生提交如研究问题、论点叙述或自我写作的摘要，教师（或导师）可以充分利用以论点为主导的写作的总结性特征的优势，并利用学生上交的这些写作材料去发现学生更需要哪方面的帮助。

14.2.4　促进学生修改文章的各种建议

第 4 章讨论了为了训练学生的批判性思维，促进学生修改文章的各种建议，第 12 章给出了学术论文从高层次到低层次问题的修改建议，这些建议都可以运用于研究性写作的教学过程中。这里只增加两条促进学生修改文章的具体建议。

第一，建立起课内或课外学生间评审稿件的机制。对于学生们在终稿没到期前完成的稿件，让他们互相交换这样的稿件，担任对方的"读者"和评审者（在我们的课程设计中也使用了这一相互评审策略）。小组互评和期末评分，都是训练学生的科学鉴赏力的良好机会，即创造机会让学生学习怎样进行学术鉴定，逐步了解学者们是怎样进行学术价值判断以及学术活动包含的一些更为隐形的内容。可以借此向学生介绍学术界的运作方式，比如对于项目申请、学术论文，同行评议是怎样展开的。这些评审策略促使学生不断去"打磨"自己的文章以便能经得起同行的评审。同时，自己也学会怎样用评判的眼光去看待同行的作品。

第二，举行写作面谈会。传统地，教师花大量的时间在结束了的文章上写评语而不是在写作过程的早期举行面谈会。一般来说，把时间花在写稿阶段与学生面谈上比花在评改结束了的文章上更有价值。在写作较早期阶段与学生面谈，更能了解他们在写作上面临的"痛点"和难点，同时更能提出针对性的建议，学生就有足够时间根据这些建议对论文进行根本性的修改。举行面谈会对于写作有困难的学生特别有帮助（14.4 节）。

14.2.5 提供范文

建立起课程教学中之前的研究论文的范文集，对每一篇文章，附上一个说明，解释为什么文章值得赞赏，指出其特点。如果可能，将其中一篇的内容简介和所有的修改稿也包括在文件集里，这种文件集可以交由图书馆保管或采用其他保管方式以便于学生查阅。不过，由于在本课程中的学期论文成果主要是研究计划，而学生将在这一基础上进一步开展自己的研究，所以在范文的选择上需要征得研究生本人及其导师的同意。

作为范文，导师可以将自己的一篇已发表了的期刊论文的所有写作材料（从研究计划到所有的修改稿）收集到一个文件集里供研究生学习。导师已获资助的项目申请书也可以作为范文提供给研究生，研究生可以深化项目申请书中的某一研究目标而完成自己的研究计划。研究计划各部分的写法也可以参考导师的项目申请书（见 6.5 节给出的项目申请书的例子），从而学习科研写作的思路、结构和语言表达等。

14.2.6 设计以论点为主导的写作练习

结构严密、以论点为主导的写作是学术文章的典型结构。这样的写作从提出一个拟解决的问题（论点）开始，然后用适当的辩论和证据去支持这一论点。以论点为主导的写作对学生来说不是一个自然完成的过程，为了能够更好地完成像研究计划和学术论文这样的正式写作，教师需要鼓励和帮助学生去进行这种以论点为主导的写作练习，并根据课程和学生的需要来安排这种练习。在批判性写作课程中，教师可以通过下面的三种方式之一来设计以论点为主导的写作练习。

①提出一个学生应该去辩护或驳斥的命题（论点）：运用这一方法，教师要求学生去辩护或驳斥一个有争议的命题，或为两个相反命题的其中一方进行辩护。教师的任务就是提出主要概念中有争议的命题，当要求学生去支持或反对一个指定的论点时，他们的思维从一开始就被引入分析和辩论，从而避免了

以时间为顺序的流水账式写作和包罗万象的口袋式写作。以下是一些对立命题的例子。

- 这份桥梁设计提案是否满足城市要求的项目申报中所设置的标准？（民用工程）
- 全球气候变暖在当前是不是一个重要的环境威胁？（环境科学）

另一种选择是提出一个有争议的论点但让学生按教师的说明去提出命题或方法。比如：

一位牧场主激烈反对从国外进口牛肉，他的理由是：进口牛肉会使本国的牧场主失业、食品加工厂关闭，因而总的来说会使国家变穷。根据你在大学经济学课程内所掌握的知识，同这位牧场主进行辩论。写出针对他的错误观点，你怎样说服他的辩论过程（你的论点和论据）。他不懂经济学术语，所以，你必须解释清楚使用的每个术语。（经济学）

正如这些练习例子所示，论点主导式写作对于推动学生去思考对立的观点、去评审和权衡各方面的证据最为有效。通过向学生显示怎样将一个适当的"虽然……但是……"句型使用到一个论点陈述中去，教师就能帮助学生去考虑对立的观点，比如，"虽然某些证据显示精神分裂症是一种学术上的行为，但是，当前的研究以压倒性的优势支持精神分裂症是大脑疾病的理论"。除此之外，教师可以允许学生修改提供给他们的论点，以便更准确地代表学生自己的辩论。对于论点主导式写作的进一步例子见11.4节，还可以使用"相信和怀疑"方法（10.2.11节）。

②给予学生要求他们给出论点叙述答案的问题：在这种方式中，一般教师给出背景资料和提供问题的内容，这种练习的关键是学生的论点叙述是对这一问题的一句话的答案。

选择一个柏拉图以一种方式回答而亚里士多德以另一种方式回答的问题（比如，事物是怎样变化的），然后，在你文章的第一部分，向你的读者解释这两种理论的不同。在你文章的第二部分，评价这两种观点，辩论哪一种观点更具有说服力；在这一段里，尤其要重点地回答下面的问题：对于什么情况或事物，一种理论能很好地解释它而另一种理论不能充分地解释它。（哲学）

请注意，一些教师在引导学生的过程中，提出一系列相互联系的问题而不是一个集中的问题，这种方式并不能很好地帮助学生而只能使他们更混乱。请看下面的例子。

使人混淆的问题

在《哈姆雷特》"墓地"这一场剧中,莎士比亚通过加入滑稽的掘墓人而改变了剧情。这些掘墓人的存在对你解释剧情有何影响?你认为这些掘墓人可笑吗?愚蠢吗?侮慢吗?哈姆雷特对这些掘墓人的态度对剧情产生了怎样的影响?你认为掘墓时唱歌合适吗?说笑话合适吗?你认为约里克更像掘墓人还是更像哈姆雷特?你认为在一个悲剧的中间部分穿插一个轻松愉快的片段合适吗?这一片段真的轻松愉快吗?

虽然教师认为这些问题有助于探索,但学生通常感到被太多的问题所淹没。因为这些问题看起来是平行的,而不是有层次的,学生就易于给出一系列的、逐一回答每个问题的短小答案,而不是一篇连成一气的短文。

更好的问题

在《哈姆雷特》"墓地"这一场剧中,莎士比亚通过加入滑稽的掘墓人而改变了剧情。这些掘墓人的存在怎样影响到了你对剧情的解释?

作为只有一个句子的问题,现在的练习就可以驱使学生针对这一论点叙述形成一个答案,写出短文来。

③要求学生遵循一种需要问题-论点形式的组织结构:指定论点主导式写作的最无限制的方式就是,让学生自由选择题目,但要求他们遵循一种问题-论点的结构。这种"一般性"练习以令人惊奇的效果引导学生向论文主导式写作的方向发展。

写一篇与本课程相关的任何题目的短文,运用你文章的引言将读者的兴趣与你文章将讨论的问题结合起来,向读者显示什么使你的问题成为其问题并且是重要的问题。文章的主体应是你对这一问题的应答,通过适当的分析和辩论,包括有效地使用证据,将这部分写得尽可能地具有说服力。在写作过程的中途,交给教师一个简介,描述你计划讨论的问题并且说明:为什么这一问题是值得讨论的、重要的;你将怎样去讨论这一问题。

这种"一般性"练习有以下优点:第一,对于给予学生尽可能多的自由的教师,"一般性"练习允许选择题目的自由,同时引导学生朝向讨论真正问题的论点主导式写作。通过要求在引言里提出一个问题,就暗示了文章的读者和目的,这样就帮助了没有经验的作者克服包罗万象式、流水账式或不集中的资料堆积等写作倾向。第二,集中在问题质询上,这种练习鼓励教师讨论他们学科里的探索过程，通过教学生掌握对学科中的问题质询，帮助学生成为活跃的学习者和思考者。第三，这种练习容易指导，在文章提交远没到期前，可以要求学生交一个要集中讨论的问题的简介，这一简介之后可变成引言的初稿。在对简介的答复中，教师能够将学生引向适当地界定出的问题和论点。

14.2.7　其他类型的正式写作练习杂集

本书关于批判性思维及多样性写作活动的主要概念和方法适合于任何学科，作为例证，下面列出各学科其他类型的正式写作练习杂集（Bean，1996）。

①一个心理学教授要他的学生站在精神分裂者的角度写一首诗。教授声称：通过站在精神分裂者的位置的尝试，学生理解了许多关于精神分裂的问题，那些最好的诗令人感动和难忘（Gorman et al.，1986）。

②一个文学教师要学生重写一个短故事的结尾或从不同的故事讲述者的角度来重述一个故事。一个历史教师要求学生从不同的观点来重写一个历史记事。

③一个社会心理学家要求学生与一个工作、生活方式以及对世界的看法同自己截然不同的人面谈，然后写出这个人的简介及其对某一问题的看法。

④一个进行妇女研究的教授要求学生创作虚构故事或寓言来表达他们个人对妇女作用的理解和观点。

⑤一个数学教授要求学生写他们自己的"数学自传"，在文章中学生要反映出他们过去学习数学的经历。从学生的写作中，她对学生的数学恐惧和面对难题的态度有了更深入的了解，而这对她以后的教学非常有帮助。

⑥一个社会历史学教授要求学生写一篇关于其他文化的人类文化学的文章，其关键是找到一个地方性的亚文化群，那里的观点、语言、信仰与我们所熟知的迥然不同，从而使他们对这一研究产生兴趣。

⑦一个数学教师要学生写出可以将数学概念和生活中真实的问题联系起来的故事。罗斯（Rose，1989）指出："当学生结合自身的问题时，他们通常以自己的经验来选择场景，因此他们将看到数学怎样应用于他们的生活，给他们更多的信心去阅读和解决教科书里的文字问题。另外，文字问题的写作需要清楚的、特有的和完整的说明，这就要求学生很好地理解这一问题中所包括的数学概念。这一活动也打破了传统数学任务的单调。"

14.3 对探索性写作和课堂讨论的教学建议

第 11 章详细介绍了作为培养批判性思维的温床的探索性写作和课堂讨论活动，本节主要讨论几种批判性写作课程中常采用的探索性写作和课堂讨论活动，包括科研心得、短小文章或者分阶段布置的文章写作、学生能"亲临其境"的微型研究项目、运用课堂讨论的方法、学生间进行文稿评阅等，并提出一些教学建议。

14.3.1 科研心得

要求学生记录下学习有助于科研的课程或自己开展科研的心得，对心得的撰写不要求美观、连贯、思路清晰，不是"最后一夜赶的作业"，而是一个学期中每日学习科研的心路历程。所以，每次心得写作应像记日记那样注明日期。

对于科研心得的运用，第 15 章是这样安排的：在每堂课（即以本书为教材设计的批判性写作课程）教师讲解主题之前，都会给出一至两个问题让学生进行 5—10 分钟的写作，这种写作是探索性写作的方式之一，它起到聚焦的作用，将学生分散的注意力集中到课堂将要讨论的主题上来，同时激发学生的好奇心，让他们带着自己感兴趣的问题去听讲以及进行课后思考。教师根据学生对这些问题的回答，更清楚这些问题的重点和难点，从而有针对性地进行授课。另外，要求学生将课堂问题的应答记录于他们的科研心得中，随着课程的深入，学生可以随时写下对这些问题的新认识。同时，课程安排中还布置了学生写教材书评，这除了帮助学生吃透教材以便更好地指导其进行科研，还让他们学习怎样写论著评论，即训练科学鉴赏力。同样，要求学生将书评放入其科研心得，并且随着课程的深入，学生可添加或修改他们的书评，直到期末提交科研心得的截止日期。使用这些写科研心得的手段，目的是促使学生养成写科学笔记的习惯。所以除了写科研心得，研究生还可以充分利用第 11 章介绍的诸多方法，比如写日志，培养自己的批判性思维。

14.3.2 短小文章或者分阶段布置的文章写作

虽然较长的研究文章是一种很有价值的写作练习，但通过一系列短小的"写而学"的练习，学生的写作和批判性思维的技能会发展得更快。即使在教师的目的是教授研究性写作练习以及学生有足够的能力去完成写作任务的情况下，如果在初始阶段使用较短的写作练习去引导学生掌握运用研究资料、总结和领悟等方面的能力，学生也会更容易成功。以下几种短小的练习对于教学研究性写作的技巧特别有用：

①专业文章的总结和摘要（6.4.3 节；11.4.9 节）。
②提供资料的微型文章（11.4.6 节）。
③学术论文的分析和评估或者两份文章的比较和对照。
④需要资料去支持的短小辩论。

另外还有一种方法是设计一种结构，将一篇较长的研究文章的写作设置为几个渐进的阶段，这种结构练习铺平了学生通向研究的道路。允许早期的经常性的问题反馈，提供给学生不断进行思考的时间，并充分利用了渐进学习的"意识效应"。

除了像我们的课程项目分阶段布置那样，另一种典型的结构练习方式就是在一个学期内按顺序上交评分与不评分相结合的写作练习，以下是这种方式的一个例子。

①用来探索可能的题目和定义研究问题的、教师进行一定指导下的日志条目（学期早期）。
②以个人或小组形式上交的图书馆查阅资料的报告（学期早期）。
③与题目相关的几篇学术论文的比较性总结（评分）（图书馆资料查阅后一个星期）。
④探索性写作初稿（期中，将教师的评论尽快反馈给学生，通常接下来就是与学生单人或小组面谈）。
⑤探索性文章（评分）（期末前 3 至 4 个星期）。
⑥学生之间对研究文章初稿进行的评审（学期结束前 10 至 14 天）。
⑦200 字左右的作者文章的"摘要"（收到学生的评审意见两天后上交，教师阅读并加上评语后 24 小时内退还学生）。
⑧最终的研究性文章（评分）（学期的最后一天）。

14.3.3 学生能"亲临其境"的微型研究项目

可能将研究性写作引入学科的最好方式之一是建立一个让学生"亲临其境"的微型研究项目，全班在几天的时间里一起来完成这一项目。为了让学生提出研究问题，教师设置一个虚构场景，然后分发第一手或第二手的资料，根据这些资料，学生就可以发展起自己的微型研究文章。全班学生都有相同的资料，教师就可以根据不同的内容和目的去指定总结、引证、理解和引用资料等方面的练习，大部分练习可以在课堂内完成。以下是一些例子。

- 对于所附文章中用黄色标示出来的两句话进行辩论，写出一个段落并以下面的句子作为开头："'绿色革命'对于农业生态系统可持续发展的一个相反看法来自于……"在结束段落，恰当地引用文献和运用归因方法。
- 在结果部分，参照表1和表2中列出资料，写出一段文字描述两个表中变量之间的关系，并将这一关系与Myers等（2015）建立的关系进行比较，从而讨论这一关系的优势。

在每一个例子中，教师可以让学生互相比较他们的写作，并对优点和弱点做出评论，然后将自己的写作作为范文展示给学生。全班在一起进行这一练习后，学生就可以用已经讨论过的材料通过微型研究文章的写作将它们综合在一起。如果学科合适的话，教师也可以使用这类微型项目提出该学科未来知识的一些理论问题。比如，这一研究在什么程度上揭示了一个客观的可认知的真理？运用这些同样的资料，研究者们可能得到哪些不同的观点？什么论据可以使这些论点可信？研究性写作在什么程度上反映了研究者的主观观点？等等。

14.3.4 运用课堂讨论的方法

课堂讨论的方法可以用来调动学生批判性思维和模拟学术界科学讨论的氛围，同时，训练研究生积极参加各种讨论也是培养他们进行科研的基本功之一——学术交流。

在课堂讨论中，教师的点评是极为关键的一环，因为这代表专家的意见。对学生的写作和汇报进行点评，让学生明白衡量其批判性写作的标准和尺度，让他们懂得，教师给予的启发性评论是以较高的学术标准为依据的，是为了尽可能地提高学生的学术素质和水平，这类点评并不意味着学生的潜力不佳，也不意味着他们达不到标准。为了不打击到学生脆弱的自信心，甚至造成学生彻底的自我否定，点评中，在哪怕是比较差的写作中也要尽量找到一些"亮点"，指出最容易实现的努力方向（德拉蒙特等，2009）。另外，为了不让学生"沾沾自喜"，点评中，在哪怕是很好的写作中也要指出其离更高的学术标准的距离，指出进一步努力的方向。点评中，教师不断重复"研究目标""科学问题""创新点"，这就使学生对优秀论文的整体风格和"形态"逐步达成共识，改变学生对学术论文评价和开展科学研究的思维方式。

14.3.5 学生间进行文稿评阅

另一个提高学生写作能力同时也能节省教师时间的办法就是让学生互相评阅他们的写作稿。遗憾的是，许多尝试过这种方法的教师认为，学生间互相评阅的结果常常是令人失望的。除非教师组织好这种评阅过程和训练学生应该怎样去运作，否则，学生倾向于给予对方稀奇古怪或毫无用途的建议。只有学生评阅的方法能导致真正的实质性的修改，这种方法才值得去尝试。令人高兴的是，有一定的方式可以使学生的评阅变得有效果。

第一，教师应决定哪一种评阅方法最符合他的教学风格：是以应答为中心的评阅方法还是以建议为中心的评阅方法（下面将讨论这些方法）。很难说哪种方法更优，也还没有研究解决这一问题的经验，两种方法各有其特点，每一种方法可能更适合一定类型的学生或写作任务。不过，这些方法要求教师以不同的形式来组织评阅过程。

第二，教师应决定交换文稿的方式：一些教师喜欢让写作者向他的学生评阅者高声阅读他的作品——倾听自己阅读的语言能帮助写作者发现问题，另一些教师则要求学生将文章复印件（或电子文档）交给学生评阅者，还有的让学生在课前交换文章的复印件（或电子文档）以便更有效地利用课堂时间。同样，没有哪种单一方式最好。

1. 以应答为中心的评阅方法

这种侧重于过程、非指导性的方法将修改文稿的最大责任交给写作者，这种方法的课堂程序如下。

①将课堂分为4人一组。

②写作者朗读其文稿（或给小组成员提供复印件，大家默读）。

③给小组成员几分钟以便他们能对自己关于文稿的反应做出笔记，教师要求评阅者分出"＋"、"－"和"？"三栏，在"＋"栏里，他们标记出文章写得好的方面；在"－"栏里，标记出有问题的地方和负面的反应，比如对观点不赞同的地方；在"？"栏里，标记出倾听时产生的疑点，比如需要澄清和展开的地方。

④每个小组成员依次向写作者解释他喜欢或不喜欢什么、什么行得通、什么行不通、什么令人混淆等。小组成员不给出任何建议，他们仅仅简单描述个人对文章的反应。

⑤在每一个应答中,写作者做笔记但不参与讨论(即作者只是倾听、记录,并不试图对某一部分去答辩或解释)。

⑥每一个成员完成一篇文章的评阅后,重复以上的过程来进行下一篇文章的评阅。

在这一方法中,没有谁给予写作者建议,评阅者仅仅描述其对文稿的反应。通常作者收到互相矛盾的意见:一个读者喜欢某一段,另一个读者却不喜欢,因此,小组成员可能会给写作者一个模糊不清的信息。然而,这正好反映了真正写作中读者的真实感受,从而让写作者自己决定该如何去修改。

2. 以建议为中心的评阅方法

这是一种更侧重于结果和更直接的方法:学生评阅者共同来给写作者提建议。通过评分讨论或教师提供的评分指南,在学生对指定的练习有一个共同评分标准的情况下,这一方法最适用。下面是对于以建议为中心的评阅方法的一个推荐过程。

①将学生分成两人一组,让两组之间互相交换文稿。

②每一组里的两个学生共同来对他们接收到的两份文稿写出评审意见,每组使用以下的检查清单:

a. 写出文章所强调的疑点、问题和争论点。

b. 写出作者的完整的论点叙述(注意:如果评审人难以写出 a 项和 b 项,那么这显示文章的问题和论点不清楚,需集中帮助作者澄清问题和论点)。

c. 作为一个读者,在你感到困惑之处用波浪线标示出来。

d. 写出你对作者观点的优点和弱点的评价。在哪些地方你不同意作者的观点?

e. 重读一遍文稿,寻找文章的支撑质量。作者是否提供了充分的材料(如资料、统计结果、参考文献等)去支持他的辩论?写作者是否需要进行更多的调查研究?

f. 写出至少两条文章的优点。

g. 写出 3 至 4 条作者在写下一个修改稿时需考虑的直接建议。

③各组将稿件连同书面评审意见交给原作者,如果有剩余时间,两个小组可一起来讨论他们的评阅意见。

因为以建议为中心的评阅方法比以应答为中心的评阅方法花更多的时间,教师通常要求写作者在上课的前一天晚上将文章的复印件(或电子文档)交给他们的评审者，以便评审者有充分的时间仔细阅读文稿，上课前心中已有了评审意见。因为评审意见是由两个学生共同完成的，所以这些评审意见通常是经过周密考虑的。当然，写作者只将评审意见作为一个参考，是否采纳这些建议是写作者的选择。

3. 课外学生间的评阅

以上方法的一个变化方式就是使用课外学生间的评阅方法，从而节省课内时间。

①将学生分为两人一组，让一组与另一组互相交换文稿。

②根据检查清单，每一组在课外共同写出他们的评审意见，并将他们的评审意见在下一次上课时带来或通过电子邮件相互交换。

这种课外方法对于写作者的好处是评审者可以花费较多的时间来审阅文章，对教师的好处是它不需占用课堂时间。

4. 进行学生间评阅的一些总的原则

以下是进行学生间评阅的过程中应遵循的一些原则：

①评审使用的语言必须是专业的、相互尊重的，不得使用带有感情色彩的语言，更不能使用侮辱性的语言。

②不要期望学生能给予对方关于句子结构和风格方面的好建议，他们并不善于看出其他人文章里关于风格的问题，他们倾向于给出印象上的评语，比如"这里不流畅……""这里似乎很奇怪……"。

③训练学生在评审中在论点和概念水平上相互配合。

④训练学生用文稿中的具体例子来支持他们的评语，强调给出建议时，准确性是十分重要的。

14.4 与学生进行有成效的面谈

对于写作上困难比较多的学生，采用面谈方式是一种很有成效的解决问题的方法。与学生讨论他们写作中的问题，要求教师有认真倾听的技巧和给予及时的、合适的指导的能力。这一节提供一些怎样与学生进行单独写作面谈的建议，同样对于导师指导研究生写作应该有所启发。

14.4.1 区分高层次与低层次问题

如果教师首先集中在高层次的问题上，如观点、组织、文章的发展以及总体上的清晰，会谈将是最有成效的。低层次的问题，如风格、语法和技巧等，先不要去考虑。并不是低层次的问题不重要，而是只有解决了高层次的问题，低层次的问题才能被有效地列入考虑范围，比如在还需做整体性的、概念性的修改前注重句子的语法，意义是不大的。会谈主要是帮助学生建立起良好的、思想丰富的辩论，并将其融合到一个合适的结构中去。

14.4.2 设置会谈日程

教师与学生会谈时，鼓励学生进行绝大部分的谈话，会谈会进行得很好。然而，在大多数的场合中，会谈中教师主宰着谈话。因此，在此情况下，应尽量让学生重述自己文章的观点而教师主要是倾听和指导。应该尽力避免告诉学生在他们的论文里应该说什么的倾向，虽然教师可能期望学生对于指定的写作写出一篇"理想文章"，但是很少有学生能写出教师所期望的结果。会谈主要是听取学生的想法，在其中教师可以提出问题，而80%至90%的时间让学生说话。绝大多数学生还从未有过教师事实上对他们的观点感兴趣这样的经历，与他们进行真诚的对话，对他们的工作表示真正的兴趣，尊重他们的观点等，这些都是对学生写作者的巨大鼓励和帮助。以下是一个设置会谈日程的建议步骤。

教师	学生
要学生解释写作练习：你怎样用你自己的话来总结写作练习？你是否对练习的某些部分还不清楚？	学生回答这些问题从而揭示了自己对写作练习的理解程度。
了解学生对会谈的期望：到目前为止，你对你文章的满意程度如何？你需要从这次会谈中获得哪一类的帮助？	学生对自己文章进行评估并说明需要哪方面的帮助。
让学生讨论他的文稿及写作过程：在这一稿中，你进行了多少工作？在写作过程中，你有了多少进展？你打算还花多少时间在这篇文章上？	学生感受到了轻松自在的谈话气氛，回答这些问题让教师对于自己、自己的文章以及还没谈到的文章中的问题有了更好的了解，还让教师开始了解其写作过程。
教师在默读文稿的同时给学生一个任务：写出你的论点和要点，然后写出在你看来你文稿中存在的主要问题。	学生写下对写作提示的应答，学生必须负责对自己的文稿做出初始的评价。

当教师读文章时，在头脑中记下一些东西以帮助找到下面会谈的集中点。

另一个建议是在文稿的页边标上记号，如用"＋"标示写得好的地方，"－"标示有问题的地方，"？"标示模糊不清的地方。从页边上的标记，教师就可以看清写得好的地方、有问题的地方和不清楚的地方。决定两三件需进行评价的最重要的问题，并先开始着手高层次的问题。

教师	学生
以正面的评语开始：我真的很喜欢这一部分（要具体描述），这里你做得很不错。	正焦急地等待教师对文章做出评语的学生受到了鼓舞。
真实地告诉学生教师的评价：你这一部分的确是在正确的方向上，但是你有一些地方偏离了主题；有时对不同的观点你进行了太多的总结，但缺少足够的分析和辩论。	学生立即领会到了教师的评估，并看到了自己文稿的长处，也感觉到了那类应该去解决的问题。
让学生消除疑虑：在这样的初稿中，发生这样的问题是常见的；在第一稿中偏离主题是常见的，这种事对我来说也常发生，这就是为什么我写作时必须经过多次的修改。	学生看到了写作是一个过程，不再把评语看成一种批评，而是一种帮助改进的指南，学生感到自己并不笨，并获得修改文章的自信。
与学生一起设置一个会谈的日程，选择有限数量的问题来解决：在你的下一稿中你不必解决每一个问题，我们是否考虑集中在澄清你的论点和更好地组织你的论证方面？	在应答教师的初始建议时，学生可能会说："但我也希望下一稿更清楚地表达出你所指的分析而不是总结的东西。"学生已决定该做什么了。教师和学生有了一个怎样继续会谈的计划。

14.4.3 建立起会谈的各种技巧

设置一个日程后，会谈就正式开始了。教师怎样进行会谈取决于学生在写作过程的哪一个阶段：有的学生需要在最高水平上的帮助——找到论点和进行辩论的基本计划；另一些可能已有了一个总体的好计划，但在进行的过程中有许多混乱的地方。在进行会谈时，教师可以尝试下列一种或多种方法来适配具体的情况。

如果概念很单薄：
- 通过思想碰撞获得更多的主意，画出一个思维图（2.4.2 节）。
- 扮演争论不休的角色而使思维深化和复杂化。
- 帮助写作者加上更多的例子、更好的详细内容、更具有支持性的资料和论据。

如果读者迷失了方向：
- 要求学生表述文章的观点以澄清混乱的地方。
- 将论点看成是作者对一个有争议的或概括性的问题的回答，以帮助学生加强论点，让学生清楚，表述他的论点所需要"回答"的问题。

- 写出一个提纲或画一个树形图（2.4.3 节）来帮助组织文章。
- 通过询问关于目的的问题，学生学习用下列句子阐明自己写作的集中点："在这篇文章里，我的目的是……""在这一节或这一段里，我的目的是……""在阅读我的文章前，读者对于我的题目的观点是……；读了我的文章后，读者对于这一题目的不同观点是……"
- 向学生表明在阅读文稿时，在哪些地方你感到混乱："在这儿我开始糊涂了，因为我看不出来，你为什么在这里呈现这些资料"或者"我以为你将讨论 X，但你却在讨论 Y"。
- 教学生怎样写主要章节和段落之间的过渡和转折。

如果你能读懂句子但不能看出其要点：

通过问"倘若如此，那又怎么样呢"的问题帮助学生清楚地表达他的思想——"我能明白你这句话的意思，但我不太明白你说这话的目的是什么，我读了所有的这些事实，我只能说：'倘若如此，那又怎么样呢？'这些事实与你的论点有什么联系呢？"这样就可以帮助写作者将要点引出来，然后，教师就能帮助学生组成段落的主题句子。

在会谈的整个过程中，努力做出站在读者角度而不是作者角度的评论，就是说，描述作为读者读这篇文稿时教师的心理感受而不是告诉学生怎样去修改文章。比如，应该说"我很难看出这一段的要点"，而不是说"以一个主题句子来开始这一段落"。这一方法帮助学生看到他们修改文章的目的，是为了让读者更容易读明白，而不是为了跟随"教师的文法规则"。

在会谈进行中，有的教师喜欢准备一些空白的草稿纸，当学生谈话时，教师很快地记录下学生的想法，会谈结束后，教师就给予学生这些草稿笔记。有时，学生和教师一起建立一个比较完整的思维图或者树形图。

14.5 教师提高教学效果同时处理好工作负担

教师需要让学生（特别是研究生）明白，他们必须负责阅读课堂里没有讨论的书本内容和独立完成远超出教师指定的阅读内容，更多的是根据自己的学术要求和兴趣进行大量论文阅读和写作。教师不必使用所有的课堂时间去讲解教材内容，课堂演讲只针对重点和难点问题，这样给了学生更多的时间和自由度去进行阅读、思考和写作，同时减轻教师的负担。教师在指导学生进行批判性写作的过程中，除了前面章节（如 11.1.4 节）讨论到的策略外，还可以使用以下策略，既能帮助学生提高批判性思维能力和写作能力，又能帮助教师处理好工作负担。

14.5.1　不需要阅读学生写的每一样东西

在第 11 章讨论运用探索性写作的额外好处时，我们就指出在课程里运用批判性写作不会给教师带来额外负担。本书提出了许多可行的方法，将写作活动结合到一个课程教学中去同时保证教师可以承担批改文章的负担。其中一些方法不需教师的任何时间，比如课堂里的自由写作，一些方法只需极少的时间，比如从指引性的日志中随机抽样检查，另一些需很少的时间，如指定一些"通过写作进行学习"（即"写而学"）的微型论文，通过范文指导等。即使教师要求几篇正式写作或一篇主要的研究文章，也可以使用各种节约时间的方法来减少自己批改作业的负担。关键是教师决定花多少时间在学生的写作上，然后在课程计划中只包括那些自己能够驾驭的东西，即控制在自己计划付出的时间范围内。请记住：你不需要去阅读学生写的每一样东西。

有的教师会担心没有足够的写作和文法知识去帮助学生进行写作，还有的教师担心学生来自不同专业，自己的专业知识是否足够来指导这些专业的研究生进行论文写作。其实教师不必有这种顾虑，因为对文章而言最好的教师评语主要是集中在观点和概念发展上，所以并不需要特别的术语学，而这种研究方法的指导对于各学科基本是相通的。而在同一学科，哪怕专业不同，其研究思想和方法是完全相同的。教师仅仅需要作为忠实的读者，做出像这样的评论："在引言部分，你的研究目标不明确。""在这里你需要更多的证据。""在这一问题上，你似乎忽略了……的研究，你能总结和应答……的观点吗？""优秀的观点！""值得研究的问题！"等。对于经常阅读和撰写学术论文的教师，哪怕面对不同专业的写作，做出这样的评论是一件并不困难的事。简而言之，教师自己作为一个学术界的作者和读者的经验，加上对该领域里的学者们怎样去探索和辩论方面的知识，就是教师所需要的去帮助学生进行论文写作的最好背景。

14.5.2　抓住指导学术论文写作的核心

指导学术论文写作的核心是紧抓论点主导式写作，在对学生的写作的点评和最后评审中也紧紧盯住这一根本点，这样既节省时间，又抓住了"牛鼻子"。教写作的另一个主要关键环节是教学生怎样去修改文章，正如第 12 章讨论的，作为本课程的重点，教师主要关注论文修改的高层次问题，即修改首先集中在论点、概念、组织、文章的发展和总体的清晰度等问题上，检查文章是否按从上而下的组织结构在整体水平上有效地组织起来。教师不必花时间去帮助学生修改语法和句子等方面的问题。

本书介绍了许多训练批判性思维的方法，包括正式写作、探索性写作和小组讨论等，目的是提供给研究生尽可能多的手段，让他们在科研入门阶段和整个学术生涯中运用这些方法，提高自己的批判性思维能力和进行科学研究的效率。教师将多样性写作和批判性思维活动结合到课程教学里去的步骤，无疑能大大地提高学生的学术写作的质量。担心要求探索性写作会过多地增加工作负担的教师们应该意识到，许多使用探索性写作的选择是灵活的，其中也包括一些不花费任何时间的选择。正如下面显示的，教师可以在课程教学里运用许多探索性写作的方法，但不会过多地增加他们的工作负担。

不需要花费教师任何课外时间的学生写作：

①不需收集的课内自由写作。

②为一个正式写作进行"创造"准备的探索性写作。

③文献的页边笔记。

只需要花费教师极少时间的学生写作：

①论点表述写作。

②收集一些课堂内的自由写作（教师只需花很少时间浏览这些写作以了解学生的思想发展状况）。

③只评注"通过"或"不通过"的日志（教师只注重日志的质量而不看形式）。

④以"＋/√/－"来评级的日志（减少时间的方式：浏览条目或只阅读随机抽样的条目）。

比较花费教师时间的学生写作：

①需要阅读和详细答复的日志，虽然比较花费时间，不过，不少教师能获得阅读日志的快乐以至于他们砍掉别的一些写作练习来补偿他们的阅读日志的时间，比如用日志来代替一个作文考试或一个外加的正式作文。

②学生需要期末提交的研究计划或课程论文。

不过，即使对于最花费时间的学生期末提交的研究计划或课程论文，如果紧紧抓住论点主导式写作这一"牛鼻子"，并主要关注论文的高层次写作，教师就不必再在期末逐字逐句去批改几十篇论文。只要看论文各部分是否很好地回答了必须回答的问题（如第 15 章中的考试题目所示）：怎样根据文献综述及在目前的主要研究成果的基础上提出拟解决的科学问题和研究目标？为实现这一研究目标，设计的主要方法和手段是什么？实现这一研究目标后预期可获得什么有一定创新性的成果？根据这些问题的回答情况，教师就可以很快地评判出一篇论文的优劣。另外，在一学期之中，根据学生几次提交的材料（在学期中，当学生自学进行研究计划写作时，教师就可以利用这些时间来阅读这些材料）、几次学生的汇报、教师的点评、学生的互评等，教师对每个学生的论文写作的质量在期末论文提交前已有基本的评价。同时，由于期末考试属于对论文的总结式写作，所以期末考试结束后，教师只需快速阅读考试答案和论文终稿就能评定其等级。另外，教师要求学生提前（如在第 16 或 17 周）提交科研心得和其他志愿提交的探索性写作材料，方便自己在期末考试前就能够阅读完这些材料并给出评分。由于对科研心得和探索性写作材料的评价主要注重"过程"而非"结果"，所以教师采用快速阅读甚至浏览方式就可以判断其质量并给出评分。

14.5.3 抓住课堂讨论点评的要领

课堂讨论是学生在进行批判性写作过程中与教师之间最直接的交流过程。前面已提到，在课堂讨论中，教师的点评是极为关键的一环，因为教师扮演着权威性的角色和批判性思维的指导者，教师的评论代表同行专家的意见，是衡量学生论文写作质量的标准和尺度。另外，由于学生经过独立思考后，他们对于自己的观点更有信心，能更主动地提出问题，问题也更具有挑战性。不过，就像评阅期末提交的研究计划一样，教师在点评中，如果紧紧抓住论点主导式写作这一关键策略，并且主要关注学生论文的高层次问题，那么进行这一点评任务并不困难。点评中，教师只要全力关注"批判性思维""科学问题""科学假定""研究目标""创新点"这些关键点，就不仅能使纷纭复杂的问题变得简单、清晰，还总是能够抓住学生写作中的要点、"痛点"和难点，同时使学生对优秀论文的整体风格和"形态"逐步形成共识，改变学生对学术论文评价和开展科学研究的思维方式。以下是第 15 章课程设计里几次点评过程中教师对学生可能提出的问题或建议，为了便于读者将这里的点评建议与第 15 章的点评活动联系起来，我们用页码将各次点评活动标注出来。

在对学生的引言写作的第一次点评中［388 页："第 4 次课（2021 年 9 月 26 日……对第一阶段的课程项目（即学生提交的引言）进行点评"］，因为是针对学生的"试水"练习，教师能够预料到绝大多数都是认知不成熟的写作，即没有任何论点的写作，所以教师在点评前提醒学生："由于不少同学可能是第一次'去深海游泳'，所以今天点评的文章可能很多是包罗万象式或百科全书式的写作，即论点不明确的写作，但大家不必沮丧，这正好说明您选修此课的必要性。另外，我只是抽样点评，对于点评到的文章也没有指出其中的所有问题，而只是一些典型问题，所以同学们务必要相互学习，吸取别人的优点，发现自己文章中类似的问题。"这次点评主要指出以下写作问题：

- 百科全书式的写作。
- 资料堆积式的写作。
- 没有任何论点的写作。
- 为什么引言中没有引用较高水平的文献？
- 这里堆积这么多文献想获得什么论点？
- 引言中应该包括题目和文献列。
- 在题目中不要用具体地名或"以……为例"，除非其包含科学问题。
- 这里似乎列了一些"论点"，但它们从何而来？
- 范围太广，即使博士论文的引言也不会涉及这么多方面。

在对引言写作的第二次点评中［389 页："第 9 次课（第 9 周，2021 年 10 月 27 日）：课程项目引言部分在全班汇报、讨论、点评"］，主要指出从文献综述到提出研究目标这一过程中出现的问题。

- 为何国际文献很少？
- 为何文献都是 2000 年以前发表的？
- 在引言的最后一段，您提出的研究目标（科学问题、科学假定）是什么？
- 从引言的倒数第二段到最后一段，您是怎样"引"出研究目标的？
- 在怎样"引"出研究目标的过程中，您是怎样逐句考问自己的？
- 您引用的这些文献与研究目标有何关系？
- 为何您认为这是一个值得研究的问题？
- 必须在引言的最后一段，清楚地叙述："本文的研究目标是……"
- 引言中的研究目标太多（太泛），还需进一步凝练。

在对研究计划完成稿的点评中［390 页："第 19 次课（第 19 周，2022 年 1 月 5 日）：课程项目在全班（环科班）汇报、讨论"］，主要指出以下问题。

- 用一句话总结您的研究目标（科学问题、科学假定）。

- 为实现这一研究目标,您设计的主要方法和手段是什么?
- 在预期成果中怎样证实您的科学假定?
- 实现这一研究目标后预期可获得什么有一定创新性的成果?
- 预期结果中有何创新点?
- 为何您认为这是一个创新点?
- 根据这份研究计划,您是否可以胸有成竹地走进实验室开展实验?
- 根据这些创新点,您预计您的最终论文可以投几区的 SCI 期刊?

课堂点评也可能是比较辛苦的,特别是为了公平,一个班的最后一次汇报需尽量安排在一天内完成,那么 30 个学生,每人汇报、讨论 12 分钟,就需要至少 6 小时的时间。一位博士生在考试答案建议部分就这样写道:

"首先,我想隆重且真诚地感谢张老师本学期对我们的付出。从第一节课老师对本学期的要求精确到打分细则我们就能感受到,这是一位十分认真负责的老师。而后面的课程教学,再到论文的评述,老师一直都是那么的尽心尽力。特别是最后的论文展示,一天 6 个多小时的认真评价与思考,我自问自己是很难做到的,但是您做到了。课堂上一位硕士师妹笑称:'张老师可太有精力啦,我们都很难做到!'这点我极力赞成。我可以坐 6 个多小时,但是要像您那样认真地去听每个学生的汇报还要做出评价,我是自愧不如啊!"

在期末论文汇报的安排上应该有改善的余地,比如汇报可以安排在两天进行,给每个学生多一些汇报时间,既适当增加讨论时间,教师也可以轻松一些。无论如何,一学期下来,集中听取这些有趣的汇报和进行点评,看到学生们的快速进步,虽然辛苦,但教师应该感到值得和欣慰。

思 考 题

(1) 对批判性写作思想方法的教学建议是什么?
(2) 对正式写作的教学建议是什么?
(3) 对探索性写作和课堂讨论的教学建议是什么?
(4) 上述教学建议如何促进学生的批判性思维?
(5) 教师怎样与学生进行卓有成效的面谈?
(6) 教师提高批判性写作的教学效果同时处理好工作负担的策略是什么?
(7) 为什么教师凭借自己作为一个学术界的作者和读者的经验,加上怎样去探索和辩论方面的知识,就可以去开设各专业的批判性写作课程?

第15章　批判性写作课程设计案例

虽然上一章和本章的课程设计内容主要是为需要开设此类课程的教师服务的，但其中的一切内容（包括考试题）对研究生都是公开的。而且我们建议研究生像阅读本书其他章节一样，认真阅读这两章，并更好地配合教师的教学，那么教与学效果一定会更佳。对于没有机会学习此类课程的研究生，也可以将本书作为自学教材，按照"课程设计"中的步骤进行自学，这对于提高自己的批判性思维和开展科研的能力肯定会有帮助。考虑研究生在科研入门方面的迫切需求，我们建议将此课程作为对刚入学的研究生（包括硕士生和博士生）开设的必修课，教授可以根据自己的教学需要进行课程设计，以下提供的批判性写作课程的设计案例以及对批判性写作的教学建议仅供参考。

15.1　课程简介

涵盖本书的主要内容，我们为中山大学环境科学与工程学院刚入学的研究生（包括硕士生和博士生）开设了必修课"学术规范与论文写作"（教师们可根据自己的需要取用更好的课程名称和涵盖适当的课程内容），课程简介如下。

教学目标

为了培养研究生的创造、创新精神和能力，本课程的教学目标是应用科学的教学方法指导学生去学习和进行科学研究，引导他们去思考、去质询、去探索；提高其批判性思维、创新性思维能力和创造力；帮助学生建立正确的学术规范，培养严谨踏实的科研作风。

教学内容及基本要求

学生必须清楚地认识到研究生培养的根本目的是使其成为具有创新能力的人才，而在这一过程中，培养学生的批判性思维能力，是教学和开展科研的关键。本课程帮助学生提高批判性思维和创新性思维的能力，促进他们进行积极的、主动的、创造性的学习和顺利进入科学研究的大门。

学术论文撰写是构建和训练批判性思维的强有力工具，学术论文的发表是培养批判性思维所获得的成果，即写作活动既是一个进行批判性思维的过程，又能产生批判性思维的结果。通过正式的学术写作（如学期论文写作、科研论文和学位论文写作等）这一最有效手段训练研究生怎样去构建和训练批判性思维，怎样去阅读文献、寻找科学问题、解决科学问题，而通过这一过程，他们又可获得阶段性的研究成果。

帮助学生尽快克服认知不成熟的论文写作（即包罗万象式或百科全书式的写作、资料堆积式的写作、按时间顺序结构进行的写作），顺利过渡到论点主导式写作。

让学生认识到正式的学术写作要求具有分析和辩证的思考，并且用一个主导的论点陈述和一个具有逻辑的、从上而下的结构来表征。论点主导式写作必须认识到知识的复杂性，即考虑到关于性质和真理的各种观点。在此基础上解析学术论文的结构（尤其是"引言"和"讨论"部分），并教学生怎样提出科学论点并围绕着论点陈述写好论文的每一部分。

除了正式的学术写作（本课程主要是学期论文，即一份研究计划的写作）外，还将向学生介绍并在本课程中应用其他进行批判性思维的方法，如以激发思维为目的的探索性写作、以小组讨论形式来解决的问题、以探究为基础的课堂讨论等。

对学术规范与论文写作的其他方面，如学术规范与学术伦理、学术论文写作（文献阅读、论文选题、实验设计、写作规范）、投稿返修等也将进行讨论。

本课程拟达到以下基本要求：对于刚开始学习科研的研究生，通过本课程获得怎样开始进行科研的正确方法，提高其批判性思维和创新性思维能力，帮助他们早日跨入科研的大门；对于已有一定研究基础的研究生（比如有一定科研经历的博士生），通过本课程可以进一步明确、深化开展科研的思路和方法，进一步提高其批判性思维和创新性思维能力，帮助其更有效地、更高质量地发表学术论文。

本课程为 2 个学分，36 个学时，在秋季学期为刚入学的研究生（也是他们最需要帮助的时候）开设此课程，每个班的学生人数建议不多于 30 人。使用教材：《科学研究的维度：批判性思维的构建与应用》（张仁铎主编，骆海萍副主编，科学出版社，2023）。

下面讨论的课程具体安排虽然用了 2021 年的教学安排作为例子，但是为了让教师们更方便地使用教学案例和新教材，课后阅读教材章节是按新教材《科学研究的维度：批判性思维的构建与应用》来布置的，课程软件也是按新教材内容来制作的。

15.2 课程总体安排

授课内容包括课堂主讲专题和课程作业布置，下面做具体说明。

课堂主讲专题包括：

①创新型人才培养的重要意义与困境；

②怎样进行批判性思维；

③个人创造力的培养与提升；

④论文写作与批判性思维的关系；

⑤科学研究的选题；

⑥怎样撰写引言；

⑦怎样提高英文文献阅读和英文写作能力；

⑧（A）学术成果的结构，（B）科学研究的实验设计和研究方法；

⑨学术论文的结果与讨论；

⑩培养批判性思维的温床；

⑪学术论文的修改和学术成果的发表；

⑫学术规范与学术伦理。

课程作业包括：

①课外阅读：教材、参考书、学术论文等。

②课程项目（即学期论文的写作或正式写作）：你计划写你的第一（或第二……）篇 SCI 论文，随着课程的进度，你需要完成此论文的研究计划（或向导师提交的研究报告），这将是你的 SCI 论文最基础的部分。

课程项目说明

你将用整整一学期的时间，通过正式写作方式完成一份用于指导自己去完成某一阶段性研究的研究计划，即一篇学术论文的基本框架。课程项目将分三期布置，包括个人写作，课堂点评，全班汇报、讨论，小组成员评审，全班对学期论文的评审等。最终的研究计划将包括：

（1）题目

（2）摘要

（3）引言

（4）材料与方法设计

（5）预期的结果与讨论

（6）参考文献

③提高自己批判性思维能力的其他写作，即探索性写作，如日志、读书笔记等，这些写作属于个人修炼，期末如提交探索性写作的相关材料，根据其质量可获得一定的加分。

④需提交的作业：课程项目各阶段报告、科研心得（包括课堂问题应答以及对教材学习的心得和书评，见以下说明）。

科研心得说明

请记录下此课程对于你开展科学研究进程的心得，心得写作不要求美观、连贯、思路清晰，不是"最后一夜赶的作业"，而是一个学期中每日的学习科研的心路历程，所以，请注明每次写作的日期。科研心得也包括你对课堂问题的应答，你在课堂上完成课堂问题应答后提交给教师一份答案（纸质版）以便教师了解你的思维状况，同时你自己保留一份答案（拍照），课后抄录于你的科研心得之中，随着课程的深入，记录下你对这些问题的新认识。另外，按时完成对教材的书评（教师会随机抽查），并将书评也包括在你的科研心得之中，随着课程的深入，你也可以添加或修改你的书评，直到期末提交科研心得的截止日期。

学生成绩计算：

①学生的课堂参与：50（包括出勤、课堂讨论等）。

②课程项目（即研究计划）：400。包括课程项目各阶段报告、学期论文（带修改痕迹和不带修改痕迹）终稿、你对一名小组成员的终稿的评审意见及对全班同学学期论文的评价表。

③科研心得：100。

④期末考试（开卷）：50。

⑤期末提交的其他个人探索性写作材料根据质量可获得最高20分的加分。

共计600分，最后换算为百分制。

课程总体安排如下：

①课堂讲授：10至11次课。

②课程项目写作（自学）：4至5次课（提醒学生须自己增加更多的课外写作时间）。

③课程项目在全班汇报、讨论、点评：5 至 6 次课（因期末全班汇报、讨论需集中安排，所以可能占用一些额外的课次时间）。

④期末考试（开卷）。

课程具体安排如下。为了更清楚地说明课程安排，下面我们列出 2021 年秋季本课程的具体安排，从 2021 年 9 月 8 日至 2022 年 1 月 12 日，学硕和学博共 59 人，分成两个班：环境科学（环科）29 人，上课时间为周三上午 1 至 2 节；环境工程（环工）30 人，上课时间为周三上午 3 至 4 节。在不影响教学质量的前提下，课堂主讲专题可以合班讲解，以便教师有更多时间在其他方面为学生提供帮助。

第 1 次课（第 2 周，2021 年 9 月 8 日）：

将学生分为 10 组，3 人一组（自愿原则），请每组将组员的班号（环科 1 班、环工 2 班）、姓名、专业（或导师姓名）、电话号码和电子邮件地址在 9 月 10 日前发到我的邮箱（zhangrd@mail.sysu.edu.cn）。小组成员在整个学期将在一起进行论文写作、学术讨论、相互点评、论文修改等，以及期末互相对小组成员的一份终稿写出评审意见。

课程总体情况介绍：课程简介、课堂主讲专题、课程项目和课程作业的总体安排，学生成绩计算规则，课程总体安排（课件：课程简介.ppt）。在介绍完课程总体情况后，我们需向学生强调和说明以下几点。

第一课的"开场白"

- 应做好充分思想准备，这将是艰苦的一学期，但必将是收获满满的一学期，一定要做好时间安排，投入尽可能多的时间和精力去修好这门课。有的研究生认为这门课对于硕士研究生来说可能有一些早，而且研一上学期的课程较多，做实验时间较少，没办法将所做的实验与上课内容很好地结合。有人建议将这门课程培养批判性思维能力的部分放在研一上学期，把论文写作部分放在研一下学期。我们的建议是：研究生应该充分认识到自己转型的紧迫性，尽快进入科研大门是他们迫不及待的事情，研一课多是事实，但越快完成自己的思维转变，越早学会开展科学研究的方法，对于将来自己的学术生涯，才真正是事半功倍。所以不论多么忙，一定要下大力气、花苦功夫把这些科学研究的方法早日学到手。学生应该这样想，自己学院能开这门课，应该是幸运的。如果没这个机会，假如其他院校开设这种解决研究生根本问题的课，自己是否再忙也一定会去旁听呢？所以，这一学期再苦再累、花再多的时间都是值得的，因为这不仅仅是修一门课，而是学习可能受用终身的研究方法。另外，在这门课里我们反复强调,学习科学研究不是要等研究生完全进入实验室后或有一定的实验数据才开始,而是从提高自己的批判性思维能力、学习怎样寻找科学问题开始。至于说能否将这门课程中培养批判性思维能力的方面和学术论文撰写分开,提这种建议的学生也意识到,这二者其实是密不可分的。

● 给学生布置各种作业,这都是围绕着提高学生批判性思维所做的精心安排。属于正式写作的课程项目(研究计划)将是培养学生批判性思维最强有力的工具,最终还能收获批判性思维的成果。科研心得包括学生对一些重要课堂问题的思考和随着课程的深入,对这些问题的新认识,以及随着课程的深入,学生对教材书评的添加或修改。学生还可以进行提高自己批判性思维能力的其他探索性写作。通过写科研心得,学生开始使用培养批判性思维的各种方法(即"温床")来孕育科研思路,并养成做科学笔记的习惯。

● 要求学生上交研究计划终稿时,附上所有的修改稿、笔记和随心涂画的东西:将研究计划终稿与按时间顺序组织起来的、像地质层一样的其他材料一起上交,这样做,不但有了学生写作过程的证据,而且看到了他们进行批判性思维的心路历程,还设下了反剽窃的强大防卫。在我们的课程中也使用这一策略,学生提交的学期论文终稿中必须包括带修改痕迹和不带修改痕迹的两个版本。不过,过去不少学生上交的带修改痕迹的版本往往是没有进行实质性的修改而是装点门面似的校正版本,所以,上课的第一天我们就需要向学生解释清楚,"带修改痕迹的版本"必须是记录了他们论文修改全部过程的版本,哪怕是面目全非或全文重写。

● 宣布考试题(391页)。我们第一堂课就宣布考试题,那么从一开始学生就清楚自己应该达到什么目标。

布置课程项目第一阶段写作[课件:课程项目(第1阶段).ppt]。

讲解专题1前要求学生用5分钟对以下其中一个问题进行写作:"①研究生的培养目标是什么?②研究生怎样开始进行科学研究?"(课堂讨论问题写作拍照后当堂提交,"科研心得"中需对两个问题都作答,下同)专题1:创新型人才培养的重要意义与困境(课件:第1讲创新型人才的培养.ppt)。

课后阅读教材:序、前言、绪论、第1章,请两周内完成这些部分的阅读心得及书评(教师将随机抽查,下同)。

第2次课(第3周,2021年9月15日):

讲解专题2前的5分钟课堂写作:"怎样进行批判性思维?"专题2:怎样进行批判性思维?(课件:第2讲怎样进行批判性思维.ppt)。

讲解专题 3 前的 5 分钟课堂写作："怎样提高自己的创新性思维和个人创造力？"专题 3：个人创造力的培养与提升（课件：第 3 讲个人创造力的培养与提升.ppt）。

课后阅读教材：第 2、3 章，请两周内完成这两章的阅读心得及书评。

第 3 次课（第 4 周，2021 年 9 月 22 日）：

讲解专题 4 前的 5 分钟对以下其中一个问题的课堂写作："①为什么要撰写和发表学术论文？②怎样理解论文写作与批判性思维的关系？"专题 4：论文写作与批判性思维的关系（课件：第 4 讲论文写作与批判性思维.ppt）。

讲解专题 5 前的 5 分钟课堂写作："怎样进行科学研究的选题，你认为最大的困难是什么？"专题 5：科学研究的选题（课件：第 5 讲科学研究的选题.ppt）。

课后阅读：第 4、5 章，请两周内完成这两章的阅读心得及书评。

第 4 次课（2021 年 9 月 26 日，星期日，上 10 月 6 日的课）：

讲解专题 6 前的 5 分钟课堂写作："引言的功能是什么？怎样撰写引言？"专题 6：怎样撰写引言？（课件：第 6 讲怎样撰写引言.ppt）（说明：由于引言在整个课程安排中的首要地位，所以将"怎样撰写引言？"提前讲解以便安排更多时间让学生用于引言的撰写）

对第一阶段的课程项目（即学生提交的引言）进行点评（课件：引言点评.ppt），布置第二阶段课程项目，即在教师指导下进行引言的撰写[课件：课程项目（第 2 阶段）.ppt]。

课后阅读：第 7 章，一周内完成这一章的阅读心得及书评。

第 5 次课（第 5 周，2021 年 9 月 29 日）：

讲解专题 7 前的 5 分钟课堂写作："在英文文献阅读和英文写作方面，您面临哪些困难?"专题 7：怎样提高英文文献阅读和英文写作能力？（课件：第 7 讲英文文献阅读和英文写作能力.ppt）（说明：为了帮助进行引言撰写中的文献综述，这一专题紧随"怎样撰写引言？"之后讲解）。

课后阅读：第 10 章，一周内完成这一章的阅读心得及书评。

第 6 次课（第 6 周，2021 年 10 月 6 日）：

国庆假期，课程项目第二阶段写作（自学）。

第 7 次课（第 7 周，2021 年 10 月 13 日）：

讲解专题 8A 前的 5 分钟课堂写作："怎样撰写研究计划和项目申请书？"专题 8A：学术成果的结构（课件：第 8A 讲学术成果的结构.ppt）。

讲解专题 8B 前的 5 分钟课堂写作："科学研究中，设计实验和方法的基本原则是什么？"专题 8B：科学研究的实验设计和研究方法（课件：第 8B 讲实验设计和研究方法.ppt）。

课后阅读：第 6、8 章，两周内完成这两章的阅读心得及书评。

第 8 次课（第 8 周，2021 年 10 月 20 日）：

课程项目第二阶段写作（自学），要求第 1 至 3 组的学生提交到目前为止所写的科研心得（不评分）。

第 9 次课（第 9 周，2021 年 10 月 27 日）：

课程项目引言部分在全班汇报、讨论、点评（学生汇报顺序按点名册的相反顺序：顺序 30—16）。

第 10 次课（第 10 周，2021 年 11 月 3 日）：

课程项目引言部分在全班汇报、讨论、点评（学生汇报顺序按点名册的相反顺序：顺序 15—1）。提交引言部分的写作（不评分）。

第 11 次课（第 11 周，2021 年 11 月 10 日）：

讲解专题 9 前的 5 分钟课堂写作："对于怎样撰写学术论文，您最希望解决的问题是什么？最大的困难是什么？"专题 9：学术论文的结果与讨论（课件：第 9 讲 学术论文的结果与讨论.ppt）。

讲解专题 10 前的 5 分钟课堂写作："您使用哪些训练自己批判性思维的方法和手段？成效如何？"专题 10：培养批判性思维的温床（课件：第 10 讲 培养批判性思维的温床.ppt）。

布置第三阶段课程项目［课件：课程项目（第 3 阶段）.ppt］。

课后阅读：第 9、11 章，两周内完成这两章的阅读心得及书评，要求第 4 至 6 组的学生提交到目前为止所写的科研心得（不评分）。

第 12 次课（第 12 周，2021 年 11 月 17 日）：

讲解专题 11 前的 5 分钟课堂写作："怎样理解本书的行动主线：不断思考、不断写作、不断修改？"专题 11：学术论文的修改与发表（课件：第 11 讲学术论文的修改与发表.ppt）。

讲解专题 12 前的 5 分钟课堂写作："怎样防范'非故意剽窃'？"专题 12：学术规范与学术伦理（课件：第 12 讲学术规范与学术伦理.ppt）。

课后阅读：第 12、13 章，两周内完成这两章的阅读心得及书评。

教师可以同学生交流阅读他们提交的到目前为止所写的科研心得的感受：

①欣喜地看到每个同学都像科学家们那样写科学笔记，形式多样、内容多彩；

②教师非常享受阅读同学们的科研心得这一过程，不少科研心得中包括了你们对于自己科研的思考、感受以及同自己搏斗中前进的过程；

③建议：

（A）在"量"上，尽量多写，多多益善；在"质"上，书评应避免只是总结书里的内容，重点应放在怎样将书里的方法同自己的科研结合起来；

（B）课堂问题值得长期思考，所以在科研心得里应体现出对这些问题的不断思考和答案的更新；

（C）不时回头去读读自己所写的心得，你会很享受，会欣赏自己、感谢自己，同时又会激发起更多的思路、写出更多心得；

（D）小组成员间或朋友间相互交换科研心得，奇文共欣赏，疑义相与析。

第 13 次课（第 13 周，2021 年 11 月 24 日）：

学生进行课程项目第三阶段写作（继续修改引言，开始撰写研究计划的其他部分）（自学），要求第 7 至 10 组的学生提交到目前为止所写的科研心得（不评分）。

第 14 次课（第 14 周，2021 年 12 月 1 日）：

学生进行课程项目第三阶段写作（自学），阅读第 14、15、16 章，两周内完成这些章节的阅读心得及书评。教师对部分困难较多的学生进行面谈，以提供更多帮助。

第 15 次课（第 15 周，2021 年 12 月 8 日）：

学生进行课程项目第三阶段写作（自学）。教师审阅学生提交的引言部分写作及科研心得（不评分）。

第 16 次课（第 16 周，2021 年 12 月 15 日）：

针对课程项目写作中的问题，全班自由讨论。提供给学生全班学期论文汇报所用的按点名册顺序的课程项目评价表（包括评价标准，见 15.4.3 节）。

第 17 次课（第 17 周，2021 年 12 月 22 日）：

学生进行课程项目第三阶段写作（自学），提交科研心得的最终版（评分）和其他志愿提交的探索性写作材料（适当加分）。

第 18 次课（第 18 周，2021 年 12 月 29 日）：

学生进行课程项目第三阶段写作（自学）。教师继续阅读学生提交的科研心得的最终版和其他志愿提交的探索性写作材料。

第 19 次课（第 19 周，2022 年 1 月 5 日）：课程项目在全班（环科班）汇报、讨论（上午 8：00—12：00，下午 2：30—4：30），由于学生这一期末汇报将接受教师和其他同学的评审并决定其学期项目成绩，为了让学生利用更多时间完成课程项目，所以尽量将汇报安排靠近期末；为了公平，同一班所有学生在同一天进行汇报。

第 19 次课（第 19 周，2022 年 1 月 6 日）：课程项目在全班（环工班）汇报、讨论（上午 8：00—12：00，下午 2：30—4：30）。

全班汇报完毕后，就通过电子邮件发给学生期末考试题，开始期末考试：检查通过本课程，学生在开展学术研究方面的进步程度。同时给予一定时间让学生对课程项目论文做最后的修改。

"学术规范与论文写作"期末考试题

班级： 姓名：

1. 简述您的课程项目论文：怎样根据文献综述（即选题目前的主要研究成果和进展），提出您的拟解决的科学问题和研究目标？为实现这一研究目标，您设计的主要方法和手段是什么？实现这一研究目标后预期可获得什么有一定创新性的成果？通过课程项目论文的撰写，怎样提高了您开展科学研究的批判性思维、创新性思维能力？

2. 通过本课程，您学习到了哪些开展科学研究的方法？您的最大收获是什么？有何建议？

3. 根据 1 和 2 以及学期论文的评价标准，给自己一个评分（百分制），简要而明确地说明您的评分理由，评分须尽可能专业和客观。

说明：

1. 开卷考试，2022 年 1 月 12 日 18：00 结束。

2. 试卷以 word 文档的形式上交，正文字体为宋体五号，1.5 倍行距。

3. 试卷同以下材料打包提交：学期论文终稿（带修改痕迹和不带修改痕迹），论文中引用的 15 篇国际文献的 PDF 文件（将这些文件收集到一个单独的文档里），项目汇报的 PPT，一名小组成员对您的论文终稿的评审意见，您对小组成员的一份终稿的评审意见，您对全班同学学期论文汇报的评价表。提交的打包文档名为您的姓名后加"（环科）"或"（环工）"。

4. 注意：试卷及以上材料必须在 2022 年 1 月 12 日 18：00 之前提交，过了截止时间将不被接收。

以上课程是按 2 个学分（36 个学时）来设计的，教学时间安排比较紧，按 3 个学分（54 个学时）来安排课程可能会更理想。如果按 3 个学分来设计课程，建议增加教师与学生面谈、课堂讨论、小组讨论、学生课外写作等环节的时间。

15.3　课程项目的分阶段布置

由于学术论文撰写是构建和训练批判性思维最强有力的工具，学术论文的发表是培养批判性思维所获得的成果，因此，课程项目或学期论文的正式写作的布置既是帮助研究生实践科学研究方法的必经历程和必要手段，又可以帮助他们获得进行这一批判性思维训练的结果：一份最终可发展成为学术论文的研究计划。为了帮助学生更好地完成课程项目，我们将其进行分阶段布置。

15.3.1　课程项目分阶段布置的目的

其一，分阶段布置课程项目符合学生的认知发展过程和学术论文的写作过程。其二，分阶段布置的好处在于（卡比和古德帕斯特，2016）：将一个问题分解成许多较小的问题，每个小问题都有各自的小目标，每个子目标又是一个问题，而这些问题越小，越不构成心理障碍，也越容易解决。此外，当学生找到实现每一个子目标的途径时，就能够强化自信心及获得了必要的动力去实现最终的目标。其三，对于研究计划的撰写，引言部分是其他部分的基础，也是研究生学习科研的关键的起步环节，所以我们通过分阶段布置，让学生使用更多的时间集中在引言部分的撰写上，直到较好地完成了引言的撰写，即明确了研究目标后，才布置研究计划其他部分的撰写。

当布置一个正式的写作练习时，应将写作看成一个渐进过程。在绝大多数课程中，最能显示批判性思维结果的学生的"产品"就是正式的论文。然而，许多时候学生上交的最终作品，事实上只是一个短期内匆匆完成的早期草稿，一个没有充分发展和通常是缺乏独创的写作过程的结果。除非我们设计课程以促使写作成为一个过程，否则不论我们怎样规劝学生应进行多稿写作，绝大多数的学生仍然是在作业到期的前一夜才写他们的文章。如果教师从一开始设计他们的课程就防止这种"最后一分钟"的写作，促使探索性写作和对话式写作，鼓励实质性的修改，教师就可以帮助学生获得更好的最终作品。第 11 章对此策略进行了详细探讨，本章是对此策略进行实践。

15.3.2　课程项目分阶段布置的实施

本课程项目要求研究生通过正式写作方式完成一份研究计划，即用于指导自己去完成某一阶段性研究的计划书，也是一篇学术论文的基本框架（研究计划的撰写见第 6 章）。根据以上讨论分阶段布置的原则，以下是课程项目的具体安排：

（1）课程项目第一阶段（2021 年 9 月 8 日至 9 月 26 日）[课件：课程项目（第 1 阶段）.ppt]。

- 请大家根据自己的（可能的）研究课题，选定一个题目，读文献，写出引言部分。
- 9 月 25 日 10：00 前提交。
- 9 月 26 日教师对同学们的引言写作进行课堂点评。

因为这一布置没有详尽的指导，同传统的课程论文布置相似，学生也还没有学习到怎样撰写引言，所以教师可以预料到许多百科全书式的、资料堆积式的写作，即没有论点的写作，不过，教师可以告诉学生，这就是"试水"，就像将他们扔到海洋里去自己学习游泳那样，因此不必为写出那样的引言感到沮丧，而应该通过学习怎样写引言和教师对同学们引言写作的课堂点评，为下一阶段的引言写作做好充分准备。

（2）课程项目第二阶段（2021 年 9 月 26 日至 10 月 27 日）：这一阶段专门安排撰写引言，由于教师已经对学生"试水"的引言写作进行了点评，课堂内也讲解了"怎样撰写引言"，同时要求学生阅读第 7 章并写出书评，学生应该比较充分地认识到了撰写引言中自己的问题，也应该比较清楚这一阶段怎样撰写引言。不过，在布置这一阶段的课程项目时我们仍给出如下详尽的指导，反复强调写引言最后必须提出明确的研究目标[课件：课程项目（第 2 阶段）.ppt]。

课程项目要求（写引言）：

- 学术论文要求论点主导式写作，写引言就是为了提出科学问题，提出研究目标（或研究论点）。
- 根据自己学位论文的大方向或一篇你准备撰写的学术论文，在导师的指导下，通过文献综述，较系统总结某一科学问题的研究现状：已解决哪些问题，还存在的问题和发展方向。
- 引言：通过文献综述，总结发展现状，凝练出拟解决的科学问题，提出研究目标（或研究论点）。

写引言的要求：

- 避免百科全书式或资料堆积式写作。
- 第一段：集中写拟研究问题的重要性，2 至 3 句话即可，避免长篇的宽泛叙述。

- 中间段落（最长部分）：文献综述，总结和梳理相关的过去的研究工作。尽量选择近期的和发表在高水平学术期刊上的文献，这保证你的研究工作的新颖性和学术高度。记住：你需要站在巨人的肩膀上！
- 倒数第二段：指出为什么你的工作是新颖的，它将如何提高人们的认识。从文献综述到你的研究问题的提出必须具有说服力、逻辑性。为了避免没有说服力的勉强转折叙述，你必须逐句考问自己！
- 最后一段：明确本论文（研究计划）的研究目标或论点叙述，如能够提出将要证实的科学假定更好。研究目标或论点叙述必须明确："本论文的研究目标是……""本文将证实的假定是……"

课程项目安排：

- 根据课堂的点评意见，在接下来的写作期间，进一步进行文献综述，集中精力写好引言部分。
- 引用的国际文献不少于15篇，尽量引用发表在本领域高水平期刊上的和近期发表的文献。
- 第9周（2021年10月27日）和第10周（2021年11月3日）：全班汇报、讨论，每人7分钟，其中5分钟汇报，2分钟讨论、点评。

（3）课程项目第三阶段（2021年11月3日至2022年1月6日）：这一阶段学生在明确了研究目标的基础上撰写研究计划的其他部分。下面给出的对学生的指导意见除了课程项目要求外，还给出对课程项目的评价标准（见"15.4.3 学期论文的评价标准"），让学生尽早知道教师和学术界对于科技写作"优秀"的期望［课件：课程项目（第3阶段）.ppt］。

课程项目要求（写研究计划）：

- 根据点评意见，进一步阅读文献，继续完善引言部分，使科学问题、研究目标更加明确，并在其基础上撰写研究计划的其他部分。
- 提出为实现这一研究目标将采用的方法：撰写材料与方法部分。
- 提出达到这一研究目标后将取得的预期结果和可能的创新点：撰写预期结果与讨论部分。
- 2022年1月5日（环科）(2022年1月6日：环工)：全班汇报、讨论，每人12分钟，其中8分钟汇报，4分钟讨论。

课程项目（研究计划）的格式如下：

- 题目
- 摘要

- 引言
- 材料与方法
- 预期结果与讨论
- 参考文献（引用的国际文献不少于15篇）

课程项目需提交的材料（将同期末考试答案一同提交）：
- 根据课程项目的评价标准及汇报情况对全班同学学期论文（即研究计划）进行评价的评价表（见"15.4.3 学期论文的评价标准"）；
- 对小组成员的一份终稿根据课程项目的评价标准逐条写出的评审意见，另外，请将这份评审意见给这一组员，他/她将上交给我；
- 学期论文带修改痕迹和不带修改痕迹的终稿；
- 论文中引用的15篇国际文献的PDF文件（将这些文件收集到一个单独的文档里）；
- 课程项目全班汇报的PPT。

15.4 探索性写作和学期论文的评估

我们将探索性写作归类于非正式的和不评分的写作，然而，如果教师愿意，可以将探索性写作的权重加入课程的评分中去，权重可以根据学生花在写作任务上的时间即写作数量，或者学生思考的复杂程度即思考内容的质量，或者这两方面来决定。

15.4.1 运用一个"＋/√/－"系统

在评估探索性写作时（比如教师布置了日志或一系列的思想信件），教师可以使用"＋/√/－"系统，"＋"表示高质量的思维和探索，"√"表示达到了教师的期望值，"－"表示没达到要求。构成高质量思维的写作随内容而变化，在学生的探索性写作中教师所寻找的是对话式的思考——看到问题的复杂性、找到难题和困惑、勇于面对不充分的解释——以便教师能褒奖敢于涉足于问题的困难境地的学生。教师一般认为，可以很容易地区分有充实内容的探索性写作练习和肤浅的写作，关键的问题不是"这些探索性写作组织得怎样？"而是"这些探索性写作揭示写作者的批判性思维达到了什么程度？"教师褒奖思想的过程而不是结果。

15.4.2 探索性写作在评分中的权重

教师为了将"＋/√/－"系统的结果转变为 A、B、C 的评分（或相反百分数评分），下一步就是决定探索性写作在计算总的课程分数中权重是多少。这里有许多方法，从没有完成指定的探索性写作受到的惩罚到各种类型的鼓励。大多数教师以课程总分的一个百分数来计算探索性写作，百分数越高，学生花在探索性写作上的时间就应越多。经验显示，探索性写作占课程总分的一部分如 10%至 20%可以大大地增加学生系统地学习课程或论文写作的时间并产生更主动的学习。在我们的课程设计中，也把包括课堂应答和对教材学习书评的"科研心得"等探索性写作考虑到评分中，占课程总分的 16%。我们还给自愿提交其他个人探索性写作材料的学生一定的"红利分"。

15.4.3 学期论文的评价标准

由于学期论文的成果是一份研究计划，其中凝练科学问题和提出学术论点的引言部分占主导地位，所以包括文献综述是否全面、研究目标是否明确的引言部分占评分的 50%，研究计划其他部分占评分的 50%，在此基础上给出了学期论文的评价标准。

对课程项目的评价标准：

①文献综述是否全面（是否是本学科主流、国际和近期文献）、研究目标是否明确（50%）；

②研究方法、技术路线对于实现研究目标是否清楚、合理，具有可行性（25%）；

③预期结果是否合理、丰富，有无创新性或新见解（25%）。

对课程项目的评价指标：

①优秀（≥90%）：文献综述全面（主要是本学科国际主流和近期文献），研究目标明确，即在摘要和引言部分都显示了明确的研究目标；为实现研究目标所采用的方法（即材料与方法部分）清楚、准确，操作性、可行性强；结果与讨论部分清楚展示实现这一研究目标后所取得的预期结果，预期结果丰富并具有创新性。

②良好（80%—90%）：文献综述全面（主要是本学科国际主流和近期文献），研究目标明确，即在摘要和引言部分都显示了明确的研究目标；为实现研究目标将采用的方法（即材料与方法部分）比较清楚、准确，具有一定的可行性；

结果与讨论部分清楚展示实现这一研究目标后所取得的预期结果，预期结果比较丰富并具有一定创新性。

③中等（60%—80%）：文献综述比较全面，研究目标比较明确；为实现研究目标将采用的方法（即材料与方法部分）比较清楚、准确；结果与讨论部分比较清楚展示实现这一研究目标后所取得的预期结果，预期结果有一定的新见解。

④差（<60%）：以上其中某一部分存在明显问题，如引言部分文献综述不够全面，研究目标不明确，甚至还是没有论点的文章结构；材料与方法部分提出的方法不清楚；结果与讨论部分没有清楚展示任何预期结果，预期结果没有任何新见解。

在为论点主导式文章评分时，教师也可以用以下方式来衡量学生的评分等级。对一篇论文，教师询问下列的问题：

①文章里是否有一个论点？
②论点是否论述一个值得研究的问题？
③文章是否避免了长段的文献引用或未加分析的总结？
④引言的最后一段是否包括了明确的研究目标或科学假设？

如果这些问题的答案是肯定的，就给文章大约"中等"的评级；如果有一个问题的答案是"否"，就给更低评级。

如果文章通过了以上问题，就另加以下问题：

⑤论据是否充分？它是否以完整的、令人感兴趣的方式应答了问题？它是否具有适当的复杂程度？
⑥研究方法、技术路线对于实现研究目标是否清楚、合理？
⑦预期结果是否合理、丰富？文章是否有一定的创意？
⑧文章的组织结构怎样？文章是否紧紧抓住要点？

取决于以上问题的答案，教师给出文章"优"或"良"的评级。

当学生知道教师的评分标准后，并且当他们有机会在学习的进程中应用这些标准来互相帮助时，他们终稿的质量就会得到令人满意的提高。看到许多研究生结合自己的课题，遵循多稿写作和学生互相评审的过程，写出很好的研究计划或学术论文时，确实是令人欣慰的。通过设置高标准、鼓励多稿写作、让学生对他们的文章负责，简而言之，为了让学生获得优秀的课程训练结果，教师有理由使用严格的评分标准。

为了训练学生的科技成果评审能力和提高其科学鉴赏力，除了在"12.4.1

论文投稿"中，我们建议研究生参与论文评审，学习怎样通过同行专家的眼光来评判学术成果的过程外，在课程中我们还安排小组成员间对论文终稿的相互评审、学生对全班同学（包括自己）的学期论文汇报的评价，以及期末学生对自己整个学期这门课表现的自我评价等环节。要求学生根据课程要求以及学期论文的评价标准，对他人和自己的成果做出专业、客观、公正的评价，并将这一评价作为考核学生的指标之一。比如，如果一个学生对全班同学的学期论文汇报都给出几乎相同的分或随机打分，那么这种评价无论从学术水平还是态度上看都是不专业的；如果一个学生的自评中给出不符合相应学术水平的高分，那么这种评价也是不客观、不公正的。对于不专业或不客观的评价，教师可以将其视为"无效评价"，不具有对本人和其他同学评价的参考价值，但具有教师评判学生评审态度和能力的意义（即将影响到对学生的评分）。所以在自评和评审他人成果的过程中，学生需不断警醒自己："评分须尽可能专业和客观。"

15.5　课程教学软件

本课程教学所用的课件 PPT 按照教学过程中使用的先后顺序列于下面：

功能	课件名称
（1）课程简介	课程简介.ppt
（2）布置课程项目第一阶段写作	课程项目（第 1 阶段）.ppt
（3）专题 1：创新型人才培养的重要意义与困境	第 1 讲　创新型人才的培养.ppt
（4）专题 2：怎样进行批判性思维？	第 2 讲　怎样进行批判性思维.ppt
（5）专题 3：个人创造力的培养与提升	第 3 讲　个人创造力的培养与提升.ppt
（6）专题 4：论文写作与批判性思维的关系	第 4 讲　论文写作与批判性思维.ppt
（7）专题 5：科学研究的选题	第 5 讲　科学研究的选题.ppt
（8）专题 6：怎样撰写引言？	第 6 讲　怎样撰写引言.ppt
（9）对第一阶段的课程项目点评	引言点评.ppt（未包括在软件包里）
（10）布置课程项目第二阶段写作	课程项目（第 2 阶段）.ppt
（11）专题 7：怎样提高英文文献阅读和英文写作能力？	第 7 讲　英文文献阅读和英文写作能力.ppt
（12）专题 8A：学术成果的结构	第 8A 讲　学术成果的结构.ppt
（13）专题 8B：科学研究的实验设计和研究方法	第 8B 讲　实验设计和研究方法.ppt
（14）布置课程项目第三阶段写作	课程项目（第 3 阶段）.ppt

(15) 专题9：学术论文的结果与讨论　　　　第9讲　学术论文的结果与讨论.ppt
(16) 专题10：培养批判性思维的温床　　　　第10讲　培养批判性思维的温床.ppt
(17) 专题11：学术论文的修改与发表　　　　第11讲　学术论文的修改与发表.ppt
(18) 专题12：学术规范与学术伦理　　　　　第12讲　学术规范与学术伦理.ppt

计划使用本书开设课程的教师或购买了本书希望自学的读者，如果需要以上教学所用的课件PPT，请同我们联系（见"附录4 教学资源索取单"），可免费获得这些课件。

15.6　学生的一些反馈建议

在本课程的期末考试题中有一问题："通过本课程，您学习到了哪些开展科学研究的方法？您的最大收获是什么？有何建议？"这里免去学生对此课程的大量正面评价，主要列出他们提出的一些主要问题以及我们的解答，随后是他们对于进一步改进此课程的一些建议。

①"建议硕士生和博士生课程尽可能分开上。如果因为教师时间关系不方便分开，可考虑相同课题组的博士生和硕士生以小组的形式完成一个课题作业，起到博士带硕士的作用。""硕士生和博士生做科学研究的时间不同，可以开展一帮一，或者分别汇报展示，避免在同一展示下，硕士生的课程项目显得不是很成熟，对大部分的硕士生以博士的标准比较可能会影响他们的评级。""希望老师在之后讲述该课程的时候可以考虑博士生与硕士生在实际工作经验的差异性，一般硕士新生都比较缺乏直接经验与科研相关认知过程，希望可以在讲授科研探究理论的同时，搭配一些实际案例来进行讲解。同时也希望老师若使用撰写'全篇论文'作为考核内容的话，因学生直接经验不同，评价的时候能针对硕士生与博士生分开制定标准，或有针对性向硕士生给予教学辅助与教学评价倾斜。"

解答： 研究生应该明白，硕士生和博士生混合上这一门课程，是因为都需要批判性思维和学术论文写作这一基本训练。考虑到学生研究背景的可能差别，本课程拟达到的基本要求也不同："对于刚开始学习科研的研究生，通过本课程获得怎样开始进行科研的正确方法，提高其批判性思维和创新性思维能力，帮助他们早日跨入科研的大门；对于已有一定研究基础的研究生（比如有一定科研经历的博士生），通过本课程可以进一步明确、深化开展科研的思路和方法，进一步提高其批判性思维和创新性思维能力，帮助其更有效地、更高质量地发表学术论文。"同样，硕士生和博士生都需要学习各种批判性思维的方法以提高自己的科研能力并获得一定的批判性思维训练的成果，这里是一份研究计划，这对所有修课的研究生都是同等的要求。课程考核内容是一份研究计划而不是全篇论文，所以，学生写出完美的研究计划就达到本课程的最高标准"优"（即≥90分）。如有学生写出优秀的全篇论文（这种情况到目前为止还未出现过），教师可向学生展示论文作为大家下一步的努力方向，但不作为本课程考核的标准。同学们就硕士生和博士生的具体差别提出了一些相互帮助的好建议，值得采纳。原来的分班主要是从专业背景考虑（即环科硕士生和博士生一个班，环工硕士生和博士生另一个班），对于这门课，也许研究背景比专业背景更重要，因此按硕士生和博士生分班更为合理。第二年的课程就按环科硕士生和环工硕士生一个班，环科博士生和环工博士生另一个班来安排。

②"这一门课对于硕士研究生来说可能有一些早，虽然这么早开这门课可以让硕士生快速地了解论文写作以及论文的结构等重要的知识，但是研一上学期的课程较多，做实验时间较少，没办法将所做的实验与上课内容很好地结合，降低课程知识的吸收效果。个人认为应该将该门课往后延一延，等硕士生完全进入实验室后再进行授课，这样应该可以获得更好的授课及学习效果。""从个人的角度我会希望在研究生或者博士学习一年到一年半之后再增加一次这样的课程。因为目前的课程项目的撰写大多是基于预测数据的分析，所以它具有一定的不确定性，但是一年或一年半之后我们每个人的研究方向基本明确，也有一定的实验数据，而且极有可能正处于撰写文章的关键时期，因此这个时候可能更加需要对论文撰写方面的指导。同时在不同的时期可能对文章撰写的思考是不同的，因此可以对比两次课程文章撰写的质量，看到自身的成长。""我认为这门课含金量很高，知识量丰富，有部分内容对于刚进入研一的新生来说难以吸收。这门课程如果能够和自己所做的研究结合起来，将会事半功倍。但事实是，研一上学期的课程非常多，学生的精力分散，难以集中在科学研究上。如果说能将这门课程培养批判性思维能力的方面放在研一上学期，把论文写作部分放在研一下学期，可能会有事半功倍的效果。不过学术论文撰写是构建和训练批判性思维的最强有力工具，二者结合非常紧密，具体是否可以拆开我也不太清楚。"

解答：见第一课的"开场白"的第一要点，第386页。

③"本课程的要求其实是正规的学术论文写作,您也提及可以利用现有数据进行撰写,但是尚未发表的文章在课堂上公开展示已是有些忌讳,而将全文包括参考文献,初稿终稿悉数上交却是有些不太方便。身处这个大环境当中,人人自危,涉及论文更是争得头破血流。走进科研的第一节课便是对文章和数据的保护教育,此番悉数上交对于自编自演的文章尚可,但对于完整数据的文章却是让我有所保留。基于此想向老师致歉,我隐去了文中的图表内容,并将文档以 PDF 格式上传,望您谅解。……我认为本课程属于思路思维教学,以 PPT 形式进行展示已是十分足够的。可以将展示时间拉长,例如最后一个月为考试月,每周两小时课程 5—6 人汇报+点评讨论,免去期末提交全文,这样大家及老师都能更有余力地去欣赏评价。"

解答: 对于研究生,确实需要认识到学术剽窃的危害,但不能因噎废食,闭门造车,就像不能因害怕病毒而将自己完全隔绝一样。其实,学术论文评审、学术会议交流、科研项目(属于我们现在写的研究计划的"扩展版")评审等,都是学术界科研人员开展科学研究、进行学术交流和学术成果评审的必然手段和常规方法。在这些过程中,即使是最伟大的科学家也会将自己的科研思路和成果同别人交流和分享,同时接受学术界的评审。我们教学中进行的这种批判性思维训练(包括要求学生提交研究计划、教师帮助他们修改利用现有数据所撰写的论文)只是学术交流的初级阶段,按正常的学术交流,别人"偷"不了你的思路,"偷"几个数据更是毫无用途。对于写得好的研究计划,如可以作为范文供其他研究生学习的,在范文的选择上教师也将首先征得研究生本人及其导师的同意。

这门课确实属于批判性思维教学,但同时也是引导研究生进行科学研究实践的课程。考虑到研究生培养的紧迫性,只以 PPT 形式进行展示是不够的,学生必须呈现实实在在的批判性思维的结果——研究计划,并据此开展研究、撰写论文,真正显示在科学研究入门之路上跨出了实质性的一大步。这样的课程安排虽然增加了教师的教学负担以及同学们的学习负担,但对于希望自己在科研之路上尽快成长起来的研究生来说应该是件大好事,因此他们也愿意付出这种努力。

同学们还提出了不少改进教学的好建议:

"我觉得在展示阶段可以更多地集思广益,每个人的时间可以稍微再多点,让大家一起参与进来讨论,每个人做的方向、课题组的资源都有所不同,通过互相借鉴学习,能够更好地达成自己的科学研究目标。"

"我认为可以增加课程讨论的时间，就是在课堂上课程论文汇报结束之后，可以增加一些时间给全班同学提问，听听不同方向的同学或者一些对自己论文内容感兴趣的同学对自己论文的点评或者意见，或许可以有一些新的灵感和见解。"

"在小组学习方面，感觉小组间的互相合作活动开展较少，在今后的课程中，可能需要更多地凸显出小组合作思考以及分享的作用。开展一些小组活动，例如可以在展示中让小组成员来进行一定的点评和提出意见。"

反馈：在课时容许的条件下，比如设置 54 个学时的课程，可以考虑增加课堂讨论和小组学习这些环节的时间。可能更多的是学生课后自发地进行小组讨论或其他形式的交流。

"在每次课堂开始正式讲授某个专题前，张老师都会通过几个问题让我们先进行思考，带着自己的答案与疑问听讲，极大地提高了我对于课堂内容的理解与吸收，但我也希望可以在课后再一次对课前的问题进行回想，再思考听完课程之后对于课前的问题又有什么新的认识，这样更有利于大家在课堂上积极思考，加深自己的理解。"

"老师讲这门课十分用心，在课前会给我们提问，然后我们带着问题和课前写下的答案再去听课，这让我们听课的时候不是盲目的，而是有目标的。老师对于我们论文的点评也非常一针见血，也不断强调我们论文的研究目标，这不断地提醒着我们写论文时一定要围绕着论点。总的来说，张老师的这门课开设得非常成功。"

"课堂方面，在目前课程设置中，一开始先抛出问题让我们写下自己的答案后没有进行进一步跟踪，可以在课程结尾或者专题结尾时，让愿意的同学分享相比于自己一开始写下的问题或者自己理解的答案，经过课程学习后有什么改变或收获。"

反馈：在"科研心得"中让学生一直跟踪及更新自己的课堂问题答案，这里鼓励学生分享心路历程是个好建议，在课时容许的条件下应增加这一环节。

"由于我对传统'写作课'的偏见，本来只是抱着试试的心态去上这门课，但第一堂课就征服了我，张老师开列出的研究生的困惑条条切中我的要害，这犹如一个高明医生一下就抓住病根，还对症开出了良方！毫不夸张地说，这是我收获最大的一门课程。我强烈向没有修过此类课程的研究生推荐此课程，强烈希望学校或学院为此课程安排更多学时。"

"除了本学期收获满满外，我更看重此著作和此课程在科研上带给我的长期影响：我懂得了怎样应用批判性思维指导我的科研，懂得了怎样写引言和研究计划，我将像科学家写科学笔记那样坚持'科研心得'的撰写……总之，此书将伴随我一生，不断指导着我开展科学研究！"

"这门课程对于研究生批判性思维的培养是很有成效的。在我们的科学研究中，批判性思维和创新性思维是相辅相成、相得益彰的。我个人认为，不仅对于研究生，对于大学生批判性思维的培养也非常重要，这是高等教育的核心任务。要完成这一核心任务，不能仅靠大学里某门或某些课程来完成，也不能仅靠某些教师来实施，而需要整个大学体制的协同合作，需要整个大学校园文化的熏陶。我们不仅要接受专业教育，还要把培养批判性思维的习惯和能力贯穿于本科教育和研究生教育的始终。我希望大学里开设更多这样的课程。"

思 考 题

（1）批判性写作课程的教学目标、教学内容及基本要求是什么？

（2）课程总体安排，包括课堂主讲专题、课程作业布置及学生成绩计算等是否能达到预期的教学目标？

（3）课程项目的分阶段布置，探索性写作和学期论文写作及其成果的评估等能否有效地训练学生的批判性思维？

（4）利用本书、随购书免费提供的课程教学软件和本章提供的课程设计案例，教师是否能设计出更好的批判性写作课程？读者是否能"按部就班"地进行自学？

第 16 章　对本书及所设课程的评价和建议

在邀请专家们对本书进行评审的过程中，许多专家都表示，编写这样一本教材是一件非常有意义的事情，因此他们都愿意在百忙之中抽出宝贵时间对本书进行评审。我们相信，大家都有一个心愿：共同来做一件大事——为我国更有成效的研究生培养工作尽一份力。

对于批判性思维者来说，任何事物和问题都是开放的（opening），因此，这本书也是开放的，这是一本永远写不完的书。除了书中已呈现的内容，这里放置一块"留言板"，邀请读者来添加更多的精彩内容。"海纳百川"，广泛吸纳各种评价和建议，将会使本书的质量不断提升。作为构建和运用批判性思维的教材，我们欢迎一切对本书及根据其开设的课程的评价和建议，我们也欢迎一切将本书作为科研参考书的读者的评价和建议，从而使本书的内容越来越丰富、"含金量"越来越高。

16.1　评审专家的评价和建议

在本书的评审过程中，我们很荣幸邀请到了以下这些学术造诣高深、学术影响力巨大的专家们并得到了他们的大力支持，对本书进行评审，在这里再次向他们致以衷心感谢。我们专辟一节来收集他们精辟的评审意见（按专家姓名的汉语拼音排序），与读者共享。

河海大学陈元芳教授（国家教学名师，宝钢教育奖优秀教师）：2022 年 8 月收到中山大学张仁铎教授来信和待出版的书稿电子版，受邀对他主编的《科学研究的维度：批判性思维的构建与应用》研究生教材进行评价，而且还要把评价意见放入出版的书稿中。当时我看到他所列出的为数众多的评审专家名单，除了院士、知名大学校长，还有一批很有影响力的知名学者和国家级高层次人才，此外，涉及研究生批判性思维培养的书稿内容是我过去较少接触的，因此，是否能够完成好这个任务，我感到忐忑不安，颇有压力，心里想推掉但又不好意思，只好硬着头皮领下这个任务，我想经过通篇阅读，努力领会书稿内容，尝试谈谈个人的一些学习体会。

通过仔仔细细的学习，担任过 20 多年大学教授的我，仍深深感受到收获满满，非常感谢张教授给我这次学习提高的机会。该教材具有以下 4 个特点：

（1）思想性强和站位高，思路清晰，逻辑严谨。该教材紧紧围绕着我国建设创新型国家，实现中华民族伟大复兴的战略，积极引导研究生要注重培养自身创新本领，培养奉献祖国的使命感。

（2）既博古通今，又面向国际，视野宽广。这与主编张仁铎教授个人经历和修养很有关系，他对于我国历史文化非常了解，而且有多年海外留学和工作经历。他除了在美国的大学取得硕士和博士学位外，还在美国的大学担任教授，同时被聘任为多个重要国际学术期刊的副主编。因此，教材涉及的许多国内外正反两方面案例都非常鲜活，相关理论方法介绍非常全面深入，阅读之后给我留下深刻印象，对于理解创新内涵和方法极有帮助。

（3）既站在巨人肩膀上，又有大量亲力亲为开展教学改革实践的成果总结。该教材是在张教授翻译的《研究性学习：科学的学习方法及教学方法》（约翰·宾著，2004）的基础上结合他自身的教学、科研和指导研究生的实践编撰而成，《研究性学习：科学的学习方法及教学方法》是一本具有很大影响力的名著，因此，《科学研究的维度：批判性思维的构建与应用》将会是一本影响力更大的著作。从该教材的内容可以看出，张教授非常敬业，对教学工作极为投入，有很多章节内容都是他自身深入开展教学改革的成果和经验总结，这对于研究生开展批判性写作及最终研究生的培养具有重要的指导意义和价值。

（4）教材建设和课程建设紧密结合。该教材分成 4 篇，除了研究生教学应涉及的教材内容，还结合了张教授等多年教学实践总结出的课程教学设计以及开展批判性学习的教学建议，非常翔实，可以在不同高校中推广应用，这不仅对于研究生培养颇有益处，而且对于其他学校任课教师也很有借鉴和指导价值。

总之，该教材不仅内容丰富，体系完整，逻辑严谨，通俗易懂，而且博古通今，视野宽阔，案例鲜活，很接地气，全书具有系统性、科学性和先进性，是一部不可多得的、非常优秀的研究生教材。同时，我认为在研究生培养阶段，开设该课程，十分必要，对于创新型人才培养意义重大，也顺应党的二十大提出的"科技是第一生产力、人才是第一资源、创新是第一动力"和"科技自立自强"的号召。

此外，我个人还有几点不成熟的建议，供今后教材修编和工作参考。

（1）建议在教材的第1章中适当地补充党的二十大报告中对于科技、人才和创新方面的新论述，以进一步增强研究生对我国建设创新型国家和实现中华民族伟大复兴的使命感。

（2）由于教材涉及4篇16章，建议能够有一张各章之间关系图，表明它们之间的逻辑关系，有利于读者理解教材内容。

（3）建议张教授团队能够进一步加强该课程建设，通过把相关基本理论和方法内容建成一门在线开放课程，开展线上线下混合式教学，研究生可以课前在线学习基本理论和方法，线下由老师组织课堂讨论和批判性写作实践。

（4）今后将会有更多学校在研究生中开设"科学研究的维度：批判性思维的构建与应用"的课程，这样对于提高研究生创新能力非常有用，相关高校也可以充分利用张教授团队的在线课程资源开展线下教学（若建设好在线开放课程）。据我了解，目前不少学校仅在研究生中开设"论文写作与指导"课程，这些课程极少涉及批判性思维写作训练，这不利于提升学生的创新能力。

（5）为了更好地培养创新型人才，课程教学中除了强调批判性思维，建议适当增加探究思维、发散思维、逆向思维、形象思维、逻辑思维和辩证思维等研究性思维的培养训练。

（6）课程组应有意识地做好计划，进一步凝练课程和教材改革成果，参评省级及以上教学成果奖，这样有利于在更大范围内推广应用张教授团队的课程和教材教改成果。

编者：非常感谢陈元芳教授提出的诸多建设性建议，我们根据其对全书进行了认真修改。比如在附录1中提供了各篇章节之间关系图，这样，前面有目录表，后面有结构图，便于读者更好地理解教材内容。对于加强该课程建设，做好规划，进一步凝练课程和教材改革成果，参评省级及以上教学成果奖的建议，我们将利用已获批准的中山大学的教学改革项目和广东省研究生示范课程建设项目的资助来完成这些平台的建设，努力将本书和据其设计的课程推向全国。

华南理工大学党志教授（副校长）：科学研究是创新性最强的工作，如果缺乏批判性的思维牵引，什么样的研究都不会结出丰硕的果实。所以，很有必要对研究生，不论是硕士还是博士研究生，开设这样一门课程。在这样的时间节点上，您将自己多年的心得与体会编写成书出版，对于研究生、培养研究生的导师们以及从事科学研究的人们，无论是从方法学的角度，还是从具体实践角度，都必将具有很好的指导作用和参考价值。

从我的体会来看，我们的学生不仅缺乏批判性的思维，连基本的逻辑学知识都没有。缺乏基本的逻辑学知识，如何产生批判性思维？所以，如果可能的话，建议在著作的前面增加一点逻辑学的内容，或者将逻辑学的内容穿插在著作里面，形成一个整体。

编者：除了以上评论，党志教授还提出不少建设性的修改建议，我们都据其对全书进行了认真修改。根据增加逻辑学内容的建议，我们增添了 2.6.2 节，强调了逻辑思辨能力是科研工作者应培养的能力之一，同时在 9.4 节讨论了逻辑推理对于科学研究的重要作用。

北京大学郝元涛教授（国家教学名师）：每年秋季学期开学之际，我都会约刚入学的研究生新生谈话，给他们一些建议。其中一个很重要的建议就是尽快转变观念以适应从本科生到研究生的身份转变。许多新生对进入研究生阶段的认识仅在进一步深造、学习更多的课程、掌握更多的知识和技能、准备写好一篇毕业论文的表象层面，而没有真正意识到"研究"二字的含义，以及为之要做出的转变和努力、未来面临的挑战和困难。尽快完成转变既是导师应帮助学生达成的职责，又是学生的主观需求。如果有一本能够同时针对研究生和导师的介绍科学研究的方方面面的教材，将会推动这种转变的顺利完成，提升人才培养的质量。张仁铎教授主编的《科学研究的维度：批判性思维的构建与应用》就是能起到这种推动作用的教材。张教授结合自己的求学之路、科研历程和教学总结，针对我国研究生培养的现状，编写了这本教材，对研究生和导师都具有很高的实用价值。

该教材内容丰富，涵盖了批判性思维和创新性思维的培养与提升、文献阅读的技巧、学术论文的写作、学术伦理与道德等科学研究的方方面面；该教材不仅有理论的阐述，还有实战的策略与步骤，并指出科技写作中的常见错误和注意事项等；该教材运用许许多多古今中外的例子帮助读者理解批判性思维的相关理论、观点和方法，读后常常有豁然开朗、恍然大悟的感觉，令人回味无穷、印象深刻；该教材还设有专门的章节介绍批判性写作课程设计，不仅适用于学生自学，也有助于导师教学。

我非常赞同张教授的观点：学术论文撰写是构建和训练批判性思维的最强有力工具，学术论文的发表是培养批判性思维所获得的成果。相信每一位读者都会开卷有益，收获良多。

中国农业大学黄冠华教授（长江学者、杰青）：（序二）

编者：黄冠华教授除了撰写序二，还细致批阅了全书，提供了一个"勘误表"，我们根据"勘误表"一一修改了书中的错误，并根据其建议对全书进行了修改。

中国农业大学康绍忠教授（中国工程院院士）：中山大学张仁铎教授撰写的《科学研究的维度：批判性思维的构建与应用》，从批判性思维的重要性，到如何培养批判性思维、如何在研究过程中以批判性的思维来开展选题、架构研究框架，再到通过论文写作来构建批判性思维，进行了细致入微的阐述，娓娓道来，让人如沐春风。著作中对科学研究的每一个环节面面俱到，甚至连英文论文不同部分的动词时态和图表标题的注意事项都有所涉及，当然最难能可贵的是张教授从始至终都强调批判性思维在科技论文写作的重要性，这也正是我国硕士和博士研究生培养缺失最为严重的一个环节。作为中山大学研究生课程"学术规范与论文写作"及其他高校相关课程的教材，相信此著作对我国研究生培养、对规范学术论文撰写与对提高研究生科研水平都能产生积极的影响。当然，阅读著作之后，也有几点意见与张教授共同探讨，以期进一步完善该著作。

（1）在著作结构上，第1章为"创新型人才的培养"，这一章的内容主要是"担负起历史使命"、"研究生面临的困境"与"学术论文在研究生培养中的关键作用"，然而这些内容与此章的标题对应并不是太好，可以考虑更改为"创新型人才培养的重要意义与困境"。同理，第2章"批判性思维与创新性思维的关系"，本章的论述内容主要为如何进行批判性思维，以及开展批判性思维与创新性思维活动所需要的基本素养，并没有真正强调与创新性思维的关系，亦建议修改。

（2）"批判性思维"是该著作最为根本的概念，编者在绪论中试图为批判性思维下一个定义，将其描述为"杜威教育学观点的详尽阐述、扩充和完善"。显然这样的定义是不完整的，也让人充满疑惑：批判性思维为何是一个学者教育理念的阐述、扩充和完善？因此，建议张教授对"批判性思维"给出一个具有普适意义的定义。

（3）著作中用了比较重的笔墨来阐述如何阅读和撰写英文论文，但似乎对如何阅读和撰写中文论文的阐述并不充分。中文与英文是存在一定差别的，前者较为强调用词的丰富与生动，后者更为强调行文的逻辑性和语言的简洁性。随着我国综合国力的提升与科技进一步发展，我国自主创办的期刊将会有更高的比重，同时回应"将论文写在祖国的大地上"的号召，建议增加如何阅读和撰写中文学术论文的相关内容。

（4）著作第15章详细讲述了张教授"学术规范与论文写作"课程的规划、安排以及课件构成，为讲授相关课程的教师提供了很好的范例。因此，建议随书附光盘提供PPT课件；或者更佳的是构建一个课件分享和交流的平台，鼓励所有人（尤其是采用该著作为教材的授课人）对课件进行再创作与再分享，正如开源的模型代码，引起广泛而深入的讨论，一步步提高我国高等教育对学术规范与论文写作的授课水平；再或者在MOOC平台公开授课，提供一个既面向教师又面向研究生的交流平台。

（5）学术交流与汇报是研究生培养的一个重要但又经常被忽略的环节。现在的硕士、博士研究生可能已经比较会写学术论文了，但却不知如何讲述一个好的科研故事，如何以最佳的方式来"售卖"自己的研究成果。该著作在"5.3.2文献综述和学术交流"章节中用了一小段内容来阐述学术交流的重要性及如何实践，但内容较为有限。强烈建议张教授根据自己多年的国际国内学术报告经验详细讲述青年学者应该如何科学、高效、生动地传递自己的学术思想，并能引起听众形成批判性的思考。

（6）著作中引用了大量名人的实例，但参考文献引用不是太充分，作为面向研究生学术规范与论文写作的教材，建议对相关实例补充参考文献，增加相关文献能进一步提高著作的严谨性与说服力；格式还有进一步提高的空间，例如标点符号有时是英文输入法，有时是中文输入法，需要保持一致，建议都改为中文输入法下的标点符号。

（7）此外，有些章节的排版还可以进一步优化，可以在专业人士的帮助下逐步优化，为研究生的学习树立良好的模范作用。一些图片（如图2.1、图2.2）的美观度还可以进一步提高，增加著作的观赏性。

编者： 非常感谢康绍忠院士提出的诸多建设性建议，我们根据每一条建议对全书进行了认真修改。比如根据建议1，第1章标题改为"创新型人才培养的重要意义与困境"，第2章标题改为"怎样进行批判性思维"；根据建议2，书中给出了"批判性思维"的完整定义。……对于构建一个课件分享和交流的平台，以及在MOOC平台公开授课，提供一个既面向教师又面向研究生的交流平台的建议非常好（建议4），我们将利用中山大学的教学改革项目和广东省研究生示范课程建设项目的资助来完成这些平台的建设。根据建议5，我们增添了12.5节，专门讨论怎样进行学术交流，等等。

中南大学李建成教授（校长，中国工程院院士，武汉大学原副校长）： 培养创新型人才，提高自主创新能力，乃是当今时代赋予我国研究生教育的重要使命。张仁铎教授主编的教材《科学研究的维度：批判性思维的构建与应用》一书，提出了研究生培养的问题、理念与方法——问题：怎样培养研究生的创新能力？理念：培养其批判性思维和创新性思维，从而提高创新能力。方法：学术论文撰写是构建和训练批判性思维的最强有力工具，学术论文的发表是培养批判性思维所获得的成果。因而该书为实现研究生教育的重要使命提供了一条切实可行的途径。

该书针对培养过程中研究生所面临的种种困境，提出了行之有效的"解困之道"：执批判性思维之"牛耳"，运多样性写作之功力，升创新性思维之能力，达创新型人才之目的。该书通过学术论文撰写及其他多样性写作等实践活动去构建和训练批判性思维，既获得提高研究生批判性思维、创新性思维与创新能力这一思想成果，又获得发表学术论文这一科研成果。该书根据批判性思维是创新之母的逻辑关系以及批判性思维带来的价值——思想的公正性、清晰性、正确性、相关性、精确性、逻辑性、合理性、广度及深度等，还根据创造过程所经历的"提出问题、酝酿、顿悟、求证"的各个阶段，以及科学研究的"观察、假说、实验和确证"基本路径和思维方法，总结了三条主线，即思维主线：批判性思维贯穿于一切正式写作和探索性写作活动中；行动主线：不断思考、不断写作、不断修改；成果主线：研究计划—学术论文—项目申请书。以凝练关键科学问题和"论点主导"为核心，从思想方法到修改技巧，详尽介绍了研究计划、学术论文和项目申请书撰写的方方面面，从科研选题、引言、材料与方法、结果与讨论的撰写过程，到论文修改、投稿，通过这些过程的循环使批判性思维不断扩展、不断深化，使学术成果的创新性不断提高。

除了研究计划、学术论文和项目申请书撰写这样的正式写作活动，书中还介绍大量作为培养批判性思维温床的探索性写作实践活动，也就是通过实践行动主线，培养研究生像勤勉的科学家那样去思考、去磨炼、去创造。所以对于批判性思维的构建、训练和批判性思维能力的提升，该书既具有理论性、系统性，还具有可操作性。可贵的是，该书还专辟篇章来讨论批判性写作课程的设计和教学，比如根据第15章"批判性写作课程设计案例"以及该书提供的课程教学软件，读者就可以将该书设计的批判性写作课程进行"预演"和实施，为推广此书及相关的课程教学或自学提供了极其便利的条件。

武汉大学李建中教授（国家教学名师，宝钢教育奖优秀教师）：如果说托马斯·库恩《科学革命的结构》提出了"范式"（paradigm）这样一个深刻影响当代学术界的关键词，那么张仁铎教授在《科学研究的维度：批判性思维的构建与应用》中则创生出研究生学术教育的一个范式：在论文写作中培养批判性思维。为什么需要论文写作？通常的回答会衍为两种极端："我写故我在"的本体价值或者"文中自有学位帽"的工具理性，而仁铎教授则是从"发表或者灭亡"（Publish or perish.）这一警世通言切入，倡导以跨学科写作运动去彻底修正关于学术写作的种种成见甚至谬见。仁铎教授长期在高校从事科学研究和研究生教育，深知科学知识的复杂性、暂时性与模糊性在赋予学术写作以批判性的同时又制造了种种写作障碍，导致学生偏离"以论点为主导"而陷入"时间顺序式"、"包罗万象式"或者"资料堆积式"等种种误区。仁铎教授指出：以核心命题为关键（即论点主导）的学术写作既是培养批判性思维的必由之路，而千锤百炼后的论文发表又是对批判性思维的确证。对于论文作者（研究生）而言，这是一个"死去活来"的过程，是一个"从毛毛虫变成美丽蝴蝶"的过程，也是杜威所说的"亲手去与问题本身搏斗"的过程。在这个过程中，导师以对话式而不是资料输入式来传授知识，带给学生"认知不和谐"并引导学生走出"标答思维"从而去领悟学术的真谛。古希腊有苏格拉底的"助产妇式"，华夏有《礼记·学记》的"道而弗牵，强而弗抑，开而弗达"。仁铎教授的"论文写作"范式与人类轴心时代的文明既有一以贯之的赓续又有日新其业的通变。

自然科学基金委李万红研究员：凝练和提出高质量的科学问题是科研创新的必要前提。该书目的在于培养科研人员批判性思维和创新性思维，它是凝练和提出高质量的科学问题的首要途径，有利于改变我国当前研究大任务多但高尖科技创新少的科研状态。因此，该书对科技工作者，特别对从事基础科学研究的人来说，具有重要的参考和使用价值。

科研选题既直接关乎研究生学位论文质量，又是研究生进行科研工作首先面临的一大难题。大多数研究生费神费力仍然长时间解决不了的难题是，如何从宽泛的研究领域或者研究方向中聚焦到一个有科学创新价值的研究主题？该书既有认识批判性思维的思想方法的探讨，又有训练批判性思维的实践活动，在此基础上更有完成论点引导的研究计划和其他探索性写作的作品。这是引导研究生进入科学殿堂的"启蒙教育"，也是引导研究生在正确方向上迈出科研探索的第一步，为他们"顿悟地"选择和确定研究主题以及今后的创新性科研探索和高质量学位论文打下坚实基础。因此，该书对研究生，特别是面临选题困难的研究生，具有重要的指导意义和应用价值。

该书在所有学科的共性认知的知识层面上，介绍如何培养批判性思维和创新性思维，如何开展论点主导下的多样性写作活动，如何提高研究计划、学术论文和项目申请书的撰写能力，如何解决论文发表和学术规范等相关的问题。天下学问，唯夜航船中最难对付。该书引用的知识和见解涉及广泛学科，实在难能可贵。因此，该书可供几乎所有学科研究生和科研人员参考使用，特别适用于基础科学大类（数学、物理、化学、地学等）、技术科学大类（工学、材料学等）、生命科学与医学大类和管理科学大类等。

对该书（送审稿）修改建议请见另附文件《对送审稿的修改建议》。这些修改建议，多数是阅读学习中不明白之处的个人体会，仅供张仁铎教授参考。

编者：在文件《对送审稿的修改建议》中，李万红研究员列出了对全书逐字逐句批阅后的修改建议，其中包括他具有丰富经验的项目申请书和与自然科学基金委政策相关方面的建议，还包括关于科研方法的建议，甚至包括比如在讨论提高学生悟性方面，如何借鉴佛教的建议，为此，他还邀请具有较多的佛教知识的大学教授帮助修改书中的相关章节。我们根据这些详尽建议对全书进行了认真修改。

四川大学林鹏智教授（杰青）：张仁铎教授主编的教材《科学研究的维度：批判性思维的构建与应用》以培养研究生的批判性思维为主线，以提高研究生创新能力为目标，以科学论文的撰写作为训练研究生批判性思维和创新性思维的强大武器，构建了一个完整的研究生培养的方法体系。并且从理论到实操，深入浅出，内容极其丰富。我读完该书后深感这本教材对提高研究生的科学素养十分有益，尤其是对于从应试教育中走出来的中国学生。适逢春季学期结束，我将该书作为暑期读书计划的书目之一开列给我的硕士生和博士生，要求他们认真研读，特别要掌握要领，吸取精华，紧紧抓住其中的三条主线，即思维主线：批判性思维贯穿于一切正式写作和探索性写作活动中，其核心目的是凝练关键科学问题并最终结出科研硕果；行动主线：不断思考、不断写作、不断修改；成果主线：研究计划—学术论文—项目申请书。在自己的科研活动中始终贯彻思维主线，实践行动主线，实现成果主线。另有一些感悟和建议，简要总结如下：

（1）科研的四重境界：书中在国学大师王国维提出的读书三重境界的基础上，提出了科研的第四重境界"大胆假设寻目标，小心求证获真知"，即在苦思顿悟的基础上，还有一个认真求证的过程，这也是科学研究有别于文学创作之处，同时也是判别真伪科学的唯一准绳。

（2）科学论文的类别很多，很难有统一的范式。作为教材，建议选用三四篇完整的经典科学论文（如纯基础研究类、应用基础研究类、实际工程或实际问题类等），详细剖析，让学生思考好的论文是怎样炼成的。

（3）作为高校教材，可以在每章后面添加一些思考性的问题，来促进学生对书中内容的学习和理解。

编者：根据林鹏智教授的建议，我们对本书进行了修改。对于建议 2，在第 6 章做了以下补充："我们强调 IMRaD 的形式，因为它通常是最佳的学术成果的组织结构，这里不是要求学生把科研论文写成格式古板的'八股文'，而是推荐一种引导研究、组织学术成果，进而有效地构建批判性思维和开展学术辩论的最好形式。科学论文的类别很多，如纯基础研究类、应用基础研究类、实际工程或实际问题类；自然科学类、社会科学类，等等，很难有统一的范式。不过，由于学术成果都是依照'观察、假说、实验和确证'的科学研究方法所形成的成果，因而学术成果的结构具有高度统一性。所以对于任何科学论文，可以首先按 IMRaD 的基本结构来组织辩论，完成论文核心部分的撰写（即首先解决'高层次问题'），然后再按照不同类别论文的写作'范式'修改论文以服务特定的读者。"根据建议 3，我们在每章后面添加一些思考题。

华北水利水电大学刘俊国教授（副校长，欧洲科学院院士，杰青，国家"万人计划"科技创新领军人才）：读完此书我感触颇深，用"30 年磨一剑"来形容此书最适合不过。这本书集合了编者及其团队 30 多年宝贵的教学、科研和研究生指导经验，从批判性思维的角度出发，深入浅出指出科研所必需的思维与技巧。开卷有益，读这本书，相信无论是研究生、青年教师，还是已经从事多年教学科研的工作者，都能受益匪浅。

百年大计，教育为本。未来的竞争是人才的竞争，人才的培养首先通过教育。从当上教师的那一天起，我也一直在思考研究生培养的问题。授人以鱼，不如授人以渔，培养一名学生的思维往往比教会他方法、技巧更重要，但传统的教育大多是以"授业、解惑"为主，却忽视了"传道"应为首要，忽视了思维的培养。张仁铎教授在书中强调，在教育中要着重培养学生的批判性思维与创新性思维，指出创新性思维根植于批判性思维，并详细阐释了批判性思维培养的重要性，以及其在科研课题、论文写作、项目申请中的价值。批判性思维包括解释、分析、评估、推论、阐明、自我校准等基本能力，也具有求真、开放思想、分析性、系统性、自信心、求知欲、认知成熟度等具体思维倾向。不断地提出问题、解决问题是科学研究的核心目的，而批判性思维正是达到此目的的重要途径，即用批判性思维来寻找到最有潜力的科学研究课题，撰写出具有创新性的学术论文。张仁铎教授在书中同时给出了培养批判性思维的具体方法，包括运用思维图、树形图以及扮演不同角色来思考问题等，具有很强的实用性和可操作性，值得深度细读研读。

从教育的角度，我们需要发展出一套有效的教学与指导方法，逐步引导学生形成批判性思维与创新性思维。张仁铎教授指出教学应该以对话式而不是资料输入式地传授知识，如果教师能帮助学生认识知识的历史发展脉络，厘清那些引发重大发现的原始问题及其产生与发展过程，就既能训练学生的批判性思维，同时也会提高课程吸引力、提升教学效果。此外，也可结合实际安排一些探索性写作，如写日志等方式，进一步激发学生的批判性思维。在研究生的日常科研过程中，导师发挥着关键的引领作用。在科研选题中，导师要尽早给出必要的指导，鼓励研究生在阅读每一篇重要文献后按一定格式进行文献摘录，进而有助于科研问题的凝练与批判性思维的训练。在论文修改时，导师在不同的阶段应该扮演不同的角色。在写初稿阶段，导师的角色是指导者，目的是提供具体的指导、有效的建议和热情的鼓励，对学生持有肯定的态度，做出正面评价，从而激发学生的自信心、好奇心、兴趣度与创造力。在写作的收尾阶段，导师的角色是评判者，要坚持学术标准，遵守学术规范，把好论文质量关。

书中令我印象深刻的地方是批判性思维在写作过程中发挥的重要指引作用。如果写作仅仅是一种交流技巧，我们应关注的问题是："这篇文章表达清楚吗？"但如果写作基于批判性思维，我们就会聚焦于"这篇文章有趣吗？它是否表达了与某一个问题紧密结合的见解？它是否给读者带来了任何新的东西？"学术论文撰写是构建和训练批判性思维的最强有力工具，学术论文的发表是培养批判性思维所获得的成果。书中详述了论文投稿、论文返修、被拒论文的处理和怎样持续地发表科学研究的学术成果，通过阅读学习也让我察觉到了自己在多年科研工作中存在的一些问题，收获颇丰。此外，张仁铎教授在书中说到，科学研究者酷似开拓者，作为开拓者无疑应具有以下品格：好奇心、事业心和进取心，要有随时准备以自己的才智迎战并克服困难的精神状态，其中核心的品格就是对科学的无限热爱和难以满足的好奇心。读到此处时，让我感同身受，热血澎湃，可以看出张仁铎教授在学术上的造诣和成就离不开其多年对未知科学问题永不停息的探求热情。

一本著作是不是优秀，评价的标准不仅是教授们的满意度，更重要的是硕博研究生是否喜欢。为了做个测试，我把张仁铎教授的初稿发给了我团队25位研究生，请每位同学写出自己的读后感想。通过同学们字里行间的感悟，我能感受到他们对这本书的喜爱。这里我仅摘抄一部分内容:"作为一名刚入学的研究生,非常幸运能读到这本书,书中的内容使我受益匪浅。这本书就像一盏明灯照亮了我未来的科研之路,也解决了我一直以来的诸多困扰。""这本书让我意识到批判性思维和创新能力并不是固化的,而是可以通过科学的思维训练进行培养和提升的。""对明年即将迎来选题的我,在这本书中阐述的科学研究的选题方法,让我感触颇深、受益匪浅。""真正让我感动的是这本书既从世界观出发,又详细地落到了方法论上;不仅为培养研究生的导师们提供了充分的案例和方法,而且为研究生自身的发展提供了清晰的指导建议。""现在我决定,一定要利用一切空余时间多研习这本书,真正了解何为'科研',争取早日成为一名真正的研究生!"

这本书围绕"培养研究生批判性思维以提高创新能力"这一先进理念,从各个方面进行了详细的阐述,在科研选题、论文写作、项目申请等诸多方面都是干货满满。我相信这将会是一本广受关注、备受喜爱的佳作,值得每一位研究生、教育者和科研工作者仔细学习、领悟与实践。

北京大学鲁安怀教授:张仁铎教授主编的教材《科学研究的维度:批判性思维的构建与应用》,提出创新性思维根植于批判性思维的理念,并提出通过严格的论文写作训练等,来构建批判性思维。在倡导不唯论文的今天,为了提高研究生培养质量,将批判性思维贯穿于写作活动之中,仍然值得称道。在此,拟通过对现代大学功能的认识,谈谈研究生创新能力培养及其对创新型国家建设的支撑作用,以凸显这本教材的重要性与实用性。

在英国形成于13世纪的早期大学功能主要是传授知识而不在于发展知识。18世纪末在德国掀起了一场教育改革,博士学位制度最早由德国哲学家费希特创设于柏林大学,促进了真正现代意义的大学理念的形成,提出教育与研究的结合,大学科技创新活动才得以开展。20世纪初在美国提出大学要发展研究生教育,耶鲁大学将这一理念从欧洲引入北美生根发芽,并衍生出诸多专业博士类型,其中学术型博士学位,要求完成原创性研究。当时发生教育变革的历史背景是由于英国、德国和美国均在发展成为世界强国的过程中对人才科技有着巨大的需求。从某种意义上来说,社会发展推动大学创新,大学创新引领社会发展。

我国大学仅有百余年的发展历史,早期主要沿用美国大学的理念和制度。20世纪50年代主要效仿了苏联的职业学院办学方法,通过大规模的院系调整新组建了一大批学院型大学,满足了当时国家建设的极大需要。当前我国高等教育的总体规模已位居世界第一，一批综合性大学正在形成，一批研究型大学正在兴起。我国大学正在经历类似于当初英国、德国和美国大学发展的进程，人才培养、科学研究和社会服务成为大学的三大功能。如今我们正处于大国崛起的伟大时代，大学改革理应站在大学发展与社会发展相互促进的高度，对我国高等教育提出历史性改革举措。为了实现"中国特色，世界一流"大学建设目标，通过高等教育改革促进中国式现代化教育体系建设，在大学科技创新活动中推动创新型国家建设和人力资源强国建设，就必须要有一批有识之士肩负起历史责任，探讨我国大学创新的发展道路。《科学研究的维度：批判性思维的构建与应用》的编者们和积极支持该书出版及推广应用的学者们就属于这样的有识之士。

研究生教育肩负着高层次人才培养和提升创新能力的重要使命，高水平人才培养也是实现教育、科技、人才三位一体协同发展的重要保障。我国是研究生培养大国，然而当前仍然把研究生培养当作学历教育来办，事关研究生培养质量的最大问题，就是如何提高研究生创新能力。该书清晰地回答了研究生培养的最核心问题：怎样培养研究生的创新能力、独立思考能力、探索性研究能力，并给出了解决这一问题的行之有效的方案。该书编者针对我国研究生培养的现状，强调科学研究和研究生培养的思想方法问题，提出通过培养研究生的批判性思维和创新性思维来提高其创新能力的策略。阐明了批判性思维与创新性思维的必然联系，充分显示了批判性思维对个人创造力提升的至关重要性，详细论述了通过论文写作来提高批判性思维和创新能力的实践手段等。这是一部十分难得的研究生培养教材和研究生导师的参考书，必将对我国研究生教育发挥重要作用。

复旦大学穆穆教授（中国科学院院士，发展中国家科学院院士）：培养学生的批判性思维与创新性思维，是教育的重要使命之一。对于基本上由应试教育培养起来的中国学生而言，这一使命的实施尤其显得紧迫。该书针对怎样培养研究生的创新能力这一根本问题，秉承培养研究生批判性思维和创新性思维，从而提高其创新能力这一基本理念，运用学术论文撰写和发表这一构建和训练批判性思维的基础方法，形成了一套完善的研究生培养模式。该书思路新颖、内容丰富，非常适合作为研究生有关课程的教材以及科学研究的参考书，毫无疑问，该书定会吸引众多研究生、教师和科研人员去阅读和使用。特别重要的是，通过教师与研究生的共同努力，充分利用书中建立的研究生、导师、该书及以该书为教材开设的课程之间的"三方合作"模式，共同去实现提高研究生批判性思维、创新性思维和创新能力这一根本目标。

北京大学倪晋仁教授（中国科学院院士）：创新性思维和批判性思维其实属于两种不同的思维。前者多针对未知的问题给出合理的解释或解决方案，因而表现得更具建设性，往往更能呈现出其积极的方面；后者则侧重对这些解释或解决方案进行测试和评估，因而从表象上看来更易显示其消极与保守的方面。然而，几乎在人类活动的所有领域，创新性思维和批判性思维都是对立的统一，缺一不可。思维的有效性总是与我们的客观认知能力密切相关，这就要求我们在思考过程中不断学习新的知识，同时在学习过程中不断提升思维与认知能力，避免因自鸣得意的惯性思维阻碍对新知识的客观认识。

张仁铎教授在其主编的《科学研究的维度：批判性思维的构建与应用》一书中，将批判性思维与创新性思维结合来探索人才培养的有效途径，并以科研论文切入来深入具体地分析科学研究的维度，这无疑是一种非常有益的尝试，这也恰恰是当前营造活跃的学术氛围、克服浮躁的学术风气、回归朴实的科研本质所需要做出的有价值的努力。

清华大学彭刚教授（副校长）：学术创新能力的炼成是研究生教育的核心目标。如何提出有价值的科学问题，进行有条理的、有创新性的思考和研究，如何通过论文写作淬炼思维、有效地呈现自己在相关研究领域的成果，都是培养科学研究能力的关键环节。二十年前，张仁铎教授回国之初，在自身繁忙的科研和教学之余，有感于研究生培养过程中批判性思维的养成和学术写作的专门训练方面的欠缺，翻译了《研究性学习：科学的学习方法及教学方法》（约翰·宾著，张仁铎译，2004）一书，我曾有幸为此书的出版略尽绵薄之力。张教授和他的同事们依据自身的人才培养实践和经验，在此译作的基础上大幅扩展、倾注心血编写而成《科学研究的维度：批判性思维的构建与应用》一书，相较译作，新著的视角更广、思路更新、理论更强、内容更丰。书中很多论述和实例，读来亲切有味，非躬行者不能为之；让我对张教授这些年来的用力之勤、用心之深，深为感佩。我相信，无论是导师还是研究生，无论自身具有何种学科背景，此书所讨论的问题，所提供的批判性思维的构建和训练以及学术写作途径，都一定会让读者开卷有益。

华南农业大学仇荣亮教授（副校长，杰青）：能第一时间阅读到张仁铎教授《科学研究的维度：批判性思维的构建与应用》这本书的初稿，很高兴也很欣慰。长期以来，高考的应试教育以及相对侧重知识性学习的本科阶段让我们的学生不善于思考，更不善于批判，因此他们也就基本丧失了创新意识。因此，如何培养和优化研究生专业教育阶段的创新能力，一直是国内高校的管理层和研究生导师们思考并希望有所突破的研究生培养阶段的核心问题。

2004年，仁铎教授刚来中山大学环境学院，我欣喜地阅读到他翻译的《研究性学习：科学的学习方法及教学方法》一书，我当时分管学院的研究生工作，就跟仁铎教授商量，请他给学院的博士生讲批判性思维和SCI论文的撰写，得到了学生和很多导师的好评，效果甚好。2008年，我担任了中山大学研究生院的副院长兼培养处处长，在当时兼任中山大学研究生院院长的黄达人校长支持下，希望推动博士生的课程与培养计划改革，因此再次请仁铎教授作为中山大学博士研究生政治理论课"现代社会思潮与马克思主义"的主讲教授之一，为中山大学博士生开设了"批判性思维与SCI论文的撰写"演讲课。仁铎教授就如何培养研究生的批判性思维、创新性思维、创新能力进行了大量的思考和准备，对于研究生培养水平和学术论文撰写能力提升发挥了重要作用。因此我一直希望和期待仁铎教授把教学内容系统化和教材化，以使更多的学生受益。我一直认为，对于侧重研究与创新的研究生培养而言，前沿知识的学习固然重要，方法论和思维启发类的课程对于研究生能力培养更为重要。相信这本书以及相应的课程教学对于研究生发现问题、创造知识和总结学术成果将发挥巨大作用。

西北农林科技大学邵明安研究员（中国科学院院士）：有幸先睹张仁铎教授主编的教材《科学研究的维度：批判性思维的构建与应用》（评审稿）的电子版，甚喜。研究生未来要担负起建设科技强国的使命，就必须把他们培养成为具有创新性思维、创新精神和创新能力的人才，为了达到这一目标，提高他们的批判性思维是研究生培养的核心任务之一。该书清楚地回答了怎样培养学生的批判性思维，进而提升其创新性思维和创新能力这一根本问题。

该书详细剖析了研究生培养过程中所面临的困境，例如研究生不清楚培养的目标是什么；不明白培养自己最重要的能力是什么；不了解开展科学研究的基本概念或还没有进入科学研究的维度；意识不到转型的紧迫性；不懂得论文撰写是构建和训练批判性思维最有效的途径，而学术论文的发表是培养批判性思维所获得的成果；不知道学术论文的"论点主导式"的辩论特性；难以从文献综述中凝练出关键科学问题；不能深刻理解科研活动需要解决的科学问题和需要达到的研究目标；缺乏问题导向式的论文写作；等等。在这些困境中，最大的困境是如何发现科学问题和解决科学问题。研究生所面临的诸多困境，其根源就是缺少批判性思维训练，因而缺乏批判性思维能力。因此，批判性思维的培养以及批判性思维能力的提高应该是研究生培养中的解困之道。

该书通过学术论文撰写及其他多样性写作等实践活动去构建和训练批判性思维，既获得提高研究生批判性思维、创新性思维与创新能力这一思想成果，又获得发表学术论文这一科研成果。书中介绍了研究计划、学术论文和项目申请书撰写的各个方面，从研究方法到修改技巧，从引言、材料与方法、结果与讨论的撰写过程阐明了其中连贯的思维链条，以及通过这些过程的循环使批判性思维不断深入，使论文的创新性不断提高。书中还介绍大量作为培养批判性思维温床的探索性写作活动。既具有理论深度，又提供了具有可操作性的训练批判性思维的有效方法。

该书结合了仁铎40多年来作为研究生、教师和导师在求学、教学、科研及研究生指导方面的丰富经验与丰硕成果。鉴于仁铎学术上的造诣和成就，使得书中介绍的理论、方法和经验非常有价值并具有系统性。这是一本研究生培养的好教材，也是对科学研究具有重要指导意义的优秀参考书，相信这本书将给大量读者带来丰富的精神食粮。

南京大学吴吉春教授（长江学者，杰青）：该书涉及面广，内容丰富，系统性强；写作规范，深入浅出，通俗易懂，编者亲身经历的案例多，具体实在，实用性强，是一部对研究生和研究生导师都很有帮助的、难得的好教材。

开设科学研究的批判性思维、学术规范与学术写作方面的课程非常必要，作用很大。个人建议可选用该书面向博士生新生和硕士生新生分别开设课程，两门课的侧重点不同、要求也不同。

编者：根据吴吉春教授的建议，我们已从原来的按专业分班（即同一专业的硕士生和博士生一个班）改为按硕士生和博士生分班（即同一学院的硕士生一个班，博士生为另一个班）。我们还根据其他建议对全书进行了认真修改。

浙江大学应义斌教授（国际欧亚科学院院士，长江学者，国家教学名师，浙江省科协副主席，浙江大学原副校长）：批判性思维之于学术，如空气、水之于生命般，得之不觉意、失之则难存。仁铎教授的《科学研究的维度：批判性思维的构建与应用》一书开宗明义："批判性思维不存在学科边界，任何涉及智力或想象的论题都可从批判性思维的视角来审视。批判性思维既是一种思维能力，也是一种人格或气质"，此言甚慰吾心。纵观当今大学研究生教育教学，我们的学生好像已经习惯于在"是什么""怎么办"上刻苦耕耘、孜孜以求，而在"为什么""为什么不"上却罕闻其声、少见其行，让人感到多了一分严谨，却少了几分"灵气"。仁铎教授在书中的观点十分鲜明："问题就是激励。"批判性思维是提出问题、分析问题、论证问题的内在统一，这种思维脉络与学术活动的内在逻辑是高度一致的，是具有普适意义的学术思维方法。仁铎教授在书中阐述了一对极其重要的辩证关系：批判性思维是学术问题的源泉，是做"有灵魂学术"的首要前提，而学术活动又是涵养、锻炼批判性思维最强有力的工具，两者相辅相成、缺一不可。

仁铎教授在书中还指出了"多样性的写作活动"是训练批判性思维的重要方法，我深有此感。在浙江大学国际校区和浙江农林大学工作期间，我曾力推"大学写作"一课，其中许多想法和观点与仁铎教授不谋而合。开设大学写作课的目的就是要通过科学而系统的写作训练来使每一位同学逐渐养成独立思考的习惯，进而有效提升学生的批判性思维、逻辑思辨和文字表达能力。2017年9月24日，中共中央办公厅、国务院办公厅印发的《关于深化教育体制机制改革的意见》明确指出：在培养学生基础知识和基本技能的过程中，要强化学生四种关键能力的培养，分别是：认知能力、合作能力、创新能力和职业能力。其中，认知能力作为四种关键能力之首又分为独立思考、逻辑推理、信息加工、学会学习、语言表达、文字写作六种素养。我们仔细斟酌后会发现，这六种素养均能够在写作课程中得到有效的训练，这也许是书中将不断思考、不断写作、不断修改确定为行动主线的原因吧。仁铎教授的这本书，无疑对所有致力于学生全面成长的同仁们，具有十分重要的启示和借鉴意义。

16.2 读者的评价和建议

请读者将对本书和以本书为教材所设课程的评价和建议发送至我们的邮箱（主编的邮箱：zhangrd@mail.sysu.edu.cn 或副主编的邮箱：luohp5@mail.sysu.edu.cn）。待我们的公共网页建立后，在获得评价和建议提供者同意的前提下，我们将把这些评价和建议放在网页里，分享给大家。以下是目前一些读者对本书及所设课程的评价和建议。

中国水利水电科学研究院一位二级研究员评论道："只看了目录就涌上了这样一句话来评价你的工作及其成果（这本书）：功莫大焉，善莫大焉。"

中山大学一教授根据此书对研究生的指导方法做了如下总结："我有幸先睹为快，在此书正式出版之前就阅读了书稿，从而获得了一套完整的指导研究生的方法，我根据此书和个人的经验将对研究生的指导规范化、系统化：

对于刚入门的研究生：

（1）首先必须认识面临的种种困境、转型的紧迫性（1.2节）；

（2）解困之道：认识到培养批判性思维能力是研究生培养的核心，学术论文撰写是构建和训练批判性思维的最强有力的工具（第2、3、4章）；

（3）帮助开始科研选题（5.4节）；

（4）帮助根据文献选题：怎样提高文献阅读效率（第10章），怎样写科研笔记和建立文献库（5.3.2节，7.3节）；

（5）写研究计划（6.3节）：最核心的部分是怎样写引言（第7章），最核心的任务是凝练科学问题，提出明确的研究目标。

对于所有的研究生：

（1）依据研究计划开展科学实验（第8章）：牢牢把握科学实验的原则；

（2）经常进行探索性写作、写实验笔记、写科研笔记（第11章）；

（3）一边进行实验，一边在研究计划的基础上开始学术论文的写作（第6—9章）：紧紧围绕科学问题，写好论文的每一部分，引言和讨论部分是难点（导师应提供更多帮助）；

（4）在组会讨论中或与导师的交流汇报中，坚持以科学问题为导向；

（5）在论文修改中，坚持从高层次到低层次的修改原则，坚持反复修改的原则（第12章）；

（6）鼓励研究生积极参加学术会议但反对借机旅游（12.5节）。

对于科研上比较成熟的研究生：

（1）鼓励独立完成学术论文撰写的全过程（从文献综述到研究计划撰写，再到论文撰写，直到论文投稿）；

（2）鼓励参与项目申请书的撰写和申报（第6章）；

（3）引导参与学术论文的评审（第12章）（从团队论文评审到期刊论文评审）。"

中山大学一名硕士生汇总了本书中的警句和短语："我发现，记住书中以下的这些警句和短语，对于抓住全书的要点极为有用：

（1）批判性思维是创新之母。

（2）批判性思维来源于问题本身。

（3）批判性思维者具备的美德：理性的谦恭、理性的勇气、理性的换位思考、理性的真诚、理性的执着、坚信推理、理性的自主。

（4）批判性思维带来的价值：思想的清晰性、正确性、相关性、精确性、逻辑性、合理性、广度及深度。

（5）培养研究生最核心的能力就是提高其批判性思维、创新性思维能力。

（6）为了培养学生的创新能力，就必须培养其创新性思维；为了培养其创新性思维，就必须培养其批判性思维。

（7）不断地提出问题、解决问题是科学研究的核心目的，而批判性思维正是达到此目的的根本能力和途径。

（8）批判性思维就是以提出问题为起点，以获取证据、分析推理为过程，以提出有说服力的解答为结果。

（9）批判性思维是'与问题本身搏斗'的过程。

（10）学术论文撰写是构建和训练批判性思维的最强有力工具，学术论文的发表是培养批判性思维所获得的成果。

（11）成果主线：研究计划—学术论文—项目申请书。

（12）思维主线：批判性思维贯穿于一切正式写作和探索性写作活动中。

（13）行动主线：不断思考、不断写作、不断修改。

（14）贯彻思维主线，实践行动主线，实现成果主线。

（15）创造的必然性特征是：努力＋时间！

（16）在科学的入口处，正像在地狱的入口处一样。

（17）事实和设想本身是死的东西，是想象力赋予它们生命。

（18）想象力比知识更重要。

（19）'留意意外之物'是科研工作者的座右铭。

（20）直觉才是发明的工具，而逻辑只能是证明的工具。

（21）科学家的鉴别力包含了丰富想象、完美组合、高度和谐统一。

（22）批判性思维可以有效地提升精神能量和思维方面的多样性，同时降低思维的适应性，从而提高创造力。

（23）在创新性思维中，看见森林比看见树木更为重要。

（24）在科学上能做出重大贡献的人，绝大多数都属于能量集中型，他们一定属于高强度的、积极的批判性思维者。

（25）当强大的精神能量、丰富的性格多样性、极高的鉴别力三个方面同时集中在一个人身上时，就可能造就出百年一遇，乃至千年一遇的伟大创造者。

（26）人类是生性好奇的，他们具有一种提出问题和弄懂周围事物的天生的驱动力。

（27）没有科学问题的研究活动就犹如没有目的地的旅行，没有科学问题的'学术成果'就犹如没有灵魂的行尸走肉。

（28）典型的学术问题具有'不完美结构'。

（29）没有论点的文章：认知上不成熟的文章结构。

（30）论点主导式写作是以解决科学问题为导向，并具有自上而下的结构。

（31）引言的特定功能就是'引'出科学问题，'引'出以论点主导式写作的论点，'引'出创新思路与逻辑。

（32）从某种意义上说，科学研究入门也许就是从撰写引言开始的。

（33）研究生从撰写以引言为主体的研究计划开始自己的学术生涯。

（34）对引言中的每一句主要陈述都得反复考问自己。

（35）学术成果的形式具有多样性，而学术成果的结构却具有高度统一性。

（36）研究计划孕育着学术论文的'生命'和'灵魂'，即拟研究的科学问题，所以它也是货真价实的学术成果。

（37）一个良好的科学实验要求精心的实验设计及研究方法的选择，还要求实验人员除了在操作技能上，还必须在思维方式、心理和观察问题上都训练有素。

（38）科学实验的设计应遵守最少化原则，最少化原则的思路就是使实验带有明确的针对性和目的性。

（39）在研究工作中，养成良好的观察习惯比拥有大量的学术知识更为重要。

（40）图书馆里的两个小时比在实验室埋头苦干六个月收获更大。（Two hours in library is worth more than six mouths in the laboratory.）

（41）没有明确的研究目标而开展的实验是盲目的、低效的，甚至是浪费资源和时间的。

（42）精确的数学表达式是科研成果在美学和学术概括程度上最高的表达形式。

（43）一个结果或结论的普遍性越广泛其学术价值就越强大。

（44）在学术论文的讨论部分必须努力呈现出研究结果所揭示的原理、关系、一般性结论、规律，这里推理起到重要作用。

（45）要以概念的灵活自由性去阐释结果，关键就是研究者必须打破具象思维的局限，不断提高抽象思维。

（46）科学若要有价值，就必须预言未来。

（47）养成每天都进行探索性写作的好习惯，这将是最有价值的思维训练方法。

（48）探索性写作：培养批判性思维的温床。

（49）论文修改技巧是，先集中解决论文的高层次问题，然后再解决低层次问题。

（50）拥有人类最聪明头脑的科学研究者，从科研生涯的起步阶段就需要认识到剽窃之源与恶，建立起科学的道德观是其修身之本。"

参 考 文 献

爱因斯坦，1976. 爱因斯坦文集：第一卷[M]. 许良英，范岱年，编译. 北京：商务印书馆.
保罗，埃尔德，2010. 思考的力量：批判性思考成就卓越人生[M]. 丁薇，译. 上海：格致出版社.
贝弗里奇，1979. 科学研究的艺术[M]. 陈捷，译. 北京：科学出版社.
宾，2004. 研究性学习：科学的学习方法及教学方法[M]. 张仁铎，译. 南京：江苏教育出版社.
陈挥，宋霁，2012. 诱导分化，开创先河：王振义院士访谈录[J]. 上海交通大学学报（医学版），32（9）：1111-1116.
陈建新，赵玉林，关前，1994. 当代中国科学技术发展史[M]. 武汉：武汉大学出版社.
戴立龙，2016. 设计调研[M]. 北京：电子工业出版社.
丹皮尔，1975. 科学史[M]. 李珩，译. 北京：商务印书馆.
德拉蒙特，阿特金森，帕里，2009. 给研究生导师的建议[M]. 彭万华，译. 2 版. 北京：北京大学出版社.
董平，2009. 王阳明的生活世界[M]. 北京：中国人民大学出版社.
杜威，2010. 我们如何思维[M]. 伍中友，译. 北京：新华出版社.
房龙，2004. 艺术的故事[M]. 周英富，译. 北京：中国妇女出版社.
复旦大学研究生院，2019. 研究生学术道德与学术规范百问[M]. 上海：复旦大学出版社.
傅佩荣，2005. 哲学与人生[M]. 北京：东方出版社.
格里格，津巴多，2003. 心理学与生活[M]. 王垒，王甦，等，译. 北京：人民邮电出版社.
关小红，秦荷杰，贺震，2020. 高质量 SCI 论文入门必备：从选题到发表[M]. 北京：化学工业出版社.
郭仕豪，余秀兰，2021. 研究生为什么会"选题难"？——基于 6 个前因变量的模糊集定性比较分析[J]. 学位与研究生教育，4：6-13.
国家自然科学基金委员会，2021. 唐本忠院士："聚集"科学之光[EB/OL]. https://www.nsfc.gov.cn/publish/portal0/tab440/info82726.htm.
国家自然科学基金委员会，2022. 2022 年度国家自然科学基金项目指南[M]. 北京：科学出版社.

何得桂，高建梅，2020. 学术规范与创新[M]. 北京：科学出版社.

黑格尔，1980. 黑格尔经典著作集[M]. 贺麟，译. 北京：商务印书馆.

胡明，1996. 胡适传论[M]. 北京：人民文学出版社.

胡伟文，徐忠昌，2016. 数学文化欣赏[M]. 北京：科学出版社.

卡比，古德帕斯特，2016. 批判性思维与创造性思维[M]. 韩广忠，译. 北京：中国人民大学出版社.

凯姆勒，托马斯，2020. 如何指导博士生学术写作：给导师的教学法第二版[M]. 陈淑华，译. 上海：上海交通大学出版社.

康德，1964. 判断力批判：上卷[M]. 宗白华，译. 北京：商务印书馆.

克拉克，1998. 罗素传[M]. 葛伦鸿，等，译. 北京：世界知识出版社.

拉吉罗，2013. 思考的艺术[M]. 金盛华，等，译. 北京：机械工业出版社.

李安瑜，杨泰俊，1986. 新科学之父[M]. 南京：江苏人民出版社.

李耳，庄周，2002. 老子·庄子[M]. 北京：中央民族大学出版社.

李难，1987. DNA 分子结构的发现[M]//钱时惕. 重大科学发现个例研究. 北京：科学出版社.

梁启超，2001. 饮冰室文集点校：第 1 集[M]. 吴松，卢云昆，王文光，等，点校. 昆明：云南教育出版社.

林晓东，2022. 访谈 35 位美国大学教授，归纳出中国留学生亟待提高的三项核心技能[EB/OL]. https://new.qq.com/rain/a/20220516A0BGT700.

林语堂，2000. 苏东坡传[M]. 张振玉，译. 北京：生活·读书·新知三联书店.

刘勇，2008. 感悟创造：复杂系统创造论[M]. 北京：科学出版社.

罗素，2004. 西方的智慧[M]. 亚北，译. 北京：中国妇女出版社.

马斯洛，1987. 自我实现的人[M]. 许金声，刘锋，译. 北京：生活·读书·新知三联书店.

摩尔，2015. 批判性思维[M]. 朱素梅，译. 北京：机械工业出版社.

彭加勒，1988. 科学的价值[M]. 李醒民，译. 北京：光明日报出版社.

珀文，2001. 人格科学[M]. 周榕，陈红，杨炳钧，等，译. 黄希庭，审校. 上海：华东师范大学出版社.

奇凯岑特米哈伊，2001. 创造性：发现和发明的心理学[M]. 夏镇平，译. 上海：上海译文出版社.

钱颖一，2020. 大学的改革：第三卷. 学府篇[M]. 北京：中信出版社.

锐科技，2020. 钟南山、李兰娟院士团队从新冠肺炎患者粪便中分离出病毒[EB/OL]. (2020-02-13) [2023-01-10]. https://mp.weixin.qq.com/s/_9lN2dEW1s9_88K28p8Nrg.

索尔兹伯里，2007. 长征：前所未闻的故事[M]. 北京：解放军出版社.

吐温, 2012. 密西西比河上[M]. 上海: 上海文艺出版社.

王国维, 1998. 人间词话[M]. 上海: 上海古籍出版社.

王涛, 2021. 远离疾病[M]. 北京: 中国大百科全书出版社.

王彦君, 2020. 批判性思维[M]. 北京: 高等教育出版社.

威尔逊, 2011. 威尔逊讲大科学家[M]. 王敏, 译. 北京: 新世界出版社.

吴迎春, 2006. 路甬祥: 从"黄禹锡造假事件"谈科学价值观[N]. 人民论坛, 02B: 52-54.

熊舜时, 1992. 哲学·科学·创造[M]. 上海: 上海社会科学院出版社.

徐志摩, 2001. 徐志摩散文经典[M]. 北京: 印刷工业出版社.

杨建邺, 2004. 杨振宁传[M]. 长春: 长春出版社.

亦歌, 2005. 庄子和他的成语[N]. 文汇报·笔会, 02-22.

游国恩, 王起, 萧涤非, 等, 1985. 中国文学史（二）[M]. 北京: 人民文学出版社.

俞克纯, 沈迎选, 1998. 激励·活力·凝聚力: 行为科学的激励理论与群体行为理论[M]. 北京: 中国经济出版社.

瑜青, 2002. 休谟经典文存[M]. 上海: 上海大学出版社.

张仁铎, 2005. 空间变异理论及应用[M]. 北京: 科学出版社.

张仁铎, 杨金忠, 2004. 国际会议学术交流技巧[M]. 北京: 中国水利水电出版社.

中国社会科学院语言研究所词典编辑室, 1993. 现代汉语词典[M]. 北京: 商务印书馆.

Abbott M. M., Bartelt P. W., Fishman S. M., et al., 1992. Interchange: A conversation among the disciplines[M]. New York: Modern Language Association.

Adler M. J., 1984. The Paideia program: An educational syllabus[M]. New York: Macmillan.

American Philosophical Association, 1990. Critical thinking: A statement of expert consensus for purposes of educational assessment and instruction [M]. Millbrae: California Academic Press.

American Society of Agronomy, Crop Science Society of America, Soil Science Society of America, 1999. Editors' handbook[M]. Madison: American Society of Agronomy, Inc., Crop Science Society of America, Inc. and Soil Science Society of America, Inc.

Angelo T. A., Cross K. P., 1993. Classroom assessment techniques: A handbook for college teachers[M]. 2nd ed. San Francisco: Jossey-Bass.

Barnes L. B., Christensen C. R., Hansen A. J., 1994. Teaching and the case method: Text cases, and readings [M]. 3rd ed. Boston: Harvard Business School Press.

Barry L., 1989. The busy profs travel guide to writing across the curriculum [M]. La Grande: Eastern Oregon State College.

Bean J. C., 1986. Summary writing, rogerian listening, and dialectic thinking [J]. College

Composition and Communication, 37 (3): 343-346.

Bean J. C., 1996. Engaging ideas: The professor's guide to integrating writing, critical thinking, and active learning in the classroom [M]. San Francisco: Jossey-Bass, Inc.

Bean J. C., Drenk D., Lee F. D., 1982. Microtheme strategies for developing cognitive skills [J]. New Directions for Teaching and Learning, 12: 27-38.

Belanoft P., Dickson M., 1991. Portfolios: Process and product[M]. Portsmouth: Boynton/Cook.

Belanoft P., Elbow P., Fontaine S. I., 1991. Nothing begins with N: New investigations of freewriting [M]. Carbondale: Southern Illinois University Press.

Belenky M. F., Clinchy B. M., Goldberger N. R., et al., 1997. Women's ways of knowing: The development of self, voice, and mind [M]. New York: Basic Books.

Berlinghoff W. P., 1989. Locally original mathematics through writing[M]//P. Connolly and T. Vilardi (eds.), Writing to learn mathematics and science. New York: Teachers College Press.

Berthoff A., 1987. Dialectical notebooks and the audit of meaning[M]//T. Fulwiler (ed.), The Journal Book. Portsmouth: Boynton/Cook.

Beveridge W. I. B., 1951. The art of scientific investigation[M]. New York: Norton.

Boehrer J., Linsky M., 1990. Teaching with cases: Learning to question [M]. New Directions for Teaching and Learning.

Bogel K. K., 1984. Teaching prose: A guide for writing instructors [M]. New York: Norton.

Bradford A. N., 1983. Cognitive immaturity and remedial college writers[M]//J. N. Hays, P. A. Roth, J. R. Ramsey, and R. D. Foulke(eds.), The Writer's mind: Writing as a mode of thinking. Urbana: National Council of Teachers of English.

Britton J, et al., 1975. The development of writing abilities(11-18)[M]. Urbana: National Council of Teachers of English.

Brookfield S. D., 1987. Developing critical thinkers: Challenging adults to explore alternative ways of thinking and acting [M]. San Francisco: Jossey-Bass.

Bruffee K. A., 1983. Writing and reading as social or collaborative acts[M]//J. N. Hays, P. A. Roth, J. R. Ramsey, and R. D. Foulke(eds.), The Writer's mind: Writing as a mode of thinking. Urbana: National Council of Teachers of English.

Bruffee K. A., 1984. Collaborative learning and the conversation of mankind [J]. College English, 46 (6): 635-652.

Bruffee K. A., 1993. Collaborative learning: Higher education, interdependence, and the authority of knowledge [M]. Baltimore: Johns Hopkins University Press.

Chen G., Fang Y., Zhang R., et al., 2021. Priming, stabilization and temperature sensitivity of native SOC is controlled by microbial responses and physicochemical properties of biochar [J]. Soil Biology and Biochemistry, 154: 108139.

Clanet C., Hersen F., Bocquet L., 2004. Secrets of successful stone skipping [J]. Nature, 427: 29.

Cohen A. J., Spencer J., 1993. Using writing across the curriculum in economics: Is taking the plunge worth it? [J] Journal of Economic Education, 23: 219-230.

Daiute C., 1986. Physical and cognitive factors in revising: Insights from studies with computers [J]. Research in the Teaching of English, 20 (2): 141-159.

Davis B. G., 1993. Tools for teaching [M]. San Francisco: Jossey-Bass.

Day R. A., 1988. How to write and publish a scientific paper[M]. 3rd ed. Phoenix: Oryx Press.

Dewey J., 1916. Democracy and education [M]. New York: Macmillan.

Di Gaetani J. L., 1989. Use of the case method in teaching business communication[M]//M. Kogen (ed.), Writing in the business professions. Urbana, Ill: National Council of Teachers of English.

Elbow P., 1973. Writing without teachers [M]. New York: Oxford University Press.

Elbow P., 1981. Writing with power: Techniques for mastering the writing process [M]. New York: Oxford University Press.

Elbow P., 1986. Emberacting contraries: Explorations in learning and teaching [M]. New York: Oxford University Press.

Facione P. A., 1990. Critical thinking: A statement of expert consensus for purposes of educational assessment and instruction [M]. Millbrae: California Academic Press.

Flavell J. H., 1963. The developmental psychology of jean piaget [M]. New York: Van Nostrand.

Flower L., 1979. Writer-based prose: A cognitive basis for problems in writing [J]. College English, 41 (1): 19-37.

Flower L., 1993. Problem-solving strategies for writing[M]. 4th ed. San Diego: Harcourt Brace Jovanovich.

Flower L., Hayes J., 1979. Problem-solving strategies and the writing process [J]. College English, 39 (4): 449-461.

Francoz M. J., 1979. The logic of question and answer: Writing as inquiry [J]. College English, 41 (3): 336-339.

Fulwiler T., 1987a. The journal book [M]. Portsmouth: Boynton/Cook.

Fulwiler T., 1987b. Teaching with writing [M]. Portsmouth: Boynton/Cook.

Gallagher R., Appenzeller T., 1999. Beyond reductionism [J]. Science, 284: 79.

Gere A. R., 1985. Roots in the sawdust: Writing to learn across the disciplines [M]. Urbana: National Council of Teachers of English.

Gibran K., 1962. Spiritual saying [M]. New York: Citadel.

Gilligan C., 1982. In a different voice: Psychological theory and women's development[M]. Cambridge: Harvard University Press.

Gorman M. E., Gorman M. E., Young A., 1986. Poetic writing in psychology[M]//A. Young and T. Fulwiler (eds.), Writing across the disciplines: Research into practice. Portsmouth: Boynton/Cook.

Gottschalk K. K., 1984. Writing in the non-writing class: I'd love to teach writing, but…[M]//F. V. Bogel and K. K. Gottschalk (eds.), Teaching prose: A guide for writing instructors. New York: Norton.

Gove P. B., the Merriam-Webster editorial staff, 1976. Webster's third new international dictionary of the English language unabridged[M]. G. & C. Merriam Company.

Grumbacher J, 1987. How writing helps physics students become better problem solvers[M]//T. Fulwiler (ed.), The journal book. Portsmouth: Boynton/Cook.

Hammond L., 1991. Using focused freewriting to promote critical thinking[M]//P. Belanoff, P. Elbow and S. I. Fontaine (eds.), Nothing begins with N: New investigations of freewriting. Carbondale: Southern Illinois University Press.

Haswell R. H., 1983. Minimal marking [J]. College English. 45 (6): 600-604.

Hawisher G. E., 1987. The effects of word processing on the revision strategies of college freshmen[J]. Research in the Teaching of English. 21 (2): 145-159.

Hawkins B. A., Porter E. E., Diniz-Filho J. A. F., 2003. Productivity and history as predictors of the latitudinal diversity gradient of terrestrial birds [J]. Ecology, 84 (6), 1608-1623.

Hays J. N., 1983. The development of discursive maturity in college writers[M]//J. N. Hays, P. A. Roth, J. R. Ramsey and R. D. Foulke(eds.), The Writer's Mind: Writing as a mode of thinking. Urbana: National Council of Teachers of English.

Herz A. V. M., Gollisch T., MachenC. K., et al., 2006. Modeling single-neuron dynamics and computations: a balance of detail and abstraction [J]. Science, 314: 80-84.

Hillocks G., 1986. Research on written composition: New directions for teaching[R]. Urbana: National Council of Teachers of English.

Hillocks G., Kahn E. H., Johannessen L. R., 1983. Teaching defining strategies as a mode of inquiry [J]. Research in the Teaching of English, 17 (3): 275-284.

Hirsch E. D., Kett J. F., Trefil J. S., 1987. Cultural literacy: What every American needs to know [M]. Boston: Houghton Mifflin.

Huang K., Zhang R., van Genuchten M. Th., 1994. An Eulerian-Lagrangian approach with an adaptively corrected method of characteristics to simulate variably-saturated water flow[J]. Water Resources Research, 30: 499-508.

Janzow F., Eison J., 1990. Grades: Their influence on students and faculty[M]//M. D. Svinicki (ed.), The changing face of college teaching. New Directions for Teaching and Learning, no. 42. San Francisco: Jossey-Bass.

Jensen G. H., Di Tiberio J. K., 1989. Personality and the teaching of composition [M]. Norwood: Ablex.

Jensen V., 1987. Writing in college physics [M]//T. Fulwiler (ed.), The journal book, Portsmouth: Boynton/Cook.

Johnson D. W., Johnson F. P., 1991. Joining together: Group theory and group skills [M]. Englewood Cliffs: Prentice Hall.

Johnson D. W., Johnson R. T., 1991. Learning together and alone: Cooperative, competitive, and individualistic learning [M]. 3rd ed . Englewood Cliffs: Prentice Hall.

Johnson D. W., Johnson R. T., Smith K., 1991. Cooperative learning: Increasing college faculty instructional productivity[R]. ASHE-ERIC Higher Education Report No. 4. Washington D. C.: George Washington University, School of Education and Human Development.

Keith S., 1989 . Exploring mathematics in writing[M]//P. Connolly and T. Vilardi (eds.), Writing to learn mathematics and science. New York: Teachers College Press.

Kenyon R. W., 1989. Writing is problem solving[M]//P. Connolly and T. Vilardi (eds.), Writing to learn mathematics and science. New York: Teachers College Press.

Kerswell A. P., 2006. Global biodiversity patterns of benthic marine algae [J]. Ecology, 87 (10): 2479-2488.

Krebs C. J., 2001. Ecology: The experimental analysis of distribution and abundance (5 edition) [M]. Benjamin Cummings.

Kroll B., 1978. Cognitive egocentrism and the problem of audience awareness in written discourse [J]. Research in the Teaching of English, 12 (3): 269-281.

Kuenen J. G., 2020. Anammox and beyond [J]. Environmental Microbiology, 22 (2): 525-536.

Kurfiss J. G., 1988. Critical thinking: Theory, research, practice, and possibilities[R]. ASHE-ERIC Higher Education Report No. 2. Washington D. C.: ERIC Clearinghouse on Higher Education and the Association for the Study of Higher Education.

Larson R. L., 1982. The "research paper" in the writing course: A non-form of writing[J]. College English, 44 (8): 811-816.

Lim X., 2016. The nanolight revolution is coming [J]. Nature, 531: 26-28.

Liu J., Meng B., Poulain A. J., et al., 2021. Stable isotope tracers identify sources and transformations of mercury in rice (*Oryza sativa* L.) growing in a mercury mining area[J]. Fundamental Research, 1 (3): 259-268.

Lunsford A. A., 1979. Cognitive development and the basic writer[J]. College English, 41 (1): 38-46.

Luo H., Liu G., Zhang R., et al., 2009. Phenol degradation in microbial fuel cells [J]. Chemical Engineering Journal, 147: 259-264.

MacDonald S. P., Cooper C. R., 1992. Contributions of academic and dialogic journals to writing about literature[M]//A. Herrington and C. Moran (eds.), Writing, teaching, and learning in the disciplines. New York: Modern Language Association.

Machlup F., 1979. Poor learning from good teachers [J]. Academe, 10: 376-380.

Manuel C., Molles Jr., 2002. Ecology: Concepts and applications (second edition) [M]. Beijing: Higher Education Press and The McGraw-Hill Book Co. Singapore.

McKeachie W. J., 1986. Teaching tips: A guidebook for the beginning college teacher[M]. 8th ed. Lexington: Heath.

Meacham J., 1994. Discussions by e-mail: Experiences from a large class on multiculturalism [J]. Liberal Education, 80 (4): 36-39.

Meyers C., 1986. Teaching students to think critically: A guide for faculty in all disciplines [M]. San Francisco: Jossey-Bass.

Meyers C., Jones T. B., 1993. Promoting active learning: Strategies for the college class-room [M]. San Francisco: Jossey-Bass.

Mittelbach G. G., Steiner C. F., Scheiner S. M., 2001. What is the observed relationship between species richness and productivity? [J]. Ecology, 82 (9): 2381-2396.

Morton T., 1988. Fine cloth, cut carefully: Cooperative learning in british columbia[M]//J. Golub (ed.), Focus on collaborative learning: Classroom practices in teaching English. Urbana: National Council of Teachers of English.

Mullin W. J., 1989. Qualitative thinking and writing in the hard sciences[M]//P. Connolly and T. Vilardi (eds.), Writing to learn mathematics and science. New York: Teachers College Press.

Myers G., 1985. The social construction of two biologists' proposals[J]. Written Communication, 2: 219-245.

Myers G., 1986a. Reality, consensus, and reform in the rhetoric of composition teaching[J]. College English, 48 (2): 154-174.

Myers G., 1986b. Writing research and the sociology of scientific knowledge: A review of three new books [J]. College English, 48 (6): 595-610.

Norman D. A., 1980. What goes on in the mind of the learner [M]//W. J. McKeachie (ed.), Learning, cognition, and college teaching. New Directions for Teaching and Learning, no. 2. San Francisco: Jossey-Bass.

Ouyang L., Zhang R., 2013. Effects of biochars derived from different feedstocks and pyrolysis temperatures on soil physical and hydraulic properties [J]. Journal of Soils Sediments, 13: 1561-1572.

Paul R. W., 1987. Dialogical thinking: Critical thought essential to the acquisition of rational knowledge and passions[M]//J. B. Baron and R. J. Sternberg (eds.), Teaching thinking skills: Theory and practice. New York: Freeman.

Perry W. G., Jr., 1970. Forms of intellectual and ethical development in the college years [M]. Troy: Holt, Rinehatr & Winston.

Pinkava B., Haviland C., 1984. Teaching writing and thinking skills[J]. Nursing Outlook, 32(5): 270-272.

Pollard, Rita, 1992. Portfolios: Process and product [J]. Research and Teaching in Developmental Education, 8 (2): 105-108.

Qian Y., 2018. Educating students in critical thinking and creative thinking: Theory and practice [J]. 清华大学教育研究, 4: 1-16.

Ramage J. D., Bean J. C., 1995. Writing arguments: A rhetoric with readings [M]. 3rd ed. Needham Heights: Mass. Allyn & Bacon.

Rogers C., 1961. On becoming a person: A therapist's view of psychotherapy [M]. Boston: Houghton Mifflin.

Root T., 1988. Energy constraints on avian distributions and abundances [J]. Ecology, 69 (2): 330-339.

Rose B., 1989. Writing and mathematics: Theory and practice [M]//P. Connolly and T. Vilardi (eds.), Writing to learn mathematics and science. New York: Teachers College Press.

Scheibe J. S., 1987. Climate, competition, and the structure of temperate zone lizard communities [J]. Ecology, 68 (5): 1424-1436.

Shook R., 1983. A case for cases[C]//P. L. Stock (ed.), Forum: Essays on theory and practice in the teaching of writing. Portsmouth: Boynton/Cook.

Spandel V., Stiggins R. J., 1990. Creating writers: Linking assessment and writing instruction [M]. White Plains, N. Y. Longman.

Steiner R., 1982. Chemistry and the written word [J]. Journal of Chemical Education, 59: 1044.

Sternberg R. J., 1987. Teaching intelligence: The application of cognitive psychology to the improvement of intellectual skills[M]//J. B. Baron and R. J. Stenberg (eds.), Teaching thinking skills: Theory and practice. New York: Freeman.

Sturrock W. J., 2001. English communication skills: Technical writing and presentations [C]. Lecture Notes. WERM, IIIHEE, The Netherlands.

Tedlock D., 1981. The case approach to composition[J]. College Composition and Communication, 32 (3): 253-261.

Turner J. R. G., Lennon J. J., Lawrenson J. A., 1988. British bird species distributions and the energy theory [J]. Nature, 335: 539-541.

Vella F., 1990. The changing face of college teaching[J]. Biochemical Education, 18 (4): 213.

Warrick A. W., Zhang R., 1987. Steady two-and three-dimensional flow from saturated to unsaturated soil [J]. Advances in Water Resources, 10: 64-68.

William G. C., 1986. Teaching writing in all disciplines, new directions for teaching and learning, no. 12 [M]. San Francisco: Jossey-Bass.

Williams J. M., 1981. The phenomenology of error[J]. College Composition and Communication, 32 (2): 152-168.

Williams J. M., 1985. Style: Ten lessons in clarity and grace[M]. 2nd ed. Glenview: Scott, Foresman.

Xu W., Wang Y., You T., et al., 2019. First demonstration of waferscale heterogeneous integration of Ga_2O_3 MOSFETs on SiC and Si Substrates by Ion-Cutting Process [C]. 2019 IEEE International Electron Devices Meeting (IEDM), 12. 5. 1-12. 5. 4.

Yin Y., Li Y., Tai, C., et al., 2014. Fumigant methyl iodide can methylate inorganic mercury species in natural waters[J]. Nature Communications, 5: 4633.

Yoshida J., 1985. Writing to learn philosophy[M]//A. R. Gere(ed.), Roots in the sawdust: Writing to learn across the disciplines. Urbana: National Council of Teachers of English.

Young A., Fulwiler T., 1986. Writing across the disciplines: Research into practice [M]. Portsmouth: Boynton /Cook.

Zhang R., 1990. Spatial and temporal variabilities of soil physical, chemical, and hydrological properties[D]. Tucson: University of Arizona.

Zhang R., 1997a. Determination of soil sorptivity and hydraulic conductivity from the disc infiltrometer[J]. Soil Science Society of America Journal, 61: 1024-1030.

Zhang R., 1997b. Infiltration models for the disc infiltrometer[J]. Soil Science Society of America Journal, 61: 1597-1603.

Zhang R., 1998. Estimating soil hydraulic conductivity and macroscopic capillary length from the disc infiltrometer[J]. Soil Science Society of America Journal, 62: 1513-1521.

Zhang R., 2005. Applied geostatistics in environmental science [M]. New York: Science Press USA Inc.

Zhang R., Huang K., van Genuchten., et al., 1993. An efficient Eulerian-Lagrangian method for solving convection-dispersion transport problems in steady and transient flow fields [J]. Water Resources Research, 29: 4131-4138.

Zhang R., Shouse P., Yates S., 1997. Use of pseudo-crossvariograms and cokriging to improve estimates of soil solute concentrations[J]. Soil Science Society of America Journal, 61: 1342-1347.

Zhang R., Warrick A. W., Artiola J. F., 1992. Numerical modeling of free-drainage water samplers in the shallow vadose zone [J]. Advances in Water Resources, 15: 251-258.

Zhang R., Warrick A. W., Myers D. E., 1990. Variance within a finite domain as a function of sample support size [J]. Math Geology, 22: 107-121.

Zhao Z., Zung J. L., Hinze, A., et al., 2022. Mosquito brains encode unique features of human odour to drive host seeking [J]. Nature, 1-7.

附录1　全书各篇章节之间结构图

1. 全书各篇章之间结构图

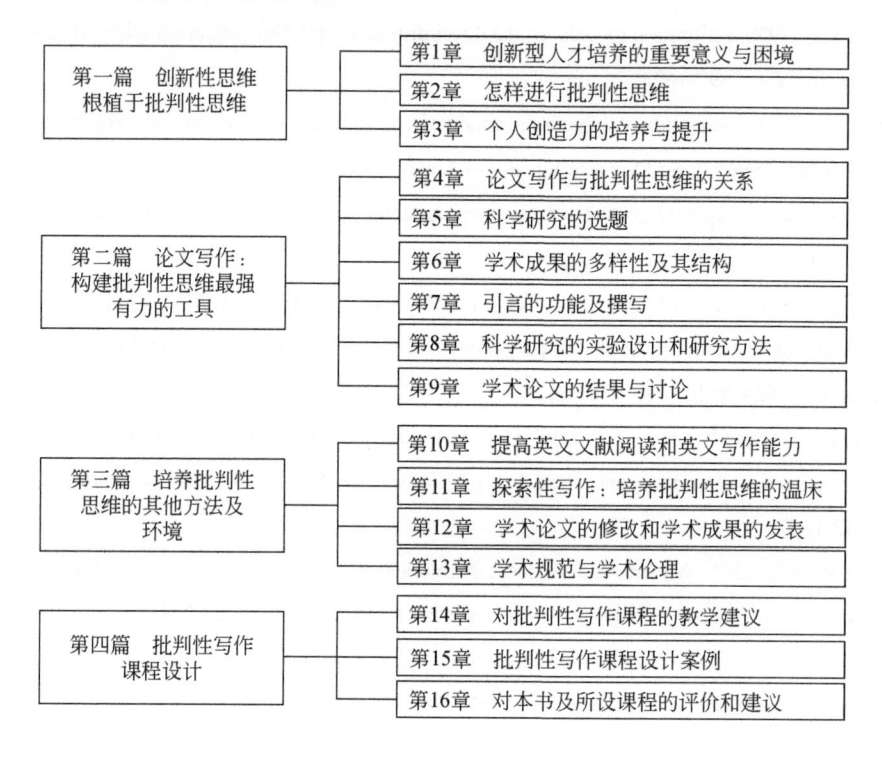

- 第一篇　创新性思维根植于批判性思维
  - 第1章　创新型人才培养的重要意义与困境
  - 第2章　怎样进行批判性思维
  - 第3章　个人创造力的培养与提升

- 第二篇　论文写作：构建批判性思维最强有力的工具
  - 第4章　论文写作与批判性思维的关系
  - 第5章　科学研究的选题
  - 第6章　学术成果的多样性及其结构
  - 第7章　引言的功能及撰写
  - 第8章　科学研究的实验设计和研究方法
  - 第9章　学术论文的结果与讨论

- 第三篇　培养批判性思维的其他方法及环境
  - 第10章　提高英文文献阅读和英文写作能力
  - 第11章　探索性写作：培养批判性思维的温床
  - 第12章　学术论文的修改和学术成果的发表
  - 第13章　学术规范与学术伦理

- 第四篇　批判性写作课程设计
  - 第14章　对批判性写作课程的教学建议
  - 第15章　批判性写作课程设计案例
  - 第16章　对本书及所设课程的评价和建议

2. 第一篇的篇章节之间结构图

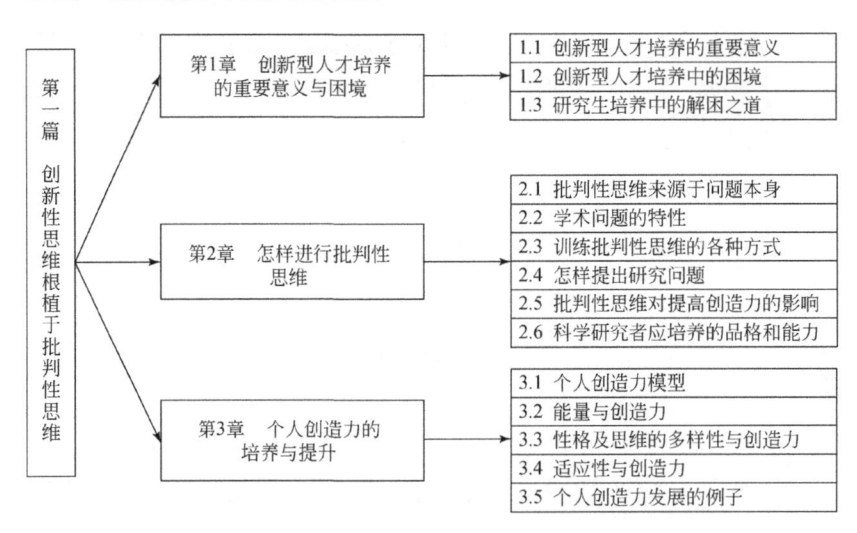

第一篇 创新性思维根植于批判性思维

- **第1章 创新型人才培养的重要意义与困境**
  - 1.1 创新型人才培养的重要意义
  - 1.2 创新型人才培养中的困境
  - 1.3 研究生培养中的解困之道

- **第2章 怎样进行批判性思维**
  - 2.1 批判性思维来源于问题本身
  - 2.2 学术问题的特性
  - 2.3 训练批判性思维的各种方式
  - 2.4 怎样提出研究问题
  - 2.5 批判性思维对提高创造力的影响
  - 2.6 科学研究者应培养的品格和能力

- **第3章 个人创造力的培养与提升**
  - 3.1 个人创造力模型
  - 3.2 能量与创造力
  - 3.3 性格及思维的多样性与创造力
  - 3.4 适应性与创造力
  - 3.5 个人创造力发展的例子

3. 第二篇的篇章节之间结构图

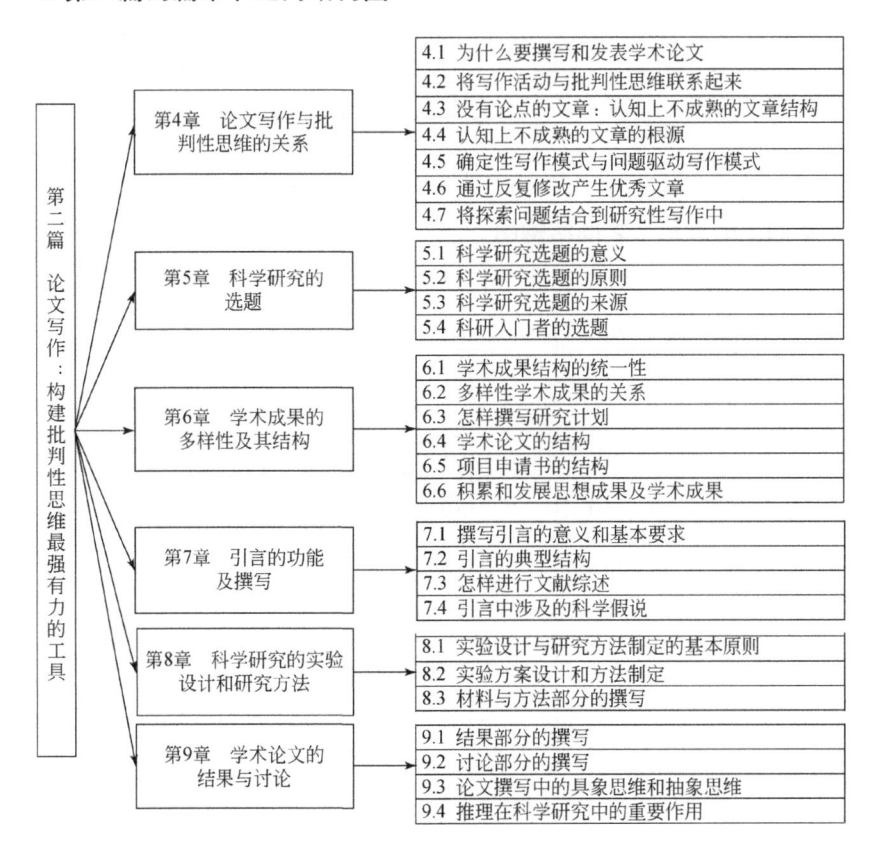

第二篇 论文写作：构建批判性思维最强有力的工具

- **第4章 论文写作与批判性思维的关系**
  - 4.1 为什么要撰写和发表学术论文
  - 4.2 将写作活动与批判性思维联系起来
  - 4.3 没有论点的文章：认知上不成熟的文章结构
  - 4.4 认知上不成熟的文章的根源
  - 4.5 确定性写作模式与问题驱动写作模式
  - 4.6 通过反复修改产生优秀文章
  - 4.7 将探索问题结合到研究性写作中

- **第5章 科学研究的选题**
  - 5.1 科学研究选题的意义
  - 5.2 科学研究选题的原则
  - 5.3 科学研究选题的来源
  - 5.4 科研入门者的选题

- **第6章 学术成果的多样性及其结构**
  - 6.1 学术成果结构的统一性
  - 6.2 多样性学术成果的关系
  - 6.3 怎样撰写研究计划
  - 6.4 学术论文的结构
  - 6.5 项目申请书的结构
  - 6.6 积累和发展思想成果及学术成果

- **第7章 引言的功能及撰写**
  - 7.1 撰写引言的意义和基本要求
  - 7.2 引言的典型结构
  - 7.3 怎样进行文献综述
  - 7.4 引言中涉及的科学假说

- **第8章 科学研究的实验设计和研究方法**
  - 8.1 实验设计与研究方法制定的基本原则
  - 8.2 实验方案设计和方法制定
  - 8.3 材料与方法部分的撰写

- **第9章 学术论文的结果与讨论**
  - 9.1 结果部分的撰写
  - 9.2 讨论部分的撰写
  - 9.3 论文撰写中的具象思维和抽象思维
  - 9.4 推理在科学研究中的重要作用

4. 第三篇的篇章节之间结构图

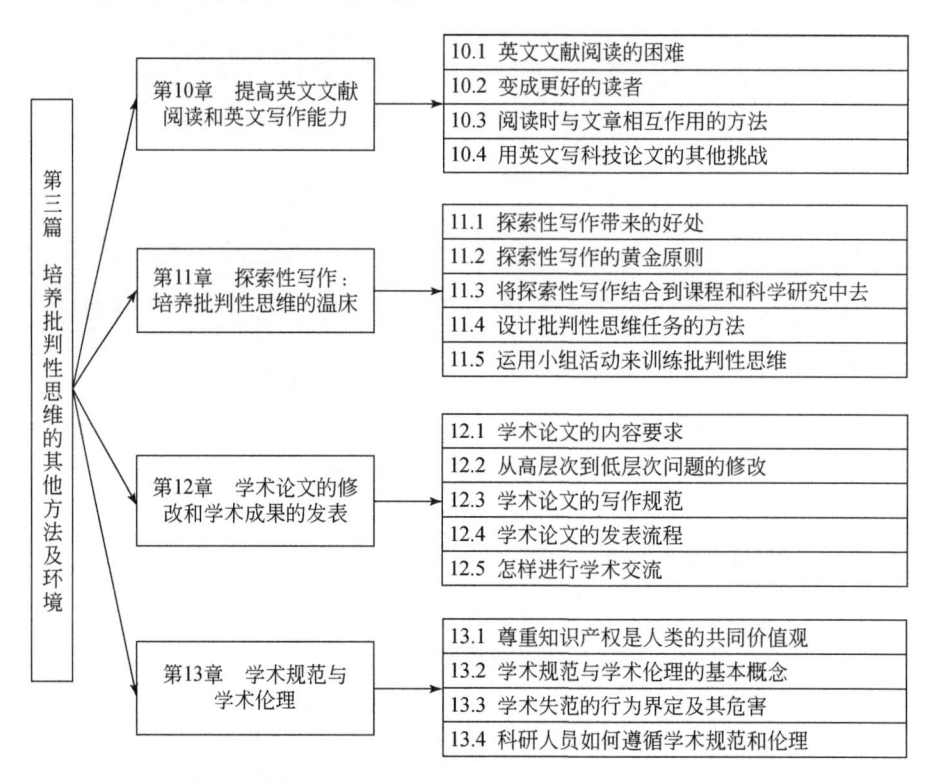

第三篇 培养批判性思维的其他方法及环境

- **第10章 提高英文文献阅读和英文写作能力**
  - 10.1 英文文献阅读的困难
  - 10.2 变成更好的读者
  - 10.3 阅读时与文章相互作用的方法
  - 10.4 用英文写科技论文的其他挑战

- **第11章 探索性写作：培养批判性思维的温床**
  - 11.1 探索性写作带来的好处
  - 11.2 探索性写作的黄金原则
  - 11.3 将探索性写作结合到课程和科学研究中去
  - 11.4 设计批判性思维任务的方法
  - 11.5 运用小组活动来训练批判性思维

- **第12章 学术论文的修改和学术成果的发表**
  - 12.1 学术论文的内容要求
  - 12.2 从高层次到低层次问题的修改
  - 12.3 学术论文的写作规范
  - 12.4 学术论文的发表流程
  - 12.5 怎样进行学术交流

- **第13章 学术规范与学术伦理**
  - 13.1 尊重知识产权是人类的共同价值观
  - 13.2 学术规范与学术伦理的基本概念
  - 13.3 学术失范的行为界定及其危害
  - 13.4 科研人员如何遵循学术规范和伦理

5. 第四篇的篇章节之间结构图

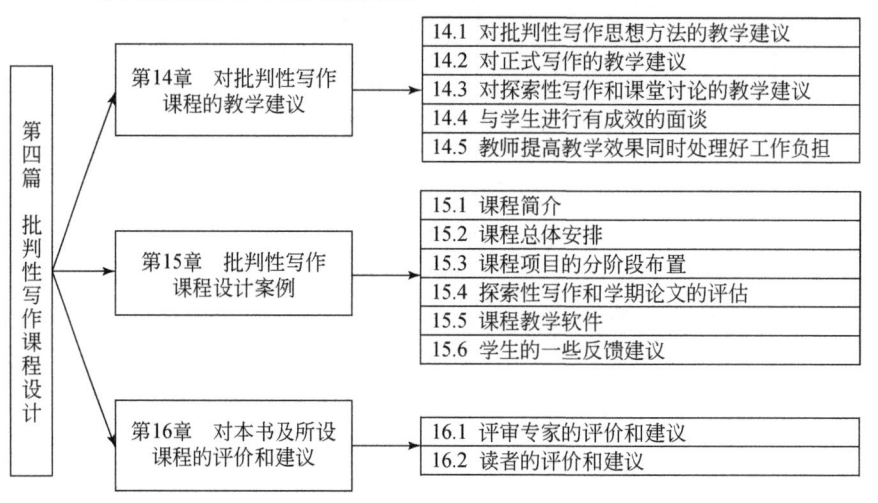

第四篇 批判性写作课程设计

- **第14章 对批判性写作课程的教学建议**
  - 14.1 对批判性写作思想方法的教学建议
  - 14.2 对正式写作的教学建议
  - 14.3 对探索性写作和课堂讨论的教学建议
  - 14.4 与学生进行有成效的面谈
  - 14.5 教师提高教学效果同时处理好工作负担

- **第15章 批判性写作课程设计案例**
  - 15.1 课程简介
  - 15.2 课程总体安排
  - 15.3 课程项目的分阶段布置
  - 15.4 探索性写作和学期论文的评估
  - 15.5 课程教学软件
  - 15.6 学生的一些反馈建议

- **第16章 对本书及所设课程的评价和建议**
  - 16.1 评审专家的评价和建议
  - 16.2 读者的评价和建议

附录 2　避免和推荐使用的英语单词和表达式

避免用法	推荐用法
a considerable amount of	much
a considerable number of	many
a majority of	most
a number of	many
a small number of	a few
absolutely essential	essential
accounted for by the fact	because
adjacent to	near
along the lines of	like
an example of this is the fact that	for example
an order of magnitude faster	10 times faster
are of the same opinion	agree
as a consequence of	because
as a matter of fact	in act（or leave out）
as is the case	as happens
as of this date	today
as to	about（or leave out）
at a rapid rate	rapidly
at an early date	soon
at an earlier date	previously
at some future time	later
at the conclusion of	after
at the present time	now
at this point in time	now
based on the fact that	because
by means of	by，with

避免用法	推荐用法
causal factor	cause
completely full	full
consensus of opinion	consensus
definitely proved	proved
despite the fact that	although
due to the fact that	because
during the course of	during, while
during the time that	while
enclosed herewith	enclosed
end result	result
entirely eliminate	eliminate
fabricate	make
fatal outcome	death
fewer in number	fewer
first of all	first
for the purpose of	for
for the reason that	since(used at the beginning of a sentence), because(used in the middle of a sentence)
from the point of view of	for
give an account of	describe
give rise to	cause
has been engaged in a study of	has studied
has the capability of	can
have the appearance of	look like
having regard to	about
in a number of cases	some
in a position to	can, may
in a satisfactory manner	satisfactorily
in a very real sense	in a sense (or leave out)
in almost all instances	nearly always
in case	if
in close proximity to	close, near
in connection with	about, concerning
in many cases	often

避免用法	推荐用法
in my opinion it is not an unjustifiable assumption that	I think
in order to	to
in relation to	toward, to
in respect to	about
in some cases	sometimes
in terms of	about
in the absence of	without
in the event that	if
in the not-too-distant future	soon
in the possession of	has, have
in view of the fact that	because, since
inasmuch as	for, as
incline to the view	think
is defined as	is
it is apparent that	apparently
it is believed that	I think
it is clear that	clearly
it is doubtful that	possibly
it is my understanding that	I understand that
it is of interest to note that	(leave out)
it is often the case that	often
it is worth pointing out in this context that	note that
it may, however, be noted that	but
it should be noted that	note that (or leave out)
it was observed in the course of the experiments that	it was observed
join together	join
large in size	large
majority of	most
make reference to	refer to
needless to say	(leave out, and consider leaving out whatever follows it)
new initiatives	initiatives

避免用法	推荐用法
of great theoretical and practical importance	useful
of long standing	old
of the opinion that	think that
on a daily basis	daily
on account of	because
on behalf of	for
on no occasion	never
on the basis of	by
on the grounds that	since, because
on the part of	by, among, for
owing to the fact that	since, because
place a major emphasis on	stress
present a picture similar to	resemble
referred to as	called
relative to	about
resultant effect	result
smaller in size	smaller
so as to	to
subject matter	subject
subsequent to	after
take into consideration	consider
the great majority of	most
the predominate number of	most
the question as to whether	whether
the reason is because	because
the vast majority of	most
this result would seem to indicate	this result indicates
through the use of	by, with
to the fullest possible extent	fully
unanimity of opinion	agreement
until such time	until
very unique	unique
was of the opinion that	believed

避免用法	推荐用法
ways and means	ways，means（not both）
we wish to thank	we thank
what is the explanation of	why
with a view to	to
with reference to	about（or leave out）
with regard to	concerning，about（or leave out）
with respect to	about
with the possible exception of	except
with the result that	so that
within the realm of possibility	possible

附录 3　英语当代用法词汇表

ad　 *Ad* is the clipped form of *advertisement*. The full form is preferable in a formal style, especially in letters of application. The appropriateness of *ad* in college writing depends on the style of the paper.

adapt, adopt　 *Adapt* means "to adjust to meet requirements": "The human body can adapt itself to all sorts of environments"; "It will take a skillful writer to adapt this novel for the movies." *Adopt* means "to take as one's own" ("He immediately adopted the idea") or—in parliamentary procedure—"to accept as law" ("The motion was adopted").

advice, advise　 The first form is a noun, the second a verb: "I was advised to ignore his advice."

affect, effect　 Both words may be used as nouns, but *effect*, meaning "result," is usually the word wanted: "His speech had an unfortunate effect"; "The treatments had no effect on me." The noun *affect* is a technical term in psychology. Although both words may be used as verbs, *affect* is the more common. As a verb, *affect* means "impress" or "influence": "His advice affected my decision"; "Does music affect you that way?" As a verb, *effect* is rarely required in college writing but may be used to mean "carry out" or "accomplish": "The pilot effected his mission"; "The lawyer effected a settlement."

affective, effective　 See **affect, effect**. The common adjective is *effective* ("an effective argument"), meaning "having an effect." The use of *affective* is largely confined to technical discussions of psychology and semantics, in which it is roughly equivalent to "emotional." In this textbook, *affective* is used to describe a tone that is chiefly concerned with creating attitudes in the reader.

aggravate　 *Aggravate* may mean either "to make worse" ("His remarks aggravated the dispute" or "to annoy or exasperate" ("Her manners aggravate me"). Both are standard English, but there is still some objection to the second usage. If you mean *annoy*, *exasperate*, or *provoke*, it would be safer to use whichever of those words best expresses your meaning.

ain't　 Except to record nonstandard speech, the use of *ain't* is not acceptable in college writing.

all together, altogether Distinguish between the phrase ("They were all together at last") and the adverb ("He is altogether to blame"). *All together* means "all in one place"; *altogether* means "entirely" or "wholly."

allow When used to mean "permit" ("No smoking is allowed on the premises"), *allow* is acceptable. Its use to mean "think" ("He allowed it could be done") is nonstandard and is not acceptable in college writing.

allusion, illusion An *allusion* is a reference: "The poem contains several allusions to Greek mythology." An *illusion* is an erroneous mental image: "Rouge on pallid skin gives an illusion of health."

alright A common variant spelling of *all right*, but there is still considerable objection to it. *All right* is the preferred spelling.

among, between See **between, among.**

amount, number *Amount* suggests bulk or weight: "We collected a considerable amount of scrap iron." *Number* is used for items that can be counted: "He has a large number of friends"; "There are a number of letters to be answered."

an Variant of the indefinite article *a*. Used instead of *a* when the word that follows begins with a vowel sound: "an apple," "an easy victory," "an honest opinion," "an hour," "an unknown person." When the word that follows begins with a consonant, or with a *y* sound or a pronounced *h*, the article used should be *a*: "a yell," "a unit," "a history," "a house." Such constructions as "a apple," "a hour" are nonstandard. The use of *an* before *historical* is an older usage that is now dying out.

and/or Many people object to *and/or* in college writing because the expression is associated with legal and commercial writing. Generally avoid it.

angle The use of *angle* to mean "point of view" ("Let's look at it from a new angle") is acceptable. In the sense of personal interest ("What's your angle?"), it is slang.

anxious＝eager *Anxious* should not be used in college writing to mean "eager," as in "Gretel is anxious to see her gift." *Eager* is the preferred word in this context.

any＝all The use of *any* to mean "all," as in "He is the best qualified of any applicant," is not acceptable. Say "He is the best qualified of all the applicants," or simply "He is the best-qualified applicant."

any＝any other The use of *any* to mean "any other" ("The knife she bought cost more than any in the store") should be avoided in college writing. In this context, use *any other*.

anywheres A nonstandard variant of *anywhere*. It is not acceptable in college writing.

apt=likely *Apt* is always appropriate when it means "quick to learn" ("He is an apt student") or "suited to its purpose" ("an apt comment"). It is also appropriate when a predictable characteristic is being spoken of ("When he becomes excited he is apt to tremble"). In other situations the use of *apt* to mean "likely" ("She is apt to leave you"; "He is apt to resent it") may be too colloquial for college writing.

as=because *As* is less effective than *because* in showing causal relation between main and subordinate clauses. Since *as* has other meanings, it may in certain contexts be confusing. For example, in "As I was going home, I decided to telephone," *as* may mean "while" or "because." If there is any possibility of confusion, use either *because* or *while*—whichever is appropriate.

as=that The use of *as* to introduce a noun clause ("I don't know as I would agree to that") is colloquial. In college writing, use *that* or *whether*.

as to, with respect to=about Although *as to* and *with respect to* are standard usage, many writers avoid these phrases because they sound stilted: "I am not concerned as to your cousin's reaction." Here *about* would be more appropriate than either *as to* or *with respect to*: "I am not concerned about your cousin's reaction."

at Avoid the redundant *at* in such sentences as "Where were you at?" and "Where do you live at?"

author *Author* is not fully accepted as a verb. "To write a play" is preferable to "to author a play."

awful, awfully The real objection to *awful* is tat it is worked to death. Instead of being reserved for situations in which it means "awe inspiring," it is used excessively as a utility word. Use both *awful* and *awfully* sparingly.

bad=badly The ordinary uses of *bad* as an adjective cause no difficulty. As a predicate adjective ("An hour after dinner, I began to feel bad"), it is sometimes confused with the adverb *badly*. After the verbs *look*, *feel*, and *seem*, the adjective is preferred. Say "It looks bad for our side," "I feel bad about the quarrel," "Our predicament seemed bad this morning." But do not use *bad* when an adverb is required, as in "He played badly," "a badly torn suit."

bank on=rely on In college writing *rely on* is generally preferred.

being as=because The use of *being as* for "because" or "since" in such sentences as

"Being as I am an American, I believe in democracy" is nonstandard. Say "Because I am an American, I believe in democracy."

between, among In general, use *between* in constructions involving two people or objects and *among* in constructions involving more than two: "We had less than a dollar between the two of us"; "We had only a dollar among the three of us." The general distinction, however, should be modified when insistence on it would be unidiomatic. For example, *between* is the accepted form in the following examples:

He is in the enviable position of having to choose between three equally attractive young women.

A settlement was arranged between the four partners.

Just between us girls... (when any number of "girls" is involved)

between you and I Both pronouns are objects of the preposition *between* and so should be in the objective case: "between you and me."

bi-, semi- *Bi-*means "two": "The budget for the biennium was adopted." *Semi-* means "half of": "semicircle." *Bi-*is sometimes used to mean "twice in." A bimonthly paper, for example, may be published twice a month, not once every two month, but this usage is ambiguous; *semimonthly* is preferred.

but that, but what In such a statement as "I don't doubt but that you are correct," *but* is unnecessary. Omit it. "I don't doubt but what..." is also unacceptable. Delete *but what* and write *that*.

can＝may The distinction that *can* is used to indicate ability and *may* to indicate permission ("If I can do the work, may I have the job?") is not generally observed in informal usage. Either form is acceptable in college writing.

cannot help but In college writing, the form without *but* is preferred: "I cannot help being angry." (not "I cannot help but be angry.")

can't hardly A confusion between *cannot* and *can hardly*. The construction is unacceptable in college writing. Use *can not, can't* or *can hardly*.

capital, capitol Unless you are referring to a government building, use *capital*. The building in which the U.S. Congress meets is always capitalized ("the Capitol"). For the various meanings of *capital*, consult your dictionary.

censor, censure Both words come from a Latin verb meaning "to set a value on" or "judge." *Censor* is used to mean "appraise" in the sense of evaluating a book or a letter to see if it may be released ("All outgoing mail had to be censored") and is often used as a synonym for *delete* or *cut out* ("That part of the message was censored").

Censure as a verb means "to evaluate adversely" or "to find fault with"; as a noun, it means "disapproval," "rebuke": "The editorial writers censured the speech"; "Such an attitude will invoke public censure."

center around　"Center on" is the preferred form.

cite, sight, site　*Cite* means "to refer to": "He cited chapter and verse." *Sight* means "spectacle" or "view": "The garden was a beautiful sight." *Site* means "location": "This is the site of the new plant."

compare, contrast　*Compare* can imply either differences or similarities; *contrast* always implies differences. *Compare* can be followed by either *to* or *with*; the verb *contrast* is usually followed by *with*:

Compared to her mother, she's a beauty.

I hope my accomplishments can be compared with those of predecessor.

His grades this term contrast conspicuously with the ones he received last term.

complement, compliment　Both words can be used as nouns and verbs. *Complement* speaks of completion: "the complement of a verb"; "a full complement of soldiers to serve as an honor guard"; "Susan's hat complements the rest of her outfit tastefully." *Compliment* is associated with praise: "The instructor complimented us for writing good papers."

continual, continuous　Both words refer to a continued action, but *continual* implies repeated action ("continual interruptions," "continual disagreements"), whereas *continuous* implies that the action never ceases ("continuous pain," "a continuous buzzing in the ears").

could of=could have　Although *could of* and *could have* often sound alike in speech, *of* is not acceptable for *have* in college writing. In writing, *could of, should of, would of, might of,* and *must of* are nonstandard.

council, counsel　*Council* is a noun meaning "a deliberative body": "a town council," "a student council." *Counsel* can be either a noun meaning "advice" or a verb meaning "to advise": "to seek a lawyer's counsel," "to counsel a person in trouble." A person who offers counsel is a *counselor*: "Because of his low grades Quint made an appointment with his academic counselor."

credible, creditable, credulous　All three words come from a Latin verb meaning "to believe," but they are not synonyms. *Credible* means "believable" ("His story is credible"); *creditable* means "commendable" ("John did a creditable job on the committee") or "acceptable for credit" ("The project is creditable toward the course requirements"); *credulous* means "gullible" ("Only a most credulous person could believe such an incredible story").

cute A word used colloquially to indicate the general notion of "attractive" or "pleasing." Its overuse shows lack of discrimination. A more specific term is often preferable.

His daughter is cute. (lovely? petite? pleasant? charming?)

That is a cute trick. (clever? surprising?)

He has a cute accent. (pleasant? refreshingly unusual?)

She is a little too cute for me. (affected? juvenile? clever?)

data is Because *data* is the Latin plural of *datum*, it logically requires a plural verb and always takes a plural verb in scientific writing: "These data have been double-checked." In popular usage and in computer-related contexts, *datum* is almost never used and *data* is treated as a singular noun and given a singular subject: "The data has been double-checked." Either *data are* or *data is* may be used in popular writing, but only *data are* is acceptable in scientific writing.

debut *Debut* is a noun meaning "first public appearance." It is not acceptable as a transitive verb ("The Little Theater will debut its new play tonight") or as an intransitive verb ("Cory Martin will debut in the new play").

decent, descent A decent person is one who behaves well, without crudeness and perhaps with kindness and generosity. *Decent* can mean "satisfactory" ("a decent grade," "a decent living standard"). *Descent* means "a passage downward"; a descent may be either literal ("their descent into the canyon") or figurative ("hereditary descent of children from their parents," "descent of English from a hypothetical language called Indo-European").

desert, dessert The noun *desert* means "an uncultivated and uninhabited area"; it may be dry and sandy. *Desert* can be an adjective: "a desert island." The verb *desert* means "to abandon." A *dessert* is a sweet food served as the last course at the noon or evening meal.

different from, different than Although both *different from* and *different than* are common American usages, the preferred idiom is *different from*.

disinterested, uninterested The distinction between these words is that *disinterested* means "unbiased" and *uninterested* mean "apathetic" or "not interested." A disinterested critic is one who comes to a book with no prejudices or prior judgments of its worth; an uninterested critic is one who cannot get interested in the book. Dictionaries disagree about whether this distinction is still valid in contemporary usage and sometimes treat the words as synonyms. But in college writing the distinction is generally observed.

don't *Don't* is a contraction of "do not," at *doesn't* is a contraction of "does not." It can be used in any college writing in which contractions are appropriate. But it cannot be used with a singular subject. "He don't" and "it don't" are nonstandard usages.

double negative The use of two negative words within the same construction. In certain forms ("I am not unwilling to go") the double negative is educated usage for an affirmative statement; in other forms("He hasn't got no money")the double negative is nonstandard usage. The observation that "two negatives make an affirmative" in English usage is a half-truth based on a false analogy with mathematics. "He hasn't got no money" is unacceptable in college writing, not because two negatives make an affirmative, but because it is nonstandard usage.

economic, economical *Economic* refers to the science of economics or to business in general: "This is an economic law"; "Economic conditions are improving." *Economical* means "inexpensive" or "thrifty": "That is an economical purchase"; "He is economical to the point of miserliness."

effect, affect See **affect, effect.**

effective, affective See **affective, effective.**

either Used to designate one of two things: "Both hats becoming; I would be perfectly satisfied with either." The use of *either* when more than two things are involved ("There are three ways of working the problem; either way will give the right answer") is a disputed usage. When more than two things are involved, it is better to use *any* or *any one* instead of *either*: "There are three ways of working the problem; any one of them will give the right answer."

elicit, illicit The first word means "to draw out" ("We could elicit no response from them"); the second means "not permitted" or "unlawful" ("an illicit sale of drugs").

emigrant, immigrant An emigrant is a person who moves *out* of a country; an immigrant is one who moves *into* a country. Thus, refugees from Central America and elsewhere who settle in the United States are emigrants from their native countries and immigrants here. A similar distinction holds for the verbs *emigrate and immigrate.*

eminent, imminent *Eminent* means "prominent, outstanding": "an eminent scientist." *Imminent* means "ready to happen" or "near in time": "War seems imminent."

enormity, enormous, enormousness *Enormous* refers to unusual size or measure; synonyms are *huge, vast, immense*: "an enormous fish,""an enormous effort." *Enormousness* is a noun with the same connotations of size and can be applied to either good or bad effects: "The enormousness of the lie almost made it believable." But *enormity* is used only for evil acts of great dimension: "The enormity of Hitler's crimes against the Jews shows what can happen when power, passion, and prejudice are all united in one human being."

enthused　*Enthused* is colloquial for *enthusiastic*: "The probability of winning has caused them to be very enthused about the campaign." In college writing use *enthusiastic*.

equally as　In such sentences as "He was equally as good as his brother," the *equally* is unnecessary. Simply write "He was as good as his brother."

etc.　An abbreviation for the Latin *et cetera* which means "and others," "and so forth." It should be used only when the style justifies abbreviations and then only after several items in a series have been identified: "The data sheet required the usual personal information: age, height, weight, marital status, etc." An announcement of a painting contest that stated, "Entries will be judged on the basis of use of color, etc.," does not tell contestants very much about the standards by which their work is to be judged. Avoid the redundant *and* before *etc.*

expect＝suppose or suspect　The use of *expect* for *suppose* or *suspect* is colloquial. In college writing use *suppose* or *suspect*: "I suppose you have written to him"; "I suppose you have written to him"; "I suspect that we have made a mistake."

fact　Distinguish between facts and statements of fact. A fact is something that exists or existed. A fact is neither true nor false; it just *is*. A statement of fact, or a factual statement, may be true or false, depending on whether it does or does not report the facts accurately.

Avoid padding a sentence with "a fact that," as in "It is a fact that all the public opinion polls predicted Truman's defeat in the 1948 election." The first five words of that sentence add no meaning. Similarly, "His guilt is admitted" says all, in fewer words, that is said by "The fact of his guilt is admitted."

famous, notorious　*Famous* is a complimentary and *notorious* an uncomplimentary adjective. Well-known people of good repute are famous; those of bad repute are notorious, or infamous.

farther, further　The distinction that *farther* indicates distance and *further* degree is not unanimously supported by usage studies. But to mean "in addition," only *further* is used: "Further assistance will be required."

feature＝imagine　The use of *feature* to mean "give prominence to," as in "This issue of the magazine features an article on juvenile delinquency," is established standard usage and is appropriate in college writing. But this acceptance does not justify the slang use of *feature*, meaning "imagine," in such expressions as "Can you feature that?" "Feature me in a dress suit," "I can't feature him as a nurse."

fewer＝less *Fewer* refers to quantities that can be counted individually: "fewer male than female employees." *Less* is used for collective quantities that are not counted individually ("less corn this year than last") and for abstract characteristics ("less determination than enthusiasm").

field *Field*, in the sense of "an area of study or endeavor," is an overused word that often creates redundancy: "He is majoring in the field of physics"; "Her new job is in the field of public relations." Delete "the field of" in each of these sentences.

fine＝very well The colloquial use of *fine* to mean "very well" ("He is doing fine in his new position") is probably too informal for most college writing.

flaunt＝flout Using *flaunt* as a synonym for *flout* confuses two different words. *Flaunt* means "to show off": "She has a habit of flaunting her knowledge to intimidate her friends." *Flout* means "to scorn or show contempt for": "He is better at flouting opposing arguments than at understanding them." In the right context either word can be effective, but the two words are not synonyms and cannot be used interchangeably.

fortuitous, fortunate *Fortuitous* means "by chance," "not planned": "Our meeting was fortuitous; we had never heard of each other before." Do not confuse *fortuitous* with *fortunate*, as the writer of this sentence has done: "My introduction to Professor Kraus was fortuitous for me; today she hired me as her student assistant." *Fortunate* would be the appropriate word here.

funny Often used in conversation as a utility word that has no precise meaning but may be clear enough in its context. It is generally too vague for college writing. Decide in what sense the subject is "funny and use a more precise term to convey that sense."

get A utility word. *The American Heritage Dictionary* lists thirty-six meanings for the individual word and more than sixty uses in idiomatic expressions. Most of these uses are acceptable in college writing. But unless the style is ("She'll get me for that"), "to cause a negative reaction to" ("His bad manners really get me"), "to gain the favor of" ("try to get in with his boss"), and "to become up-to-date" ("Get in the swing of things").

good The use of *good* as an adverb ("He talks good"; "She played pretty good") is not acceptable. The accepted adverbial form is *well*. The use of *good* as a predicate adjective after verbs of hearing, feeling, seeing, smelling, tasting, and the *like* is standard. See **bad**.

good and　Used colloquially as an intensive in such expressions as "good and late," "good and ready," "good and tired." The more formal the style, the less appropriate these intensifies are. In college writing use them sparingly, if at all.

guess　The use of *guess* to mean "believe,""suppose," or "think" ("I guess I can be there on time")is accepted by all studies on which this glossary is based. There is objection to its use in formal college writing, but it should be acceptable in an informal style.

had（hadn't）ought　Nonstandard for *ought* and *ought not*. Not acceptable in college writing.

hanged, hung　Alternative past participles of *hang*. For referring to an execution, *hanged* is preferred; in other senses, *hung* is preferred.

he or she, she or he　Traditionally the masculine form (*he, his, him*) of the personal pronoun has been used to refer to an individual who could be either male or female: "The writer should revise his draft until he accomplishes his purpose." Substituting pronouns that refer to both males and females in the group, such as *he or she*, or *she or he*, corrects the implicit sexism in the traditional usage but sometimes sounds awkward. An alternative is to use plural forms: "Writers should revise their drafts until they accomplish their purpose."

hopefully　Opinion is divided about the acceptability of attaching this adverb loosely to a sentence and using it to mean "I hope": "Hopefully, the plane will arrive on schedule." This usage is gaining acceptance, but there is still strong objection to it. In college writing the safe decision is to avoid it.

idea　In addition to its formal meaning of "conception," *idea* has acquired so many supplementary meanings that it must be recognized as a utility word. Some of its meanings are illustrated in the following sentences:

The idea (thesis) of the book is simple.

The idea (proposal) she suggested is a radical one.

I got the idea (impression) that he is unhappy.

It is my idea (belief, opinion) that they are both wrong.

My idea (intention) is to leave early.

The overuse of *idea*, like the overuse of any utility word, makes for vagueness. Whenever possible, use a more precise synonym.

illicit, elicit　See **elicit, illicit**.

illusion, allusion See **allusion, illusion**.

immigrant, emigrant See **emigrant, immigrant**.

imminent, eminent See **eminent, imminent**.

imply, infer The traditional difference between these two words is that *imply* refers to what a statement means, usually to a meaning not specifically stated but suggested in the original statement, whereas *infer* is used for a listener's or reader's judgment or inference based on the statement. For example: "I thought that the weather report implied that the day would be quite pretty and sunny, but Marlene inferred that it meant we'd better take umbrellas." The dictionaries are not unanimous in supporting this distinction, but in your writing it will be better not to use *imply* as a synonym for *infer*.

individual Although the use of *individual* to mean "person" ("He is an energetic individual") is accepted by the dictionaries, college instructors frequently disapprove of this use, probably because it is overdone in college writing. There is no objection to the adjective *individual*, meaning "single," "separate" ("The instructor tries to give us individual attention").

inferior than Possibly a confusion between "inferior to" and "worse than." Use *inferior to*: "Today's workmanship is inferior to that of a few years ago."

ingenious, ingenuous *Ingenious* means "clever" in the sense of "original": "an ingenious solution." *Ingenuous* means "without sophistication," "innocent": "Her ingenuous confession disarmed those who had been suspicious of her motives."

inside of, outside of *Inside of* and *outside of* generally should not be used as compound prepositions. In place of the compound prepositions in "The display is inside of the auditorium" and "The pickets were waiting outside of the gate." Write "inside the auditorium" and "outside the gate."

Inside of is acceptable in most college writing when it means "in less than": "I'll be there inside of an hour." The more formal term is *within*.

Both *inside of* and *outside of* are appropriate when *inside* or *outside* is a noun followed by an *of* phrase: "The inside of the house is quite attractive"; "He pained the outside of his boat dark green."

in terms of An imprecise and greatly overused expression. Instead of "In terms of philosophy, we are opposed to his position" and "In terms of our previous experience with the company, we refuse to purchase its products." Write "Philosophically, we are opposed to his position" and "Because of our previous experience with the company, we refuse to purchase its products."

irregardless A nonstandard variant of *regardless*. Do not use it.

irrelevant, irreverent *Irrelevant* means "having no relation to" or "lacking pertinence"; "That may be true, but it is quite irrelevant." *Irreverent* means "without reverence": "Such conduct in church is irreverent."

it's me This construction is essentially a spoken one. Except in dialogue, it rarely occurs in writing. Its use in educated speech is thoroughly established. The formal expression is "It is I."

-ize The suffix *-ize* is used to change nouns and adjectives into verbs: *civilize, criticize, sterilize*. This practice is often overused, particularly in government and business. Avoid such pretentious and unnecessary jargon as *finalize, prioritize*, and *theorize*.

judicial, judicious Judicial decisions are related to the administering of justice, often by judges or juries. A judicious person is one who demonstrates good judgment: "A judicious person would not have allowed the young boys to shoot the rapids alone."

kind of, sort of Use a singular noun and a singular verb with these phrases: "That kind of person is always troublesome"; "This sort of attitude is deplorable." If the sense of the sentence calls for the plural *kinds* or *sorts*, use a plural noun and a plural verb: "These kinds of services are essential." In questions introduced by *what* or *which*, the singular *kind* or *sort* can be followed *by* a plural noun and verb: "What kind of shells are these?"

The use of *a* or *an* after *kind of* ("That kind of a person is always troublesome") is usually not appropriate in college writing.

kind (sort) of=somewhat This usage ("I feel kind of tired"; "He looked sort of foolish") is colloquial. The style of the writing will determine its appropriateness in a paper.

latter *Latter* refers to the second of two. It should not be used to refer to the last of three or more nouns. Instead of *latter* in "Michigan, Alabama, and Notre Dame have had strong football teams for years, and yet the latter has only recently begun to accept invitations to play in bowl games," write *last* or *last-named*, or simply repeat *Notre Dame*.

lay, lie *Lay* is a transitive verb (principal parts: *lay, laid, laid*) that means "put" or "place"; it is nearly always followed by a direct object: "She lay the magazine on the table, hiding the mail I laid there this morning." *Lie* is an intransitive verb (principal parts: *lie, lay, lain*) that means "recline" or "be situated" and does not take an object. "I lay awake all night until I decided I had lain there long enough."

leave＝let　The use of *leave* for the imperative verb *let* ("Leave us face it") is not acceptable in college writing. Write "Let us face it." But *let* and *leave* are interchangeable when a noun or pronoun and then *alone* follow: "Let me alone"; "Leave me alone."

less　See **fewer.**

liable＝likely　Instructors sometimes object to the use of *liable* to mean "likely," as in "It is liable to rain," "He is liable to hit you." *Liable* is used more precisely to mean "subject to" or "exposed to" or "answerable for": "He is liable to arrest"; "You will be liable for damages."

like＝as, as though　The use of *like* as a conjunction ("He talks like you do"; "It looks like it will be my turn next") is colloquial. It is not appropriate in a formal style, and many people object to it in an informal style. The safest procedure is to avoid using *like* as a conjunction in college writing.

literally, figuratively　*Literally* means "word for word," "following the letter," or "in the strict sense." *Figuratively* is its opposite and means "metaphorically." In informal speech, this distinction is often blurred when *literally* is used to mean *nearly*: "She literally blew her top." Avoid this usage by maintaining the word's true meaning: "To give employees a work vacation means literally to fire them."

loath, loathe　*Loath* is an adjective meaning "reluctant," "unwilling" ("I am loath to do that"; "He is loath to risk so great an investment") and is pronounced to rhyme with *both*. *Loathe* is a verb meaning "dislike strongly" ("I loathe teas"; "She loathes an unkempt man") and is pronounced to rhyme with *clothe*.

loose, lose　The confusion of these words frequently causes misspelling. *Loose* is most common as an adjective: "a loose button," "The dog is loose." *Lose* is always used as a verb: "You are going to lose your money."

luxuriant, luxurious　These words come from the same root but have quite different meanings. *Luxuriant* means "abundant" and is used principally to describe growing things: "luxuriant vegetation," "a luxuriant head of hair." *Luxurious* means "luxury-loving" or "characterized by luxury": "He finds it difficult to maintain so luxurious a life style on so modest an income"; "The furnishings of the clubhouse were luxurious."

mad＝angry or annoyed　Using *mad* to mean "angry" is colloquial: "My girl is mad at me"; "His insinuations make me mad." More precise terms—*angry, annoyed, irritated, provoked, vexed*—are generally more appropriate in college writing. *Mad* is, of course, appropriately used to mean "insane."

majority, plurality Candidates are elected by a *majority* when they get more than half of the votes cast. A *plurality* is the margin of victory that the winning candidate has over the leading opponent, whether the winner has a majority or not.

mean=unkind, disagreeable, vicious Using *mean* to convey the sense "unkind," "disagreeable," "vicious" ("It was mean of me to do that"; "He was in a mean mood"; "That dog looks mean") is a colloquial use. It is appropriate in most college writing, but since using *mean* loosely sometimes results in vagueness, consider using one of the suggested alternatives to provide a sharper statement.

medium, media, medias *Medium*, not *media*, is the singular form: "The daily newspaper is still an important medium of communication." *Media* is plural: "Figuratively, the electronic media have created a smaller world." *Medias* is not an acceptable form for the plural of *medium*.

might of See **could of.**

mighty=very *Mighty* is not appropriate in most college writing as a substitute for *very*. Avoid such constructions as "He gave a mighty good speech."

moral, morale Roughly, *moral* refers to conduct and *morale* refers to state of mind. A moral man is one who conducts himself according to standards for goodness. People are said to have good morale when they are cheerful, cooperative, and not too much concerned with their own worries.

most=almost The use of *most* as a synonym for *almost* ("I am most always hungry an hour before mealtime") is colloquial. In college writing *almost* would be preferred in such a sentence.

must (adj. and n.) The use of *must* as an adjective ("This book is must reading for anyone who wants to understand Russia") and as a noun ("It is reported that the President will classify this proposal as a must") is accepted as established usage by the dictionaries.

must of See **could of.**

myself=I, me *Myself* should not be used for *I* or *me*. Avoid such constructions as "John and myself will go." *Myself* is acceptably used as an intensifier ("I saw it myself"; "I myself will go with you") and as a reflexive object ("I hate myself"; "I can convince myself that he is right").

nauseous=nauseated *Nauseous* does not mean "experiencing nausea"; *nauseated* has that meaning: "The thought of making a speech caused her to feel nauseated." *Nauseous* means "causing nausea" or "repulsive": "nauseous odor," "nauseous television program."

nice A utility word much overused in college writing. Avoid excessive use of *nice* and, whenever possible, choose a more precise synonym.

That's a nice dress. (attractive? becoming? fashionable? well-made?)

She's a nice person. (agreeable? charming? friendly? well-mannered?)

not all that The use of *not all that interested* to mean "not much interested" is generally not acceptable in college writing.

off, off of=from Neither *off* nor *off of* should be used to mean "from." Write "Jack bought the old car from a stranger," not "off a stranger" or "off of a stranger."

OK, O.K. Its use in business to mean "endorse" is generally accepted: "The manager OK'd the request." In college writing *OK* is utility word and is subject to the general precaution concerning all such words: do not overuse it, especially in contexts in which a more specific term would give more efficient communication. For example, contrast the vagueness of *OK* in the first sentence with the discriminated meanings in the second and third sentences:

The mechanic said the tires were OK.

The mechanic said the tread on the tires was still good.

The mechanic said the pressure in the tires was satisfactory.

one See **you**.

only The position of *only* in such sentences as "I only need three dollars" and "If only Mother would write!" is sometimes condemned on the grounds of possible ambiguity. In practice, the context usually rules out any but the intended interpretation, but a change in the word order would result in more appropriate emphasis: "I need only three dollars"; "If Mother would only write!"

on the part of The phrase *on the part of* ("There will be some objection on the part of the students"; "On the part of business people, there will be some concern about taxes") often contributes to wordiness. Simply say "The students will object," "Business people will be concerned about taxes."

party=person The use of *party* to mean "person" is appropriate in legal documents and the responses of telephone operators, but these are special uses. Generally avoid this use in college writing.

per, a "You will be remunerated at the rate of forty dollars per diem" and "The troops advanced three miles per day through the heavy snow" show established use of *per* for *a*. But usually "forty dollars a day" and "three miles a day" would be more nature expressions in college writing.

percent, percentage *Percent* (alternative form, *per cent*) is used when a specific portion is named: "five percent of the expenses." *Percentage* is used when no number is given: "a small percentage of the expenses." When *percent* or *percentage* is part of a subject, the noun or pronoun of the *of* phrase that follows determines the number of the verb: "Forty percent of the wheat is his"; "A large percentage of her customers pay promptly."

personal, personnel *Personal* means "of a person": "a personal opinion," "a personal matter." *Personnel* refers to the people in an organization, especially employees: "Administrative personnel will not be affected."

phenomenon, phenomena *Phenomenon* is singular, *phenomena* is plural: "This is a striking phenomenon," "Many new phenomena have been discovered with the radio telescope."

plenty The use of *plenty* as a noun ("There is plenty of room") is always acceptable. Its use as an adverb ("It was plenty good") is not appropriate in college writing.

practical, practicable Avoid interchanging the two words. *Practical* means "useful, not theoretical"; *practicable* means "feasible, but not necessarily proved successful": "The designers are usually practical, but these new blueprints do not seem practicable."

première *Première* is acceptable as a noun ("The première for the play was held in a small off-Broad way theater"), but do not use it as a verb ("The play premièred in a small off-Broadway theater"). Write "The play opened..."

preposition (ending sentence with) A preposition should not appear at the end of a sentence if its presence there draws undue attention to it or creates an awkward construction, as in "They are the people whom we made the inquiries yesterday about." But there is nothing wrong with writing a preposition at the end of a sentence to achieve an idiomatic construction: "Isn't that the man you are looking for?"

principal, principle The basic meaning of *principal* is "chief" or "most important." It is used in this sense both as a noun and as an adjective: "the principal of a school," "the principal point." It is also used to refer to a capital sum of money, as contrasted with interest on the money: "He can live on the interest without touching the principal." *Principle* is used only as a noun and means "rule," "law," or "controlling idea": "the principle of 'one man, one vote'"; "Cheating is against my principles."

proceed, precede To *proceed* is to "go forward"; to *precede* means "to go ahead of":

"The blockers preceded the runner as the football team proceeded toward the goal line."

prophecy, prophesy　*Prophecy* is always used as a noun ("The prophecy came true"); *prophesy* is always a verb ("He prophesied another war").

proved, proven　When used as past participles, both forms are standard English, but the preferred form is *proved*: "Having proved the first point, we moved to the second." *Proven* is preferred when the word is used primarily as an adjective: "She is a proven contender for the championship."

quote　The clipped form for *quotation* ("a quote from *Walden*") is not acceptable in most college writing. The verb *quote* ("to quote Thoreau") is acceptable in all styles.

raise, rise　*Raise* is a transitive verb, taking an object, meaning to cause something to move up; *rise* is an intransitive verb meaning to go up (on its own): "I raised the window in the kitchen while I waited for the bread dough to rise."

rarely ever, seldom ever　The *ever* is redundant. Instead of saying "He is rarely ever late" and "She is seldom ever angry," write "He is rarely late" and "She is seldom angry."

real＝really(very)　The use of *real* to mean "really" or "very" ("It is a real difficult assignment") is a colloquial usage. It is acceptable only in a paper whose style is deliberately colloquial.

Reason... because　The construction is redundant: "The reason he couldn't complete his essay is because he lost his not cards." Substitute *that* for *because*: "The reason be couldn't complete his essay is that he lost his note cards." Better yet, simply eliminate *the reason* and *is*: "He couldn't complete his essay because he lost his note cards."

refer back　A confusion between *look back* and *refer*. This usage is objected to in college writing on the ground that since the *re-* of *refer* means "back," *refer back* is redundant. *Refer back* is acceptable when it means "refer again" ("The bill was referred back to the committee"); otherwise, use *refer* ("Let me refer you to page 17").

regarding, in regard to, with regard to　These are overused and stuffy substitutes for the following simple terms: *on, about,* or *concerning*: "The attorney spoke to you about the testimony."

respectfully, respectively　*Respectfully* means "with respect": "respectfully submitted." *Respectively* means roughly "each in turn": "These three papers were graded respectively A, C, and B."

right（adv.） The use of *right* as an adverb is established in such sentences as "He went right home" and "It served her right." Its use to mean *very* ("I was right glad to meet him") is colloquial and should be used in college writing only when the style is colloquial.

right, rite A *rite* is a ceremony or ritual. This word should not be confused with the various uses of *right*.

said（adj.） The use of *said* as an adjective ("said documents," "said offense") is restricted to legal phraseology. Do not use it in college writing.

same as=jus as The preferred idiom is "just as": "He acted just as I thought he would."

same, such Avoid using *same* or *such* as a substitute for *it, this, that, them*. Instead of "I am returning the book because I do not care for same" and "Most people are fond of athletics of all sorts, but I have no use for such," say "I am returning the book because I do not care for it" and "Unlike most people, I am not fond of athletics."

scarcely In such sentences as "There wasn't scarcely enough" and "We haven't scarcely time," the use of *scarcely* plus a negative creates an unacceptable double negative. Say "There was scarcely enough" and "We scarcely have time."

scarcely... than The use of *scarcely... than* ("I had scarcely met her than she began to denounce her husband") is a confusion between "no sooner... than" and "scarcely... when." Say "I had no sooner met her than she began to denounce her husband" or "I had scarcely met her when she began to denounce her husband."

seasonable, seasonal *Seasonable* and its adverb form *seasonably* mean "appropriate (ly) to the season"; "She was seasonably dressed for a late-fall football game"; "A seasonable frost convinced us that the persimmons were just right for eating." *Seasonal* means "caused by a season": "increased absenteeism because of seasonal influenza," "flooding caused by seasonal thaws."

-selfs The plural of *self* is *selves*. Such a usage as "They hurt themselves" is nonstandard and is not acceptable in college writing.

semi- See **bi-, semi-**.

sensual, sensuous *Sensual* has unfavorable connotations and means "catering to the gratification of physical desires": "Always concerned with satisfying his sexual lust and his craving for drink and rich food, the old baron led a totally sensual existence." *Sensuous* has generally favorable connotations and refers to pleasures experienced through the senses: "the sensuous comfort of a warm bath," "the sensuous imagery of the poem."

set, sit These two verbs are commonly confused. *Set* meaning "to put or place" is a transitive verb and takes an object. *Sit* meaning "to be seated" is an intransitive verb. "You can set your books on the desk and then sit in that chair."

shall, will In American usage the dominant practice is to use *will* in the second and third persons to express either futurity or determination and to use either *will* or *shall* in the first person.

In addition, *shall* is used in statements of law ("Congress shall have the power to…"), in military commands ("The regiment shall proceed as directed"), and in formal directives ("All branch offices shall report weekly to the home office").

should, would These words are used as the past forms of *shall* and *will* respectively and follow the same pattern (see **shall, will**): "I would[should] be glad to see him tomorrow"; "He would welcome your ideas on the subject"; "We would[should] never consent to such an arrangement." They are also used to convert *shall* or *will* in direct discourse into indirect discourse:

direct discourse	indirect discourse
"Shall I try to arrange it?" He asked.	He asked if he should try to arrange it.
I said, "They will need money."	I said that they would need money.

should of See **could of**.

sight, site, cite See **cite, sight, site**.

so (conj.) The use of *so* as a connective ("The salesperson refused to exchange the merchandise; so we went to the manager") is thoroughly respectable, but its overuse in college writing is objectionable. There are other good transitional connectives—*accordingly, for that reason, on that account, therefore*—that could be used to relieve the monotony of a series of *so*'s. Occasional use of subordination ("When the salesperson refused to exchange the merchandise, we went to the manager") also brings variety to the style.

some The use of *some* as an adjective of indeterminate number ("Some friends of yours were here") is acceptable in all levels of writing. Its use as an intensive ("That was some meal!") or as an adverb ("She cried some after you left"; "This draft is some better than the first one") should be avoided in college writing.

sort of See **kind of**.

stationary, stationery *Stationary* means "fixed" or "unchanging": "The battle front is now stationary." *Stationery* means "writing paper": "a box of stationery." Associate the *e* in *stationery* with the *e*'s in *letter*.

suit, suite The common word is *suit*: "a suit of clothes"; "Follow suit, play a diamond"; "Suit yourself." *Suite*, pronounced "sweet," means "retinue" ("The President and his suite have arrived") or "set" or "collection" ("a suite of rooms,""a suite of furniture"). When *suite* refers to furniture, an alternative pronunciation is "suit."

sure=certainly Using *sure* in the sense of "certainly" ("I am sure annoyed"; "Sure, I will go with you") is colloquial. Unless the style justifies colloquial usage, use *certainly* or *surely*.

terrific Used at a formal level to mean "terrifying" ("a terrific epidemic") and at a colloquial level as an intensive ("a terrific party,""a terrific pain"). Overuse of the word at the colloquial level has made it almost meaningless.

than, then *Than* is a conjunction used in comparison; *then* is an adverb indicating time. Do not confuse the two: "I would rather write in the morning than in the afternoon. My thinking seems to be clearer then."

that, which, who *That* refers to persons or things, *which* refers to things, and *who* refers to persons. *That* introduces a restrictive clause; *which* usually introduces a nonrestrictive clause: "John argued that he was not prepared to take the exam. The exam, which had been scheduled for some time, could not be changed." "Anyone who was not ready would have to take the test anyway."

there, their, they're Although these words are pronounced alike, they have different meanings. *There* indicates place: "Look at that dog over there." *Their* indicates possession: "I am sure it is their dog." *They're* is a contraction of "they are": "They're probably not home."

thusly Not an acceptable variant of *thus*.

tough The use of *tough* to mean "difficult" ("a tough assignment," "a tough decision") and "hard fought" ("a tough game") is accepted without qualification by reputable dictionaries. But its use to mean "unfortunate," "bad" ("The fifteen-yard penalty was a tough break for the team"; "That's tough") is colloquial and should be used only in a paper written in a colloquial style.

troop, troupe Both words come from the same root and share the original meaning, "herd." In modern usage *troop* can refer to soldiers and *troupe* to actors: "a troop of cavalry," "a troop of scouts," "a troupe of circus performers," "a troupe of entertainers."

try and　*Try to* is the preferred idiom. Use "I will try to do it" in preference to "I will try and do it."

type=type of　*Type* is not acceptable as a variant *form of*. In "That type engine isn't being manufactured anymore," add *of* after *type*.

uninterested　See **disinterested.**

unique　The formal meaning of *unique* is "sole" or "only" or "being the only one of its kind": "Adam was unique in being the only man who never had a mother." The use of *unique* to mean "rare" or "unusual" ("Americans watched their television sets anxiously as astronauts in the early moon landings had the unique experience of walking on the moon") has long been popular, but some people still object to this usage. The use of *unique* to mean merely "uncommon" ("a unique sweater") is generally frowned upon. *Unique* should not be modified by adverbs that express degree: *very, more, most, rather.*

up　The adverb *up* is idiomatically used in many verb-adverb combinations that act as verbs—*break up, clean up, fill up, get up, tear up.* Avoid the unnecessary or awkward separation of *up* from the verb with which it is combined, since such a separation makes *up* look at first like an adverb modifying the verb rather than an adverb combining with the verb in an idiomatic expression. For example, "They held the cashier up" and "She made her face up" are awkward. Say "They held up the cashier," "She made up her face."

use to　The *d* in *used* to is often not pronounced; it is elided before the *t* in *to*. The resulting pronunciation leads to the written expression *use to*. But the acceptable written phrase is *used to*: "I am used to the noise"; "He used to do all the grocery shopping."

very　A common intensive, but avoid its overuse.

wait on　*Wait on* means "serve": "A clerk will be here in a moment to wait on you." The use of *wait on* to mean "wait for" ("I'll wait on you if you won't be long") is a colloquialism to which there is some objection. Use *wait for*: "I'll wait for you if you won't be long."

want in, out, off　The use of *want* followed by *in, out,* or *off* ("The dog wants in"; "I want out of here"; "I want off now") is colloquial. In college writing supply an infinitive after the verb: "The dog wants to come in."

want to=ought to, should　Using *want to* as a synonym for *should* ("They want to be careful or they will be in trouble") is colloquial. *Ought to* or *should* is preferred in college writing.

Where... at, to The use of *at* or *to* after *where* ("Where was he at?" "Where are you going to?") is redundant. Simply write "Where was he?" and "Where are you going?"

whose, who's *Whose* is the possessive of *who*; *who's* is a contraction of *who is*. "In the play, John is the character whose son leaves town. Who's going to try out for that part?"

will, shall See **shall, will**.

-wise Avoid adding the suffix *-wise*, meaning "concerning," to nouns to form such combinations as *budgetwise*, *jobwise*, *tastewise*. Some combined forms with *-wise* are thoroughly established (*clockwise*, *otherwise*, *sidewise*, *weatherwise*), but the fad of coining new compounds with this suffix is generally best avoided.

without＝unless *Without* is not accepted as a conjunction meaning "unless." In "There will be no homecoming festivities without student government sponsors them," substitute *unless* for *without*.

with respect to See **as to**.

worst way When *in the worst way* means "very much" ("They wanted to go in the worst way"), it is too informal for college writing.

would, should See **should, would**.

would of See **could of**.

would have＝had *Would* is the past-tense form of *will*, but its overuse in student writing often results in awkwardness, especially, but not only, when it is used as a substitute for *had*. Contrast the following sentences:

awkward	revised
If they *would have done* that earlier, there *would have been* no trouble.	If they *had done* that earlier, there *would have been* no trouble.
	or
	Had they *done* that earlier, there *would have been* no trouble.
We *wold want* some assurance that they *would accept* before we *would make* such a proposal.	We *would want* some assurance of their acceptance before we *made* such a proposal.

In general, avoid the repetition of *would have* in the same sentence.

you＝one The use of *you* as an indefinite pronoun instead of the formal *one* is characteristic of an informal style. If you adopt *you* in an informal paper, be sure that this impersonal use will be recognized by your readers; otherwise, they are likely to interpret a general statement as a personal remark addressed specifically to them. Generally avoid shifting from *one* to *you* within a sentence.

yourself　*Yourself* is appropriately used as an intensifier ("You yourself told me that") and as a reflexive object ("You are blaming yourself too much"). But usages such as the following are not acceptable: "Marian and yourself must shoulder the responsibility" and "The instructions were intended for Kate and yourself." In these two sentences, replace *yourself* with *you*. The plural form is *yourselves*, not *yourselfs*.

附录4 教学资源索取单

尊敬的老师/读者：

您好！

感谢您使用《科学研究的维度：批判性思维的构建与应用》一书作为教材或自学资料。为便于教学，本书配有课程相关的教学资源（如课程教学所用的课件 PPT），如贵校已选用本书，您只要把下表中的相关信息以电子邮件方式发给我们即可免费获得这些教学资源。购买了本书并希望自学的读者，也可以用这种方式获得自学所用的课件 PPT。

姓名		专业		职称	
E-mail			手机		
学校			学院、系		
学校地址				邮编	
通信地址				邮编	
本书使用情况	课程名称：____，用于____学时教学，每学年预计使用____册。				

我们的联系方式：

主编的邮箱：zhangrd@mail.sysu.edu.cn

副主编的邮箱：luohp5@mail.sysu.edu.cn

您对本书和根据本书设计的课程有什么意见和建议？

除了发送课件 PPT，您还希望获得哪些服务？
□ 教师培训　　　　　　　　□ 教学研讨活动
□ 寄送样书　　　　　　　　□ 相关图书出版信息
□ 其他

说明：

  1.编写本书的团队将不定期地开设教师培训课，根据第 15 章"批判性写作课程设计案例"，将本书设计的课程"预演"一遍，共 8—10 次课，每次课约 90 分钟。

  2.编写本书的团队将不定期组织教学研讨活动，欢迎您的参与。